Learn Docker in a
Month of Lunches | 修練 22 天 就精通

感謝您購買旗標書,
記得到旗標網站
www.flag.com.tw
更多的加值內容等著您…

<請下載 QR Code App 來掃描>

● FB 官方粉絲專頁:旗標知識講堂

● 旗標「線上購買」專區:您不用出門就可選購旗標書!

● 如您對本書內容有不明瞭或建議改進之處,請連上
旗標網站,點選首頁的 聯絡我們 專區。

若需線上即時詢問問題,可點選旗標官方粉絲專頁
留言詢問,小編客服隨時待命,盡速回覆。

若是寄信聯絡旗標客服 email,我們收到您的訊息
後,將由專業客服人員為您解答。

我們所提供的售後服務範圍僅限於書籍本身或內
容表達不清楚的地方,至於軟硬體的問題,請直接
連絡廠商。

學生團體　　訂購專線:(02)2396-3257 轉 362
　　　　　　傳真專線:(02)2321-2545

經銷商　　　服務專線:(02)2396-3257 轉 331
　　　　　　將派專人拜訪
　　　　　　傳真專線:(02)2321-2545

國家圖書館出版品預行編目資料

跟著 Docker 隊長,修練 22 天就精通 - 搭配 20 小時作
者線上教學,無縫接軌 Microservices、Cloud-native、
Serverless、DevOps 開發架構 / Elton Stoneman 作;李龍
威,葉欣睿譯. -- 初版. -- 臺北市:旗標科技股份有限公司,
2021.10　　面;　公分
譯自:Learn Docker in a month of lunches

ISBN 978-986-312-679-9(平裝)

1. 作業系統　2. 軟體研發
312.54　　　　　　　　　　　110010998

作　　者/Elton Stoneman

翻譯著作人/旗標科技股份有限公司

發 行 所/旗標科技股份有限公司

　　　　　台北市杭州南路一段15-1號19樓

電　　話/(02)2396-3257(代表號)

傳　　真/(02)2321-2545

劃撥帳號/1332727-9

帳　　戶/旗標科技股份有限公司

監　　督/陳彥發

執行企劃/林志軒

執行編輯/林志軒

美術編輯/林美麗

封面設計/蔡錦欣

校　　對/陳彥發、林志軒

新台幣售價:　880 元

西元 2023 年　12 月初版 5 刷

行政院新聞局核准登記-局版台業字第 4512 號

ISBN　978-986-312-679-9

作者序

截至 2021 年為止，本書作者在 Docker 和容器上已有七年的經驗，作者時常在各種研討會演講、也舉辦 Workshop 培訓人員，儘管常收到各種諮詢，但始終沒有一本夠全面的 Docker 書籍可以讓作者放心推薦給所有讀者，多數書籍都假設讀者已經具備某些技術背景，而跳過一些必要的說明。**跟著 Docker 隊長，修練 22 天就精通**是作者集大成之作，適用於任何背景的讀者，不管是開發人員、維運人員或是 Linux 和 Windows 使用者都可以輕鬆學習。

Docker 是一個很值得學習的技術，它的基本概念很簡單，就是將應用程式及其所有的相依元件打包起來，讓您可以在任何地方，都可以用同樣的方式執行，包括在筆記型電腦、資料中心或雲端服務上都能順利運作。Docker 也打破以往開發和維運人員之間的障礙，綜合以上所說 Docker 是一門值得您犧牲午休都要學習的技術。

本書經過多年的規劃，其中設計了練習題目能夠讓您增加實務經驗，比單單聚焦 Docker 運作理論、搞懂 OS 如何隔離容器的程序等內容，要來得豐富許多。本書有非常多實務上一定會遇到的案例，每一章都有一個明確的重點，並且各主題之間會相互參照、補充，讓您對於 Docker 有全面性的理解。

關於作者

 Elton Stoneman 是一名 Docker 隊長 (Docker Captain, 官方推廣者)、多年的微軟 MVP，並錄製了 20 多門 Pluralsight 線上培訓課程，作者大部分的職業生涯都是在 .NET 領域從事顧問工作，他設計並交付了許多大型的企業系統。在這過程中，他接觸並喜歡上了容器，並加入了 Docker 的官方開發團隊，也在那裡服務了三年，忙得不亦樂乎。現在他作為一名自由顧問和培訓師，幫助許多企業組織渡過容器旅程的不同階段。作者持續在 https://blog.sixeyed.com 以及 Twitter @EltonStoneman 撰寫有關 Docker 和 Kubernetes 的資訊。

致謝

很榮幸受邀幫 Manning 寫書，Manning 非常謹慎地幫助我完成本書，因此非常感謝審稿人和出版團隊，他們的意見讓我能不斷反思書中不足之處，也要感謝每一位參與預覽計劃的讀者，包括試閱草稿、協助測試範例檔案，真的很感謝您們投入的所有時間。謝謝您們。

這邊要感謝所有的審稿人，他們的建議幫助我們把這本書變成一本更好的書：Andres Sacco, David Madouros, Derek Hampton, Federico Bertolucci, George Onofrei, John Kasiewicz, Keith Kim, Kevin Orr, Marcus Brown, Mark Elston, Max Hemingway, Mike Jensen, Patrick Regan, Philip Taffet, Rob Loranger, Romain Boisselle, Srihari Sridharan, Stephen Byrne, Sylvain Coulonbel, Tobias Kaatz, Trent Whiteley, and Vincent Zaballa.

關於本書

本書的目標非常明確，希望當您在 Docker 中執行應用程式時充滿自信，讓您能夠在 Docker 中執行一個可驗證的應用程式，並將應用程式轉移到容器中，我們會讓您非常清楚知道要做的步驟，順利部署到正式環境中。每一章的內容都是實務上會派上用場的技術及觀念，逐步帶您深入 Docker、分散式運算、調度工具，累積活用容器生態系統的經驗。

本書是針對沒有經驗或想要提升 Docker 技術的使用者設計，Docker 是 IT 領域的核心技術，因此會觸及到許多相關技術，作者已經努力降低技術門檻，並以最低限度的的背景知識進行講解。Docker 跨越了架構、開發及維運的界限，無論您的 IT 背景如何，這本書都會讓您有所收穫。

為此本書設計了大量的練習，在閱讀該章節時，請務必跟著執行範例，Docker 支援很多不同類型的電腦環境，您可以按照本書所使用的任何一個作業系統來執行書上的範例 (包括 Windows、Mac 或 Linux，甚至是 Raspberry Pi)。

如何使用這本書

本書經過精心安排，您應該能夠在一小時內看完一章，22 個章節可以在一個月內學完一整本書。每天 60 分鐘的時間應該足夠讓您閱讀一個章節的內容，並透過馬上試試的練習進行實際操作，使用容器來練習，才能真正鞏固您在每一章獲得的知識。

本書範例檔下載

本書包含了許多 Dockerfile 和應用程式的範例檔,本書中的範例程式碼可以從 Manning 的網站 https://www.manning.com/books/learn-docker-in-a-month-of-lunches 和 GitHub 上的 https://github.com/sixeyed/diamol 找到。

另外旗標也同步將範例檔案整理好放置於旗標網站,只要依照以下網站指示填入通關密語、加入會員,還能獲得其他額外的 Bonus:

https://www.flag.com.tw/bk/st/F1126

作者親授線上教學影片

作者也為本書錄製了線上教學影片,長達 20 小時以上,可以搭配本書的內容來同步學習,效果加倍:

https://reurl.cc/7rOZNd

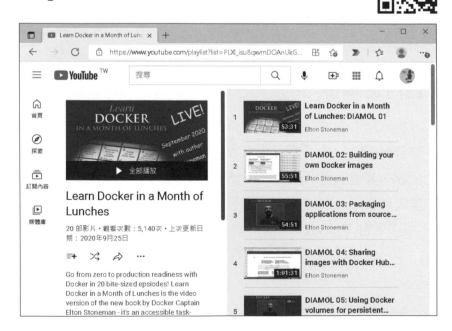

導讀

Docker 是一門很好上手的技術，因此您可以很容易地建立一個清晰的學習路徑，從簡單的開始逐漸增加，直到您達到能夠部署到正式環境的程度。本書根據作者在數十次研討會、網路研討會和培訓中，已驗證的學習路徑來撰寫。

第 1 章將告訴您這本書的教學大綱，並介紹容器的本質以及應用的場景，在引導您安裝 Docker 和下載資源之前，您可以先了解一下書中所需要使用的範例檔。

第 2 章到第 6 章涵蓋了 Docker 的基礎知識，在這裡您將學習如何執行容器，如何為 Docker 打包應用程式，並在 Docker Hub 和其他伺服器上分享它們，除此之外還會了解容器中的儲存方式，以及如何在 Docker 中使用有狀態的應用程式（如資料庫）。

第 7 章到第 11 章將繼續介紹如何執行分散式應用程式，其中每個元件都會連接到 Docker 虛擬網路的容器中執行，在這裡您將學習 Docker Compose 和使容器化應用程式部署到正式環境中，其中包括狀態檢查和監測，本篇還涵蓋了應用程式在環境之間的移動和使用 Docker 建立 CI 的工作流程。

第 12 章到第 16 章是關於使用容器調度工具執行多樣化應用程式的內容，這是一個執行 Docker 的主機叢集，您將學習如何將伺服器連接在一起，擴展您對 Docker Compose 的知識到能夠在叢集上部署應用程式，您也會學到如何建立跨平台的 Docker Container，包括 Windows、Linux、Intel 和 Arm。這種便攜性是 Docker 的一個關鍵功能，當雲端服務開始支援更便宜、更高效的 Arm 處理器，這個功能將變得越來越重要。

第 17 章到第 21 章涵蓋了更進階的主題，包含如何優化 Docker 容器、使用 Docker 平台整合您的應用程式日誌和配置 Docker 容器的模式，本篇還涵蓋了將單體式應用程式分解為多個應用程式的方法，使用強大的反向代理和訊息佇列增加應用程式的可用性。

第 22 章 (最後一章) 提供了關於如何使用 Docker 來進行概念驗證，並將自己的應用程式轉移到 Docker 上，如何讓組織或團隊中的相關人等，都一起加入、規劃正式產品。在看完本書之後，您應該有足夠自信將 Docker 帶入您的日常工作中。

馬上試試

本書的每一章設計了練習題讓您實作，這本書的所有範例都在 GitHub 上，網址是 https://github.com/sixeyed/diamol，可以下載範例檔，您可以用它來執行所有的練習。這將讓您在容器中建置和執行應用程式。

許多章節建立在本書前面的操作基礎上，但您不需要照本書的章節順序去操作，在練習中，您打包應用程式，以在 Docker 中執行，但作者已經將它們全部打包，並在 Docker Hub 上分享。這代表您可以在任何時候使用作者打包好的應用程式，如果您能找到時間來練習這些範例，會比您只瀏覽章節的效果還要好。

課後練習

每一章的最後都有一個課後練習，邀請您嘗試比馬上試試更深更廣的練習 (有些練習已經是專案的等級了)。雖然如此也不用擔心作不出來，書上都會有必要的說明和提示，幫助完成課後練習。若還是做不出來，我們也提供課後練習的解答，放在 sixeyed/diamol GitHub 儲存庫中，可以跟自己做的結果比較一下，找出快速釐清哪些地方沒搞清楚。

目錄
CONTENTS

第 6 章 使用 Docker volume 進行永續性儲存　　Day 06

第 2 篇 在容器中執行分散式應用程式

第 7 章 使用 Docker Compose 執行多容器應用程式　　Day 07

第 10 章 使用 Docker Compose 執行多個環境

Day 10

第 11 章 使用 Docker 及 Docker Compose 建置和測試應用程式

Day 11

第 3 篇 使用容器調度工具
(container orchestrator)
執行大規模的應用程式

第 12 章 容器調度 (orchestration)： Docker Swarm	**Day 12**

第 13 章 在 Docker Swarm 中部署 分散式應用程式	**Day 13**

第 14 章　升級和降版還原 (rollback) 的自動發佈　　Day 14

第 15 章　安全性遠端連線設定與 CI/CD pipeline 的建構　　Day 15

第 4 篇　可用於正式生產環境的容器

第 19 章 使用 Docker 撰寫及管理應用程式日誌　　　Day 19

第 20 章 透過反向代理控制進入容器的 HTTP 流量　　　Day 20

第 21 章 使用訊息佇列 (message queue) 來達成非同步通訊	Day 21

第 22 章 Docker 無止境	Day 22

第 1 篇

了解 Docker
容器和映像檔

歡迎來到《跟著 Docker 隊長，修練 22 天就精通》。
本書的第一篇將讓您快速掌握 Docker 的核心概念：
容器、映像檔和登錄伺服器。您將學習如何在容器中
打包、執行應用程式，將這些應用程式分享給其他人
使用。您也會學習到如何在 Docker Volume 中儲存
資料，以及如何在容器中執行有狀態應用程式。在前
幾章結束時，您將會掌握 Docker 的所有基本知識，
從一開始就打下好的基礎。

1

Chapter

Day 01

Docker 應用五大 情境與安裝步驟

Docker 是一個在容器中執行應用程式的平台，容器在軟體開發中應用廣泛，從雲端的無伺服器架構（Serverless）到企業的產品規劃，不管對於開發還是維運人員，Docker 都佔據了非常重要的一環，在 2021 年 Stack Overflow 的問卷調查（http://reurl.cc/DZg0d6）當中，Docker 是工程師最想學習的技術 (Most Wanted Tools)。

Docker 是一門簡單易學的技術，不需要太深的背景知識。在本書的第 2 章中，我們將學習如何執行容器，而在第 3 章學習如何打包應用程式，並在容器中執行，除此之外每章的最後，都特別設計了可以跨平台執行的範例，讓您加深所學到的技巧，不管使用的是 Windows、Mac 或是 Linux 系統，都可以照著範例去練習。

本書的內容經過多年的計畫，除了第 1 章之外，都設計了**馬上試試**的練習，在開始之前，我們要先了解容器該如何執行，以及它可以解決甚麼問題，另外本章也說明了本書的使用方式，您可以藉此了解這本書是否適合您。

讓我們來看看大家怎麼使用**容器**（container）這項技術，以下將會示範五個主要的應用場景，您會看到如何用容器技術解決各式各樣的問題，有些場景可能和您的工作領域非常相似，在本章結束時，您會了解為什麼 Docker 是一定要學會的技術。

1.1 從作者的經驗出發 － 容器應用的實際場景

作者從 2014 年開始接觸 Docker，當時正在進行一個專案，內容為提供 **API**（Application programming interface, 應用程式介面）服務給 Android 裝置，團隊在開發初期使用 Docker 作為工具，主要用於程式碼及建置伺服器方面，在過程中，對於 Docker 的高度可用性幫助團隊省下許多開發成本，到後期也將 Docker 應用在測試環境中，當專案快結束時，團隊將所有環境都改用 Docker。

當作者交接專案時，接手的團隊拿到的是一個放在 Github 儲存庫（Repository）裡面的 README 檔案，不管是要建置、部署或是管理，甚至是在不同的環境下執行此應用程式，都只需要 Docker，新的開發人員只要拿到程式碼，然後執行一個簡單的命令，就可以建置和執行，管理者也是使用相同的工具，去部署和管理在正式環境中的容器。

通常這種大規模的專案，大概需要兩周的時間才能完成交接，在過程中，新的開發人員必須安裝非常多特定版本的工具，管理者也要安裝各種相對應的管理程式。當您使用 Docker 以後，就不用這麼麻煩，因為 Docker 整合了所有工具，而且讓每個人都可以輕鬆上手。

2016 年以後，Docker 技術漸漸普及，部分原因是它讓軟體交付變得非常容易，另一方面是因為 Docker 非常的靈活，您可以把 Docker 引進任何專案中，不管是新專案、舊專案，也不用管是 Windows 還是 Linux 的專案，完全都沒問題。接下來，讓我們看看容器在各個場景中如何發揮它的作用。

場景 1：雲端應用部署

將應用部署到雲端上，是很多開發團隊的重要目標。現今微軟、Amazon、Google 皆提供相當完整的雲端服務，幫助我們省去伺服器、磁碟、網路、和電源等硬體成本，讓您可以在國際級資料中心 (data center) 託管應用程式，幾分鐘就可以完成部署，而且只需支付使用資源的費用即可，但是要怎麼把應用程式部署到雲端呢？

這裡有兩個選項可供選擇，一種是 IaaS（Infrastructure as a Service, 基礎設施即服務），一種是 PaaS（Platform as a Service, 平台即服務），無論如何選擇，這兩種方式都各有優缺點。如果選擇 IaaS，要事先為應用程式的每個元件（component），啟用各自的虛擬機器（Virtual Machine,VM），接著再遷移到多個雲端，但是這樣的做法費用較貴。另一個選項是使用 PaaS 來移轉應用程式的每個元件至雲端的管理服務，這會花費許多時間成本來部署，而且應用程式會被限制在同一個雲端服務上，不過它的好處是可以減少維運成本。圖 1.1 展示了如何使用 IaaS 及 PaaS 移轉到雲端的**分散式應用程式**。

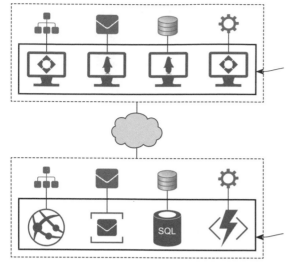

這是 IaaS 模式，每個元件彼此隔離，一個 VM 只執行一個元件，這是較為簡單的移轉方式，但是會有很多 VM 需要管理，而且整體費用非常貴

這是 PaaS 模式，雲端提供者提供與每個元件相對應的服務，執行及管理成本較低，但是會花費許多時間以及人力成本來部署應用程式

圖 1.1：使用 IaaS 會執行低效率高費用的 VM，而使用 PaaS 雖然營運成本較低，但要花費較多部署的時間。

　　Docker 提供另一種不需要折衷的選擇，做法是將應用程式的每個部分（元件）打包到容器中，接著使用 Azure Kubernetes Service、Amazon 的 Elastic Container Service 或是在 Docker 叢集中，執行整個應用程式。您會在第 7 章中學到如何打包及執行分散式應用程式，在 13 章及 14 章中，學到如何執行一個可擴展的產品，圖 1.2 展示了使用 Docker 的可攜式方案，您可以在雲端上使用較低的成本執行，也可以託管在資料中心，甚至是您自己的筆電裡。

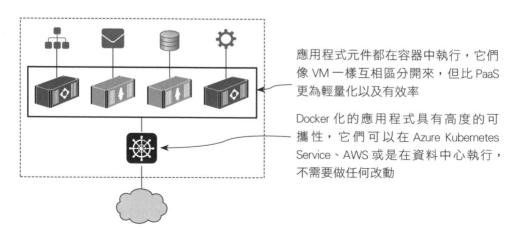

應用程式元件都在容器中執行，它們像 VM 一樣互相區分開來，但比 PaaS 更為輕量化以及有效率

Docker 化的應用程式具有高度的可攜性，它們可以在 Azure Kubernetes Service、AWS 或是在資料中心執行，不需要做任何改動

圖 1.2：在部署雲端之前，將相同的應用程式移轉到 Docker 上，就可以同時具備 PaaS 的成本優勢、IaaS 的可攜性優勢以及 Docker 易使用的優勢。

整體來說，將應用程式打包到容器中會花費一些時間，因為使用 Docker Compose 或 Kubernetes 部署時，會要求在 Dockerfiles 中寫上安裝步驟及應用程式資訊 (manifest)。但好處是部署後不需要更改程式碼，不管是筆電或雲端，都可以用同樣的方式執行應用程式。

場景 2：將傳統應用程式更新成微服務架構

將容器 (已經將應用程式打包到容器中) 部署到雲端後，可以在雲端上執行大部分的應用程式，但是如果該應用程式使用較舊的單體式設計 (monolithic design)，就很難發揮 Docker 全部的實力，雖然在容器中可以執行單體式應用程式（ monolithic application ），但是這種架構會限制應用程式的靈活性，例如在 30 秒內，用容器就可以自動分階段推出一項新功能，但是如果該功能是兩百萬行單體式應用程式的一部分，可能要花費許多時間來進行**回歸測試 (regression testing)**。

> 在軟體開發的過程中，一定會不斷的修改或是增加新的程式碼，每次更改程式碼後就必須重新測試現有功能，以便確認新加入的部分沒有影響到既有的應用程式。為了驗證修改的正確性及其影響，所進行的測試項目就稱為**回歸測試**（regression testing）

把您的應用程式移到 Docker 上，是更新軟體架構的第一步，不需要改寫整個程式碼，就可以適應新的模式，做法非常簡單，您會在本書中學到用 Dockerfile 和 Docker Compose 語法把應用程式打包到容器中。

執行容器時，Docker 會自動建立一套虛擬網路，利用虛擬網路，容器與容器之間可以直接進行溝通，這代表可以藉由容器區隔您的應用程式，把每個功能放到相對應的容器中，慢慢的把單體式應用程式，轉換成有完整功能的分散式應用程式，圖 1.3 展示了簡單的微服務 (Microservices) 架構：

這是一個在容器中執行的原生單體應用程式,應用程式可
能是十年前寫的,使用容器部署完全不需要修改程式碼

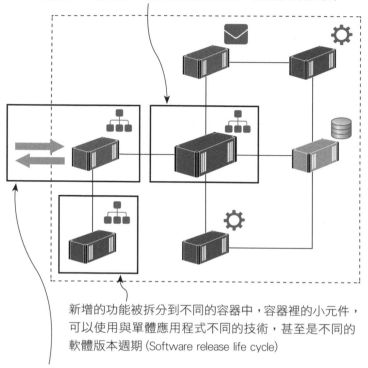

新增的功能被拆分到不同的容器中,容器裡的小元件,
可以使用與單體應用程式不同的技術,甚至是不同的
軟體版本週期 (Software release life cycle)

所有的外部請求,會透過路由發送到單體應用程式或是微服務,
單體應用程式可以拆成不同的元件,這過程中不需要重寫程式碼

圖 1.3:不需要重寫整個專案,就可以分解單體應用程式到分散式應用程式中,所有的元件
都在容器中執行,而路由(routing)會決定請求由單體應用程式或是微服務來完成。

此例展示了微服務架構 (Microservices) 的許多好處,將每個主要功能區
分到不同的獨立元件中,此作法不但可以對應用程式進行管理,且方便開發
人員快速測試及修改程式,不需要更動整個應用程式,只要修改需要的功能
就好了,運用這個特性,能夠隨時擴展和縮小應用的架構,也可使用不同的
技術來滿足需求。

用 Docker 更新舊版本的應用程式非常簡單,您會在第 20 章和第 21 章
中學到相關的知識與技巧,您可以交付更敏捷、可擴展及快速復原的應用程
式,而且可以分階段去更新,不需要花費數個月去重寫該應用程式。

場景 3：建立雲端原生應用程式

由場景 2 可以看出不管是單體式還是分散式應用程式，Docker 都可以將其部署到雲端上，如果是單體應用程式，Docker 會拆解成較新的分散式架構，不管您的應用建構在資料中心還是雲端上，因為有了 Docker，基於雲端服務的專案，其開發速度都會有顯著的提升。

雲端原生運算基金會（Cloud Native Computing Foundation, CNCF）將這樣的架構描述為「使用開源軟體將應用程式部署為微服務，並將應用程式的每個部分用容器打包好，動態安排這些容器以優化資源利用。」

圖 1.4 展示了一個新的微服務應用程式的典型架構，您可以在 https://github.com/microservices-demo 上找到它。

如果您想深入了解微服務可以參考這個範例，範例中每個元件有自己的資料，並透過 API 公開。此例前端是使用 API 服務的 Web 應用程式，範例中使用各種程式語言和不同的資料庫，但是每個元件都有一個 Dockerfile 用來打包，並且整個應用程式都定義在 Docker Compose 檔案中。

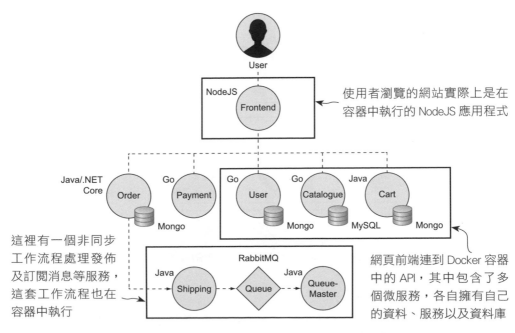

圖 1.4：雲端原生應用程式建立在微服務架構上，每個元件都在容器中執行。

您將在第 4 章中學習到如何使用 Docker 編譯程式碼，它是打包應用程式的一個環節，不需要額外安裝任何工具，開發人員只需安裝 Docker，複製程式碼，並使用一行命令，即可建置和執行應用程式。Docker 還可以輕鬆地將第三方軟體導入您的應用程式，無需額外撰寫程式碼，即可添加需要的功能。除此之外 Docker 還支援團隊協作的功能，透過 Docker Hub，團隊可以共用在容器中執行的軟體。CNCF 發佈了一個開源專案的地圖，您可以將其用於從監控到訊息佇列 (Message queue) 的所有操作，並且都可以從 Docker Hub 取得 (關於 Docker Hub 在本書後續的章節中會學到)。

場景 4：無痛接軌創新的 Serverless 架構

現代化 IT 的其中一個趨勢是一致性，團隊希望所有專案都使用相同的工具和流程。您可以用 Docker 來做到這一點，使用容器來處理所有作業流程。不管是要在 Windows 上執行舊的 .NET 應用程式或是在 Linux 上執行新的 Go 應用程式。您可以建構一個 Docker 叢集，來執行所有的應用程式，用相同的方式建置、部署和管理這些程式。

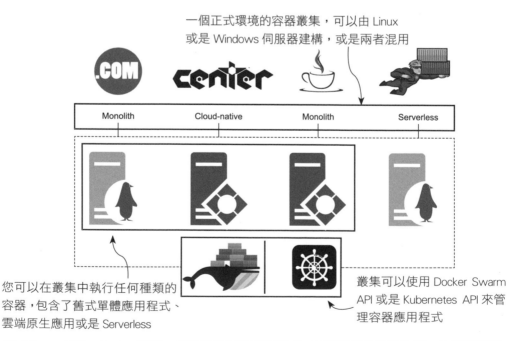

圖 1.5：一個單一 Docker 叢集，可以執行各種應用程式，不管背後的技術為何，您都可以用同樣的方式去建置、部署與管理。

在維持一致性的開發流程下，Docker 讓您仍可以探索創新的開發體驗。Serverless 是在容器之後，最令人興奮的創新之一。圖 1.5 展示了如何在單個 Docker 叢集上，執行所有應用程式（傳統單體應用程式、新的雲端原生應用程式和 Serverless），這些叢集可以在雲端或資料中心中執行。

Serverless 架構與容器是息息相關的。Serverless 的目標是開發人員編寫相關功能的程式碼，並將其部署到雲端服務上自動進行建置並打包程式碼。當使用者使用該功能時，雲端服務將啟動該功能來處理請求，在這過程中不需要處理伺服器、管線化（pipeline）等相關步驟，容器會負責所有的工作。

所有部署到雲端的 Serverless 架構應用程式，都是使用 Docker 打包程式碼和容器以執行其功能。但是雲端中的附加功能是不可移植的（無法跨平台），例如：您無法在 Azure 中使用 AWS Lambda 功能，因為目前 Serverless 並沒有開放標準。如果不希望 Serverless 只能放在雲端上，或者放在資料中心中執行，您可以用 Docker 建立自己的平台，常見的架構有 Nuclio、OpenFaaS 或 Fn Project（這些都是很普遍的開源 Serverless 架構）。

機器學習、區塊鏈和物聯網等其他重大創新，也都受益於 Docker 一致的打包和部署流程。您會發現目前部署到 Docker Hub 的相關專案幾乎都圍繞在 TensorFlow 和 Hyperledger 這兩個平台之上。特別是物聯網，因為 Docker 與 Arm 合作，使容器成為 Edge 和 IoT 設備的預設執行環境（Runtime）。

場景 5：DevOps 的數位轉型

看到這裡您會發現前面這些場景都涉及技術與開發層面，但是許多組織面臨的最大問題是維運，尤其是對於規模較大的企業而言。團隊被分為「開發人員（Dev）」和「維運人員（Ops）」，負責專案生命週期（ProjectLife Cycle）的不同部分。當發佈產品或服務的過程中出現問題時，兩團隊間容易產生相互怪罪的情況，為了這防止類型的情況發生，在開發環節中會設置質量門（Quality Gates）。接著導致團隊有一大堆質量門，所以一年只能管理兩個或三個發行版本，不僅浪費時間、人力成本，也不能很好的掌控應用程式的品質。

> 質量門（Quality Gates）可以視為專案的階段性標準，作用是在開發的過程中對每個項目進行審核，確保專案在達到標準後才能進行下一個階段。透過質量門可以降低團隊協作中出錯的風險。

DevOps 的目標是讓一個團隊擁有整個應用程式生命週期，將「Dev」和「Ops」組合在一起，從而為軟體部署和維護帶來高度的敏捷性。DevOps 主要在於軟體開發文化，它可以使組織從大規模的每季發佈到小型的每日部署。但是，如果不更改團隊使用的技術，很難做到這一點。

維運人員可能習慣使用 Bash、Nagios、PowerShell 和 System Center 等工具。開發人員則使用 Make、Maven、NuGet 和 MSBuild 來工作。沒有共通技術的團隊很難相互配合，這正好體現了 Docker 的好處。您可以通過容器來達成 DevOps，整個團隊改用 Dockerfiles 和 Docker Compose 檔案，使用相同的語言與工具便能加速應用程式的開發與維運。

CALMS（文化、自動化、精益、衡量和共享）是用於實現 DevOps 的強大架構，Docker 致力於實現這些目標，在此架構中，**自動化**是容器運作的核心，分散式應用程式會依照**精益**原則來建構，**衡量**生產應用程式和部署過程也易於進行，最後透過 Docker Hub 來**共享**一切，不用重複做白工。

1.2 這本書適合您嗎？

在上一節中所概述的五個應用場景，幾乎包含了 IT 行業目前正在發生的所有情況，很顯然 Docker 是這一切的關鍵，如果想讓 Docker 解決此類問題，那麼本書非常適合您，它讓您從零開始學習，一直到有能力在正式環境中執行您的應用程式。

本書的目的是教您如何使用 Docker，因此不會過多地介紹 Docker 本身是如何運作的。也不會詳細討論諸如 Linux cgroup 和 namespace 或 Windows Host Compute Service 之類的容器化或底層所運用的技術。

> 📝 如果您需要了解技術細節，請參閱 Manning 所出版的《Docker in Action》第二版。

本書中的範例都是跨平台的，因此您可以使用 Windows、Mac、Linux（包括 Arm 處理器）甚至是 Raspberry Pi，並且搭配各種程式語言，當然，請選擇可跨平台的程式，例如 .NET Core 可以，只能在 Windows 上跑的 .NET Framework 就不行。目前 Docker 以 Linux 容器的支援性較好，本書絕大部分功能都完全適用 Linux 容器，相對來說，Windows 容器通常需要略作一些調整，雖然書上會說明差異部份，不過如果您想深入學習 Windows 容器，請自行參考作者的部落格（https://blog.sixeyed.com）。

最後，這本書是專門針對 Docker 的使用方法，因此在正式部署方面，將會使用到 Docker Swarm（Docker 內建的叢集技術）。在第 12 章中，將會討論如何在 Docker Swarm 和 Kubernetes 之間進行選擇，關於 Kubernetes 並不會進行詳細介紹，因為 Kubernetes 需要更多容器的知識與經驗才能靈活運用，不過 Kubernetes 只是執行 Docker 容器的另一種方式，因此您在本書中學到的所有觀念都可適用在此平台上，本書可以當作您學習 Kubernetes 前的敲門磚。

1.3 安裝 Docker 開發環境

首先，您需要準備的就是 Docker 的環境以及本書所使用的範例程式碼。除此之外還需要建立一個 Docker Hub 帳戶，可免費註冊，有了這個帳戶，就能使用共享的功能。

Docker 有許多不同版本與安裝方式，您可以依照自己的環境進行安裝，此處我們會針對常見的作業系統給予建議。

若要適用各種開發及正式環境，建議選擇安裝免費版本的 Docker Community Edition，連上 Docker Hub 網站上就可以找到各種安裝版本了。

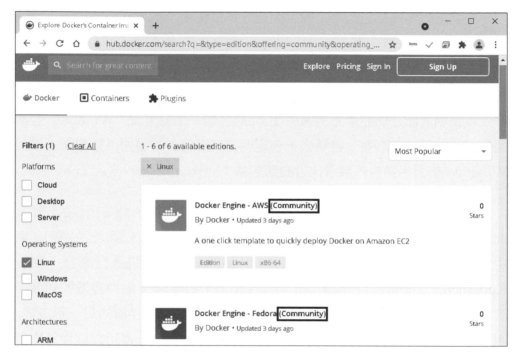

圖 1.6：Docker Hub 官方網站上就可以下載取得各種版本的 Docker。

假如您使用的是 Windows 10 或 macOS 的最新版本，則可以選擇 Docker Desktop。Linux 系統通常已經內建 Docker，如果是比較舊的版本可以手動安裝。進行商業應用則可以選擇安裝 Docker Enterprise。

1.3.1　在 Windows 10 上安裝 Docker Desktop

如果您使用的是 Windows 10 Professional 或 Enterprise，請先確認 Windows 的版本高於 1809（可以從命令列以檢查作業系統版本），才能安裝 Docker Desktop。打開瀏覽器，並輸入網址（www.Docker.com/products/Docker-desktop），然後直接選擇安裝穩定版本。如下圖：

圖 **1.7**：Docker Desktop 的下載頁面。

　　下載安裝程式後直接執行，接受所有預設的設置，啟動 Docker Desktop 後，您可以在 Windows 右下角附近的任務欄中，看到 Docker 的鯨魚圖示 🐳。

1.3.2　在 MacOS 上安裝 Docker Desktop

　　要在 MacOS 上安裝 Docker 必須是 macOS Sierra 10.12 或更高版本，才能安裝 Docker Desktop，點擊選單列左上角的 Apple 圖標，然後「選擇關於此 Mac」以查看您的版本。接著打開瀏覽器，並輸入網址（www.Docker.com/products/Docker-desktop），並選擇安裝穩定版本。下載安裝程式並執行它，接受所有預設設置。啟動 Docker Desktop 後，您將在時鐘旁邊的 Mac 選單列中看到 Docker 的鯨魚圖示。

舊版 Windows 或 macOs 系統請安裝 Docker Toolbox

如果您使用的是 Windows 或 OS X 的舊版本，則需要安裝 Docker Toolbox，打開瀏覽器，輸入網址（https://docs.Docker.com/toolbox），並按照說明進行操作，您需要先設置虛擬機軟體，例如 VirtualBox，因此版本許可的話，請盡可能使用 Docker Desktop，就不需要額外安裝 VM 管理器了。

1.3.3　在 Linux 上手動安裝 Docker

如果您的環境是 Linux 系統，應該已經內建 Docker，或是有包含可以直接安裝的版本，只是您沒發現，請您自行安裝啟用就可以了。

如果是非常非常舊的 Linux 可能就需要手動安裝了。您可以使用 Docker 每次更新所釋出的安裝腳本，將瀏覽 https://get.Docker.com，依照說明將 Docker 執行腳本進行安裝，然後再到 https://docs.Docker.com/compose/install，依照說明安裝 Docker Compose。

1.3.4　在 Windows 伺服器或 Linux 伺服器上安裝 Docker

雖然可以使用 Docker Community Edition 部署應用程式，但是如果需要更多商業應用時，則可以使用 Docker 提供的商業版本，稱為 Docker Enterprise。Docker Enterprise 建立在 Community Edition 的基礎上，因此在本書中學習的所有內容，都可以在 Docker Enterprise 上執行。Docker Enterprise 適用於所有主要 Linux 版本，以及 Windows Server 2016 和 2019 的版本。您可以在 http://mng.bz/K29E 上的 Docker Hub 上，找到所有 Docker Enterprise 版本以及安裝說明。

📝 相較於免費版本的 Docker Community Edition，Docker Enterprise 額外提供了認證能力、影像管理、容器安全掃描等進階服務。

1.3.5　檢查 Docker 是否有安裝成功

雖然 Docker 由幾個不同的元件所構成的，不過這邊只需要確認 Docker 有在執行，並且已安裝 Docker Compose 即可。可以使用以下命令來檢查 Docker 是否有安裝成功：

```
PS> docker version
```

接下頁

```
Client: Docker Engine - Community
Version: 19.03.5
API version: 1.40
Go version: go1.12.12
Git commit: 633a0ea
Built: Wed Nov 13 07:22:37 2019
OS/Arch: windows/amd64
Experimental: false
Server: Docker Engine - Community
Engine:
Version: 19.03.5
API version: 1.40 (minimum version 1.24)
Go version: go1.12.12
Git commit: 633a0ea
Built: Wed Nov 13 07:36:50 2019
OS/Arch: windows/amd64
Experimental: false
```

輸出的畫面可能會跟這裡不同，因為不同版本的作業系統各有相對應的版本，這也跟您安裝的 Docker 版本有關，這裡只要能看到 Client 和 Server 的版本號，就代表有成功安裝 Docker。

接下來，需要測試 Docker Compose，這是一個與 Docker 互動的命令列。執行下面的程式碼來檢查：

```
PS> docker-compose version
```

```
docker-compose version 1.25.4, build 8d51620a
docker-py version: 4.1.0
CPython version: 3.7.4
OpenSSL version: OpenSSL 1.1.1c 28 May 2019
```

輸出結果可能會和上方不一樣，同樣只要檢查顯示的版本號都沒有出現錯誤，就可以了。

1.3.6 下載本書程式碼

本書的程式碼放在 Github 上，如果您有安裝 Git 可以輸入以下命令：

```
git clone https://github.com/sixeyed/diamol.git
```

如果您沒有 Git，可以直接輸入上面的網址，然後展開 Code 鈕可以找到 Download ZIP，它會自動下載一個壓縮檔，解壓縮之後就是本書所有的程式碼。

1.3.7 清除容器、釋放空間

Docker 不會自動清除容器或是應用程式套件，當離開或關閉 Docker Desktop，所有的容器都會停止，此時它們不會使用到任何的 CPU 或是記憶體資源，如果不放心，可以在每章結束時，輸入以下命令：

```
docker container rm -f $(Docker container ls -aq)
```

如果做完練習後，想要釋放磁碟空間，可以輸入以下命令：

```
docker image rm -f $(Docker image ls -f reference='diamol/*'-q)
```

不必擔心需要的套件會被誤刪掉，下次啟動時 Docker 會自動下載它們，所以可以在任何時候執行該命令。

1.4　課後練習

「課後練習」是本書的另一項特色。在隨後的章節中，課後練習會幫助您複習學習過的技能並將其付諸實踐。每章都會從該主題的簡短介紹開始，然後是「馬上試試」，練習如何使用 Docker 實作。接著會有一個重點回顧，條列每章的重點整理，以彌補遇到較深入的內容時可能會遇到的一些問題。最後將會有一系列的練習題，幫助您加深所學。課後練習中所有主題都圍繞在現實世界中會發生的情況。您會在各章中學習如何立即且有效運用 Docker 解決這些情況。讓我們開始吧！

2
Chapter

Day 02
Docker 操作
流程與基礎命令

讓我們先從 Docker 的基礎開始，在第 2 章中您會了解 Docker 的核心功能、一些容器相關的背景知識以及讓應用程式輕量化的優點、學會如何在容器中執行應用程式。

2.1 容器執行初體驗

首先來執行每個程式初學者都會接觸的 Hello World，前一章中我們已經完成了執行 Docker 的前置作業，接著打開終端對話視窗（Mac 系統使用 Terminal，Linux 系統使用 Bash shell，Windows 系統則推薦使用 PowerShell），跟著「馬上試試」的說明來操作：

◁)) 馬上試試

輸入以下命令，讓 Docker 執行一個容器，該容器的功能就是在螢幕上印出 Hello World：

```
docker container run diamol/ch02-hello-diamol
```

命令的參數等等會解釋，目前只要先看輸出結果就好，如圖 2.1 所示：

使用名為 diamol/ch02-hello-diamol 的映像檔來啟動容器

```
PS>docker container run diamol/ch02-hello-diamol
Unable to find image 'diamol/ch02-hello-diamol:latest' locally
latest: Pulling from diamol/ch02-hello-diamol
e7c96db7181b: Already exists
1fa86b16e100: Pull complete
d475cf4d6544: Pull complete
Digest: sha256:4c441f5e0fe179ae61d8388fd711a8796c769559a2666a71c84
9b37d4bbbd07c
Status: Downloaded newer image for diamol/ch02-hello-diamol:latest
---------------------
Hello from Chapter 2!
---------------------
My name is:
e5943557213b
---------------------
Im running on:
Linux 4.9.125-linuxkit x86_64
---------------------
My address is:
inet addr:172.17.0.2 Bcast:172.17.255.255 Mask:255.255.0.0
---------------------
PS>
```

本機端找不到所要使用的映像檔
(Unable to find image locally)

本機找不到映像檔 Docker 就會自動下載

Docker 執行一個包含應用程式的容器，此處是容器內應用程式執行的輸出訊息

圖 2.1：執行容器後的輸出，可以看到 Docker 下載了應用程式（在 Docker 中通常叫作映像檔），在容器中執行，並且顯示了應用程式的輸出。

上圖做了哪些事情？ Docker container run 命令告訴 Docker 在容器中執行一個應用程式，Docker 會先找尋相對應的**映像檔**，通常一般來說會將應用程式打包進映像檔，並且發佈到公開的網站上。本例執行的映像檔是 diamol/ch02-hello-diamol，輸入的命令告訴 Docker 用這個映像檔來執行容器，當本機上找不到映像檔時 Docker 會自動下載映像檔到本機，接著用該映像檔來執行容器。在第一次執行命令的時候，本機沒有映像檔，所以會看到輸出顯示「Unable to find image locally」(本機端找不到映像檔)，然後 Docker 自動開始下載映像檔 (在 Docker 裡面叫做 Pull，中文習慣稱為「抓」、「抓取」)，接著就會看到映像檔下載完成了。

上述顯示的 "Hello from Chapter 2!" 等訊息，是作者之前就寫好的程式，然後打包成映像檔，讓您在這裡用 Docker 建一個容器來執行。

現在 Docker 已經用映像檔來啟動一個容器，映像檔包含應用程式的命令，您可以看到輸出顯示 "Hello from Chapter 2!" 訊息，還包含了電腦環境的一些細節。

● My name is：本機名稱，本例是 e5943557213b

● I'm running on：作業系統，本例是 Linux 4.9.125-linuxkit x86_64

● My address is：網路地址，本例是 172.17.0.2

您看到的資訊有可能不一樣，因為這些資訊是根據您的電腦環境決定的，本例在 Linux 的作業系統上執行，使用的是 64 位元的處理器，如果是用 Windows 的作業系統，在 I'm running on 這行下面，會顯示以下內容：

```
I'm running on:
Microsoft Windows [Version 10.0.17763.557]
--------------------------------
```

如果是跑在 Raspberry Pi 上面，輸出的處理器也會不同，例如 Arm 的 32 位元處理器晶片會顯示 armv7l，而 Intel 的 64 位元晶片，顯示的是 x86_64。

```
I'm running on:
Linux 4.19.42-v7+ armv7l
```

這是一個非常簡單的範例，它展示了 Docker 最基本的工作流程。開發者可以將應用程式打包成一個個容器，並發佈以供其他使用者下載，具有存取權限的任何人，都可以透過容器使用該映像檔來執行應用程式。Docker 稱這三個主要步驟為建置（build）、共享（share）、執行（run）。

這個工作流程不管應用程式的大小如何都是一樣的，您可以將許多元件一起打包成容器映像檔，包括含有許多模組的應用程式、函式庫、配置檔等。Docker 映像檔也可以在任何支援 Docker 的電腦上執行，這是 Docker 其中一個優點，讓應用程式具有可攜性。

📋 註：從以上的說明可以發現，容器映像檔是在您的電腦上執行程式，所以才會顯示不同的電腦環境資訊，這是 Docker 最令人驚豔的一點，稍後還會進一步說明。

如果同一道命令再執行一次，會發生甚麼事呢？

🔊 馬上試試

```
docker container run diamol/ch02-hello-diamol
```

再次執行後您還是會看到 "Hello from Chapter 2!" 訊息，不過其他資訊可能會有些不同。首先 Docker 之前已經下載過映像檔，因此不會再顯示「Unable to find image locally」，而會直接執行，容器的輸出結果顯示了同樣的作業系統資訊，雖然使用的是同一台電腦，不過會有不一樣的本機名稱和 IP 地址：

```
--------------------
Hello from Chapter 2!
--------------------
My name is:
858a26ee2741
--------------------
Im running on:
Linux 4.9.125-linuxkit x86_64
--------------------
My address is:
inet addr:172.17.0.5 Bcast:172.17.255.255 Mask:255.255.0.0
--------------------
```

以此處為例，容器執行後顯示的主機名稱為 858a26ee2741，IP 地址為 172.17.0.5，若再執行第 3 次、第 4 次，本機名稱和 IP 地址都會不同，但都在同一台電腦上執行，為什麼會有不同的本機名稱和 IP 地址呢？這個問題會在下一節中，深入討論並解釋。

2.2　容器是甚麼？

Docker 的容器，可以想像成是箱子 (Box)，每個容器就是一個箱子，箱子內裝的是一台電腦，電腦上會有一個應用程式在執行，而且電腦擁有自己的本機名稱、IP 地址和儲存空間（Windows 容器還會有自己的登錄檔（Windows Registry）），圖 2.2 說明了應用程式和容器之間的關係：

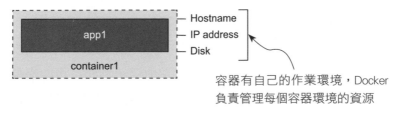

圖 2.2：容器環境中的應用程式。

容器裡面的資源包含了本機名稱、IP 地址、Docker 的檔案系統，這些都是由 Docker 所管理，構成前面所謂的箱子（Box）。

而容器中的應用程式在執行時，就像是在箱子內的電腦獨立運作，看不到箱子（容器）外的東西。您可以在實體電腦上執行多個容器，並由 Docker 來負責管理每個容器的環境，每個容器都會有獨立的主機名稱、IP 地址、儲存空間，彼此不會互相干擾。

然而執行應用程式所需的 CPU、記憶體和作業系統，則是共用實體電腦的資源，您可以藉由圖 2.3 來了解容器、Docker 和實體電腦的關係：

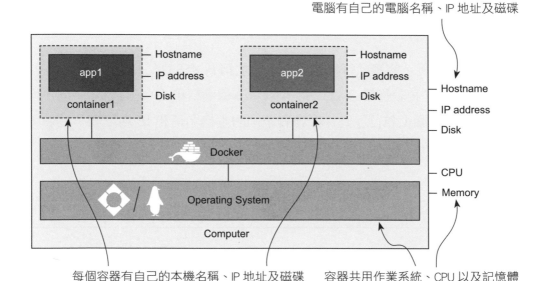

圖 2.3：多個容器在同一台電腦上執行，它們共用作業系統、CPU 以及記憶體資源。

以往在開發的過程中會遇到兩大難題：軟體密集度（density）以及隔離環境（isolation），軟體密集度是盡可能有效運用電腦上的 CPU 或記憶體資源（編註：簡單說將所有程式集中於一部電腦上可以充分的運用電腦資源），但不同應用程式之間又可能互相衝突，例如：可能需要不同的 Java Runtime、或是需要不同版本的函式庫等，又或者某一個應用程式會佔用所有資源，讓其他應用程式無法執行，因此應用程式需要隔離環境，讓作業環境各自獨立。

以往常利用虛擬機器 (Virtual Machine, VM) 來解決上述的兩個難題。虛擬機器和容器的概念非常像，它的運作機制比容器更像是我們剛剛比喻的箱子，箱子內的電腦擁有更完整的資源，我們可以從圖 2.3 和 2.4 看出兩者的不同。圖 2.3 為一個電腦執行了多個容器，而圖 2.4 為一個電腦上執行了多個虛擬機。

　　兩張圖相比可以看出最大的差異就是，每個 VM 都需要擁有自己的作業系統，而且還需要消耗大量的記憶體和處理器資源。虛擬機還有其他的問題需要注意，像是作業系統授權費用及不定期要安裝更新等等，雖然有效解決了隔離環境的問題，但對於軟體密集度的效果卻不是很好。

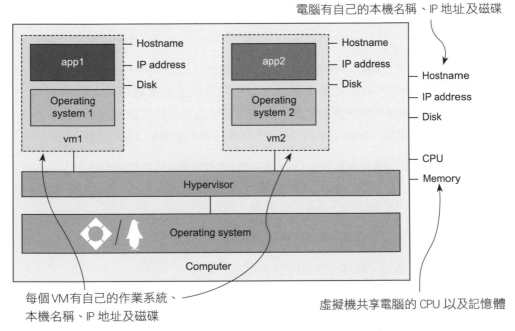

圖 **2.4**：多個 VM 在同一台電腦上執行，每個 VM 都有自己的作業系統。

　　Docker 更有效解決了軟體開發的難題，它比虛擬機更好的地方是，不需要犧牲軟體密集度，就能隔離不同的應用程式，所有容器共用電腦上的作業系統，這讓它非常輕量化，而且容器可以實現快速啟動，不會像虛擬機一樣肥大。所以用同樣的硬體資源，您可以跑的容器數量大概是虛擬機的五到十倍，Docker 另外一個優點就是效率，在下一節中，我們會透過更多練習更深入了解容器，您就會體會到這一點。

◆ 小編補充 虛擬機 (Virtual Machine)

虛擬機是電腦內的虛擬電腦，能提供與實體電腦相同的功能，虛擬機可以執行應用程式與作業系統。不過，虛擬機是在實體電腦上透過共享 CPU、記憶體和儲存空間的方式，來達到行為類似實際電腦的虛擬電腦，其可在視窗中以獨立的運算環境執行。一般使用虛擬機的用途如下：

- 建置應用程式並將其部署到雲端。

- 試用新的作業系統 (OS) 或者是未知來源的應用程式。

- 啟動新的特定環境，讓開發人員能夠輕鬆快速地在指定環境開發/測試專案。

📝 註：虛擬機器是從系統的其餘部分分割而來，所以 VM 內的軟體不會干擾實體電腦的作業系統。

在實體電腦上建立的每一個虛擬機，都各自擁有自己的作業系統和應用程式，其優點在於能夠保持彼此完全獨立，而且完全獨立於實體電腦，透過稱為 Hypervisor 或虛擬機管理員的軟體，可讓您同時在不同的虛擬機器上執行不同的作業系統。例如：在新版本的 Windows OS 上執行舊版的 Linux 系統。

📝 實體電腦的作業系統稱為 Host OS，虛擬機上的作業系統稱為 Guest OS。

虛擬機的彈性與可攜性為其帶來許多優點，例如：

- 提供災難復原與建置應用程式的不同設定。

- 虛擬機易於管理、維護，而且應用廣泛。

- 可在單一實體電腦上執行多個作業系統環境 (Guest OS)。

虛擬機雖然方便且優點多，但缺點也非常明顯，例如：在單一電腦上執行多個虛擬機，可能會造成效能不穩定、虛擬機的執行效率與速度會低於實體電腦等。

2.3 透過 Docker 互動模式執行容器

在現實的情況下，要從無到有執行一整個應用程式，通常需要一連串的步驟。想像一下您要跟同事說明怎麼啟動您開發的某個系統，可以先將相關工作寫成一連串命令 (Scripts，稱為腳本)，還需要給予相關的說明文件、程式碼以及配置檔，同事收到後再依照指示來完成整個流程，過程可能需要好幾個小時 (編註：搞不好您還要在旁邊指導)。

改用容器就不用這麼麻煩了，您可以將工具和腳本都直接打包成映像檔分享出去，同事只要利用 Docker 來開啟容器、執行腳本，就可以自動化完成所有步驟。

接下來會帶您了解如何執行容器，在前面的章節中有提到，容器就是一台虛擬電腦，因此我們可以透過遠端連線跟這部「電腦」來進行溝通、下命令等。其中連結實體電腦以及虛擬電腦的方式就是藉由終端對話視窗。做法是使用 docker container run 命令，但加入了一些參數，透過連接的終端對話視窗執行互動式的容器。

◁⟩ 馬上試試

使用 docker container run 命令建立容器，並參考以下命令採用互動模式執行容器：

```
docker container run --interactive --tty diamol/base
```

參數 interactive 表示要以互動模式連接到容器，而參數 tty 代表要在容器中連接終端對話視窗。執行後，畫面會顯示 Docker 正抓取映像檔，然後停留在終端對話視窗介面，如圖 2.5 所示：

接下頁

run 命令執行了一個容器，映像檔名稱為 diamol/base

```
PS>docker container run --interactive --tty diamol/base

Unable to find image 'diamol/base:latest' locally
latest: Pulling from diamol/base
Digest: sha256:e28094dc5c9e5ebae55c1d7fda277cbfeb379033
0813ec83a2ff383de1e877a0
Status: Downloaded newer image for diamol/base:latest
/ #
```

執行後會連接到容器中的終端對話視窗

圖 2.5：執行互動式容器，並連接到容器中的終端對話視窗。

在 Windows 系統中也可以執行相同的 Docker 命令，只不過最後是開啟**命令提示字元視窗**：

```
Microsoft Windows [Version 10.0.17763.557]
 (c)  2018 Microsoft Corporation. All rights reserved.
C:\>
```

不管在哪個系統上操作，執行後都可以在容器裡面開啟文字介面的終端對話視窗。

🔊 馬上試試

在容器中的終端對話視窗執行以下 hostname 和 date 命令，執行後您會看到容器環境的一些詳細訊息：

```
/ # hostname
f1695de1f2ec
/ # date
Thu Jun 20 12:18:26 UTC 2019
```

注意！這裡是連接到容器中的終端對話視窗，就像是您平常使用 SSH 連接到遠端 Linux 主機，或是透過遠端桌面協議 (RDP) 連到 Windows Server Core 主機一樣，其操作方式跟在 Docker 中以互動模式連接容器是一模一樣的。

　　因為容器是共享實體電腦的作業系統 (Host OS)，例如：實體電腦的作業系統是 Linux，在容器中會看到一個 Linux shell；如果是 Windows 系統，則是看到 Windows 終端對話視窗。不同系統的終端視窗可以使用的命令也不同，某些命令對兩者都通用，例如 ping google.com，但有些命令有不同的語法（在 Linux 中使用 ls 列出目錄內容，在 Windows 中則是使用 dir）。

🔊 馬上試試

在本機電腦上打開一個終端對話視窗 (terminal session)，您可以用以下命令來查詢所有容器的詳細資訊：

```
docker container ls
```

執行後畫面會顯示每個容器的詳細資訊，包含了使用哪個映像檔、容器的 ID、容器啟動時執行的 Docker 命令：

```
CONTAINER ID  IMAGE        COMMAND    CREATED         STATUS
f1695de1f2ec  diamol/base  "/bin/sh"  16 minutes ago  Up 16 minutes
...(略)...
```

　　如果您看得比較仔細，會注意到容器 ID 與容器內的本機名稱是一樣的。Docker 建立容器時會隨機分配一個 ID，該 ID 的一部分會作為本機名稱。Docker 有很多命令要指定操作哪些容器，這時候就是透過這裡顯示的容器 ID 進行辨識。

◁)) 馬上試試

操作以下命令 docker container top，列出某個指定容器的程序 (process)，
這裡使用了另一個技巧「簡稱」，列出程序時不用打出全部的容器 ID，
打出部分的名稱 Docker 就會自動找尋相對應的容器，以下例子就是以
f1 來當作容器 f1695de1f2ec 的簡稱：

```
> docker container top f1
PID       USER      TIME     COMMAND
69622     root      0:00     /bin/sh
```

如果您在容器中執行多個程序（process），Docker 會把它們全部列出
來。如果是 Windows 容器，除了容器中應用程式所開啟的程序外，還會有
一些在背景運作的系統程序。

◁)) 馬上試試

用 docker container logs 顯示容器的日誌檔內容：

```
> docker container logs f1
/ # hostname
f1695de1f2ec
```

Docker 會將容器中應用程式的輸出訊息放進日誌檔中。透過上述命
令就可以印出日誌檔中的訊息，以此處為例，容器中的應用程式會將每個
HTTP reguest 記錄下來，您可以隨時檢視日誌檔來查看這些內容。在這個
終端對話視窗中，可以看到執行的命令及其結果。例如，Web 應用程式可以
為每條 HTTP 請求編寫一個日誌，這些訊息將顯示在容器日誌中。

◁)) **馬上試試**

用 docker container inspect 命令顯示容器的詳細完整資訊：

```
> docker container inspect f1
[
    {
        "Id":
        "f1695de1f2ecd493d17849a709ffb78f5647a0bcd9d10f0d
        97ada0fcb7b05e98",
        "Created": "2019-06-20T12:13:52.8360567Z"
        ...(略)...
```

完整的輸出顯示了許多底層訊息，包括容器的虛擬檔案系統的路徑，在容器內執行的命令，以及容器所連接的 Docker 虛擬網路，用於跟其他容器溝通，例如應用程式有問題，要追蹤某個容器時就派得上用場。

以上是 Docker 中經常使用的命令，當需要對應用程式問題進行故障排除、檢查程序是否正在使用大量的系統資源，例如：查看 CPU 狀態或是想查看 Docker 的其他功能時。

除此之外，這些練習還可以幫助您了解 Docker 對容器的管理流程，無論執行何種應用程式、使用何種程式語言都是以大致相同的方式運作。Docker 在每個應用程式之上，添加了一個**管理層**（編註：會在後續的章節詳細解釋）。您可以在 Linux 容器中執行 10 年前的 Java 應用程式，在 Windows 容器中執行 15 年前的 .NET 應用程式，以及在 Raspberry Pi 上執行的全新 Go 應用程式。這些在 Docker 平台上，都是以相同的命令來處理，例如：都是用 run 來開啟容器的應用程式、用 logs 查看日誌檔內容、用 top 查看容器中的程序、用 inspect 來取得容器的詳細資訊等。

看到這裡，您已經更加了解 Docker 了。接著將透過一些練習，來完成一個更有用的應用程式。先關閉剛剛打開的第二個終端對話視窗（執行 Docker 容器日誌），回到第一個仍與容器連接的終端對話視窗，然後輸入 exit 關閉視窗。

★ 小編補充 映像檔內只有執行的程序和所需的檔案，建立容器後會在獨立的作業環境中執行這些程序。這個時候就會有疑問了，在不同的作業系統上面怎麼去跑這些程序呢？答案就是透過 Docker 管理好底層的細節，準備好 Linux Kernel 或是 Windows Server Core 來執行映像檔的命令。

所以可以透過 Docker 在 linux 系統上面執行 windows 專屬的程序（只能在 windows 系統上面執行）嗎？

答案是不行，因為 linux 與 windows 的系統架構與系統的命令集是不同的，Docker 還是需要依賴實體主機的作業系統 (Host OS)，作業系統以及容器的對應表如下。

◎ 作業系統以及容器的對應表

	Linux 容器	**Windows 容器**
Linux 作業系統	可以直接執行	不能直接執行，需要透過多個虛擬機的方式來達成(這樣的方式完全失去 Docker 的優勢)
Windows 作業系統	不能直接執行，但可以透過 WSL (Windows Subsystem for Linux) 的方式在 Windows 系統上面運作 linux 的容器。	可以直接執行

由上表可以看出來，最好是使用相同的作業系統與容器，不但可以完全發揮 Docker 全部的效能，更可以避免一些的相容性問題。原則上本書主要以 Linux 容器為主。

2.4 在容器中託管（host）一個網站

到目前為止，我們已經示範了幾個容器。第一組執行了一個簡單的程式並且輸出了一些文字，接著退出容器。另一個使用互動式參數，並將畫面連接到容器中的終端對話視窗，該對話視窗將保持執行狀態，直到退出視窗為止。對於容器管理來說，必須清楚現在執行的容器與應用程式，想要快速的查詢每個容器的狀態可以使用命令 docker container ls，這條命令會顯示正在執行的容器有哪些。

◁)) 馬上試試

以下執行 docker container ls --all，可以顯示所有容器：

```
> docker container ls --all
CONTAINER ID   IMAGE                       COMMAND
CREATED             STATUS
f1695de1f2ec  diamol/base                 "/bin/sh"
About an hour ago  Exited (0)
858a26ee2741  diamol/ch02-hello-diamol "/bin/sh -c ./cmd.sh"
3 hours ago         Exited (0)
2cff9e95ce83  diamol/ch02-hello-diamol "/bin/sh -c ./cmd.sh"
4 hours ago         Exited (0)
```

從輸出的結果中有幾個資訊要先了解一下。首先容器只在容器內的應用程式執行時執行。一旦結束應用程式，容器就會進入退出狀態（Exited），以互動模式執行的容器也是一樣。退出的容器不會佔用任何 CPU 或記憶體等系統資源。容器退出後並不會消失，它仍然會存在您的電腦上，自然也會佔據磁碟空間，這意味著您可以再次啟動它們、檢查日誌或在容器的檔案系統中複製檔案。簡單說，Docker 不會自動刪除已退出的容器，必須對Docker 下指令才會進行刪除。

了解完 Docker 的執行機制後，接著如果想利用 Docker 長時間執行在後台的程式 (例如：網站、資料庫或伺服器等) 要怎麼做呢？一樣使用命令 docker container run 來執行，只是要新增幾個參數給 Docker，我們先執行以下的命令後在詳細說明：

◁)) **馬上試試**

以下命令將會在容器中執行一個網站：

```
# 由於版面寬度有限，若同一行命令放不下被迫換行時，我們會特別說明，
# 請留意註解文字：『以下為同一道命令，請勿換行』
docker container run --detach --publish 8088:80 diamol/
ch02-hello-diamol-web
```

輸出結果是一個很長的容器 ID，並且返回到終端對話視窗。容器在後台持續執行。

◁)) **馬上試試**

執行 docker container ls 命令並查看新容器的狀態：

```
> docker container ls
CONTAINER ID        IMAGE
COMMAND                      CREATED             STATUS
PORTS                        NAMES
e53085ff0cc4        diamol/ch02-hello-diamol-web
"bin\\httpd.exe -DFOR…"   52 seconds ago      ⟶ Up 50 seconds
443/tcp, 0.0.0.0:8088->80/tcp    reverent_dubinsky
```

可以看到新容器的狀態為 Up，表示容器執行中

範例中所使用的映像檔是 diamol/ch02-hello-diamol-web。該映像檔包括 Apache Web 伺服器和一個簡單的 HTML 檔案。啟動此容器時，會自動執行一個 Web 伺服器，託管一個自定義網站。由於容器要在後台監聽網路流量（HTTP 請求），所以前面在下達命令 container run 中加上了幾個額外的參數：

● --detach — 在背景啟動容器並顯示容器 ID。

● --publish 8088:80 — 配發實體的網路連接埠 (8088) 給容器使用 (80)。

下完命令，容器就會自動在後台執行，就像 Linux 系統服務或 Windows 服務。配發網路連接埠則需要補充說明一下。

安裝完 Docker 後，它就可以存取實體網路資源，但在預設情況下，Docker 不會主動開啟網路連接埠給某個容器使用，雖然可以在一些命令的執行結果中看到，每個容器都有自己專屬的 IP 地址，但這是 Docker 所建立的虛擬網路 IP 地址，容器並未連接到電腦的實體網路。配發容器連接埠意味著 Docker 監聽電腦連接埠上的網路流量，然後將其發送到容器中。在前面的範例中，所有發送到實體電腦連接埠 8088 的網路流量，都會被轉送到容器的連接埠 80，如下圖 2.6：

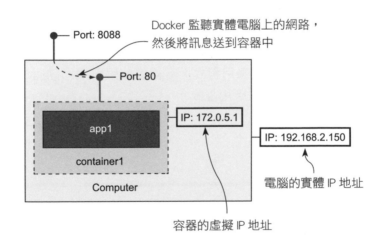

圖 2.6：電腦和容器的實體及虛擬網路。

在此範例中，電腦的 IP 地址為 192.168.2.150。這是實體網路的 IP 地址，當電腦連接網路時由路由器分配的。而 Docker 在該電腦上執行一個容器，該容器的 IP 地址為 172.0.5.1，則由 Docker 分配的虛擬網路。電腦不能直接連接到容器的 IP 地址，因為此 IP 地址只存在於 Docker 中，僅透過連接埠將流量發送到容器中。

◁))) 馬上試試

在瀏覽器中輸入 http://localhost:8088，這是發送給本機的 HTTP 請求，此請求會經過連接埠傳入容器中並回應請求的結果。如下圖：

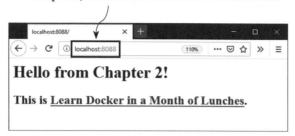

圖 2.7：本機上的容器執行網頁應用。

瀏覽器連到主機上公開的連接埠，但是網頁內容是由容器提供的。

將網頁內容與網頁伺服器打包成映像檔，此映像檔具有執行此網頁所需的一切。透過這種形式讓此網頁享有 Docker 帶來的高度可移植性。如同前面所提到的，只要執行應用程式，容器也將跟著繼續執行。您可以使用 Docker 容器命令來管理應用程式。

◁))) 馬上試試

接著下達另一個命令 docker container stats，這條命令可以即時顯示容器正在使用多少系統資源。例如：CPU、記憶體、網路流量和磁碟空間：

```
> docker container stats e53
CONTAINER ID NAME                    CPU % PRIV WORKING SET NET I/O
BLOCK I/O
e53085ff0cc4 reverent_dubinsky 0.36% 16.88MiB          250kB / 53.2kB
19.4MB / 6.21MB
```

✎ 注意！Linux 和 Windows 容器的輸出略有不同。

接著來執行最後一個命令結束這個練習。

◁)) 馬上試試

使用完容器後，可以使用 docker 容器 rm 配合容器 ID 將其刪除，如果容器仍在執行，則使用--force 參數來強制刪除。執行底下的命令，來刪除所有的容器：

```
docker container rm --force $(docker container ls --all --quiet)
```

$( ) 的語法是將輸出從一個命令發送到另一個命令，此命令在 Linux 和 Mac 終端以及 Windows PowerShell 上效果一樣。組合這些命令將獲取電腦上所有容器 ID 的列表，並將其全部刪除。

> 下達 rm 命令時請謹慎使用，因為此命令不會進行二次確認。

2.5 了解 Docker 如何執行容器

在第一個馬上試試當中，我們討論了 Docker 核心的建置、共享、執行相關等工作流程，透過該工作流程，可以非常輕鬆地分享應用程式，例如本書共享了所有範例容器的映像檔，您可以在 Docker 中執行它們。現在許多專案都使用 Docker 作為發行軟體的首選方式。也可以嘗試在容器中使用新的軟體例如 Elasticsearch、SQL Server 或者是 Ghost 部落格引擎，對於不同的軟體都可以用同樣的 Docker 命令進行管理。

接著在本節中會介紹更多 Docker 的背景知識，以便您更加了解使用 Docker 執行應用程式時實際發生的情況。從表面上看，透過 Docker 來執行容器非常簡單，實際上這些都是藉由 Docker 底層有許多不同功能的元件協助運作的結果，如圖 2.8 所示：

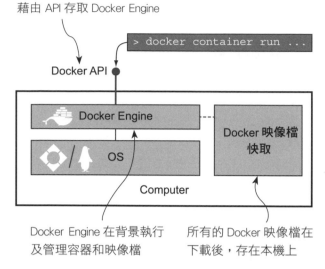

圖 2.8：Docker 的元件。

以下就針對圖上出現的幾個新名詞進行介紹：

● Docker Engine 是 Docker 的管理核心。它負責管理映像檔，在需要時下載映像檔，如果已經下載的話則從本機執行映像檔。它還可以與作業系統一起建立容器、虛擬網路以及其他的 Docker 資源。Docker Engine 會持續執行在作業系統的後台運作（做為 Linux 系統服務或 Windows 服務）。

● Docker API 是一個基於 HTTP 的標準 REST API。Docker Engine 透過 Docker API 提供了所有功能。您可以設定 Docker Engine 僅可從本機存取 API（這是預設設置），或設定為網路上的其他電腦都可以存取。

● Docker 終端對話視窗介面（Command-line interface, CLI）是 Docker API 的客戶端。當您執行 Docker 命令時，CLI 會將命令發送到 Docker API，然後讓 Docker Engine 來完成工作。

了解 Docker 的架構對於建置容器非常有用。Docker Engine 是透過 API 進行互動的，可以利用許多種方式發送請求使 Docker Engine 提供相對應的服務，在本書中都是透過 CLI 發送請求。

　　到目前為止，我們已經練習過使用 CLI 來管理、執行同一台電腦上的容器，也可以透過 CLI 發送請求到遠端電腦上的容器實施控制與管理，透過這樣的特性可以幫助我們在不同的開發環境上面，例如 build 伺服器或在測試和正式環境中，使用同一個映像檔。Docker API 在每個作業系統上都是相同的，例如在 Windows 筆電上使用 CLI 來管理 Raspberry Pi 或者在雲端的 Linux 伺服器上發佈新的應用程式等，操作命令和操作方式都是一樣的。

　　Docker API 已經開放相關的規範，所以除了 Docker CLI 外，還可以使用其他的圖形化使用者介面發送請求，提供了另一種與容器進行互動的方式。該 API 公開了有關容器、映像檔和 Docker 管理的其他資源的詳細訊息，所以可以利用圖形化介面幫助我們更好掌握、管理容器，如圖 2.9 所示：

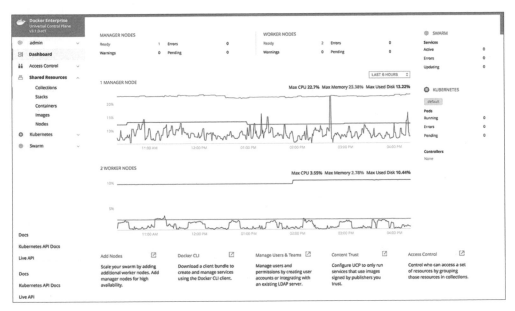

圖 2.9：Docker UCP 是一個為容器設計的圖形使用者介面。

　　上圖使用的通用控制平面（UCP, Universal Control Plane）是 Docker（https://docs.docker.com/ee/ucp/）官方的商業產品。除此之外也可以選擇 Portainer，它是一個開源專案。UCP 和 Portainer 本身都可以作為容器執行，因此易於部署和管理。

Docker Engine 使用一個名為 containerd 的元件來管理容器，而 containerd 則是利用作業系統功能，來建立作為容器的虛擬環境。容器是由雲端原生運算基金會監督的開源元件，並且執行容器的規範是開放和公開的；稱為開放容器協議（OCI）。

到目前為止，Docker 仍然是最受歡迎和易於使用的容器平台，而且一直秉持著開放原則，您可以放心地使用容器技術建置應用程式，不必擔心被某個供應商的平台所束縛。

2.6 課後練習

從本章開始，每一章最後都會安排一個課後練習，幫助您複習本章所學到的內容。我們會在書上說明大致的步驟和提示，因此不用擔心不知從何著手，真的做不出來，我們也將解答存放在本書專屬的 Github 中：https://github.com/sixeyed/diamol/tree/master/ch02/lab。

本章的課後練習是要是執行本章的網站容器，但替換 index.html 檔案，以便瀏覽至容器時看到另一個主頁（可以使用任何您喜歡的內容）。請記住，容器有它自己的檔案系統，在此應用程式中，網站檔案就存放在容器的檔案系統中。以下是一些提示：

● 先執行 Docker 容器以獲取可以在容器上執行的所有操作列表。

● 將 --help 添加到任何 docker 命令中，可以看到更詳細的說明訊息。

● 在 diamol/ch02-hello-diamol-web Docker 映像檔中，網站上的內容都在目錄 /usr/local/apache2/htdocs(在 Windows 中為 C:\usr\local\apache2\htdocs) 中。

3

Chapter

Day 03

建立自己的
Docker 映像檔

在上一章中，我們執行了一些容器（Container），並且透過 Docker 來管理它們，您可以發現不管應用程式使用哪些技術開發而成，容器都能提供給使用者一致的體驗。到目前為止，使用的是原文作者建立和分享的 Docker 映像檔，在這一章中，您將學會如何去建立映像檔、看懂 Dockerfile 語法，以及在打包（Containerize）應用程式時，經常使用的一些手法。

3.1 使用來自 Docker Hub 的容器映像檔

在建立自己的映像檔之前，讓我們先從已經完成的映像檔開始練習，首先有一個「馬上試試」的練習，其中所使用到的應用程式叫做 web-ping，它的用途非常簡單，用來檢查網站是否正常執行。當 web-ping 在容器中開始執行後，它會定期每 3 秒鐘向作者的部落格網址（Uniform Resource Locator，URL），發出 HTTP 請求，直到容器停止執行。

從第 2 章可以了解到，如果要執行的映像檔不在本機時，可以使用命令 docker container run 下載。受惠於 Docker 平台內建軟體分發（Software Distribution）功能，您可以讓 Docker 來管理、抓取（pull）需要的映像檔，也可以使用 Docker 命令列介面（Command-line interface, CLI）直接抓取需要的映像檔。

◁)) 馬上試試

使用以下命令，抓取 web-ping 應用程式的容器映像檔：

```
docker image pull diamol/ch03-web-ping
```

從下圖 3.1 可以看到輸出的結果：

接下頁

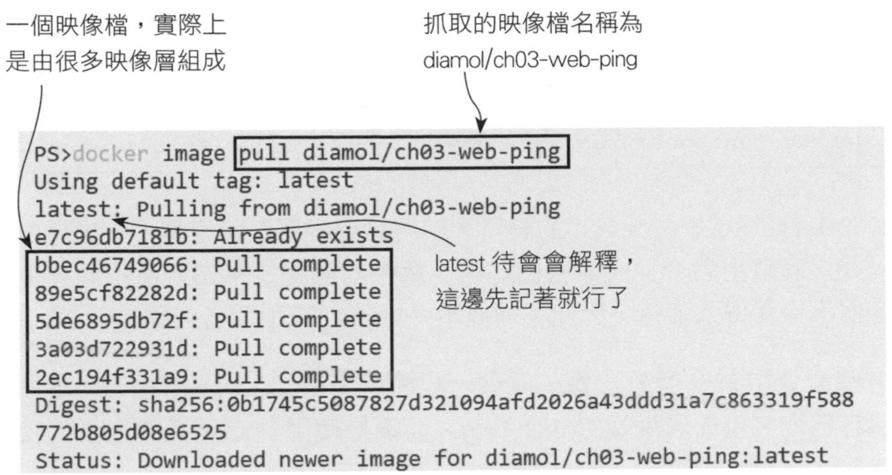

一個映像檔,實際上
是由很多映像層組成

抓取的映像檔名稱為
diamol/ch03-web-ping

```
PS>docker image pull diamol/ch03-web-ping
Using default tag: latest
latest: Pulling from diamol/ch03-web-ping
e7c96db7181b: Already exists
bbec46749066: Pull complete
89e5cf82282d: Pull complete
5de6895db72f: Pull complete
3a03d722931d: Pull complete
2ec194f331a9: Pull complete
Digest: sha256:0b1745c5087827d321094afd2026a43ddd31a7c863319f588
772b805d08e6525
Status: Downloaded newer image for diamol/ch03-web-ping:latest
```

latest 待會會解釋,
這邊先記著就行了

圖 3.1:從 Docker Hub 抓取映像檔。

在圖 3.1 中,映像檔的名稱叫做 diamol/ch03-web-ping,它存放在 Docker Hub 上,Docker 預設會先搜尋 Docker Hub 中的映像檔,存放映像檔的伺服器稱為**登錄庫(Registries)**,Docker Hub 是一個免費的公共登錄庫,以下網址為映像檔 diamol/ch03-web-ping 的詳細資訊:

https://hub.docker.com/r/diamol/ch03-web-ping

我們可以從命令docker image pull 的執行結果看出映像檔的儲存方式。Docker 映像檔就是一個很大的壓縮檔,其中包含了整個應用程式所需要的元素。此處的 web-ping 應用程式是在 Node.js 下運作,因此該映像檔具有 Node.js 執行環境以及程式碼。在等待映像檔下載的過程中,可以發現不只下載一個檔案而已,而是同時下載好幾個檔案,這個機制稱為**映像層(image layers)**。一個映像檔是由許多小檔案分層堆疊而成,由 Docker 將它們組裝在一起以建立容器的檔案系統。當每一個映像層都抓取完畢,就可以使用完整的映像檔了。

◁)) **馬上試試**

從映像檔中執行一個容器，並確認有無正確執行。

```
docker container run -d -name web-ping diamol/ch03-web-ping
```

命令中參數 -d 是 --detach 的簡寫，作用是讓容器在背景執行，由於這個程式沒有使用者介面，與我們在第 2 章中討論過的網站容器不同，這個容器不接受傳入流量，因此不需要用 --publish 來配發任何連接埠。

這個命令中有一個新參數，叫做 --name，用來幫容器命名。例如本例將容器取名為一看就懂的 web-ping，而不是使用 Docker 隨機產生的容器 ID。

　　啟動了容器後，程式開始執行，會反覆不斷 ping 作者的部落格，此時可以使用第 2 章學到的 Docker 命令，來查看其執行情況。

◁)) **馬上試試**

使用以下命令，來查看 Docker 收集的應用程式日誌：

```
docker container logs web-ping
```

接著可以在圖 3.2 中看到輸出結果，其中顯示了 web-ping 向作者的部落格 blog.sixeyed.com 發出 HTTP 請求的過程。

接下頁

從容器的日誌中記錄了應用程式持
續發送 HTTP 請求給 blog.sixeyed.com

這行命令讓 web-ping 應用
程式在容器的背景中執行

```
PS>docker container run -d --name web-ping diamol/ch03-web-ping
07793103391a45d20f3d79954bdf4eff9297c98761fc7b940fdf00a53f81c09c
PS>
PS>
PS>docker container logs web-ping
**.web-ping ** Pinging: blog.sixeyed.com; method: HEAD; 3000ms intervals
Making request number: 1; at 1561541743968
Got response status: 200 at 1561541744636; duration: 668ms
Making request number: 2; at 1561541746971
Got response status: 200 at 1561541747472; duration: 501ms
Making request number: 3; at 1561541749974
Got response status: 200 at 1561541750460; duration: 486ms
Making request number: 4; at 1561541752977
Got response status: 200 at 1561541753484; duration: 507ms
Making request number: 5; at 1561541755980
Got response status: 200 at 1561541756540; duration: 560ms
Making request number: 6; at 1561541758983
Got response status: 200 at 1561541759489; duration: 506ms
Making request number: 7; at 1561541761985
```

圖 3.2：執行中的 web-ping 正在持續傳送流量資料到作者的部落格。

web-ping 應用程式能夠對網頁發出網路請求（web requests），並記錄回應時間，很適合做為監控網站是否正常的小套件。不過程式目前看起來是寫死的 (hardcoded)，只能傳送請求到固定網站 (blog.sixeyed.com)。其實應用程式是從系統的環境變數中，讀取先前設定好的配置結果。所以我們可以藉由修改環境變數，來讓應用程式發送請求到不同的網址或改變請求的間隔時間，甚至使用不同類型的 HTTP 請求方法（HTTP call）。

環境變數通常是鍵 - 值對（key/value pairs）(編註：也就是每個不重複的設定項目會對應一個設定內容)。作業系統都會有自己的環境變數，方便應用程式呼叫使用，而 Docker 容器也有自己環境變數，可以在建立容器自行指定。

作者在建立 web-ping 映像檔之時，就有設了一些環境變數，並給予預設值，當執行容器時 Docker 就會自行匯入預設值，以本例來說，應用程式要 ping 的網址就是記錄在環境變數 TARGET 中，而預設值就是 blog.sixeyed.com。您也可以在建立容器時，自行指定不同的環境變數值，就可以讓應用程式有不同的執行結果。

◁)) 馬上試試

輸入以下命令先刪除現有容器，然後執行一個新容器並且指定 TARGET 環境變數：

```
docker rm -f web-ping
docker container run -env TARGET=google.com diamol/ch03-web-ping
```

　　　　　　　TARGET 環境變數設定應用程式的目標網址

輸出結果將如圖 3.3 所示：

來自同一個 Docker 映像檔的
同一個應用程式，現在正在
對 google.com 執行 ping 命令

利用參數 -env
設定環境變數

```
PS>docker container run --env TARGET=google.com diamol/ch03-web-ping

** web-ping ** Pinging: google.com; method: HEAD; 3000ms intervals
Making request number: 1; at 1561543803645
Got response status: 301 at 1561543803781; duration: 136ms
Making request number: 2; at 1561543806648
Got response status: 301 at 1561543806729; duration: 81ms
```

圖 3.3：來自同一個映像檔的容器，正傳送流量資料到 Google。

由上面的輸出結果可以看到與前一次執行結果不同，這次容器是使用互動模式，因為沒有在命令中添加 --detach 參數，所以應用程式的輸出會顯示在主控台上。容器會一直執行，直到按下 Ctrl + C 結束應用程式為止。從結果可以看到應用程式現在正對 google.com 執行 ping 命令，而不是 blog.sixeyed.com。

環境變數對於 Docker 而言是個非常重要的機制。Docker 映像檔可能與應用程式的一組預設配置打包在一起，但是在執行容器時，能夠視情況調整不同的設定值。例如 web-ping 應用程式使用 TARGET 這個鍵（key），來查找對應的環境變數。該鍵在映像檔中設置了 blog.sixeyed.com 為它的值，但是可以用 docker container run 命令裡面的 --env 參數來提供不一樣的環境變數。

本機（host computer）也有一組環境變數 (編註：電腦中的環境變數)，不過和容器的環境變數互不相干。每個容器只有一組由 Docker 填入的環境變數。在下圖 3.4 中，web-ping 應用程式在每個容器中使用相同的映像檔，因此該應用程式執行的是完全相同的一組二進位檔案，但是由於設定不同，其行為也有所不同。

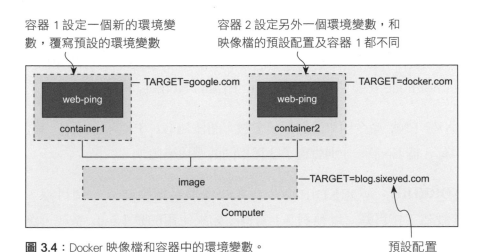

圖 3.4：Docker 映像檔和容器中的環境變數。

3.2　撰寫 Dockerfile

Dockerfile 是 Docker 內建的腳本，通常由一組命令組成，非常簡單易學，能夠讓我們快速的打包應用程式並產生映像檔。Docker 對於常用的工作流程都有預設好的命令，如果需要執行比較特別的操作，可以使用標準的 shell 命令（Lunix 的 Bash 或 Windows 的 PowerShell）來執行，範例 3.1 是打包 web-ping 用的 Dockerfile。

範例 3.1 The web-ping Dockerfile

```
FROM diamol/node
ENV TARGET="blog.sixeyed.com"
ENV METHOD="HEAD"
ENV INTERVAL="3000"

WORKDIR /web-ping
COPY app.js .

CMD ["node", "/web-ping/app.js"]
```

Dockerfile 非常淺顯易懂，透過命令名稱就能了解其作用。常用的命令有 FROM、ENV、WORKDIR、COPY 和 CMD，按照慣例都用英文大寫表示，以下是這些命令的說明：

- **FROM**：FROM 命令用來載入映像檔，每個映像檔都必須以其他映像檔作為基礎，在這裡 web-ping 用 diamol/node 作為它的基底映像檔，因為 diamol/node 安裝了執行 web-ping 所需的 Node.js 執行環境。

- **ENV**：ENV 命令用來設置環境變數，語法為 [key] = "[value]"，範例 3.1 中有 3 個 ENV，分別設置了 3 種不同的環境變數。

- **WORKDIR**：WORKDIR 命令會在映像檔系統中建立一個目錄，並將其設為工作目錄。以範例 3.1 為例，如果使用的是 Linux 系統，路徑為 /web-ping；Windows 系統的路徑則是 C:\web-ping。

- **COPY**：COPY 命令是將檔案或目錄從本機複製到映像檔裡，語法為 [原始路徑] [目標路徑]（編註：中括號只是標示方便，並非語法，路徑中間用空白隔開即可）。在範例 3.1 中，該命令是從本機複製 app.js 到映像檔的工作目錄中。

- **CMD**：CMD 命令會在 Docker 啟動容器時自動執行該命令。在範例 3.1 的最後一行，該命令使用 Node.js 執行環境來執行 app.js。

◁)) 馬上試試

在此練習中，不需要一行行複製貼上 Dockerfile 的命令，在本書第一章下載的檔案裡面可以找到，切換下載檔案所在的位置，然後輸入下面的命令，把工作目錄切換到 ch03/exercises/web-ping，看看建立 web-ping 所需的檔案是不是都在裡面。

```
cd ch03/exercises/web-ping
ls
```

接著應該會在目錄中看到 3 個檔案：

● **Dockerfile（沒有副檔名）**：內容和範例 3.1 一模一樣。

● **app.js**：要執行的 web-ping 的 Node.js 程式碼。

● **README.md**：映像檔的使用說明。

上述目錄包含了用來建立 web-ping 的所有檔案，不需要 Node.js 或 JavaScript 的相關知識就可以打包這個應用程式，並讓它在 Docker 中執行。在這裡 app.js 使用標準的 Node.js 函式庫來執行 HTTP 請求，並從環境變數中獲取設定值 (TARGET 目標網站)。

這個資料夾包含建置 web-ping 所需的檔案

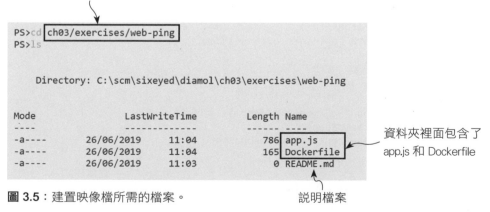

圖 3.5：建置映像檔所需的檔案。

3.3 建立容器映像檔

　　Docker 在用 Dockerfile 打包映像檔時，需要知道映像檔的名稱，以及要打包的檔案位置在哪裡，如果照著 3.2 節的操作練習，現在已經切換到檔案所在的資料夾了，接下來我們來嘗試建立容器映像檔。

◁)) 馬上試試

　　上述的命令中，--tag 參數用來設定映像檔名稱，參數後面輸入映像檔名稱，此範例就是 web-ping，最後一個參數是一個句點，句點的意思是「使用目前的工作目錄」當作建置目錄，在 Docker 裡面建置目錄的名稱叫 context，輸入建置命令後，Dockerfile 裡面執行的所有命令，都會輸出到主控台上，如圖 3.6 所示：

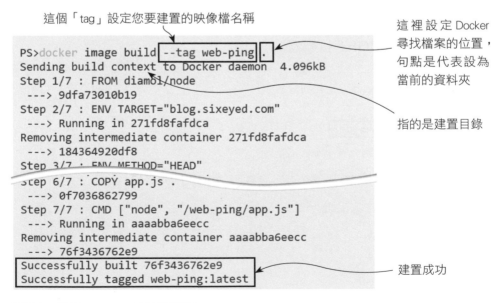

圖 3.6：建置 web-ping 的輸出畫面。

如果在建置中發生錯誤，可以先檢查 Docker Engine 是不是已經啟動，如果使用的是 Windows 或是 Mac 系統，需要執行 Docker Desktop app（檢查一下工作列上是否有 Docker 鯨魚圖示 🐳），接著檢查是不是在正確的目錄底下執行命令，目錄應該是 ch03-web-ping，裡面有 Dockerfile 和 app.js，最後檢查建置命令是否輸入正確，最後面的句點是一定要加的，因為要告訴 Docker 建置目錄要設在目前所在的目錄。

如果建置過程中，遇到檔案無法存取的警告訊息，這是因為在 Windows 系統上用 Docker 命令來建置 Linux 容器，在 Windows Docker Desktop 的 Linux 容器模式中，並沒有像 Linux 一樣的檔案權限機制，警告訊息只是告訴我們，如果使用 Windows 系統，把檔案從本機複製到 Linux 映像檔，複製過去的檔案都會開放所有的讀寫權限。

當在輸出中看到 "successfully built" 和 "successfully tagged" 的訊息時（如圖 3.6 所示），映像檔就完成建置了，它會存在快取裡面，這時就可以使用 Docker 命令來列出映像檔。

◁)) 馬上試試

使用以下命令列出所有開頭字母為 w 的映像檔：

```
docker image ls 'w*'
```

從輸出結果中可以看到 web-ping。

建立好自己的映像檔後，可以試著執行看看，執行方式跟先前從 Docker Hub 下載映像檔的方式是一樣的，只不過所有的設定都可以透過環境變數來改變應用程式的執行結果。

◁)) **馬上試試**

使用以下命令執行 web-ping，使應用程式每 5 秒 ping 一次 docker.com：

```
#  以下為同一道命令，請勿換行
docker container run -e TARGET=docker.com -e INTERVAL=5000
web-ping
```

輸出結果會像圖 3.7 一樣，第一行輸出顯示 ping 的網址是 docker.com，
而 ping 的間隔是 5 秒（5000 毫秒）。

寫入網址和 ping 的
間隔到環境變數裡面

```
PS>docker container run -e TARGET=docker.com -e INTERVAL=5000 web-ping
** web-ping ** Pinging: docker.com; method: HEAD; 5000ms intervals
Making request number: 1; at 1561632627917
Got response status: 301 at 1561632628394; duration: 477ms
Making request number: 2; at 1561632632921
Got response status: 301 at 1561632633361; duration: 440ms
PS>
```

容器的日誌紀錄顯示 web-ping
是從環境變數讀取配置

圖 3.7：用您建置好的映像檔，來執行 web-ping 容器。

此應用程式會持續執行，需要自己按下 Ctrl + C 來停止，結束應用程
式的同時，會讓容器進入退出狀態（exited state）。

本節您學會了如何打包一個 Docker 應用程式，無論應用程式的架構多
複雜，打包流程都是一樣的，像是撰寫 Dockerfile，收集所有需要放進映像
檔的資源，然後決定使用者如何和應用程式互動。

3.4 了解 Docker 映像檔及映像層

Docker 映像檔包含了所有您打包的檔案,其中也包含了很多建立映像檔的相關資訊,稱為中繼資料 (metadata),以及映像檔建置紀錄,可以用這個機制去查看映像檔中的每一個映像層,以及建置該映像層所使用的命令。

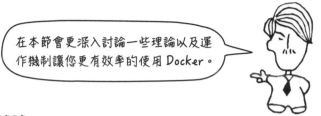

在本節會更深入討論一些理論以及運作機制讓您更有效率的使用 Docker。

🔊 馬上試試

使用以下命令來查看 web-ping 的映像檔的 metadata:

```
docker image history web-ping
```

可以看到每一個映像層都有一行輸出,底下是執行此命令時輸出的前幾行:

```
> docker image history web-ping
IMAGE          CREATED        CREATED BY
47eeeb7cd600 30 hours ago /bin/sh -c #(nop) CMD ["node" "/web-ping/ap…
<missing>    30 hours ago /bin/sh -c #(nop) COPY file:a7cae366c9996502…
<missing>    30 hours ago /bin/sh -c #(nop) WORKDIR /web-ping
```

在 CREATED BY 那一欄,記錄的是 Dockerfile 執行的命令,命令跟映像層是一對一的關係,Dockerfile 中的每一行,會各自建立一層映像層。

Docker 映像檔是一層層映像層堆疊起來的,每一層實際上是存在 Docker Engine 快取裡面的檔案,因此不同的映像檔和不同的容器,可以共用同一個映像層,如果您有很多的容器,每個容器中的應用程式,都需要 Node.js 才能執行,它們就會共用包含 Node.js 的映像層,運作機制如圖 3.8 所示:

3

建立自己的 Docker 映像檔

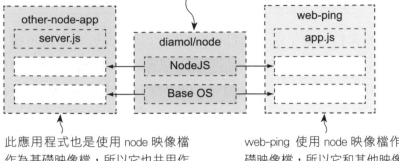

Node 映像檔包含作業系統層及 Node.js 執行環境共兩層

此應用程式也是使用 node 映像檔作為基礎映像檔,所以它也共用作業系統層和 Node.js 執行環境

web-ping 使用 node 映像檔作為基礎映像檔,所以它和其他映像檔共用作業系統層和 Node.js 執行環境

圖 3.8:映像層與映像檔之間的關係。

　　diamol/node 映像檔有一個作業系統層(Base OS),作業系統層上面是包含 Node.js 的映像層,Linux 版本的作業系統層需要大約 75 MB 的磁碟空間(Windows 的作業系統層比較大,Windows 版的映像檔需要大約 300 MB 的磁碟空間)。web-ping 是建立在 diamol/node 上,所以會先藉由 FROM 命令,來建置 diamol/node 的映像層,然後才建置 app.js 的映像層,app.js 佔用的空間非常小(大概幾 KB 左右)。接下來我們來看看 web-ping 佔據了多少容量?

◁») 馬上試試

利用 docker image ls 命令來列出映像檔,同時也會顯示每個映像檔的大小:

```
docker image ls
```

這三個映像檔共用了同一個 Node.js 執行環境當作基礎映像層

由輸出結果可以看出每個都佔了 75MB,但是這是映像檔的邏輯大小,此輸出並沒有把共用的大小計算進去

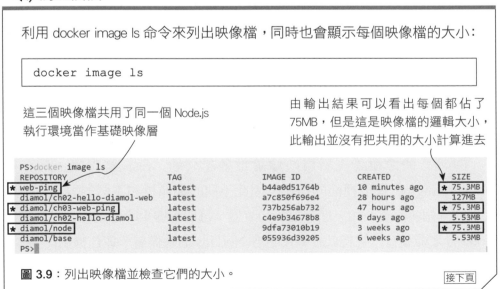

圖 3.9:列出映像檔並檢查它們的大小。

接下頁

從圖 3.9 中可看出所有 Linux 中的 Node.js 映像檔，佔用的空間都是 75 MB，這裡有 3 個映像檔使用 diamol/node，包含了從 Docker Hub 下載的 diamol/ch03-web-ping 原始映像檔，還有自己建置的 web-ping，按常理來說它們應該會共用映像層，但是圖 3.9 顯示的卻是每個映像檔都佔用了 75 MB 的磁碟空間，如此一來 3 個映像檔總共會佔用 225 MB 磁碟空間。

實際上您所看到的是映像檔的邏輯大小，也就是沒有共用映像的時候，單一映像檔所佔的磁碟空間，如果有其他共用的映像層，Docker 實際使用的空間會比較小，雖然沒辦法從圖 3.9 中看出來，但是 Docker 有系統命令可以顯示詳細情況。

◁)) 馬上試試

將圖 3.9 後方所顯示的映像檔 SIZE 加起來應該是 363.96MB。接著利用 system df 命令顯示實際上 Docker 所使用的磁碟空間：

```
docker system df
```

可以從圖 3.10 看出來，映像檔快取實際上使用了 202.2 MB，這代表 161 MB 的映像層是共用的，節省了 45% 的磁碟使用空間，當您擁有很多的映像檔，而且它們都共用相同的基礎映像檔時節省的空間會更多，這些共用的基礎映像檔可能是 Java、.NET Core、PHP 等，不管使用何種技術，都可以透過共用映像層來節省空間。

這是映像檔真正占用的磁碟空間

```
PS>docker system df
TYPE            TOTAL       ACTIVE      SIZE        RECLAIMABLE
Images          6           0           202.2MB     202.2MB (100%)
Containers      0           0           0B          0B
Local Volumes   0           0           0B          0B
Build Cache     0           0           0B          0B
PS>
```

圖 3.10：檢查映像檔所使用的磁碟空間。

最後要提醒，如果映像檔中有映像層是共用的狀態，此映像檔不能任意被修改，否則會影響到共用該映像層的所有映像檔，Docker 藉由把共用映像層設為唯讀來解決這個問題。當映像檔被建立時，會自動建立映像層，映像層可以和其他映像檔共用但不能修改其內容，利用這個特性就可以盡量縮小映像檔大小，再藉由優化 Dockerfile 還能加速映像檔的建置。

3.5 使用映像層快取來優化 Dockerfile

在 web-ping 映像檔中，有一層映像層包含了 JavaScript 檔案，如果修改檔案，並重新建置映像檔，則會得到一個新的映像層，這是因為 Docker 假設映像檔中的映像層都遵照預設的順序，所以任意改變中間的某一層，Docker 會認為順序被打亂了，所以在那之上的每一層都不能重複使用。

◁)) 馬上試試

以下嘗試修改 ch03-web-ping 資料夾中的 app.js 檔案 (不一定要修改程式碼，在結尾加一行空白也可以)，然後輸入以下命令，建立新的版本：

```
docker image build -t web-ping:v2 .
```

可以看到輸出結果和圖 3.11 所示，Step2 到 Step 5 使用的是快取映像層，Step 6 和 Step 7 則是建立新的映像層，通常每一個 Dockerfile 命令會輸出一個映像層，但是如果兩次建置之間沒有改變任何命令，Docker 會使用之前的快取，因為輸入相同的命令，其結果也會是一樣的，透過此機制就不用再執行一次相同的命令，節省了很多時間。

Docker 藉由產生一個雜湊 (hash) 來計算輸入的命令是不是和快取中的相同，雜湊是由 Dockerfile 命令和所有被複製的檔案組成，就像數位指紋一樣，當 Docker 在現有的映像層中，比對雜湊值並不一樣 (代表輸入的命令

不同)，它就會重新執行 Dockerfile 的命令，而這會破壞原本的快取，當快取被破壞了，Docker 就會執行所有接下來的命令，即使是用途一樣的命令也會再執行一次 (編註：同一件事可以有不同的指令或順序來完成，但只要不是一模一樣，Docker 就當作不同命令)。

以圖 3.11 中的例子中，app.js 在上次建置後，進行了一些修改，所以 Step 6 的 COPY 需要執行，而 Step 7 的 CMD 和上次建置時相同，但是因為 Step 6 破壞了快取，所以 Step 7 也會重新執行。

在優化 Dockerfile 時可以利用此機制，根據修改頻率來排序命令，不常更改的放前面，常更改的放後面，目的就是再次建置，只需要重新執行最後面的命令，前面的命令都用快取的方式執行。

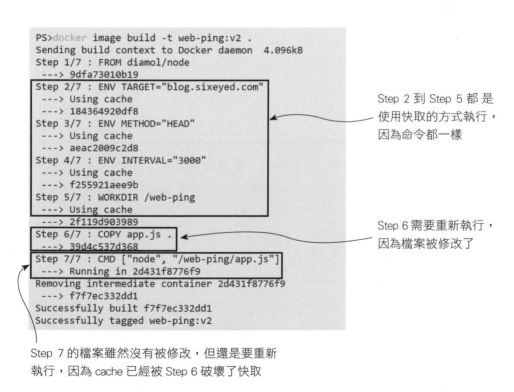

Step 2 到 Step 5 都是使用快取的方式執行，因為命令都一樣

Step 6 需要重新執行，因為檔案被修改了

Step 7 的檔案雖然沒有被修改，但還是要重新執行，因為 cache 已經被 Step 6 破壞了快取

圖 3.11：使用 cache 機制建立映像檔。

在 web-ping 中只有 7 個命令，不過就算命令很少，也是可以做優化，例如 CMD 就不一定要放最後面，它可以移動到任何地方，只要在 Step1 的 FROM 後面就沒問題，執行結果都會是一樣的，因為它不會常常修改，所以可以把它往前放，而 ENV 可以用來設定多重的環境變數，所以 3 個 ENV 可以合併，優化過的 Dockerfile 如範例 3.2 所示：

範例 3.2　優化後的 web-ping Dockerfile

```
FROM diamol/node

CMD ["node", "/web-ping/app.js"]  ←————— CMD 往前放了

ENV TARGET="blog.sixeyed.com" \   ←————— 3 個 ENV 合併在一起
    METHOD="HEAD" \
    INTERVAL="3000"

WORKDIR /web-ping
COPY app.js .
```

◁)) 馬上試試

範例 3.2 的 Dockerfile，可以在本章的下載檔案中找到，接下來執行以下命令，切換到 web-ping-optimized 資料夾，用新的 dockerfile 來建立映像檔：

```
cd ../web-ping-optimized-
docker image build -t web-ping:v3 .
```

這一個版本的 Dockerfile 用 5 個命令取代了原來的 7 個命令，但是執行結果是一樣的，您可以把容器跑起來，看看和之前的版本有沒有不一樣，如果修改了 app.js 檔案，然後重新建置映像檔，除了修改的那一層之外，其他的映像層都會使用快取的方式執行。

以上就是如何建置映像檔的基礎，到此您已經學會了 Dockerfile 語法以及常用命令，也知道了如何藉由 Docker CLI 建置映像檔和執行其他操作。

本章還有個重點，就是優化 Dockerfile 使其可以在不同的環境下執行同樣的映像檔。在撰寫和組織 Dockerfile 命令時需要格外注意，確保應用程式可以從容器中讀到所有設定值。這意味著，當您把測試過的映像檔，從測試環境部署到生產環境時，可以使用相同的映像檔 (但搭配不同的設定值)。

3.6 課後練習

在本章的最後有個小練習，目標是了解如果沒有 Dockerfile 要怎麼建置 Docker 映像檔，Dockerfile 能夠自動化部署應用程式，但是您沒辦法自動化所有流程，有時候某些流程沒辦法寫成腳本，必須要手動完成。

首先從 Docker Hub 上面的映像檔 diamol/ch03-lab 開始練習，該映像檔有一個 txt 檔，路徑為 /diamol/ch03.txt。您需要在文字檔的最後加入您的名字，在這裡不能使用 Dockerfile。在 Github 上有一個範例供您參考，網址為：https://github.com/sixeyed/diamol/tree/master/ch03/lab

以下有一些小提示，可以幫助您完成實驗：

● 記得有參數 -it 的容器，會使用互動模式。

● 結束應用程式時，容器的檔案系統不會消失。

● 可以輸入 docker container --help 可以看到更詳細的命令以及說明，這將幫助您完成本實驗。

MEMO

4

Chapter

Day 04

將應用程式打包成 Docker 映像檔

根據第 3 章的描述與說明，要製作 Docker 映像檔並不是件難事，只需將一些命令寫入 Dockerfile，就可以把應用程式打包成映像檔並且在容器中執行。其中我們也在 Dockerfiles 執行了複製檔案的操作命令，而且對檔案系統的任何作業也都會保存在映像層中，這讓應用程式的打包作業更具彈性，您可以在建置應用程式的同時，指定執行其他命令，例如：解開 zip 壓縮檔、執行 Windows 安裝程式 ... 等操作都可以完美執行，在本章我們就會介紹各種靈活打包應用程式的方法。

4.1 有了 Dockerfile，誰還需要 Build server?

在個人的筆記型電腦上開發獨立的應用程式，可以自己管控所有的環境與進度，不至於會遇到太多同步或相容性的問題，但若是在團隊中共同開發同一套軟體或系統時，就必須兼顧每個成員的開發狀態與品質，這時候軟體交付將變得更為複雜與嚴謹，因而衍生出像 GitHub 這樣的程式碼控制系統，讓每個人都可以同步遞交變更的程式碼，每當程式碼變更時，再透過一個獨立的伺服器（或線上服務），重新建置整個軟體，這個伺服器通常稱為 Build server。

之所以需要這樣的建置處理程序是為了在開發過程中儘早發現問題。例如開發人員在遞交程式碼時忘了附加文件，導致 Build server 上軟體建置程序產生錯誤，此時團隊就會同步收到警示，以修正錯誤讓應用程式保持在執行的狀態。這樣做雖立意良善，但附加的成本是必須另外維護一台伺服器，此外因應大多數程式語言的需求，都要在伺服器上面安裝很多工具、環境來建置軟體專案，如圖 4.1 就是其中一個範例：

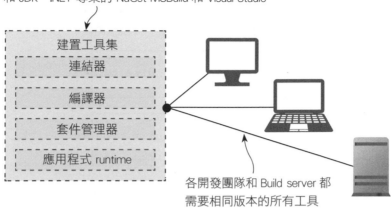

建置軟體所需的工具，可能包括 Java 專案的 Maven
和 JDK，.NET 專案的 NuGet MSBuild 和 Visual Studio

建置工具集

連結器

編譯器

套件管理器

應用程式 runtime

各開發團隊和 Build server 都
需要相同版本的所有工具

圖 4.1：每個人都需要相同版本的工具集來建置軟體專案。

不單單只有 Build server 的維運成本，整個開發建置過程中還有其他成本的考量。例如新人加入團隊的第一天，就需要花費時間成本來安裝這些工具，又或者是開發人員更新本機上的工具版本，而 Build server 上仍然是舊版本，工具版本相容性的問題可能導致軟體建置程序失敗。即使是使用託管的雲端建置服務，仍可能會遇到相同的問題，且可安裝的工具數量也有諸多限制。

綜合上面的描述，將所有專案所需要的工具打包成工具集並與團隊共享，就能解決上述所遇到的問題，這正是 Docker 好用的地方。我們可以把所有需要用到的環境與工具，以 script（腳本語言）的方式編寫成 Dockerfile，接著執行 Dockerfile 製作成 Docker 映像檔，就可以使用該映像檔的環境來編譯程式碼，最後輸出打包好的應用程式。

為了讓您更加了解這些新概念，我們就先從一個簡單的實作範例開始。範例 4.1 是個基本工作流程的 Dockerfile。

範例 4.1 多階段 Dockerfile

```
FROM diamol/base AS build-stage          build-stage
RUN echo 'Building...' > /build.txt      （建置階段）
```

```
FROM diamol/base AS test-stage                    test-stage
COPY --from=build-stage /build.txt /build.txt     （測試階段）
RUN echo 'Testing...' >> /build.txt
```

```
FROM diamol/base                              未命名
COPY --from=test-stage /build.txt /build.txt （最終階段）
CMD cat /build.txt
```

　　範例 4.1 稱為多階段 Dockerfile，因為需要經歷多個階段的命令才能製作完成映像檔。每個階段都以 FROM 命令開頭，可以選擇使用參數 AS 為階段命名。範例 4.1 包含三個階段：build-stage（建置階段）、test-stage（測試階段）和的最終未命名階段。儘管有多個階段，但 Dockerfile 的輸出是**最終階段**所產出的 Docker 映像檔。

　　雖然每個階段都是獨立執行，但是可以複製先前階段的檔案和目錄方便後續的處理，做法是使用 COPY 命令搭配參數 --from 一起使用，用以告訴 Docker 要從 Dockerfile 的先前階段複製檔案，而不是從主機檔案系統複製。在此範例中，是在建置階段產生一個檔案 build.txt (RUN echo 'Building…' > /build.txt)，並複製到測試階段 (COPY --from=build-stage /build.txt /build.txt)，再將 build.txt 從測試階段複製到最終階段 (COPY --from=test-stage /buid.txt /build.txt)。

　　這裡有個新命令 RUN，是用來「執行」動作的命令，在這裡就是執行把「Building…」文字寫到 build.txt 檔案 (RUN echo 'Building…'> build.txt)。在製作映像檔的過程中，RUN 會在容器內執行命令，命令的結果會留在映像層中。我們可以用 RUN 執行任何操作功能，但是執行的操作所使用的命令，必須是 FROM 命令使用的映像檔中有支援的或已經存在的程式。接著我們直接以範例來講解，在以下的範例中，將使用 diamol/base 作為基礎映像檔 (FROM diamol/base)，此映像檔支援 echo 這個命令，因此可以用 RUN 來執行。

圖 4.2 為製作此 Dockerfile 的工作流程，簡單來說 Docker 會按順序執行這些階段命令：

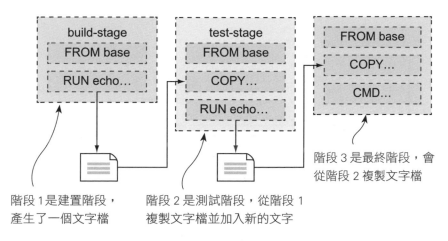

階段 1 是建置階段，
產生了一個文字檔

階段 2 是測試階段，從階段 1
複製文字檔並加入新的文字

階段 3 是最終階段，會
從階段 2 複製文字檔

圖 **4.2**：執行一個多階段 Dockerfile。

以上圖的例子中，可以看到每個階段都是個別獨立的。我們可以在不同階段的基礎映像檔上安裝不同工具，並執行任何需要的命令。最終階段的輸出只會包含從先前階段複製過來的內容。但是要特別注意！如果在任何階段中的命令執行失敗，則整個製作程序都會停下來。

◁))) **馬上試試**

打開終端對話視窗，進入儲存本書程式碼的目錄中 (ch04/exercise/multi-stage)，就可以看到上述的多階段 Dockerfile，接著執行映像檔的製作：

```
cd ch04/exercises/multi-stage
docker image build -t multi-stage.
```

製作程序按照 Dockerfile 的順序執行各個步驟，如圖 4.3 所示：

接下頁

Step 1 與 2 是建置階段，產生
了一個名為 build.txt 的檔案

```
PS>cd ch04/exercises/multi-stage
PS>docker image build -t multi-stage .
Sending build context to Docker daemon  2.048kB
Step 1/8 : FROM diamol/base AS build-stage
 ---> dbfa0a7a2233
Step 2/8 : RUN echo 'Building...' > /build.txt
 ---> Running in f4442b2a9188
Removing intermediate container f4442b2a9188
 ---> de657c9b70f3
Step 3/8 : FROM diamol/base AS test-stage
 ---> dbfa0a7a2233
Step 4/8 : COPY --from=build-stage /build.txt /build.txt
 ---> a29780793df3
Step 5/8 : RUN echo 'Testing...' >> /build.txt
 ---> Running in b223cee64c78
Removing intermediate container b223cee64c78
 ---> 22b24575aec9
Step 6/8 : FROM diamol/base
 ---> dbfa0a7a2233
Step 7/8 : COPY --from=test-stage /build.txt /build.txt
 ---> de6e49c89106
Step 8/8 : CMD cat /build.txt
 ---> Running in 68748718ea9b
Removing intermediate container 68748718ea9b
 ---> 435901476161
Successfully built 435901476161
Successfully tagged multi-stage:latest
```

Step 3 到 5 是測試階段，從建置階段
複製 build.txt，並加入新的文字資料

Step 6 到 8 產製最終的映像檔，
其中從測試階段複製了 build.txt

圖 **4.3**：多階段 Dockerfile 的建置過程。

　　雖然上述只是再簡單不過的範例，不過就算是再複雜的應用程式，還是一樣可以使用 Dockerfile 來建置，只要熟悉這個流程之後就可以舉一反三。

　　大致來說，在建置階段我們要先安裝建置應用程式所需的工具，然後再編譯程式碼。然後建議可以增加一個測試階段來進行單元測試，從建置階段複製已編譯好的二進位檔案 (binary file) 進行測試。最終階段再複製成功完

成測試的編譯檔案即可（最終映像檔通常會接續建置階段的映像層，而非測試階段）

這樣的做法可以使應用程式具有可移植性。Docker 能夠讓我們在任何地方的容器中執行該應用程式，甚至可以在任何作業系統底下建置該應用程式。如此一來，Build server 只需要安裝 Docker，新的團隊成員可以在幾分鐘內完成環境設定，而且建置工具都集中在 Docker 映像檔中，團隊都可以同步整個的開發環境。

目前幾乎所有應用程式框架，都已在 Docker Hub 公開提供已安裝好建置工具的映像檔，同時也有個別提供應用程式執行環境 (runtime) 的映像檔。我們可以直接使用這些映像檔，也可以將它們包裝在自己的映像檔中。這些由專案團隊維護的映像檔，對軟體開發工作有很大的幫助。

關於 Docker Hub 和共享映像檔的機制會在後續的章節說明。

4.2 應用演練：Java Spring Boot 應用程式

在本節中，我們將示範一個簡單的 Java Spring Boot 應用程式，以熟悉如何使用 Docker 建置並執行應用程式。您不用具備 Java 開發的相關知識，也不需要事先安裝任何 Java 的開發工具，就可以完成實作（執行應用程式），我們會將所有需要的元件都放入 Docker 映像檔中。要特別提醒的是，本節的流程也適用其他編譯式的程式語言（如 .NET Core 和 Erlang），即使您不是使用 Java 來開發應用程式，仍需要讀通本節的內容。圖 4.4 是一般 Java 應用程式大致的作業流程：

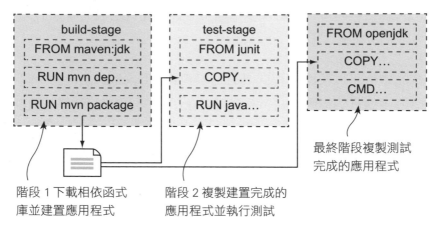

圖 **4.4**：多階段建置程序的 Java 應用程式。

　　此範例的程式碼位於本書的下載檔案中，目錄是 ch04 /exercises/
image-of-the-day。此應用程式使用一套標準的 Java 工具：Maven（用於
定義建置過程和取得相依的函式庫）和 OpenJDK（一種可自由散佈使用的
Java 執行環境和開發人員工具包）。Maven 使用 XML 格式描述建置程序
流程，在命令列執行要使用『mvn』。有了以上的基礎知識後，這樣就可以
瞭解範例 4.2 中 Dockerfile 的內容。

範例 4.2 協同 Maven 建置 Java 應用程式的 Dockerfile

```
FROM diamol/maven AS builder

WORKDIR /usr/src/iotd
COPY pom.xml .
RUN mvn -B dependency:go-offline  ← 使用 RUN 命令執行 Maven
                                    的建置程序，以取得所有
                                    應用程式相依函式庫
COPY . .
RUN mvn package  ← 執行 mvn package

# app
FROM diamol/openjdk
```

接下頁

```
WORKDIR /app
COPY --from=builder /usr/src/iotd/target/iotd-service-0.1.0.jar .

EXPOSE 80
ENTRYPOINT ["java", "-jar", "/app/iotd-service-0.1.0.jar"]
```

上面的命令有大部分都是之前所介紹過的，範例中的製作程序與之前介紹過的範例也很類似。它是一個多階段的 Dockerfile，使用到多個 FROM 命令，且這些步驟的設計可以最大利用 Docker 映像層的暫存記憶體。

第一階段稱為 builder（建置階段）。在建置階段會執行以下步驟：

- 使用 diamol/maven 為基礎映像檔。此映像檔已安裝了 OpenJDK、Java 開發工具包以及 Maven 建置工具。

- 建置階段開始在映像檔中建立工作目錄，接著複製 pom.xml，此檔案是 Maven 用來建置 Java 程式的定義檔。

- 第一個 RUN 命令（RUN mvn -B dependency:go-offline）執行 Maven 的建置程序，以取得所有應用程式相依函式庫。這是一項相當消耗電腦效能的步驟，因此以獨立完整的步驟來利用映像層的快取。如果有新版本的相依函式庫，XML 文件會變更其中的內容，此時這步驟則會重新執行。如果相依函式庫沒有作任何更動，則使用快取的資料。

- 接著，將其餘的程式碼都被複製進來，做法是使用 COPY . . 命令，表示「將 Docker 所在位置的所有文件和目錄複製到映像檔中的工作目錄中」。

- 建置階段的最後一步是執行（RUN）mvn package，用來編譯和打包應用程式。輸入是一組 Java 程式碼檔案，輸出是一個格式為 JAR 檔的 Java 應用程式封裝檔。

完成此階段後，已編譯完成的應用程式將存在於建置階段的檔案系統中。如果 Maven 的建置程序有任何問題，例如網路斷線而無法取得相依的函式庫，或是程式碼中有 bug，則會導致 RUN 命令失敗，導致整個建置程序也會連帶終止。

如果建置階段成功執行，則 Docker 會繼續執行最終階段，這階段會產生應用程式的映像檔：

● 從包含有 Java 11 執行環境的映像檔 diamol/openjdk 開始，注意！此映像檔並沒有包含 Maven 建置工具。

● 此階段建立工作目錄，並從建置階段複製已編譯完成的 JAR 檔。Maven 將應用程式及其所有 Java 相依函式庫打包在這個 JAR 檔案中，也就是建置階段的輸出結果。

● 此應用程式是一個監聽連接埠 80 的 Web 伺服器，因此要在命令 EXPOSE 中指定連接埠的埠號，讓 Docker 來處理連接埠的配發。

● 命令 ENTRYPOINT 是用以告訴 Docker 從映像檔啟動容器時應執行的操作，在本例中將 Java 與應用程式 JAR 的路徑一起執行。

◁)) 馬上試試

切換到目錄 ch04/exercises/image-of-the-day 底下並製作映像檔：

```
cd ch04/exercises/image-of-the-day
docker image build -t image-of-the-day .
```

整個製作程序會出現很多執行的輸出結果，包括來自 Maven 的所有日誌資料、取得並安裝相依函式庫、並以 Java 建置、執行應用程式。圖 4.5 顯示了建置程序的過程：

接下頁

builder（建置階段）的最後一個部分是使用 Maven 產生
Java 應用程式封裝檔（Java application archive, JAR）

```
[INFO] --- maven-jar-plugin:3.1.1:jar (default-jar) @ iotd-service ---
[INFO] Building jar: C:\usr\src\iotd\target\iotd-service-0.1.0.jar
[INFO]
[INFO] --- spring-boot-maven-plugin:2.1.3.RELEASE:repackage (repackage) @ iotd-
[INFO] Replacing main artifact with repackaged archive
[INFO]
[INFO] BUILD SUCCESS
[INFO]
[INFO] Total time:  6.274 s
[INFO] Finished at: 2019-07-09T14:05:57+01:00
[INFO]
Removing intermediate container c29941e403b9
 ---> eab51d723848
Step 7/11 : FROM diamol/openjdk
 ---> 840bada2490b
Step 8/11 : WORKDIR /app
 ---> Using cache
 ---> b78b5c5757fa
Step 9/11 : COPY --from=builder /usr/src/iotd/target/iotd-service-0.1.0.jar .
 ---> 2f5470ca5eb2
```

最終階段從 builder（建置階段）
複製建置完成的 JAR 檔

圖 4.5：在 Docker 中執行 Maven 建置程序的輸出結果。

剛剛所執行的 Dockerfile 已經建立了一個 REST API，用於讀取 NASA「每日天文圖片」(https://apod.nasa.gov)。Java 應用程式會從 NASA 取得今天的圖片的詳細資料並存在快取中，因此就算重複呼叫也不會頻繁連接 NASA 網路服務。

Docker 虛擬網路

這個範例展示了用容器建置應用程式的大致流程，不過這只能算是起步，最終還需要整合多個容器，才能建置完整的應用程式。當使用到多個容器建置應用程式時一定會遇到容器間相互通訊交換資訊的問題，Docker 在建立容器時會自動分配虛擬 IP 地址，容器便透過**虛擬網路**相互溝通。接下來先跟著實作以下的範例再參考後續的說明：

◁)) 馬上試試

以命令列建立一個 Docker 虛擬網路讓容器可以相互通訊：

```
docker network create nat
```

執行上述命令後應該會出現警示，那是因為在設定中已經有一個名為
nat 的 Docker 虛擬網路，可以直接忽略這個訊息。當容器執行時可以使
用參數 --network 將容器連接到 Docker 虛擬網路，而該網路上的任何容
器都可以使用容器名稱相互溝通。

◁)) 馬上試試

從映像檔執行一個容器並使用連接埠 80，接著連接到 nat 網路：

```
# 以下為同一道命令，請勿換行
docker container run --name iotd -d -p 800:80 --network
nat image-of-the-day
```

上面一長串命令是以 docker container run 啟動一個名稱為 iotd 的容器，
執行 image-of-the-day 映像檔，並於後台持續執行 (-d)，接著將容器的網
路連接埠 80 連結到本機網路連接埠 800 (-p 800:80)。現在可以打開瀏覽
器，輸入 http://localhost:800/image，可以看到 NASA 當天圖片的詳細資
料（JSON 格式）。下圖是執行容器的當天，出現了日蝕的資訊，圖 4.6
顯示執行 API 後的詳細資料：

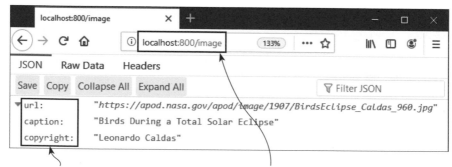

這裡有圖片的詳細資料，源自於 NASA　　　本機電腦中的連接埠 800
的服務，暫存於容器內的 Java 應用程式　　連接到容器內的連接埠 80

圖 4.6：暫存於容器內的 NASA 圖片詳細資料。

從上面的範例可以得知在 Dockerfile 中複製程式碼，就可以在安裝 Docker 的任何電腦上進行建置。過程中不需要安裝任何建置工具，不需要特定版本的 Java，只需複製程式碼及透過幾個 Docker 命令來執行該應用程式。

在此不得不提另一件事，最終階段輸出的應用程式映像檔並不包含建置工具。如果您試著啟動新的 image-of-the-day 映像檔，會發現 Docker 中沒有包含 builder (建置階段) 所使用的 mvn 命令，因為只有**最終階段**的內容才會被寫入映像檔中，如果需要包含建置用的命令，我們可以在最終階段將需要的命令複製進去。

4.3　應用演練：Node.js 程式碼

接著來處理另一個多階段 Dockerfile，本次範例將會示範 Node.js 應用程式。隨著開發團隊以及組織發展，可能會逐步使用多種不同的技術架構，因此多了解 Docker 不同的建置方式是必要的。Node.js 是個很好的範例，不單單因為它很受歡迎，也可以做為使用其他腳本式語言的開發參考範本，例如：Python、PHP 和 Ruby，這些建置流程都差不多。此應用程式的程式碼位於 ch04/exercises/access-log 的目錄底下。

在上個範例中，Java 應用程式需要經過編譯，因此要將程式碼複製到建置階段時，需要先編譯產生一個 JAR 檔。JAR 檔是已編譯過的應用程式，會被複製到最後產生的映像檔中，但原始程式碼不會複製到映像檔中。.NET Core 也是走相同的工作流程，其中已編譯好的元件為 DLL (Dynamic Link Library 動態鏈結程式庫)。Node.js 有所不同，因使用的是直譯語言 JavaScript，因此不用經過編譯步驟。所以要將應用程式打包成容器，只需要將 Node.js 執行環境和程式碼放入映像檔中。

雖然沒有編譯步驟，不過，打包過程中還是需要多階段 Dockerfile，用以優化相依函式庫的載入。Node.js 使用 npm (the Node package manager 節點程序包管理器) 來管理相依的函式庫。範例 4.3 顯示了 Node.js 應用程式的 Dockerfile。

範例 4.3 以 npm 建置 Node.js 應用程式的 Dockerfile

```
FROM diamol/node AS builder

WORKDIR /src
COPY src/package.json .

RUN npm install

# app
FROM diamol/node

EXPOSE 80
CMD ["node", "server.js"]

WORKDIR /app
COPY --from=builder /src/node_modules/ /app/node_modules/
COPY src/ .
```

這範例實作的目標與 Java 應用程式一樣,即安裝 Docker 後就可打包和執行該應用程式,無需安裝任何其他工具。這兩個範例的基礎映像檔都是 diamol/node,其中已安裝 Node.js 執行環境和 npm。Dockerfile 中的建置階段會複製 package.json 文件,此文件記錄了應用程式所需要的相依函式庫,接著執行 npm install 來下載並安裝,因為應用程式不需要編譯,所以所有要做的事情就這些。

此應用程式是另一個 REST API 服務。在最終階段使用 80 連接埠,並指定用 node 來執行程式、啟動服務。最後一個步驟是建立一個工作目錄並複製應用程式的元件,包括從 builder(建置階段)複製已下載的相依函式庫、從主機複製程式碼,src 目錄內包含 JavaScript 檔案以及 server.js(啟動 Node.js 應用程式的執行檔)。

在此例中,我們以不一樣的應用程式進行打包。Node.js 應用程式的基礎映像檔、工具和命令均與 Java 應用程式不同,但透過 Dockerfile 都可以因應不同的架構和需求做出調整,流程上並沒有太大差異。

🔊 **馬上試試**

執行以下的命令，將目錄移動到 Node.js 應用程式底下並開始製作映像檔：

```
cd ch04/exercises/access-log
docker image build -t access-log .
```

由下面的圖片可以看到 npm 的執行結果，可能還會顯示一些錯誤和警告訊息（可以忽略，不會影響到應用程式的執行結果）。其中下載的軟體都保存在 Docker 映像層的快取中。

執行結果如圖 4.7：

builder（建置階段）取得應用程式所需的相依函式庫

```
added 131 packages from 229 contributors and audited 188 packages in 4.539s
found 0 vulnerabilities

Removing intermediate container e267f6cb4d4d
 ---> e0301f037b09
Step 5/10 : FROM diamol/node
 ---> 9dfa73010b19
Step 6/10 : EXPOSE 80
 ---> Running in 6e2b2333bf93
Removing intermediate container 6e2b2333bf93
 ---> 6d0b0071a72c
Step 7/10 : CMD ["node", "server.js"]
 ---> Running in b2a9d45164d5
Removing intermediate container b2a9d45164d5
 ---> 6ee225c9bb33
Step 8/10 : WORKDIR /app
 ---> Running in dbcefdcd881a
Removing intermediate container dbcefdcd881a
 ---> 4eccd8b0f65b
Step 9/10 : COPY --from=builder /src/node_modules/ /app/node_modules/
 ---> b4a19a853c7b
Step 10/10 : COPY src/ .
 ---> 2ac5639736c7
Successfully built 2ac5639736c7
Successfully tagged access-log:latest
```

從本機電腦中的 src 資料夾
複製 JavaScript 檔案出來

最終階段從 builder（建置階段）
複製下載好的相依函式庫

圖 4.7：用多階段 Dockerfile 建置 Node.js 應用程式。

現在試著執行看看建置好的 Node.js 應用程式，檢查是否有成功打包。此應用程式是一個 REST API 服務，其他的應用程式可以呼叫這個 accesslog API 來編寫日誌檔案 (log)，其中可以使用 HTTP POST 來記錄新的日誌內容，利用 HTTP GET 可以查看有多少日誌數量。

◁›) 馬上試試

從 accesslog API 映像檔執行容器，將主機的連接埠 801 配發到容器的連接埠 80，並將其連接到同一個 nat 網路：

```
# 以下為同一道命令，請勿換行
docker container run --name accesslog -d -p 801:80
--network nat access-log
```

上面的命令是以 docker container run 啟動一個名稱為 accesslog 的容器，執行 access-log 映像檔，並於後台持續執行(-d)，然後將容器的網路連接埠 80 連到本機網路連接埠 801 (-p 801:80)。現在打開瀏覽器並輸入 http://localhost:801/stats，將可以看到該服務記錄了多少日誌。圖 4.8 顯示到目前為止，日誌沒有任何訊息，如果使用 Firefox 瀏覽器開啟此網址，可以看到 Firefox 針對這 API 回覆結果進行格式化呈現（其他的瀏覽器可能只會看到 JSON 格式的資訊）：

本機的連接埠 801 會連接到 Node.js 容器內的連接埠 80

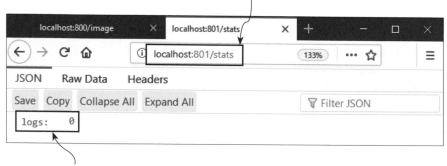

到目前為止沒有日誌資料。當有其他服務
使用日誌 API 時，這個數字會持續增加

圖 4.8：執行容器內的 Node.js API。

　　日誌 API 在 Node.js 版本 10.16 中執行，如同先前介紹的 Java 範例，無需安裝任何版本的 Node.js 或安裝任何其他工具即可建置和執行此應用程式。該 Dockerfile 中的工作流程會下載相依函式庫，然後將 script（腳本語言）程式檔案複製到最終階段的映像檔中。以此類推，

　　Python 與 Ruby 也都屬於 script（腳本語言），同樣也適用此工作流程，在 Python 中以 Pip 管理器來處理相依函式庫，而 Ruby 則使用 Gems 管理器。

4.4　應用演練：Go 程式碼

　　最後還有一個多階段 Dockerfile 的範例，是用 Go 語言編寫的 Web 應用程式。Go 是個跨平台程式語言，可編譯成原生執行檔 (native binaries)，這表示可以配合任何平台 (Windows、Linux、Intel 或 Arm)，將程式編譯成可以執行的檔案，且編譯後的輸出就是一個完整的應用程式，不需要額外安裝執行環境（例如：Java、.NET Core、Node.js 或 Python 都需要安裝執行環境來執行），因此可以產生出容量非常小的 Docker 映像檔。

　　當然還有其他程式語言也可以編譯原生執行檔，例如近期很熱門的 Rust 和 Swift，不過還是可以跨平台的 Go 語言比較通用，現在也是開發雲端原生應用程式的主流語言 (Docker 本身也是用 Go 語言開發)。在 Docker 中建置 Go 應用程式的工作流程與先前示範的多階段 Dockerfile 方法相同，但還是有些許差別。以下先執行範例再詳細說明不同之處。

　　◆ 編註　若對 Go 語言的開發細節有興趣，可以參考旗標出版的「完全自學！Go 語言 (Golang) 實戰聖經」一書。

範例 4.4 以程式碼建置 Go 應用程式的 Dockerfile

```
FROM diamol/golang AS builder

COPY main.go .
RUN go build -o /server

# app
FROM diamol/base

ENV IMAGE_API_URL="http://iotd/image"\
    ACCESS_API_URL="http://accesslog/access-log"
CMD ["/web/server"]

WORKDIR web
COPY index.html .
COPY --from=builder /server .
RUN chmod +x server
```

　　Go 語言會將程式碼編譯成原生二進位檔，因此 Dockerfile 中的每個階段都使用不同的基礎映像檔。builder（建置階段）使用 diamol/golang，此階段中已經安裝了所有 Go 語言所需要的工具。Go 應用程式通常不使用相依函式庫，因此該階段直接用於建置應用程式 (main.go 是程式碼檔案)。最終階段會輸出一個容量極小的映像檔，該映像檔僅具有操作系統的工具層，稱為 diamol/base。

　　Dockerfile 將一些配置設定轉換為環境變數，並將啟動命令指定已編譯的原生二進位檔。在最終階段，Docker 會從本機上複製 Web 伺服器所需的 HTML 檔案和建置階段的二進位檔。最後 chmod 命令的功用，就是將二進位檔在 Linux 中標記為可執行 (編註：這命令對 Windows 無效)。

🔊 馬上試試

以下命令是移動到目錄 ch04/exercises/image-gallery 底下並製作映像檔：

```
cd ch04/exercises/image-gallery
docker image build -t image-gallery .
```

執行時不會顯示太多的輸出訊息，因為 Go 語言沒有輸出日誌檔的特性，僅會在出現問題與故障時才會輸出結果並寫入日誌。圖 4.9 中看到部分輸出結果：

這個應用程式在 builder（建置階段）中完成編譯。Go 語言在建置成功後不會輸出訊息

```
Step 3/10 : RUN go build -o /server
 ---> Running in 4c82369bdd7d
Removing intermediate container 4c82369bdd7d
 ---> 86dd4bcd457b
Step 4/10 : FROM diamol/base
 ---> 055936d39205
Step 5/10 : ENV IMAGE_API_URL="http://iotd/image"
 ---> Running in 71a2577def79
Removing intermediate container 71a2577def79
 ---> a876b44cbe31
Step 6/10 : CMD ["/web/server"]
 ---> Running in cdb6cbd72371
Removing intermediate container cdb6cbd72371
 ---> 9c32166ff4c9
Step 7/10 : WORKDIR web
 ---> Running in cfeff2048a98
Removing intermediate container cfeff2048a98
 ---> 69f36239586b
Step 8/10 : COPY index.html .
 ---> ac083fe04427
Step 9/10 : COPY --from=builder /server .
 ---> c03a4156eca6
```

從 builder（建置階段）複製二進位檔

從本機電腦中複製 HTML 檔案到最終階段

圖 4.9：用多階段 Dockerfile 建置 Go 應用程式。

　　Go 應用程式有其獨特的功能與應用情境，但是在執行應用程式之前，先來看看映像檔佔據了本機電腦多少的容量。

◁)) **馬上試試**

以下命令是將 Go 應用程式映像檔與 Go 工具集映像檔進行比較：

```
# 以下為同一道命令，請勿換行
docker image ls -f reference=diamol/golang -f
reference=image-gallery
```

上面這個命令列出有引用 diamol/golang 或 image-gallery 的映像檔。執行此命令時，可以發現在每個階段中選擇合適的基礎映像檔有多麼重要：

```
REPOSITORY      TAG      IMAGE ID       CREATED          SIZE
image-gallery   latest   b41869f5d153   20 minutes ago   25.3MB
diamol/golang   latest   ad57f5c226fc   2 hours ago      774MB
```

在 Linux 上，安裝所有 Go 語言開發工具的映像檔超過 770 MB；然而 Go 應用程式映像檔僅為 25 MB。透過每個階段映像檔之間資源的共享，達到以最少的軟體資源執行應用程式。該應用程式執行時不需要任何 Go 語言的開發工具，故可製作出最少容量的應用程式映像檔，節省了將近 750 MB 的容量，這大大增進應用程式執行的效能，而且因為工具的減少，連帶避免了許多資安漏洞攻擊的風險。

現在就來試著執行這個應用程式，由於此應用程式會使用到先前所示範的 API 服務，在這部分會把本章所有的範例程式都使用容器的虛擬網路串在一起。首先要確保之前「馬上試試」的容器能夠順利執行。

可以使用前面章節所教過的 docker container ls 命令來確認容器是否有在執行，如果您有跟著本書的章節順序，下達命令後應該可以看到兩個正在執行的容器，即名為 accesslog 的 Node.js 容器和名為 iotd 的 Java 容器。

◁)) 馬上試試

執行 Go 應用程式映像檔，配發主機連接埠並連接到 nat 網路：

```
docker container run -d -p 802:80 --network nat image-gallery
```

上面的命令是以 docker container run 啟動一個沒有名稱的容器，接著執行 image-gallery 映像檔，並於後台持續執行 (-d)，再來將容器的網路連接埠 80 連結到本機網路連接埠 802 (-p 802:80)，現在可以打開瀏覽器，輸入網址 http://localhost:802，能夠看到 NASA 今日的天文圖片。如圖 4.10 所示：

從本機電腦中的連接埠 802 傳送接收到的資料至
Go 應用程式的連接埠，以呈現出 web 網頁

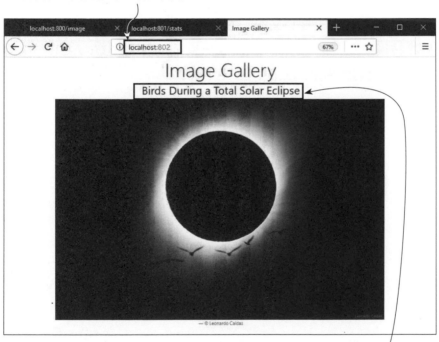

web 應用程式從 Java API 載入圖片的詳細資
料，這兩個服務共用同一個的 Docker 虛擬網
路（編註：容器不同，以相同網路進行溝通）

圖 4.10：以 Go 語言撰寫而成的 web 應用程式，顯示了從 Java API 載入的資料。

到這裡您已經成功的執行一個分散式應用程式，此應用程式橫跨了三個容器且彼此使用 nat 網路 (Docker 虛擬網路) 進行溝通。以 Go 語言撰寫而成的 Web 應用程式呼叫 Java API 以獲取要顯示的圖片以及詳細資料，接著呼叫 Node.js API 來記錄該網站有被存取過。在這過程中，無需為任何一種語言安裝開發工具即可建置和執行所有的服務，僅僅只需要程式碼和 Docker。

以軟體工程的角度來看，多階段 Dockerfile 可以使整個專案移植到不同的環境中。不需要編寫任何新的 Pipeline，便可以使用 Jenkins(主流的持續整合工具之一) 來建置應用程式，也可以嘗試 AppVeyor 託管的 CI 服務或 Azure DevOps，以上提及的工具皆有支援 Docker，因此整個 CI(continuous integration 持續整合)/CD(continuous development 持續開發) 的 Pipeline 就只需要 Docker 映像檔就可完成。簡單來說不管您今天使用到什麼技術或平台都可以藉由 Docker 來輔助您完成 CI ／ CD（小編：這也是 Docker 會瞬間爆紅的原因之一）。

Pipeline 原本是指一個自動化的管線運輸貨物方式，後用來比喻為從撰寫程式開始到應用程式上線的一個過程，中間經過的工作流程通常都會是固定的，使用 Pipeline 的概念將各階段的自動化處理整合起來。程式的修改只要有觸發，都可以啟動自動化處理，讓修改的過程成為一個「程式流」。

4.5 　重點整理：多階段 Dockerfile

在本章中，我們介紹了許多基礎知識，這節將會整理出一些使用訣竅，幫助讀者更清楚了解多階段 Dockerfile 的工作流程，以及避開一些利用容器建置應用程式時常會遇到的地雷。

第一點是關於標準化。在做本章的練習時，所使用到的開發工具都是現今主流的套件或函式庫，因此可以依照相同的流程來完成建置程序，並執行應用程式。不管是使用哪種作業系統或是在電腦上安裝了其他的特殊軟體，所有的工作流程都是在 Docker 容器中執行，且容器映像檔具有所有正確版本的工具。在真實專案中，這樣的做法不但可以大幅地簡化新開發人員的入職流程，還可以減少了 Build server 的維護負擔，並移除用戶使用不同版本的工具時發生錯誤的可能性。

第二點是性能。在多階段 Dockerfile 建置的每個階段都有屬於自己的快取。Docker 會在映像層的快取中為每條命令尋找相對應的資源；如果找不到，則會中斷快取的作業，重新執行該階段其餘的所有命令。接著下一階段再從快取開始執行。編寫好 Dockerfile 並完成優化後，便會發現 90% 的建置步驟都使用快取。

最後一點是多階段 Dockerfile 可以對建置程序進行優化微調，使得最終應用程式映像檔盡可能精簡。在早期建置階段所需的任何工具都可以被獨立處理 (不用跟著複製到下個階段的映像檔)，使得最終階段的映像檔可以不包含開發工具。舉個例子，curl 是很常用的命令列工具，可用於從 Internet 上下載所需的檔案。我們可能會需要用 curl 來下載應用程式所需的檔案，但這步驟可以在 Dockerfile 的建置階段中執行，這樣就不需要在應用程式映像檔中安裝 curl。透過這樣的操作不但可以減少映像檔的容量大小而縮短啟動時間，也表示應用程式映像檔中會用到的軟體更少，減少漏洞攻擊的風險。

4.6 課後練習

　　最後就是本章的課後練習！您可以嘗試實作多階段建置和優化 Dockerfile 的範例。在本書下載的程式碼中，可以在 ch04/lab 中找到一個資料夾，從這裡開始進行實作練習。這是一個簡單的 Go 網路服務器應用程式，已經有一個 Dockerfile，您可以在 Docker 中建置和執行它，但這 Dockerfile 需要您的優化。這次的實作必須達到以下所列出來的目標：

● 首先使用資料夾中的 Dockerfile 建置映像檔，進行 Dockerfile 優化並產生新的映像檔。

● 目前映像檔在 Linux 上為 800 MB，在 Windows 上為 5.2 GB。優化後的映像檔在 Linux 上應為 15 MB 左右，在 Windows 上應為 260 MB。

● 如果使用目前的 Dockerfile 更改 HTML 內容，則建置程序將執行七個步驟。

● 優化後的 Dockerfile 在更改 HTML 時僅應執行一個步驟。

　　和之前一樣，本書的 GitHub 中有其中一種解決方案。如果真的沒有頭緒，可以參考解答：

　　https://github.com/sixeyed/diamol/blob/master/ch04/lab/ Dockerfile.optimized。

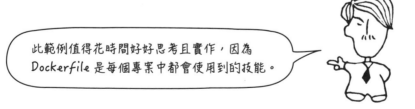

此範例值得花時間好好思考且實作，因為 Dockerfile 是每個專案中都會使用到的技能。

5

Chapter

分享 Docker 映像檔

看到這裡，相信您已經對 Docker 工作流（建置和執行）已經有一個初步的了解，現在可以來分享映像檔了，也就是把您在本機電腦上建置的映像檔，提供給其他人使用。這是 Docker 中最重要的部分。將軟體及其所有相依元件 (dependencies) 打包在一起，讓所有人都可以在任何電腦上輕鬆使用，不同環境之間也沒有相容性的問題，因此不用花費太多時間成本來設置軟體或解決環境部署相關的錯誤。

5.1 登錄伺服器、儲存庫和映像標籤

Docker 的軟體分發系統已經內建於平台中。前幾章的範例中我們可以看到在執行容器時，如果本機沒有該映像檔，Docker 會自己下載。這步驟就是軟體分發系統去**登錄伺服器 (registry)** 尋找對應的映像檔。登錄伺服器就是集中管理 Docker 映像檔的伺服器，其下會有許多不同名稱、不同版本的映像檔。在眾多登錄伺服器中最受歡迎的莫過於 Docker Hub，Docker Hub 託管數十萬個映像檔，每月下載次數高達十億次。它也是 Docker Engine 的預設登錄伺服器，當 Docker 找不到本機可使用的映像檔時，會搜尋優先搜尋 Docker Hub。

映像檔是以 Repository 的形式存放在登錄伺服器上，本書將 Repository 翻譯為「儲存庫」，也可稱為 repo，如果有使用過 GitHub 應該就不陌生。從專案的角度來說，儲存庫 (repository) 可以看成是一個完整的專案或目錄，存放相同名稱但不同標籤的映像檔。

分享映像檔的一個小訣竅就是命名，需要給 Docker 映像檔一個好的名稱，最好是能夠包含足夠的資訊，以便 Docker 可以快速又準確地找到你需要的映像檔。到目前為止，我們已經示範過幾個簡單的名稱，例如 image-gallery 或 diamol/golang，萬一在登錄伺服器上遇到兩個相同名稱的映像檔

時該怎麼辦？這時候就會使用 image reference(完整的映像檔名稱)，image reference 包含四個部分，以下我們透過範例 diamol/golang 來講解。圖 5.1 說明了 image reference 中的各個部分：

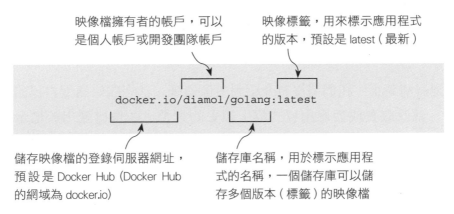

映像檔擁有者的帳戶，可以是個人帳戶或開發團隊帳戶

映像標籤，用來標示應用程式的版本，預設是 latest (最新)

docker.io/diamol/golang:latest

儲存映像檔的登錄伺服器網址，預設是 Docker Hub (Docker Hub 的網域為 docker.io)

儲存庫名稱，用於標示應用程式的名稱，一個儲存庫可以儲存多個版本 (標籤) 的映像檔

圖 5.1：Docker image reference 各部份介紹。

您可以藉由 image reference 的命名方式來管理自己的應用程式映像檔。在本機上，可以隨便命名任何的映像檔，但是當您想在登錄伺服器上共享它們時，就需要添加更多有關映像檔的詳細資訊，因為 image reference 是登錄伺服器中選擇映像檔的**唯一索引**。

假如不設定 image reference 就直接上傳到登錄伺服器，Docker 會自動使用幾個預設值。例如：登錄伺服器預設為 Docker Hub (Docker Hub 的網域為 docker.io)、映像標籤預設為 latest。例如：以上面的例子來說 docker.io/diamol/golang:latest 是 diamol/golang 完整名稱 (編註：上傳後自行補上預設資訊)。

接著來介紹一下 image reference 中的各個部份分別代表甚麼。diamol 帳戶是 Docker Hub 上的開發團隊，而 golang 是該開發團隊內的儲存庫。這是一個公開的儲存庫，因此任何人都可以抓取下載映像檔，但如果您要推送 (Push) 新版本的映像檔，就必須先成為 diamol 開發團隊的成員才能推送 (編註：推送就是提交或上傳檔案的意思，如果任何人都可以推送映像檔，會有安全性上的疑慮)。

大型公司通常在自己的雲端環境或本機網路中，建構私有的 Docker 登錄伺服器。您可以透過在 image reference 的網址來設定自己 / 團隊的登錄伺服器。例如：在 r.sixeyed.com 上託管了自己的登錄伺服器，則映像檔可以儲存在 r.sixeyed.com/diamol/golang 中。用 image reference 管理您的映像檔非常簡單，就像我們在本機上會用目錄（資料夾）去區分不同專案檔案一樣。

到目前為止，我們還沒有介紹到映像標籤，當您開始建置自己的映像檔時，就應該養成對應用程式標上標籤的習慣。映像標籤用於標示同一個應用程式的不同版本。例如：官方 Docker 的 OpenJDK 映像檔具有數百個標籤，而 openjdk:18 是最新版本（編註：截至 2021 年 10 月為止），openjdk:8u212-jdk 是 Java 8 的特定版本，針對不同的 Linux 發行版和 Windows 版本還有更多標籤。如果在建立映像檔時未指定標籤，則 Docker 會使用預設標籤 latest，但是非常不推薦使用預設標籤，因為這是一個容易被誤導的名稱，標記為「最新」的映像檔實際上可能不是最新的映像檔版本。推送自己的映像檔時，應該更明確標上對應的版本。

5.2 將映像檔推送到 Docker Hub

首先，我們試著會把第 4 章中建置的映像檔推送到 Docker Hub，在此之前您需要申請一個 Docker Hub 帳戶，請到網址：https://hub.docker.com 免費註冊一個帳戶。

除了註冊帳號以外，還需要再做兩件事才能將映像檔推送到登錄伺服器。首先，使用 Docker 命令列登入 Docker Hub，以便 Docker 檢查使用者帳戶是否有權限推送映像檔。最後將您要推送的映像檔設定一個 image reference，其中包括推送的帳戶名稱。

由於接下來的範例中，我們所執行的命令需要使用到您的 Docker Hub 帳號，為了能夠順利執行，會設定一個變數，並讓終端機視窗中自行輸入 Docker ID。

◁)) 馬上試試

打開一個終端對話視窗，並將您的 Docker Hub ID 保存在變數 dockerId 中。提醒一下，Docker Hub ID 是之前註冊的使用者名稱，不是 Email。由於這不是 Docker 命令，而是要在本機系統上執行，因此在 Windows 和 Linux 上的語法略有不同，您需要依照作業系統選擇正確的語法：

```
# 在 Windows 中建議使用 PowerShell 輸入以下的命令
$dockerId="<your-docker-id-goes-here>"

# 在 Linux 或 Mac 中建議使用 Bash 輸入以下的命令
export dockerId="<your-docker-id-goes-here>"
```

例如作者的 Docker Hub ID 為 sixeyed，在 Windows 作業系統中使用的命令為 $dockerId="sixeyed"；在 Linux 上，命令則是 dockerId="sixeyed"。不管使用的是哪種系統，設定完畢後都可以執行命令 echo $dockerId，來顯示設定的 Docker Hub ID。

　　設定好 Docker Hub ID 後，接著要登入 Docker Hub，做法是使用 Docker 命令列執行 login 命令，執行後會要求您輸入 Docker Hub ID 的密碼進行身份驗證，登入了以後就可以透過 Docker Engine 去推送和抓取映像檔到登錄伺服器。

◁)) 馬上試試

使用以下的命令登入 Docker Hub，Docker Hub 是 Docker 預設的登錄伺服器，因此無需指定網域：

```
docker login --username $dockerId
```

執行命令的過程中，會要求您輸入密碼（螢幕上並不會顯示密碼），如圖 5.2 所示，登入後您可以將映像檔推送到自己的帳戶或您有權訪問的任何開發團隊。如何加入其他開發團隊呢？

接下頁

這需要團隊的成員將您的帳戶添加到開發團隊的列表中。以上面的例子為例,想要推送以 diamol/ 開頭的映像檔,就需要先將您的帳戶添加到 diamol 的開發團隊中。如果沒有加入任何開發團隊則只能將映像檔推送到自己帳戶中的儲存庫。

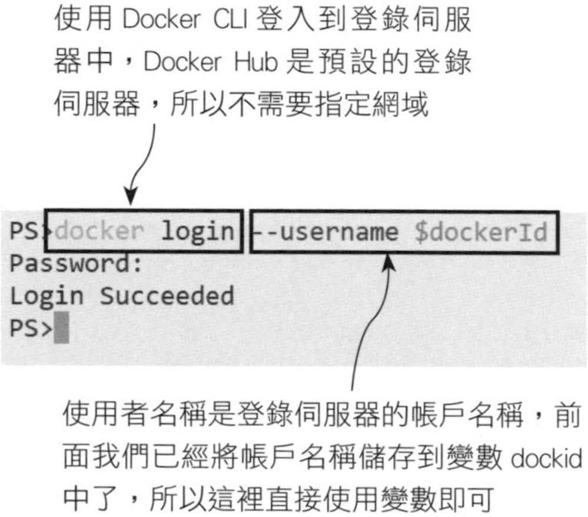

使用 Docker CLI 登入到登錄伺服器中,Docker Hub 是預設的登錄伺服器,所以不需要指定網域

```
PS>docker login --username $dockerId
Password:
Login Succeeded
PS>
```

使用者名稱是登錄伺服器的帳戶名稱,前面我們已經將帳戶名稱儲存到變數 dockid 中了,所以這裡直接使用變數即可

圖 **5.2**:登入到 Docker Hub 中。

　　在第 4 章中我們建置了一個名為 image-gallery 的 Docker 映像檔,不過該 image reference 沒有標註帳戶名稱,因此無法將其推送到任何一個登錄伺服器中。您可以在 Docker 映像檔中重新設定 image reference,設定時補上帳戶名稱即可,在重新設定的過程中無須重建整個映像檔。此外一個映像檔可以設定多個 image reference 用於不同的情況。

◁)) **馬上試試**

為第 4 章建置的映像檔設定一個 image reference,將其映像標籤標為 v1:

```
docker image tag image-gallery $dockerId/image-gallery:v1
```

現在 image-gallery 有兩個 image reference，其中一個具有帳戶名稱和映像標籤，但是這兩個 image reference 均指向同一個映像檔。映像檔還具有唯一的 ID，如果同個映像檔 ID 具有多個 image reference 時，則可以利用下面的命令把相對應的關係列出來：

◁)) 馬上試試

利用命令列出 image-gallery 中所有的 image reference：

```
# 以下為同一道命令，請勿換行
docker image ls --filter reference=image-gallery --filter
reference='*/image-gallery'
```

輸入命令後，您可以看到類似於圖 5.3 的結果：

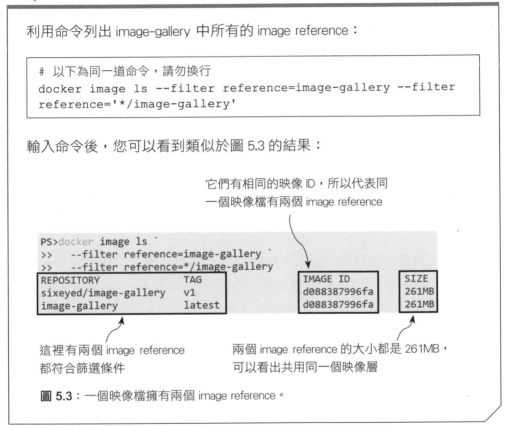

它們有相同的映像 ID，所以代表同一個映像檔有兩個 image reference

```
PS>docker image ls `
>>    --filter reference=image-gallery `
>>    --filter reference=*/image-gallery
REPOSITORY              TAG       IMAGE ID       SIZE
sixeyed/image-gallery   v1        d088387996fa   261MB
image-gallery           latest    d088387996fa   261MB
```

這裡有兩個 image reference 都符合篩選條件

兩個 image reference 的大小都是 261MB，可以看出共用同一個映像層

圖 5.3：一個映像檔擁有兩個 image reference。

到這裡您已經成功地設定了一個帶有 Docker ID 的 image reference，並且也已經登錄 Docker Hub。接著可以開始共享映像檔了！做法是使用命令 docker image push 將本機映像層上傳到登錄伺服器。

◁》) 馬上試試

利用命令推送 image-gallery image reference 到登錄伺服器：

```
docker image push $dockerId/image-gallery:v1
```

在映像層級別中，Docker 的登錄伺服器與本機 Docker Engine 以相同的方式運作。您剛剛推送了映像檔，但是 Docker 實際上只上傳了映像層。在輸出中可以看到一個映像層 ID 及其上傳進度的列表。在以下輸出訊息中可以看到正在推送的映像層：

```
The push refers to repository [docker.io/sixeyed/image-gallery]
c8c60e5dbe37: Pushed
2caab880bb11: Pushed
3fcd399f2c98: Pushed
... (略) ...
v1: digest: sha256:127d0ed6f7a8d1... size: 2296
```

　　登錄伺服器與映像層之間的工作流程需要謹慎處理，這部分跟優化映像檔有著很大的關係。只有當登錄伺服器中沒有該映像層，Docker 才會將映像層上傳到登錄伺服器中，這原理就像本機 Docker Engine 的快取機制，若映像檔中大部份映像層在登錄伺服器上都有了，推送時就只需要上傳沒有的映像層即可，不用全部重新上傳，藉此達到最佳化 Dockerfile，節省了時間成本、網路頻寬和磁碟空間。

　　現在可以到 Docker Hub 檢查剛剛上傳的映像檔。Docker Hub 存放的網址使用與 image reference 相同的儲存庫名稱格式，因此可以從您的帳戶名稱中得到該映像檔的 URL。

🔊》 馬上試試

以下的命令會將您的 Docker Hub ID 代入網址中，然後開啟您的 Docker Hub 映像檔頁面：

```
echo https://hub.docker.com/r/$dockerId/image-gallery/tags
```

瀏覽到該 URL 時，您將看到如圖 5.4 的畫面，其中顯示了映像檔的映像標籤和上次更新時間：

```
PS>echo "https://hub.docker.com/r/$dockerId/image-gallery/tags"
https://hub.docker.com/r/sixeyed/image-gallery/tags
PS>
```

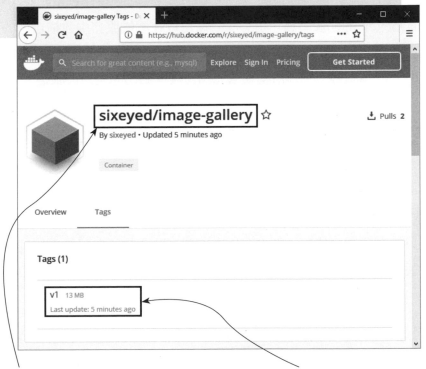

儲存庫的名稱是帳戶名稱　　　　　　目前儲存庫只有一個映像標籤 v1，
sixeyed 加上 image-gallery　　　　 之後還會有其它多個映像標籤

圖 5.4：Docker Hub 上的映像檔頁面。

以上就是推送映像檔的整個過程。上傳時 Docker Hub 會為映像檔自動建立一個新的儲存庫 (編註：如果該映像檔為第一次上傳)，預設情況下，該儲存庫具有公開的讀取權限。任何人都可以找到、抓取和使用您的映像檔。此外為了讓其他使用者能更快了解您的映像檔，您可以在 Docker Hub 上放置說明文件。

Docker Hub 是最好上手的登錄伺服器，免費提供了大量的功能供我們使用。如果有需要，日後也可以升級付費帳戶，享有更完整的功能。例如：私有儲存庫、增加登錄伺服器的使用空間等。

登錄伺服器屬於開放的 API 規範，而登錄伺服器運作的核心機制則來自於 Docker 的開源服務。這意味著您可以在雲端服務中建構自己的登錄伺服器，也可以使用 Docker Trusted Registry 等商業產品在資料中心中管理自己的登錄伺服器。下一節就要教您如何建構自己的登錄伺服器。

5.3 執行和使用自己的 Docker 登錄伺服器

在上節我們介紹了登錄伺服器以及 Docker Hub，不過登錄伺服器可不是只能在雲端中使用，您也可以在本機網路上執行自己的登錄伺服器。舉例來說，萬一主要的雲端登錄伺服器離線，這時就可以啟動本機中的登錄伺服器，將其作為備用選項。

Docker 在 GitHub 中的 docker/distribution 維護「核心登錄伺服器」的原始碼。它提供了推送和抓取映像檔的基本功能，並使用了與 Docker Hub 相同的映像層快取系統，只差沒有像 Docker Hub 的網頁操作介面。這是一台超輕量級伺服器，我們將其打包為 diamol 映像檔，因此您可以試著在容器中執行它。

◁》) **馬上試試**

使用 diamol 映像檔在容器中執行 Docker 登錄伺服器：

```
# 使用「restart」標籤重新啟動登錄伺服器，
# 以便在您重新啟動 Docker 時跟著啟動容器：
# 以下為同一道命令，請勿換行
docker container run -d -p 5000:5000 --restart always
diamol/registry
```

現在在您的本機電腦上已經執行了一個登錄伺服器。伺服器的預設連接埠是 5000，此命令將公開該連接埠。您可以將映像檔推送到登錄伺服器 localhost:5000，但是要特別注意，您只能在本機電腦上使用該登錄伺服器。接下來為了後續下達命令方便，這邊將會給該登錄伺服器一個別名，可以藉此縮短命令的長度。

接著將登錄伺服器設定一個別名，做法是利用下面的命令：

◁》) **馬上試試**

以下命令是將您的登錄伺服器命名為 registry.local。此命令是通過寫入電腦的 hosts 檔案來實現的，該檔案是將網路名稱連結到 IP 地址的簡單文字檔，Windows、Linux 和 Mac 電腦均使用相同的文件格式，但是由於檔案路徑不同的關係，不同作業系統的命令也不同，因此需要選擇相對應的命令：

```
# 在 Windows 中建議使用 PowerShell 輸入以下的命令
# 以下為同一道命令，請勿換行
Add-Content -Value "127.0.0.1 registry.local" -Path
/windows/system32/drivers/etc/hosts

# 在 Linux 或 Mac 中建議使用 Bash 輸入以下的命令
echo $'\n127.0.0.1 registry.local' | sudo tee -a /etc/hosts
```

接下頁

如果在執行該命令時收到權限錯誤,則需要在 Windows 上以系統管理員權限重新執行 PowerShell 對話視窗,在 Linux 或 Mac 上則要加上 sudo。成功執行命令後,應該能夠執行 ping Registry.local,並看到來自本機 IP 地址 127.0.0.1 的回應,如圖 5.5 所示:

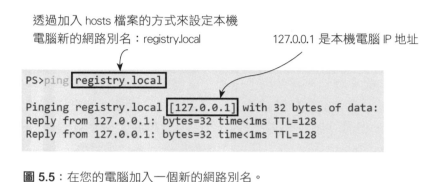

透過加入 hosts 檔案的方式來設定本機
電腦新的網路別名:registry.local   127.0.0.1 是本機電腦 IP 地址

圖 5.5:在您的電腦加入一個新的網路別名。

執行之後,您可以在 image reference 中使用 registry.local:5000 作為登錄伺服器的網域。接著要將網域添加到映像檔中,由於這個步驟與 5.2 節的步驟一樣,這邊就直接示範在新的 image reference 添加登錄伺服器的網域:

◁)) 馬上試試

將 image-gallery 映像檔設定一個 image reference,將其映像標籤中登錄伺服器的位置設定為為 registry.local:5000:

```
docker image tag image-gallery registry.local:5000/gallery/ui:v1
```

改成本地端的登錄伺服器位址

現在已經可以在本機的登錄伺服器託管您的映像檔，但是此登錄伺服器還沒有設置任何身份驗證或權限機制，對於小型團隊來說不成問題，但如果要當作企業級別的私有登錄伺服器，就需要做相關的措施，這部分等到後續的章節再詳細講解。

回到映像檔的部分，第 4 章中我們利用了三個容器實作了圖庫應用程式 (NASA image-of-the-day)。接著我們試著將第 4 章的應用程式上傳到本機的登錄伺服器，上傳的過程中，可以根據不同的元件分類到不同的路徑底下，便於開發團隊後續的控管，以下就示範以 gallery 作為專案名稱將應用程式進行分類：

● registry.local:5000/gallery/ui:v1　←── Go 語言寫的 web UI

● registry.local:5000/gallery/api:v1　←── Java 寫的 NASA API

● registry.local:5000/gallery/logs:v1 ←── Node.js 寫的日誌 API

將映像檔推送到本機的登錄伺服器之前，還需要再做一件事情，登錄伺服器是使用 HTTP 來推送和抓取映像檔，而不是加密的 HTTPS。但 Docker 預設不會與未加密的登錄伺服器連接，因為存在著一定的資安風險。您需要在 Docker 允許使用登錄伺服器之前，將登錄伺服器的網域，添加到「允許的不安全登錄伺服器清單」中，然後 Docker 才會允許您使用這個網域。

Docker Engine 使用 JSON 檔案進行各種設定，包括 Docker 在硬碟上儲存映像層的位置、Docker API 監聽連接的位置以及允許使用不安全的登錄伺服器位置。該檔案的名稱為 daemon.json，它通常位於 Windows Server 上的 C:\ProgramData\docker\config 和 Linux 中的 /etc/docker 中。您可以直接編輯該檔案，但是如果是在 Mac 或 Windows 上使用 Docker Desktop，則可以使用 Docker 名稱的 UI 介面更改設定。

◁)) 馬上試試

在 Windows 的 Docker 鯨魚圖示上按右鍵，然後選擇「Settings」（在 Mac 上為「Preferences」）。然後打開選項「Docker Engine」，並在 json 格式中找到「insecure-registries」，在後面的框框中輸入 registry.local:5000，如圖 5.6 所示。輸入完畢後需要重新啟動 Docker Desktop 以載入新的配置。

切換到「Docker Engine」即可修改配置內容。Mac 系統上的介面不太一樣，不過要輸入的內容都是一樣的

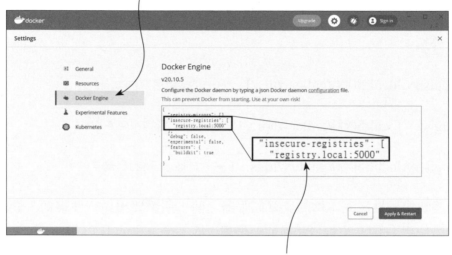

加入不安全的登錄伺服器清單，如此一來就算它不是 HTTPS，Docker 也能使用此網域

圖 5.6：將網域加入到 Docker Desktop 的不安全的登錄伺服器清單中。

如果您未執行 Docker Desktop，則需要手動執行此操作。首先利用文字編輯器中打開 daemon.json；如果不存在，則自行建立該檔案；然後以 JSON 格式添加登錄伺服器詳細訊息。如果是編輯現有檔案，請務必將原始設定也保留在其中，配置如下所示：

```
{
    "insecure-registries": [
    "registry.local:5000"
    ]
}
```

若是 Windows Server 請使用 Restart-Service docker 重新啟動 Docker，Linux 上使用 service docker restart 重新啟動 Docker。您可以使用 info 命令檢查 Docker Engine 允許哪些不安全的登錄伺服器以及其他訊息。

◁)) **馬上試試**

使用以下的命令列出 Docker Engine 的資訊，並檢查登錄伺服器是否有加入不安全的登錄伺服器列表：

```
docker info
```

在輸出的結果中，您可以看到登錄伺服器的配置，其中應包括不安全的登錄伺服器列表，如圖 5.7 所示：

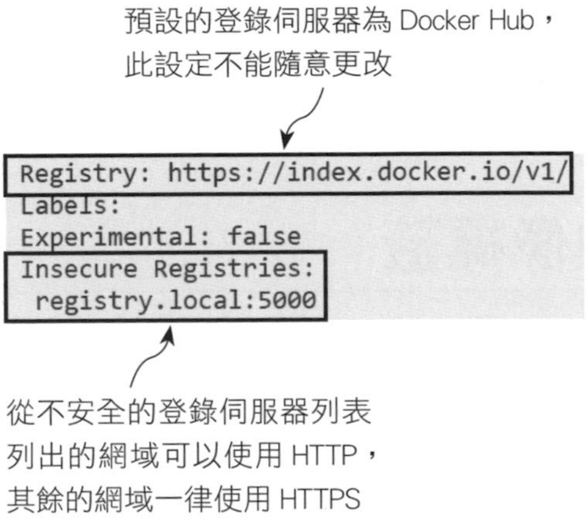

預設的登錄伺服器為 Docker Hub，
此設定不能隨意更改

```
Registry: https://index.docker.io/v1/
Labels:
Experimental: false
Insecure Registries:
 registry.local:5000
```

從不安全的登錄伺服器列表
列出的網域可以使用 HTTP，
其餘的網域一律使用 HTTPS

圖 **5.7**：允許 Docker Desktop 使用不安全的登錄伺服器。

在添加網域到不安全的登錄伺服器清單時必須非常小心，駭客可以經由未加密的 HTTP 在您推送映像檔時讀取映像層造成內部資訊外洩，更可以在您提取映像檔時，趁機注入電腦病毒導致後續的資安問題。一般都建議使用 HTTPS 來推送或抓取映像檔，但如果只是在本機上執行，則不用擔心這個問題。(編註：Docker 的開源註冊伺服器預設都只使用 HTTPS，此處因為作者提供的登錄伺服器容器並未啟用 HTTPS 功能才需要多一道工)。

到這裡就可以將映像檔推送到自己的登錄伺服器中。登錄伺服器網域是 image reference 的一部分，因此 Docker 知道要使用其他網域取代預設的 Docker Hub，只要您的登錄伺服器有明確設置在清單中，就沒問題了。

◁) 馬上試試

推送映像檔到本機的登錄伺服器中 registry.local:5000：

```
docker image push registry.local:5000/gallery/ui:v1
```

第一次執行時，由於登錄伺服器中的儲存庫是空的，因此您可以看到會上傳所有的映像層。如果之後再執行一次 push 命令，則會看到所有映像層已經在登錄伺服器中，所以不會上傳任何映像層。以上就是將映像檔推送到登錄伺服器的整個流程。您也可以將此登錄伺服器公開在 Internet 上，用真實 IP 或網域名稱來連線。

5.4 有效使用映像標籤

在前面的內容中我們已經學會了上傳映像檔到 Docker Hub 或者自己建立的登錄伺服器中，應用程式在開發過程常會衍生出許多不同版本，這時就需要一個好的方法來辨別不同的版本，在 Docker 中映像標籤就是一個很好的方法。映像標籤可以設定任何的字串，並且支援一個映像檔對應多個映像標籤，可以利用這個機制來對映像檔中的應用程式進行版本控制，讓使用者可以根據標籤，來選擇正確的映像檔。

許多軟體專案的檔名使用帶有小數點的數字版本格式來說明版本之間的更改有多大 (例如：XXXX.v1.5)，在 Docker 中可以使用映像標籤來完成。基本命名方針類似於 [主要版本].[次要版本].[修補版本]，這三者的版本規則大致如下：

- **主要版本**：主要版本可能具有完全不同的功能。

- **次要版本**：有標示次要版本的發行版可能會添加部分功能，但不會影響或刪除任何主要版本原先的功能。

- **修補版本**：有標示修補版本的發行版可能已修復了一些錯誤，但具有與上一版本相同的功能。

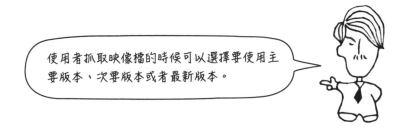

使用者抓取映像檔的時候可以選擇要使用主要版本、次要版本或者最新版本。

◁)) 馬上試試

利用以下的命令為先前的映像檔標上映像標籤，以標示主要，次要和修補程式的發行版本：

```
docker image tag image-gallery registry.local:5000/gallery/ui:latest
docker image tag image-gallery registry.local:5000/gallery/ui:2
docker image tag image-gallery registry.local:5000/gallery/ui:2.1
docker image tag image-gallery registry.local:5000/gallery/ui:2.1.106
```

接著來看一個範例，假設一個應用程式每月發佈一次版本。圖 5.8 顯示了映像標籤在 7 月至 10 月的演變：

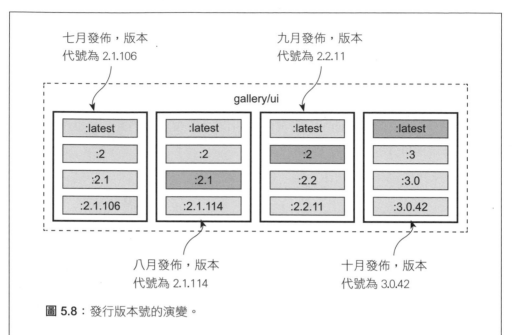

圖 5.8：發行版本號的演變。

在上圖您可以看到映像標籤對應版本的更迭。在七月，gallery/ui:2.1 是 2.1.106 版本的標籤，但到了 8 月份，同樣的 2.1 標籤會對應到 2.1.114 版本。而 gallery/ui:2 在 7 月份也是 2.1.106 版本的標籤，但到了 9 月份時，:2 這個標籤變成對應 2.2.11 版本。其中 latest 標籤改變最多次，7 月份 gallery/ui（編註：等同 gallery/ui:latest）代表 2.1.106 版本，但到了 10 月則變成 3.0.42 版本。

　　上面示範了 Docker 映像檔版本控制的一個方案，只要遵循這個規則可以讓映像檔的使用者選擇他們需要的版本。他們可以在 Dockerfile 中的 FROM 命令指定有修補版本的代號，確保所使用的映像檔始終相同。以上圖為例，指定 :2.1.106 在 7 月到 10 月都是同一個映像檔。如果是要有經過修補更新的版本，則可以指定到次要版本，也就是標籤 :2.1，若是要包含主要版本的所有功能，則指定標籤 :2 即可。

　　這些選擇中的任何一個都可以，這只是用來平衡風險的一種方法，使用特定的修補版本，代表您每次使用該應用程式都將相同，但不會獲得安全修復程式。使用主要版本代表您將獲得所有更新，但是功能會有差異。

　　由上面的例子可以看出在 Dockerfile 中為基礎映像檔使用特定的映像標籤尤其重要。最好使用開發團隊的建置工具映像檔，來建置應用程式，並使用其執行環境映像檔來打包應用程式，如果未指定版本，之後可能會遇到相容性的問題，像是建置應用程式用的映像檔，不小心用了新的版本會覆蓋掉原先慣用的舊版環境，可能會導致應用程式無法執行。

5.5　將官方映像檔變成 golden image

　　當您在 Docker Hub 和其他登錄伺服器搜尋時，需要注意一件事情：可以信任這些映像檔嗎？因為任何人都可以將映像檔推送到 Docker Hub 開放大家使用。對於駭客來說，這是散播電腦病毒的好方法，只需要給映像檔取個熱門軟體的名稱和虛構的軟體描述，然後等待其他人抓取使用它即可。不過別擔心，Docker Hub 透過驗證發佈者和官方映像檔解決了該問題，只須小心其他來源的映像檔即可。

　　經過驗證的發佈者像 Microsoft、Oracle 和 IBM 等公司會在 Docker Hub 上發佈映像檔。這些映像檔經過審查流程，其中包括安全掃描漏洞，因此都算是有大型軟體公司和 Docker 官方的背書。如果想在容器中執行現成的軟體，最好的方法是從經過驗證的儲存庫取得認證的映像檔。

　　官方映像檔的所有內容都是開源的，因此您可以在 GitHub 上查看 Dockerfile。大多數人都習慣使用官方映像檔作為基礎映像檔，然後依開發需求，開發人員會再略做調整，使其成為一個穩定又好用的映像檔，接著分享給開發團隊的人，此映像檔通常被稱為 golden image。

　　golden image 使用認證過的映像檔作為基礎，然後添加所需的任何自定義設置，例如安裝安全憑證或配置預設環境設定。golden image 會放在 Docker Hub 上的公司儲存庫中或團隊自己的登錄伺服器中，所有應用程式映像檔均基於 golden image。

🔊)) 馬上試試

本章的程式碼中有兩個 Dockerfile，可以用來建置 .NET Core 應用程式的 golden image。切換到指定的資料夾並建置映像檔：

```
cd ch05/exercises/dotnet-sdk
docker image build -t golden/dotnetcore-sdk:3.0 .
cd ../aspnet-runtime
docker image build -t golden/aspnet-core:3.0 .
```

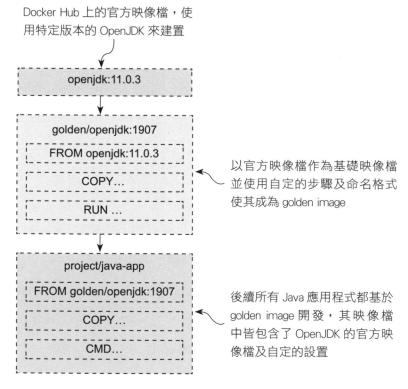

Docker Hub 上的官方映像檔，使用特定版本的 OpenJDK 來建置

openjdk:11.0.3

golden/openjdk:1907
FROM openjdk:11.0.3
COPY...
RUN ...

以官方映像檔作為基礎映像檔並使用自定的步驟及命名格式使其成為 golden image

project/java-app
FROM golden/openjdk:1907
COPY...
CMD...

後續所有 Java 應用程式都基於 golden image 開發，其映像檔中皆包含了 OpenJDK 的官方映像檔及自定的設置

圖 5.9：使用官方映像檔來打包一個 golden image。

golden image 跟一般的 image 沒有任何的差別，一樣可以使用相同的命令做操作，當然也可以利用 Dockerfile 來建置映像檔。如果您查看上述建置的 Dockerfile，可以發現它們使用 LABEL 指令向映像檔添加了一些 matadata，並且建立了一些通用配置。現在我們先執行一個簡單的範例看看。範例 5.1 是一個 .NET Core 應用程式的多階段 Dockerfile，其中就使用了 .NET Core golden image 映像檔：

範例 5.1 使用 .NET Core golden image 的多階段 Dockerfile

```
FROM golden/dotnetcore-sdk:3.0 AS builder
COPY . .
RUN dotnet publish -o /out/app app.csproj

FROM golden/aspnet-core:3.0
COPY --from=builder /out /app
CMD ["dotnet", "/app/app.dll"]
```

可以看到此 Dockerfile 與先前所介紹的多階段 Dockerfile 沒有任何差別，只是將基礎映像檔改成了 golden image，這有甚麼好處呢？官方的映像檔可能每個月都有新版本發佈，此時您可以選擇要不要進行更新或是每季更新一次。

golden image 開闢了另一種可能性，您可以設定持續整合（CI Pipeline）中的工具強制使用 golden image，並藉由掃描 Dockerfile 來檢查，如果有人嘗試建置應用程式而不使用 golden image，則建置會失敗。開發團隊可以藉由此機制鎖定映像檔的使用來源。

5.6 課後練習

這裡我們將進行一些更深入的練習，此次練習會使用到 Docker Registry API v2 規範 (https://docs.docker.com/registry/spec/api/)，REST API 是您與本機 Docker 登錄伺服器進行互動的唯一方式。

本練習的目的是將 gallery/ui 映像檔的所有映像標籤推送到本機登錄伺服器中，檢查它們是否都有成功推送，然後將其全部刪除並檢查它們是否有成功移除。這裡不包括 gallery/api 或 gallery/logs 映像檔，因為此練習的重點只關注具有多個映像標籤的映像檔，會以 gallery/ui 的映像檔來示範。

以下有一些提示：

● 可以使用單個映像檔推送命令來推送所有的映像標籤。

● 本機登錄伺服器 API 的 URL 為 http://registry.local:5000/v2。

● 首先列出儲存庫的映像標籤。

● 取得映像檔的 manifest。

● 透過 API 刪除映像檔，但是需要使用 manifest。

● 閱讀文件 - 需要在 HEAD 中使用特定的標頭進行請求。

此範例的解答位於本書的 GitHub 中。前幾步對您來說很容易理解，但後續步驟會有點困難，可以參考解答來幫助您思考：https://github.com/sixeyed/diamol/tree/master/ch05/lab。

6
Chapter

使用 Docker volume 進行 永續性儲存

容器是無狀態應用程式 (stateless application) 的理想執行環境。您可以在大型主機上執行多個容器，來應付用戶源源不絕的請求，而每個容器都會用相同的方式來回應。您也可以採用自動化部署來發佈軟體更新，讓應用程式可以不間斷運作。

容器的其中一個特性就是無狀態(stateless)，容器本身預設不會幫您保存資料，其內部資料都會因為容器的關閉而消失。

但是並非所有的應用程式都是無狀態的（stateless），有些應用程式是有狀態（stateful）的，會透過儲存空間來保存資料或作為暫存區提高效能，這時就算關閉應用程式再次重啟，資料也應該要保存下來。Docker 容器自然也有辦法應付這類應用程式的需求。

從無狀態應用程式（stateless app）到有狀態應用程式（stateful app）差別就在於有無儲存空間，加入儲存空間會增加應用程式的複雜度，因此您需要了解如何將應用程式及儲存空間正確的放入容器中。本章將帶您了解什麼是 Docker volume 和掛載（mount），並說明容器檔案系統如何運作。

6.1 為什麼容器中的資料不是永續性的？

Docker 容器的檔案系統只有一個磁碟空間，映像檔中的檔案會寫入該磁碟中。做法是在 Dockerfile 中使用 COPY 命令複製檔案和目錄到映像檔，建立容器的過程就會發現映像檔會存成好幾個映像層，說明了容器中的單一儲存空間，其實是由多個映像層整合而成的虛擬檔案系統。

每個容器都有自己的檔案系統，獨立於其他容器。您可以用同一個 Docker 映像檔來執行多個容器，初次啟動，磁碟空間的內容都相同（編註：只是內容一樣，不同容器的檔案系統還是獨立的）。應用程式可以隨意更改其中一個容器中的檔案，而不會影響其他容器或映像檔中的檔案。您只要執行幾個容器並寫入資料，然後查看輸出結果，就可以很容易看出這一點。

◁)) 馬上試試

打開一個終端對話視窗（terminal session），並且用同一個映像檔執行兩個容器。映像檔中的應用程式會隨機產生一組亂數寫入容器中的檔案裡面：

```
docker container run --name rn1 diamol/ch06-random-number
docker container run --name rn2 diamol/ch06-random-number
```

該容器在啟動時會執行一個腳本，並且該腳本會將一組隨機數寫入文字檔，然後腳本就會結束，因此這些容器處於退出狀態（exited state）。雖然這兩個容器使用同一個映像檔，但是它們具有不同的檔案內容。在第 2 章中，我們了解到 Docker 退出時，不會刪除容器的檔案系統，它會保留下來，因此您仍然可以存取檔案和資料夾。

Docker CLI 具有 docker container cp 命令，可以在容器和本機電腦之間複製檔案。您可以指定容器的名稱和檔案路徑，然後將上述寫入亂數數字的檔案從容器複製到本機上，以便讀取檔案內容。

◁)) 馬上試試

使用以下命令從每個容器中將應用程式產生的檔案複製出來，然後查看檔案內容：

```
docker container cp rn1:/random/number.txt number1.txt
docker container cp rn2:/random/number.txt number2.txt
cat number1.txt
cat number2.txt
```

輸出結果將類似於圖 6.1。每個容器都在同一路徑底下寫入了一個檔案 /random/number.txt，但是將檔案複製到本機上時，您會發現檔案裡面的數字有所不同。這代表每個容器都有獨立的檔案系統：

接下頁

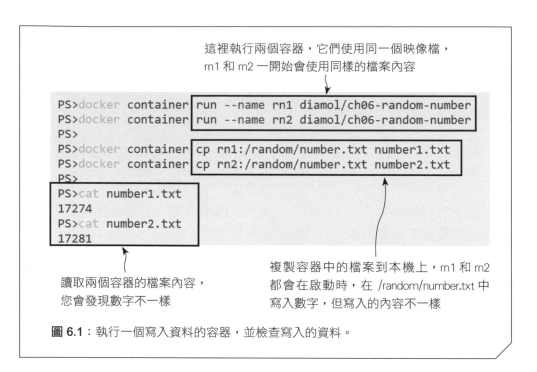

這裡執行兩個容器，它們使用同一個映像檔，
rn1 和 rn2 一開始會使用同樣的檔案內容

讀取兩個容器的檔案內容，
您會發現數字不一樣

複製容器中的檔案到本機上，rn1 和 rn2
都會在啟動時，在 /random/number.txt 中
寫入數字，但寫入的內容不一樣

圖 6.1：執行一個寫入資料的容器，並檢查寫入的資料。

容器內的檔案系統看起來就像一般磁碟區沒兩樣，例如：Linux 容器上
會看到 /dev/sda1，Windows 容器上則是 C:\；但實際上這個用來儲存的空
間，是 Docker 整合多個不同來源所建置的虛擬檔案系統。該檔案系統的基
本來源，是可以在容器之間共享的映像層，以及每個容器唯一的容器可寫層
（writeable layer）。如圖 6.2 所示：

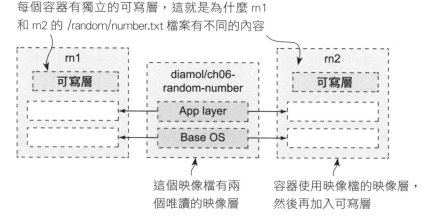

每個容器有獨立的可寫層，這就是為什麼 rn1
和 rn2 的 /random/number.txt 檔案有不同的內容

這個映像檔有兩
個唯讀的映像層

容器使用映像檔的映像層，
然後再加入可寫層

圖 6.2：容器的檔案系統是由映像層和可寫層建置而成。

從上圖可以看出兩個重要的觀念：共享的映像層，它們的屬性必須是唯讀的，而每個容器會有一個可寫層，其生命週期與容器相同。映像層則有自己的生命週期，您提取的任何映像檔都將保留在本機的快取中，直到您將其刪除為止。但是容器的可寫層是在容器啟動時由 Docker 自動建立的，只要容器被移除，Docker 會將其刪除（如果只是停止容器並不會自動將其刪除，因此容器被停止了，其檔案系統仍然存在）。

可寫層不僅用於建立新檔案。雖然映像層是唯讀的，但我們卻可以在容器中編輯映像層中的檔案，就是透過可寫層來完成這個動作。在編輯唯讀映像層的檔案時，會採用 copy-on-write 的方式，也就是當容器嘗試在映像層中編輯檔案時，實際上是 Docker 將映像層的檔案複製到可寫層中，然後在可寫層進行編輯。對於容器和應用程式而言沒有任何差別，Docker 會在背後自動幫您完成這一系列的處理。

接著我們用一個簡單的範例來驗證這個機制，在本練習中，您將執行一個容器，該容器從映像層中印出檔案內容。接著您將更新檔案內容，並再次執行容器以檢查更改的內容。

◁)) 馬上試試

執行以下命令啟動一個容器，該容器將印出其檔案內容，接著修改檔案，最後再次啟動該容器，以印出新的檔案內容：

```
docker container run --name f1 diamol/ch06-file-display

echo "http://eltonstoneman.com" > url.txt

docker container cp url.txt f1:/input.txt

docker container start --attach f1
```

執行命令時 Docker 會將檔案從本機複製到容器中，目標路徑是容器的檔案路徑。再次啟動該容器時，將執行相同的腳本，但是現在它會印出不同的內容，輸出結果如下所示：

接下頁

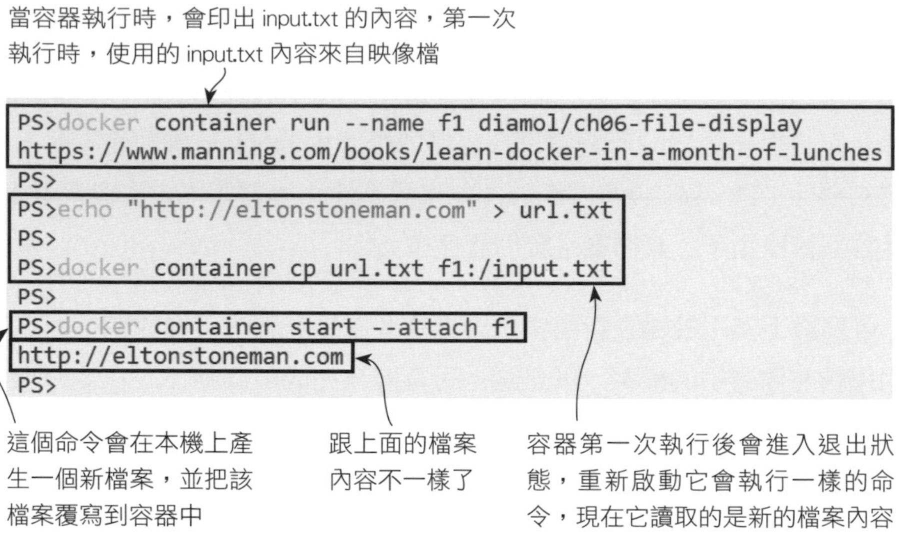

當容器執行時，會印出 input.txt 的內容，第一次
執行時，使用的 input.txt 內容來自映像檔

```
PS>docker container run --name f1 diamol/ch06-file-display
https://www.manning.com/books/learn-docker-in-a-month-of-lunches
PS>
PS>echo "http://eltonstoneman.com" > url.txt
PS>
PS>docker container cp url.txt f1:/input.txt
PS>
PS>docker container start --attach f1
http://eltonstoneman.com
PS>
```

這個命令會在本機上產
生一個新檔案，並把該
檔案覆寫到容器中

跟上面的檔案
內容不一樣了

容器第一次執行後會進入退出狀
態，重新啟動它會執行一樣的命
令，現在它讀取的是新的檔案內容

圖 6.3：修改容器狀態，然後再執行一次。

修改容器中的檔案，只會對該容器有影響，但不會影響該映像檔或使用
該映像檔的其他容器。更改後的檔案僅存在於該容器的可寫層中，例如另一
個全新的容器可以使用映像檔中的原始內容，但不會使用容器 f1 修改的內
容，當容器 f1 被刪除時，修改的檔案也會隨之消失。

◁)) 馬上試試

啟動一個新的容器，以檢查映像檔中的檔案未更改。然後刪除原始容器，
看看修改的檔案還在不在：

```
docker container run --name f2 diamol/ch06-file-display

docker container rm -f f1

docker container cp f1:/input.txt .
```

您可以在圖 6.4 中看到輸出結果。新容器使用映像檔中的原始檔案，並
且當您刪除原始容器時，其檔案系統將被刪除，更改後的檔案將永遠消
失：

接下頁

用同一個映像檔執行一個新的容器，即便前頁
我們將 input.txt 的內容改掉，新容器也不受影響

```
PS>docker container run --name f2 diamol/ch06-file-display
https://www.manning.com/books/learn-docker-in-a-month-of-lunches
PS>
PS>docker container rm -f f1
f1
PS>
PS>docker container cp f1:/input.txt .
Error: No such container:path: f1:/input.txt
PS>
```

刪除容器時會刪除可寫層，任何在可寫層的資料都
會消失，所以要把容器的檔案系統視為暫存空間

圖 6.4：在容器中修改檔案不會影響到映像檔，容器裡的資料是暫存的。

　　容器檔案系統與容器具有相同的生命週期，因此，當刪除容器時也刪除了可寫層，並且容器中任何已更改的資料都會丟失（編註：還記得前面說過修改的檔案會存在可寫層）。難不成容器都不能刪嗎？當然不是！刪除容器是您之後會常做的事。在生產環境中，建置新映像檔後就會刪除舊容器，並用更新後的映像檔來建置新容器，替換掉舊容器升級應用程式。原始應用程式容器中寫入的所有資料都將丟失，映像檔中的靜態資料會重新匯入到被替換的容器中。

　　在某些情況下，直接清掉舊容器的資料可能很方便，像是應用程式留下來一大堆沒有用的快取資料，直接清掉會省事的多。但大多數的時候，清除舊資料會給您帶來很大的麻煩，例如：您已經用容器建置了一個資料庫系統，為了升級資料庫版本而建置了新的容器，Docker 會將舊資料庫的內容全部清空，結果可想而知（編註：例如訂單資料、會員資料通通都會不見）。

　　還好 Docker 有解決方法，容器的虛擬檔案系統除了映像層和可寫層外，還有其他儲存來源，像是使用 Docker volume 或綁定掛載，這樣即使刪除容器，資料也不會消失不見。

6.2 使用 Docker volume 執行容器

Docker volume 是一個儲存元件,您可以將其比喻為容器的隨身碟。volume 獨立於容器之外,並具有其自身的生命週期。當資料需要長久保存時,用容器搭配 volume 就是用來管理這類有狀態應用程式的好方法。您可以創建一個 volume 並將其掛載到容器中,它在容器檔案系統中會以資料夾的方式呈現。容器將資料寫入資料夾,該資料夾實際上儲存在 volume 中。使用新版本的容器更新應用程式時,可以將相同的 volume 掛載到新容器中,所有原始資料都還存在並不會消失。

> **★ 編註** 原作者把在容器中建立 Docker volume 和稍後的綁定掛載視為不同的動作,英文分別使用 attach 與 mount,不過由於在 Docker 容器中都稱為掛載 (mount),為避免讀者誤解本書翻譯就不加以區分了。

要在容器中使用 volume,有以下兩種方式:您可以手動建立 volume 並將其掛載到容器 (下一節會介紹),或者可以在 Dockerfile 中使用 VOLUME 命令產生,產生的映像檔將在您啟動容器時自動建立一個 volume。語法是 VOLUME <target-directory>。範例 6.1 展示了映像檔 diamol/ch06-todo-list 的多階段 Dockerfile。

範例 6.1:使用 volume 的多階段 Dockerfile

```
FROM diamol/dotnet-aspnet
WORKDIR /app
ENTRYPOINT ["dotnet", "ToDoList.dll"]

VOLUME /data    ◀── 建立一個 volume,並掛載到容器中的 /data
COPY --from=builder /out/ .
```

> **★ 編註** 上述使用 volume 的映像檔,就是典型的有狀態應用程式。

從該映像檔執行容器時，Docker 將自動建立一個 volume 並將其掛載到該容器。容器中會找到一個可以正常讀取、寫入的 data 資料夾，路徑為 /data（在 Windows 容器上為 C:\data），然而實際上這個資料夾是對應到一個 volume，只要是存在這個 volume 中的檔案，就算容器刪除了資料也會存在。您可以用同一個映像檔再建立一個容器，檢視 volume 內容看看檔案還在不在：

◁)) **馬上試試**

執行 Todo list 應用程式的容器，並查看 Docker 建立的 volume：

```
# 以下為同一道命令，請勿換行
docker container run --name todo1 -d -p 8010:80
diamol/ch06-todo-list

docker container inspect --format '{{.Mounts}}' todo1

docker volume ls
```

執行後會看到類似圖 6.5 的輸出結果。Docker 為此容器建立一個 volume，並在容器啟動時掛載上去。這邊已經過濾了磁碟顯示結果，因此只會看見 Docker volume：

雖然 container run 命令沒有 volume，但是在 Dockerfile 中有定義，所以執行時會建立 volume 並掛載到容器上

```
PS>docker container run --name todo1 -d -p 8010:80 diamol/ch06-todo-list
4ae667b47e9880e0fb7faec169bb10b21b7a2283efc941545cc41948c8f6d3ff
PS>
PS>docker container inspect --format '{{.Mounts}}' todo1
[{volume 2eaf7f63c081f99165c7cceae942904c988bf5a52445a7109ca52cf48d7c90f7
 C:\ProgramData\DockerDesktop\vp-data-roots\enterprise-3.0\volumes\2eaf7f
63c081f99165c7cceae942904c988bf5a52445a7109ca52cf48d7c90f7\_data c:\data
local  true }]
PS>
PS>docker volume ls
DRIVER                VOLUME NAME
local                 2eaf7f63c081f99165c7cceae942904c988bf5a52445a7109ca52
cf48d7c90f7
```

您可以用 Docker volume 命令來建置、列出、查看及刪除 volume，這裡展示的是 Docker 幫該容器建立的 volume

由這裡的輸出可以看到 volume 顯示的是**掛載 (Mounts)**，輸出結果不好解讀，不過其中包括了 volume ID、volume 在本機上的實體來源，還有容器內的目標資料夾 C:\data

圖 6.5：執行一個在 Dockerfile 中掛載 Docker volume 的容器。

　　容器中執行的應用程式可以看到 Docker volume。接著在瀏覽器輸入網址 http://localhost:8010，您可以看到 todo-list 應用程式，該應用程式將資料儲存在 /data 資料夾的檔案中，因此當您透過應用程式添加待辦事項時，它們將儲存在 Docker volume 中。圖 6.6 展示了正在執行的應用程式：

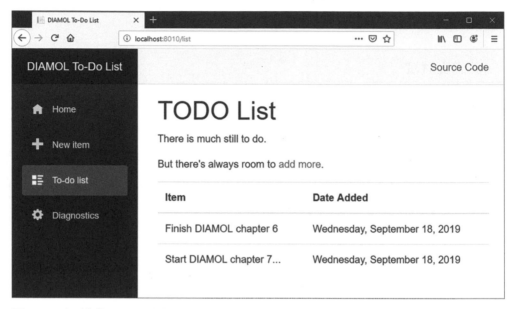

圖 6.6：利用掛載 volume 的容器執行 todo-list 應用程式。

　　在 Docker 映像檔中宣告的 volume 會成為每個容器專屬的 volume，我們也可以在容器之間共享 volume。以下我們先啟動一個執行 todo-list 應用程式的新容器，它將具有自己的 volume，這時新容器的待辦事項是空的。接著執行帶有 volumes-from 參數的容器，該容器將掛載到另一個容器的 volume。也就是說，您擁有兩個 todo-list 應用程式容器，它們共享相同資料。如下所示：

🔊 **馬上試試**

執行另一個 todo-list 容器，檢查資料目錄的內容，然後與另一個新容器 t3 的資料目錄內容進行比較（指定路徑的命令在 Windows 和 Linux 上會有所不同）：

接下頁

```
# 這個新容器會掛載一個只有自己可以存取的 volume
docker container run --name todo2 -d diamol/ch06-todo-list

# 如果作業系統是 Linux 請輸入以下的命令和路徑:
docker container exec todo2 ls /data

# 如果作業系統是 Windows 請輸入以下的命令和路徑:
docker container exec todo2 cmd /C "dir C:\data"

# 該容器將共享來自 todo1 的 volume
# 以下為同一道命令,請勿換行
docker container run -d --name t3 --volumes-from todo1
diamol/ch06-todo-list

# 如果作業系統是 Linux 請輸入以下的命令和路徑:
docker container exec t3 ls /data

# 如果作業系統是 Windows 請輸入以下的命令和路徑:
docker container exec t3 cmd /C "dir C:\data"
```

輸出結果將類似於圖 6.7(此範例在 Linux 上執行)。第二個容器使用全新的 volume,因此 /data 資料夾是空的。第三個容器使用第一個容器中的 volume,因此它可以查看原始應用程式容器中的資料:

這行啟動一個新的容器,同時會建立一個新的 volume

新的 volume 是空的,/data 資料夾裡面沒有東西

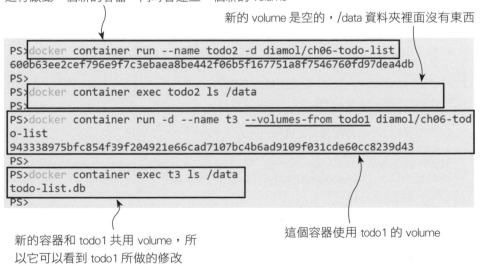

新的容器和 todo1 共用 volume,所以它可以看到 todo1 所做的修改

這個容器使用 todo1 的 volume

圖 6.7:利用共享 volume 的方式執行容器。

在容器之間共享 volume 很簡單,但這有可能會導致一些問題,因為寫入資料的應用程式通常對檔案具有獨占使用權,這時如果另一個容器同時在讀取和寫入同一檔案,則它們可能無法正常工作(或根本無法工作),所以 volume 比較適合用在應用程式升級前後的資料保存,而且要妥善管理。您可以建立一個自訂名稱的 volume,然後掛載到不同版本的應用程式容器中。

◁)) 馬上試試

建立一個 volume 並將其掛載到 todo-list 應用程式的第 1 版,接著在應用程式頁面中添加一些資料(待辦事項),並將應用程式升級到第 2 版。容器的檔案系統路徑需要配合作業系統,因此本例使用變數讓複製和貼上更加容易:

```
# 將文件的目標路徑保存在變數中:
target='/data'    # 如果是 Linux 的容器請輸入此命令
$target='c:\data' # 如果是 Windows 的容器請輸入此命令

# 建立一個 volume 來儲存資料:
docker volume create todo-list

# 使用剛剛建立的 volume 來儲存第 1 版應用程式的資料
# 以下為同一道命令,請勿換行
docker container run -d -p 8011:80 -v todo-list:$target
--name todo-v1 diamol/ch06-todo-list

# 輸入網址 http://localhost:8011 進到應用程式的介面並輸入一些資料

# 刪除 (remove) 第 1 版應用程式的容器
docker container rm -f todo-v1

# 啟動第 2 版的應用程式並掛載相同的 volume
# 以下為同一道命令,請勿換行
docker container run -d -p 8011:80 -v todo-list:$target
--name todo-v2 diamol/ch06-todo-list:v2
```

圖 6.8 的輸出結果顯示該 volume 具有其自己的生命週期。它在創建任何容器之前就已經存在,當掛載它的容器被刪除時,資料依舊會被保留下來。由於新容器使用與舊容器相同的 volume,因此該應用程式在升級版本後仍保留原有的資料:

接下頁

建立了一個名叫 todo-list 的 volume，
目前這個儲存空間是空的

使用 -v 參數來指定一個 volume，這會
掛載空的 volume 到容器的 /data 路徑

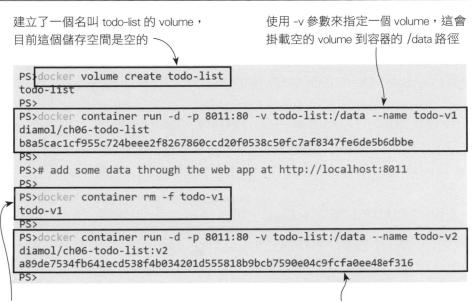

```
PS>docker volume create todo-list
todo-list
PS>
PS>docker container run -d -p 8011:80 -v todo-list:/data --name todo-v1
diamol/ch06-todo-list
b8a5cac1cf955c724beee2f8267860ccd20f0538c50fc7af8347fe6de5b6dbbe
PS>
PS># add some data through the web app at http://localhost:8011
PS>
PS>docker container rm -f todo-v1
todo-v1
PS>
PS>docker container run -d -p 8011:80 -v todo-list:/data --name todo-v2
diamol/ch06-todo-list:v2
a89de7534fb641ecd538f4b034201d555818b9bcb7590e04c9fcfa0ee48ef316
PS>
```

移除容器，-f 參數會刪除應用
程式，即使它正在執行，同時
也會刪除容器的可寫層，但是
volume 並不會受其影響

使用更新版本後的應用程式映像檔開
始一個新的容器，掛載相同的 volume
到同樣的地方，v2 版本的應用程式啟
動後，會得到 v1 應用程式寫入的資料

圖 6.8：建立一個已命名的 volume，並在容器更新版本時使用它保存資料。

現在可以連到 http://localhost:8011，您可以看到第 2 版的 todo-list 應用程
式，該版本的 UI 介面漂亮多了。如圖 6.9 所示：

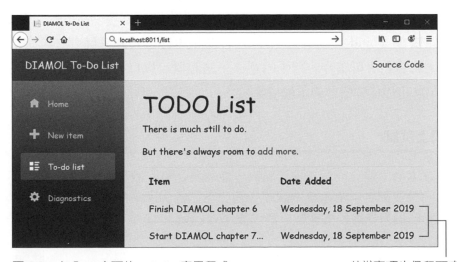

圖 6.9：加入 UI 介面的 todo-list 應用程式。　　　　待辦事項也保留下來了

在繼續後續的內容之前，有一件事情需要弄清楚。Dockerfile 中的 VOLUME 命令和用於執行容器的 v (volume) 參數是各自獨立的功能。如果在 run 命令中未指定 volume，則使用 VOLUME 命令建置的映像檔會建立新的 volume，該 volume 具有一個隨機 ID，容器刪除後還是可以使用它。

不管映像檔的 Dockerfile 中是否有建立 volume，使用 v (volume) 參數都會將指定的 volume 掛載到容器中，此舉會覆蓋掉原先 Dockerfile 中的設置，因此不會建立新的 volume，這就是上述 todo-list 容器所做的事情。

如果映像檔中未指定 volume，可以使用完全相同的語法，並從容器得到相同的結果。作為映像檔作者，只要是有狀態的應用程式，應該將 VOLUME 命令設為安全的預設選項（fail-safe）。這樣，即使使用者未指定 volume 參數，容器也始終會建立新的 volume 來寫入資料。但是作為使用映像檔的人，最好不要過度依賴預設值，一定要記得自己命名 volume，才能避免找不到資料或資料遺失。

6.3 在容器中綁定掛載本機資料夾

volume 非常適合當作儲存空間，volume 位於本機上，因此它們與容器是分離的。Docker 還提供了一種更直接的方法幫助您管理 volume，也就是使用**綁定掛載（bind mount）**，可以在容器和本機之間共享儲存。綁定掛載使本機上的資料夾可用作容器中的路徑，讓容器可以直接讀取綁定掛載的儲存內容，您可以從容器存取本機檔案。

◁)) 馬上試試

首先在本機上建立一個本機資料夾，並將其掛載到容器上，檔案路徑的表示同樣要配合作業系統做調整，因此下方的例子會先宣告電腦上原始路徑和容器目標路徑的變數。請注意 Windows 和 Linux 的路徑不同：

接下頁

```
# Windows 版的路徑
$source="$(pwd)\databases".ToLower(); $target="c:\data"

# Linux 版的路徑
source="$(pwd)/databases" && target='/data'

mkdir ./databases

# 以下為同一道命令，請勿換行
docker container run --mount type=bind,source=$source,
target=$target -d -p 8012:80 diamol/ch06-todo-list

curl http://localhost:8012                    使用綁定掛載建立 volume
                                               並指定本機的目標路徑
ls ./databases
```

本例使用 curl 命令（在 Linux、Mac 和 Windows 系統上）對 todo-list 應用
程式發出 HTTP 請求，這將啟動應用程式，並建立資料庫檔案，最後一
條命令列出了本機資料庫資料夾的內容，顯示了該應用程式的資料庫檔
案確實位於本機上，如圖 6.10 所示：

事先儲存來源和目的路徑到變數中，   執行一個綁定掛載的容器，在容器應用程式
在輸入命令的時候就會簡單一些   中使用 C:\data 資料夾，綁定掛載本機資料夾

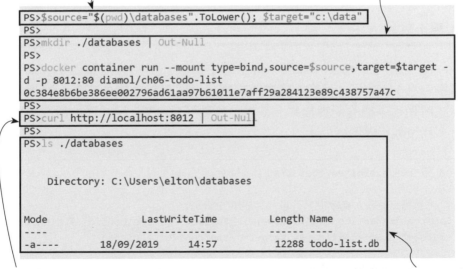

```
PS>$source="$(pwd)\databases".ToLower(); $target="c:\data"
PS>
PS>mkdir ./databases | Out-Null
PS>
PS>docker container run --mount type=bind,source=$source,target=$target -
d -p 8012:80 diamol/ch06-todo-list
0c384e8b6be386ee002796ad61aa97b61011e7aff29a284123e89c438757a47c
PS>
PS>curl http://localhost:8012 | Out-Null
PS>
PS>ls ./databases


    Directory: C:\Users\elton\databases


Mode                LastWriteTime         Length Name
----                -------------         ------ ----
-a----        18/09/2019     14:57          12288 todo-list.db
```

容器的連接埠 80 對應到本機的 8012 上，   這是容器建立的檔案，您可以在本
使用 curl 傳送 HTTP 請求給容器，來啟動   機上進行編輯，如果您新增檔案到
應用程式，同時也會在 C:\data 建立資料   本機的資料夾中，容器也能看到
庫，Out-Null 選項可以不顯示命令的輸出

圖 6.10：使用綁定掛載讓本機和容器間共享資料夾。

綁定掛載是雙向的。您可以在容器中建立檔案,並在本機上進行編輯,或者在本機上建立檔案,並在容器中進行編輯。不過這裡有一個安全性的問題,容器通常是以最低權限的帳戶來執行,以盡可能避免系統被攻擊的風險。因此若要在容器中讀取或寫入本機檔案,就必須提高容器的權限才行,做法是在 Dockerfile 中使用 USER 命令,指定使用 Linux 的 root 權限或是 Windows 的 ContainerAdministrator 權限。

換個角度,如果您的應用程式或者容器不需要寫入檔案,則可以在容器內將掛載的本機資料夾設定為唯讀。這種方法也可以讓各種配置檔案在本機和容器中共用。todo-list 將映像檔和配置檔案都包在容器中,其中的配置是將日誌紀錄設定為最小數量。您可以用同一個映像檔來執行容器,然後將本機的配置檔案資料夾綁定掛載到容器中,就可以在不更動映像檔的狀況下,覆蓋配置檔案。

這種覆蓋配置的方式可以運用在許多場景,我們先進行以下的練習再接著說明。

◁)) 馬上試試

todo-list 應用程式將從 /app/config 路徑中掛載一個額外配置檔案(如果檔案存在),執行一個將本機資料夾綁定掛載到該位置的容器,該應用程式將使用本機的配置檔案。首先,移動到 DIAMOL 程式碼的所在資料夾,然後執行以下命令:

```
cd ./ch06/exercises/todo-list

# 將目標路徑存入變數中,不同 os 的命令有別:
$source="$(pwd)\config".ToLower(); $target="c:\app\config| # Windows
source="$(pwd)/config" && target='/app/config' # Linux

# 運行容器並使用綁定掛載:
# 以下為同一道命令,請勿換行
docker container run --name todo-configured -d -p 8013:80 --mount
type=bind,source=$source,target=$target,readonly diamol/ch06-
todo-list
```

接下頁

```
# 輸入以下網址查看應用程式:
curl http://localhost:8013

# 查看容器的日誌:
docker container logs todo-configured
```

在原本的容器中已經配置了一個日誌記錄的檔案,不過這次不會使用它來紀錄,本例將會使用更詳細的日誌記錄,做法是使用綁定掛載的方式去覆蓋原本的設置。當容器啟動時,會綁定掛載本機資料夾,應用程式將遵循本機上配置檔案來載入日誌記錄的配置。在圖 6.11 展示的輸出結果中可以看到應用程式不會使用原本的配置:

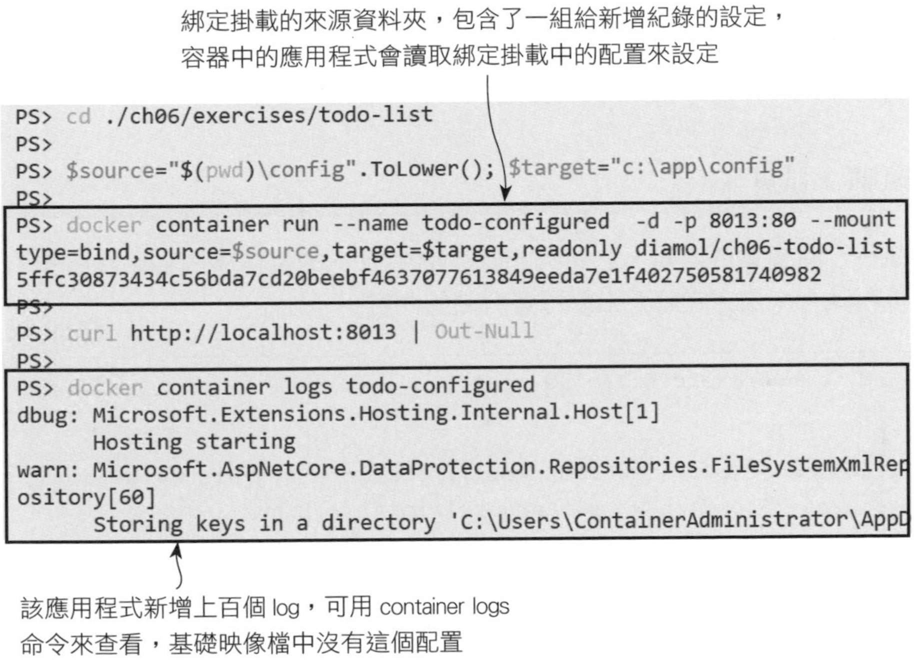

綁定掛載的來源資料夾,包含了一組給新增紀錄的設定,
容器中的應用程式會讀取綁定掛載中的配置來設定

```
PS> cd ./ch06/exercises/todo-list
PS>
PS> $source="$(pwd)\config".ToLower(); $target="c:\app\config"
PS>
PS> docker container run --name todo-configured  -d -p 8013:80 --mount
type=bind,source=$source,target=$target,readonly diamol/ch06-todo-list
5ffc30873434c56bda7cd20beebf4637077613849eeda7e1f402750581740982
PS>
PS> curl http://localhost:8013 | Out-Null
PS>
PS> docker container logs todo-configured
dbug: Microsoft.Extensions.Hosting.Internal.Host[1]
      Hosting starting
warn: Microsoft.AspNetCore.DataProtection.Repositories.FileSystemXmlRep
ository[60]
      Storing keys in a directory 'C:\Users\ContainerAdministrator\AppD
```

該應用程式新增上百個 log,可用 container logs
命令來查看,基礎映像檔中沒有這個配置

圖 6.11:在容器中使用綁定掛載來讀取唯讀的設定檔。

您可以綁定掛載本機可存取的任何來源,包括本機的 SSD 硬碟、高可靠性的磁碟陣列,也可以使用安裝在 Linux 本機上的 /mnt/nfs 或掛載到 Windows 本機上的網路分享資料夾,並且可以用相同的方式掛載到容器中,對於在容器中執行的有狀態應用程式而言,這是用來取得儲存空間的好方法。

6.4 掛載檔案系統的限制

為了有效地利用綁定掛載和 volume，您需要了解一些相關的使用情境和限制。第 1 種情況很簡單：當執行帶有掛載的容器，掛載目標資料夾已經存在，並且具有來自映像層的檔案時，會發生什麼事？您可能認為 Docker 會將來源合併到目標中，並且期望在容器內看到該資料夾中包含映像檔中的所有檔案，以及掛載中的所有新檔案。但實際上不是這樣，掛載已經有資料的目標時，來源資料夾將覆蓋目標資料夾，因此映像檔中的原始檔案不可用。

可以通過一個簡單的例子來實驗看看，像是執行時會列出資料夾內容的映像檔，對於 Linux 和 Windows 容器，其行為雖然相同，但是命令中的檔案系統路徑需要配合作業系統修改：

◁)) 馬上試試

執行沒有掛載的容器，它將列出映像檔中原本的資料夾內容，接著掛載後再執行一次，它將列出來源資料夾的內容：

```
cd ./ch06/exercises/bind-mount


$source="$(pwd)\new".ToLower(); $target="c:\init" # Windows
source="$(pwd)/new" && target='/init' # Linux

docker container run diamol/ch06-bind-mount

# 以下為同一道命令，請勿換行
docker container run --mount type=bind,source=$source,
target=$target diamol/ch06-bind-mount
```

您可以看到，在第 1 次執行時，該容器列出了 2 個檔案：abc.txt 和 def.txt。它們從映像層載入到容器中。第 2 個容器掛載的 volume 取代了原先的相同的 init 資料夾，顯示檔案 123.txt 和 456.txt，這些檔案來自本機上的資料夾。如圖 6.12 所示：

接下頁

當容器執行時會列出 /init 的資料夾內容。如果沒有
綁定掛載則會顯示 Docker 映像檔中原本的檔案

```
PS> cd ./ch06/exercises/bind-mount
PS>
PS> $source="$(pwd)\new".ToLower(); $target="c:\init"
PS>
PS> docker container run diamol/ch06-bind-mount
abc.txt
def.txt
PS>
PS> docker container run --mount type=bind,source=$source,target=$target
  diamol/ch06-bind-mount
123.txt
456.txt
```

執行綁定掛載目標為 /init 的一個容器，原始資
料夾內容被隱藏，掛載的來源資料夾覆蓋目標
資料夾，所以只會顯示本機資料夾檔案

圖 6.12：如果目標資料夾存在，綁定掛載資料夾時，原本的目標資料夾會被隱藏。

第 2 種情況是第 1 種情況的衍生：如果將單個檔案從本機綁定掛載到容器檔案系統中現存的目標資料夾，會發生什麼情況？這次資料夾內容會合併顯示，因此您將同時看到映像檔中的原始檔案和本機中的新檔案，如果是 Windows 容器，就不支援此功能（編註：Windows 不支援掛載單一檔案），您看到的結果就不是這樣了。

容器檔案系統是 Windows 容器與 Linux 容器少數不一樣的地方，雖然使用相同的命令，但是基於作業系統的路徑，會產生不同的結果，例如在 Dockerfiles 中使用標準的 Linux 路徑，因此 /data 同樣適用於 Windows 容器，並成為 C:\ data 的別名。但這不適用於 volume 掛載和綁定掛載，這就是為什麼本章中的練習都使用變數的原因，讓 Linux 使用者使用 /data，而 Windows 使用者使用 C:\data。

單一檔案掛載的限制更為明確。如果您有可用的 Windows 和 Linux 電腦，或者如果您在 Windows 上執行 Docker Desktop（支援 Linux 和 Windows 容器），則可以自己嘗試看看：

(◁)) 馬上試試

在 Linux 和 Windows 上,單一檔案掛載會有不同的結果。可以輸入以下的命令比較看看:

```
cd ./ch06/exercises/bind-mount

# on Linux:
# 以下為同一道命令,請勿換行
docker container run --mount
type=bind,source="$(pwd)/new/123.txt",target=/init/123.txt
diamol/ch06-bind-mount

# on Windows:
# 以下為同一道命令,請勿換行
docker container run --mount
type=bind,source="$(pwd)/new/123.txt",
target=C:\init\123.txt diamol/ch06-bind-mount

docker container run diamol/ch06-bind-mount

# 以下為同一道命令,請勿換行
docker container run --mount
type=bind,source="$(pwd)/new/123.txt",target=/init/123.txt
diamol/ch06-bind-mount
```

除了作業系統的檔案系統路徑不同以外,Docker 映像檔與命令都是相同的。但是您可以看到執行此命令時,Linux 範例可以正常執行,但是在 Windows 上的 Docker 中會出現錯誤,如圖 6.13 所示:

使用 Linux 容器來綁定掛載一個單一檔案,當目標資料夾存在時,內容會和綁定掛載合併

```
PS> cd ./ch06/exercises/bind-mount
PS>
PS> docker container run --mount type=bind,source="$(pwd)/new/123.txt",
target=/init/123.txt diamol/ch06-bind-mount
123.txt
abc.txt
def.txt
PS>
PS> # switch to Windows containers
PS>
PS> docker container run --mount type=bind,source="$(pwd)/new/123.txt",
target=C:\init\123.txt diamol/ch06-bind-mount
C:\Program Files\Docker\Docker\Resources\bin\docker.exe: Error response
 from daemon: invalid mount config for type "bind": source path must be
 a directory.
See 'C:\Program Files\Docker\Docker\Resources\bin\docker.exe run --help
```

使用 Windows 容器時不能綁定掛載一個單一檔案,因為作業系統的檔案路徑不支援這個功能,您會得到一個錯誤顯示 invalid mount config,告訴您掛載來源必須是一個資料夾

圖 6.13:Linux 可以綁定掛載單一檔案當作它的來源,但 Windows 不行。

第 3 種情況不太常見，這種情況是在大量移動檔案的時候才有可能發生，所以我們不會練習第 3 種情況。這個狀況就是，如果將分散式檔案系統綁定掛載到容器中會發生什麼事？容器中的應用程式仍然可以正常執行嗎？

分散式檔案系統使您可以從網路上的任何電腦存取資料，並且它們通常使用與作業系統的本機檔案系統不同的儲存機制。它可能是像本機網路上的 SMB 檔案共享、Azure Files 或雲端中的 AWS S3 之類的技術。您可以把像這樣的分散式儲存系統中的位置，裝載到容器中。掛載後看似一般的檔案系統，但是如果對它下達不支援的操作或命令，就有可能產生 error。

圖 6.14 中有一個範例，嘗試使用 Azure Files 儲存容器，在雲端的容器中執行 Postgres 資料庫系統。Azure Files 支援正常的檔案系統操作（例如讀寫），但不支援應用程式所使用的一些操作。例如 Postgres 容器嘗試創建一個檔案連結，但 Azure Files 不支援該功能，因此應用程式就當掉了：

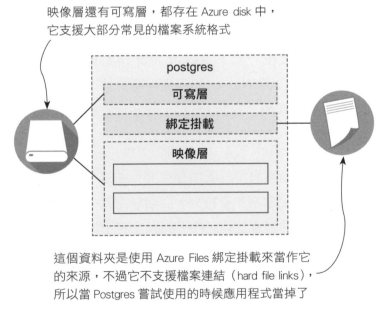

圖 6.14：分散式儲存系統可能不會提供所有常見的檔案系統功能。

這種異常情況並不常發生，但是您還是需要了解到這一點，因為如果發生這種情況，實際上是無法解決的。綁定掛載的來源，可能不支援容器中的應用程式需要的所有檔案系統功能。這是無法避免的事情，在嘗試將應用程式與儲存系統一起使用之前，是不會事先知道這個問題。如果要將分散式儲存用於容器，則應提早意識到這種風險，並且還需要了解分散式儲存的性能特徵會與本機儲存完全不同。如果您在具有分散式儲存的容器中執行該應用程式，則該應用程式使用大量的儲存空間，可能會造成系統崩潰，而且每個檔案的寫入都通過網路進行。

6.5　了解容器檔案系統是如何建置的

本章已經介紹了很多內容，儲存空間是一個重要的主題，因為容器與實體電腦或虛擬機上的儲存方式有很大的差異。最後本書將對所有內容進行重點整理，並提供一些使用容器檔案系統的實務做法。

每個容器都有一個虛擬的檔案系統，Docker 會將許多映像層、寫入層或 volume 等整合在一起，Docker 將此稱為聯合檔案系統（union filesystem）。本書不會說明 Docker 如何實現聯合檔案系統，因為針對不同的作業系統，有不同的技術。安裝 Docker 時，它會自動依照您的作業系統去選擇正確的處理方式，因此無需擔心這部分。

聯合檔案系統使容器擁有單一的儲存空間，並且可以在儲存空間上的任何位置以相同的方式使用檔案和資料夾。而儲存空間中的位置（資料夾）又可以彈性的對應到不同的實體儲存元件，如圖 6.15 所示：

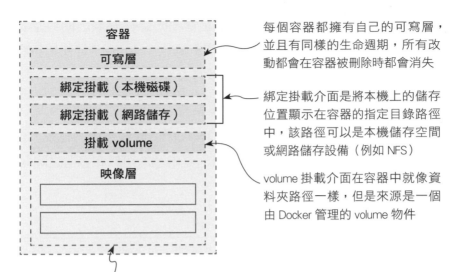

容器初始化的狀態是由映像層提供的，所有來自 Dockerfile 寫入映像檔的檔案都在這，映像層是唯獨的，但是容器可以透過 copy-on-write 編輯它

圖 6.15：容器的檔案系統是由多個來源構成。

　　容器內的應用程式只能看到一個儲存磁碟，但對於映像檔的製作者或容器使用者來說，則可以很有彈性的選擇儲存的方法或來源。一個容器中可以有多個映像層、多個 volume 掛載和多個綁定掛載，不過只會有一個可寫層。以下是有關如何使用這些儲存方法的基本原則：

● **可寫層**：用於短期儲存，例如作為網路服務或程式運算的快取使用。這些對於每個容器都是唯一的，但是在移除容器後將永遠消失。

● **本機綁定掛載**：用於在本機和容器之間共享資料。開發人員可以使用綁定掛載將電腦上的程式碼加載到容器中，因此當開發人員對 HTML 或 JavaScript 檔案進行編輯時，所作的更改可以馬上在容器中執行，不需要另外建置新的映像檔。

● **分散式綁定掛載**：用於在網路儲存空間和容器之間共享資料，但您需要注意網路儲存的儲存空間與本機儲存空間不同，並且可能無法提供完整的檔案系統功能。可以當成唯讀的設定檔或共享的快取資料，或提供網路上任何容器自由讀寫儲存資料。

● **volume 掛載**：用於在容器和 Docker 管理的儲存對象之間共享資料。適合拿來永久保存資料。應用程式將資料寫入 volume，當使用新容器升級應用程式時，可以將舊資料完美轉移過去。

● **映像層**：映像層表示容器的初始檔案系統。每層可以堆疊在一起，最新的層會覆蓋較舊的層，因此較早寫入 Dockerfile 映像層中的檔案，會被後續寫入同一路徑的映像層所覆蓋，而且層是唯讀的可以在容器之間共享。

6.6 課後練習

　　在本章的課後練習中，我們將會使用到之前的 todo-list 應用程式，但是這次有所不同。該應用程式將在容器中執行，並以一組建立好的任務開始。您的工作是使用相同的映像檔，但用不同的儲存方式，來執行應用程式，以便重置待辦事項，並且當您保存項目時，代辦事項將儲存到 Docker volume 中。本章的練習可以幫助您複習學到的東西，以下有一些提示：

● 命令 docker rm -f $（docker ps -aq）會刪除所有現有容器（無論有沒有在執行）。

● 首先用 diamol/ch06-lab 執行應用程式來檢查任務。

● 接著您需要從同一個映像檔執行一個容器並進行掛載。

● 該應用程式使用了一個配置檔案，其中包含的內容比日誌本身的設置還要多。

　　解答將放在本書的 GitHub 儲存庫中，但是您應該先嘗試自行完成，因為 Docker 的儲存方式非常實用，在本書後續的範例中都會使用到相關的技巧。

　　GitHub 網址：https://github.com/sixeyed/diamol/blob/master/ch06/lab/README.md。

第 2 篇

在容器中執行
分散式應用程式

很少有應用程式只使用單一元件來完成所有的服務，通常都會使用多個元件。在本書的第二篇，您將學習如何使用 Docker 和 Docker Compose 來定義、執行和管理跨多個容器的應用程式，學習如何使用 Docker 來驅動 CI pipeline，並配置您的應用程式，以便在一台主機上執行多個環境，以及使用 Docker 網路來區隔工作負載。本書第二篇也會在容器中加入狀態檢查和提升可觀察性的元件，以做好在正式環境中執行的準備。

Day 07

7

Chapter

使用 Docker Compose 執行多容器應用程式

現今大多數應用程式都採用分散式架構，其中無論是多層式架構（n-tier）應用程式到熱門的微服務架構，都可以使用 Docker 來執行，每個元件都在自己的容器中執行，並且使用標準的網路協定，將各個容器串連在一起。隨著開發團隊新增越多功能，就需要越多容器來處理各方面的需求，屆時大量的容器要統一管理也會是個難題，好險 Docker 已經想到解決的辦法 - Docker Compose。

Compose 是用於定義分散式應用程式的一種檔案格式，也是用於管理容器的工具。在本章中，我們將回顧本書先前的應用程式，並了解 Docker Compose 如何讓應用程式更易於使用。

7.1 Docker Compose

前面已經介紹過不少 Dockerfile 的範例，Dockerfile 是用於打包應用程式的腳本，但是對於分散式應用程式，Dockerfile 實際上僅用於打包應用程式的一部分。對於具有前端網站、後端 API 和資料庫的應用程式來說，可能會有三個 Dockerfile，每個元件一個。要如何透過容器執行該應用程式？

首先，可以使用 Docker CLI 依次啟動每個容器，為應用程式指定所有配置，使其正常執行，但是此方法需要手動操作，而且只要其中一個環節出錯的話，應用程式很有可能無法正常執行或者導致容器無法連接到其他的容器。最好的方式是使用 Docker Compose 來定義應用程式的結構。

Docker Compose 定義了應用程式的 **預期狀態**（desired state），即 **一切正常執行時的狀態**。Compose 檔案是一種簡單的檔案格式，可以將在 Docker 容器執行的所有命令與配置都放入 Compose 檔案中，接著使用 Docker Compose 工具執行該應用程式，執行的過程中，Docker Compose 會計算出所需的 Docker 資源，並藉由 Docker API 發送新增資源的請求。

範例 7.1 展示了一個 Docker Compose，您可以在本章的資料夾中找到它：

範例 7.1 利用 Docker Compose 執行 todo-list 應用程式

```
version: '3.7'

services:

  todo-web:
    image: diamol/ch06-todo-list
    ports:
      - "8020:80"
    networks:
      - app-net

networks:
  app-net:
    external:
      name: nat
```

該檔案用一個加入 Docker 虛擬網路的容器，重新定義了第 6 章 todo-list 應用程式。Docker Compose 使用 YAML 作為標準格式（編註：副檔名為 .yml），這是一種可讀性高的檔案格式，可以輕鬆轉換為 JSON（API 的標準交換格式）而被廣泛使用。在 YAML 中縮排很重要，用於識別物件和物件的屬性。

首先解釋一下在此範例中最上層（沒有縮排）的三個敘述（top-level statement）：

● **version**：是此文件中使用的 Docker Compose 格式之版本。該 Docker Compose 格式可以分成許多版本，此處的 version 用來定義適用的版本（編註：一般情況下建議使用最新的版本）。

● **services**：列出組成應用程式的所有元件。Docker Compose 使用 service 作為最小的單位，而不是容器，因為 service 可能是由同一個映像檔中的多個容器所構成的。

● **networks**：列出 service 可以加入的 Docker 虛擬網路。

此架構有點複雜，我們先參考下圖再接著說明。圖 7.1 展示了該應用程式的架構圖：

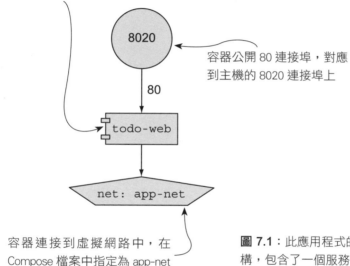

這是一個叫做 todo-web 的服務，Docker Compose 會當作單個容器執行

容器公開 80 連接埠，對應到主機的 8020 連接埠上

容器連接到虛擬網路中，在 Compose 檔案中指定為 app-net

圖 7.1：此應用程式的 Compose 檔案架構，包含了一個服務和一個虛擬網路。

在實際執行此應用程式之前，有幾件事需要了解。todo-web 服務使用 diamol/ch06-todo-list 映像檔執行單個容器。它會公開主機上的 8020 連接埠，對應到容器上的 80 連接埠，並將容器連接到虛擬網路 app-net。執行結果將與執行 docker -p 8020:80 --name todo-web --network nat diamol/ch06-todo-list 命令相同。

接著來講解 services 縮排下層的敘述：services 的底下是屬性，這些屬性與 docker container run 命令中的選項相當類似：image 是要執行的映像檔，ports 是要配發使用的連接埠，networks 是要連接到哪個網路。服務名稱則是容器名稱和容器的 DNS 名稱，其他容器可在虛擬網路使用該名稱進行連接。服務中的網路名稱雖然是 app-net，但是在虛擬網路的部分會被指定為對應到名為 nat 的外部網路。external 選項代表 Compose 預期 nat 網路已經存在，所以不會嘗試建立它。

您可以透過 docker-compose 命令列（與 Docker CLI 不同）使用 Docker Compose 管理應用程式。docker-compose 命令使用不同的語法，使用 up 命令啟動應用程式，該命令告訴 Docker Compose 檢查 Compose 檔案並建立所需資源，接著使應用程式達到預期狀態（desired state）。

◁)) 馬上試試

打開一個終端對話視窗並創建 Docker 虛擬網路。接著瀏覽範例 7.1 中包含 Compose 檔案的資料夾，最後使用 docker-compose 命令列執行應用程式：

```
docker network create nat
cd ./ch07/exercises/todo-list
docker-compose up
```

您不一定要事先為 Compose 建立 Docker 虛擬網路，而且先前已經執行過第 4 章中的課後練習，在您的本機中可能已經建立了 nat 網路，因此可能會出現警告訊息，請予以忽略。如果使用的是 Linux 容器，Compose 可以幫您管理網路（編註：可直接建立新的網路），但如果使用的是 Windows 容器，則需要使用安裝 Docker 時建立的預設網路 nat。本例直接使用 nat 網路，因此無論您執行 Linux 還是 Windows 容器，都可以用相同的 Compose 檔案。

Compose 命令列需要在當前目錄中，找到一個名為 docker-compose.yml 的檔案，本例 Docker 會先載入 todo-list 應用程式所需要的資源，並尋找是否有與 todo-web 服務相匹配的容器，如果沒有的話，Compose 將啟動一個新容器。當 Compose 執行此容器時，Docker 會收集所有應用程序日誌並按容器分組顯示，這對於開發和測試來說非常有用。

接下頁

上一個命令的輸出,如圖 7.2 所示:執行時可以看到從 Docker Hub 中抓取的映像檔,但是在執行該命令之前,我們已經抓取過了。

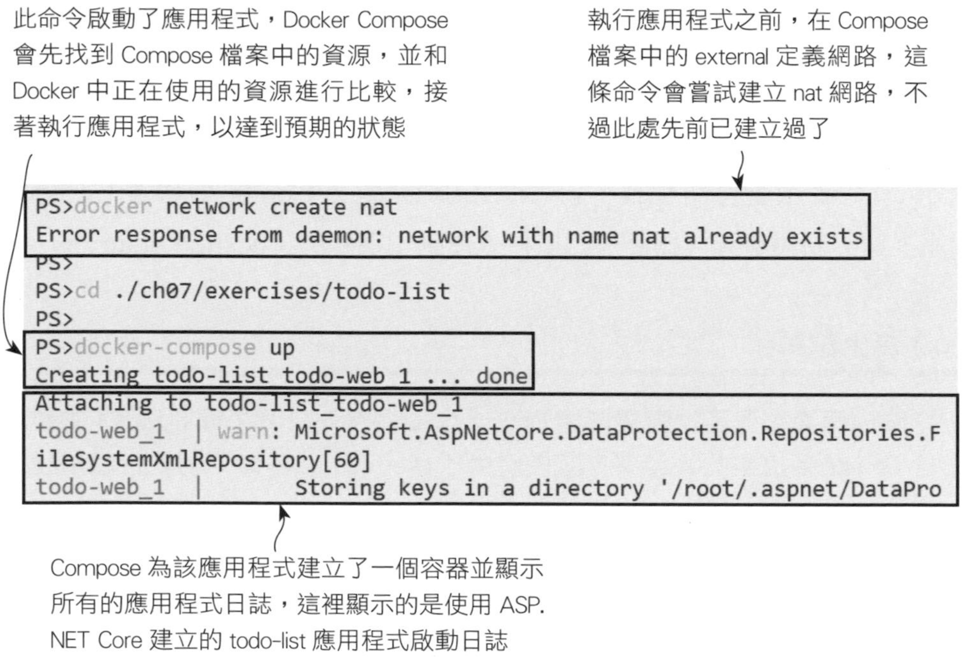

此命令啟動了應用程式,Docker Compose 會先找到 Compose 檔案中的資源,並和 Docker 中正在使用的資源進行比較,接著執行應用程式,以達到預期的狀態

執行應用程式之前,在 Compose 檔案中的 external 定義網路,這條命令會嘗試建立 nat 網路,不過此處先前已建立過了

```
PS>docker network create nat
Error response from daemon: network with name nat already exists
PS>
PS>cd ./ch07/exercises/todo-list
PS>
PS>docker-compose up
Creating todo-list todo-web 1 ... done
Attaching to todo-list_todo-web_1
todo-web_1  | warn: Microsoft.AspNetCore.DataProtection.Repositories.F
ileSystemXmlRepository[60]
todo-web_1  |         Storing keys in a directory '/root/.aspnet/DataPro
```

Compose 為該應用程式建立了一個容器並顯示所有的應用程式日誌,這裡顯示的是使用 ASP. NET Core 建立的 todo-list 應用程式啟動日誌

圖 7.2:使用 Docker Compose 啟動一個應用程式,同時也會建立所需資源。

現在,您可以在瀏覽器輸入網址 http://localhost:8020,並查看 todo-list 應用程式。它的工作原理與第 6 章完全相同,但是 Docker Compose 提供了一種更好的應用程式啟動方法。Docker Compose 會將應用程式及 Dockerfile 一起放在版本控制的環節裡面,方便開發人員管理,並且成為定義該應用程式執行時所有屬性的唯一位置。無需在 README 檔案中記錄映像名稱或配發的連接埠,因為它們全部都記錄在 Compose 檔案中。

Docker Compose 格式記錄了配置應用程式所需的所有屬性,還可以記錄其他的 Docker 資源,例如 volume 和 secret。即使應用程式僅提供一項服務,即使在這種情況下還是可以用一個 Compose 檔案定義和執行該應用程式,而執行多容器應用程式時,則更能展現 Compose 的優勢。

7.2　使用 Compose 執行多容器應用程式

在第 4 章中，我們建置了一個分散式應用程式，該應用程式展示了來自 NASA 天文 API 圖片的映像檔（後面統稱圖庫應用程式）。包含了一個 Java 前端網站，一個用 Go 編寫的 REST API 和一個用 Node.js 編寫的日誌收集器。當時我們是依次啟動每個容器來執行應用程式，並且將容器加入相同的虛擬網路，並使用正確的容器名稱，以便各個元件可以互相溝通。以上這些事情都可以透過 Docker Compose 來完成。

我們先執行一個範例在進行後續的講解，在範例 7.2 中，首先可以在 Compose 檔案的 services 看到以下的內容，其中我們刪除了 services 中的 networks 只留下 ports，並將重點放在 services 的屬性上。此範例一樣使用 nat 虛擬網路。

範例 7.2　多容器圖庫應用程式 Compose 檔案

```
accesslog:
  image: diamol/ch04-access-log

iotd:
  image: diamol/ch04-image-of-the-day
  ports:
    - "80"

image-gallery:
  image: diamol/ch04-image-gallery
  ports:
    - "8010:80"
  depends_on:
    - accesslog
      - iotd
```

這個範例將會示範如何配置不同類型的服務。accesslog 服務不會使用任何連接埠，也不會使用 docker container run 命令取得任何屬性，因此該服務的屬性只有映像檔名稱。iotd 服務是 REST API，Compose 檔案的屬性有該映像檔名稱,並將容器上的連接埠 80 對應主機上的隨機連接埠(編註:Docker 會幫您分配)。image-gallery 服務具有映像檔名稱和公開的連接埠,主機上的 8010 對應到容器中的連接埠 80。image-gallery 服務還有一個 depends_on 部分,表示這個服務相依於其他兩個服務,因此 Compose 在啟動 image-gallery 服務之前,會先檢查 accesslog 和 iotd 服務是否正在執行。接著來看看此應用程式的架構圖:

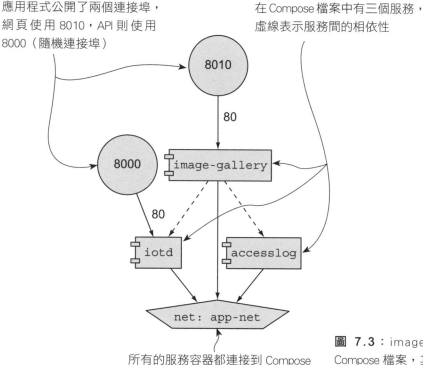

應用程式公開了兩個連接埠,網頁使用 8010,API 則使用 8000(隨機連接埠)

在 Compose 檔案中有三個服務,虛線表示服務間的相依性

所有的服務容器都連接到 Compose 檔案中的 app-net 網路

圖 7.3:image gallery 的 Compose 檔案,其中指定了三個服務連到同一個虛擬網路。

本章中的圖表是利用繪製工具產生的,該工具可以讀取 Compose 檔案並生成應用程式架構的 PNG 圖片。這是使文件保持最新狀態的好方法 - 每當進行更新時,都可以從 Compose 檔案生成圖表。該繪製工具可以在 Docker 容器中執行,您可以在 GitHub 上的 https://github.com/pmsipilot/docker-compose-viz 上找到它。

　　圖 7.3 展示了此應用程式的架構。接下來的範例將使用 Docker Compose 執行該應用程式，但是這次會以分離模式（detached mode）執行。Compose 仍會為我們收集日誌，但是容器在後台執行，因此日誌不會顯示在終端對話視窗上（編註：仍然可以使用 Compose 的其他功能）。

◁)) **馬上試試**

打開終端對話視窗，並且切換到第 7 章的資料夾，並執行該應用程式：

```
cd ./ch07/exercises/image-of-the-day

docker-compose up -detach  ◀── 使用 detached mode 執行此應用程式
```

輸出結果會像圖 7.4 所示。您可以看到由於 Compose 檔案中記錄的相依關係，accesslog 和 iotd 服務在 image-gallery 服務之前就已經啟動了。

```
PS>cd ./ch07/exercises/image-of-the-day
PS>
PS>docker-compose up --detach
Creating image-of-the-day_accesslog_1 ... done
Creating image-of-the-day_iotd_1       ... done
Creating image-of-the-day_image-gallery_1 ... done
PS>
```

Compose 會依序建立三個容器，容器之間有相依關係，所以 image-gallery 在 accesslog 和 iotd 服務之後啟動，--detach 表示在背景執行容器，所以日誌不會顯示在終端對話視窗上

圖 7.4：使用 Docker Compose 來啟動一個指定相依的多容器應用程式。

　　當應用程式執行時，您可以在瀏覽器中輸入網址 http://localhost:8010。它的運作方式與第 4 章雷同，但是現在 Docker Compose 中有了一個明確的定義，說明如何配置容器以使其協同工作。您還可以使用 Compose 檔案對整個應用程式進行管理。API 服務實際上是無狀態的，因此您可以在多個容器來擴展網路服務，當 Web 容器向 API 的請求資料時，Docker 會將這些請求分散到已執行的 API 容器之間。

◁)) **馬上試試**

在同一個終端對話視窗中,使用 Docker Compose 增加 iotd 服務的規模,然後重新整理網頁幾次,並檢查 iotd 容器的日誌:

```
docker-compose up -d --scale iotd=3

# 打開瀏覽器輸入網址:http://localhost:8010 並且重新整理幾次

docker-compose logs --tail=1 iotd
```

可以在輸出中看到 Compose 多建立了兩個新容器來執行 image API 服務,因此擴展為三個 API 服務。當重新整理展示照片的網頁時,Web 應用程式向 API 請求資料,並且該請求可以由任何 API 容器處理。API 處理請求時會寫一個日誌條目,您可以在容器日誌中看到該條目。Docker Compose 可以展示全部容器的所有日誌條目,或者也可以過濾輸出,--tail = 1 參數表示僅從每個 iotd 服務容器中獲取最後一條日誌條目。

輸出會如圖 7.5 所示,可以看到應用程式已使用容器 1 和 3,但是容器 2 到目前為止尚未處理任何請求:

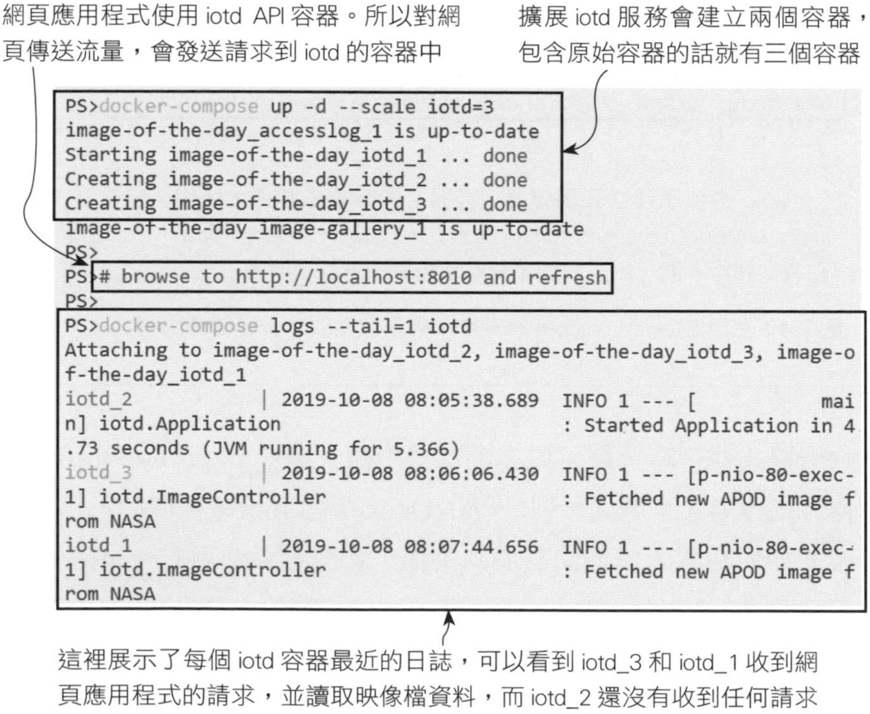

網頁應用程式使用 iotd API 容器。所以對網頁傳送流量,會發送請求到 iotd 的容器中

擴展 iotd 服務會建立兩個容器,包含原始容器的話就有三個容器

```
PS>docker-compose up -d --scale iotd=3
image-of-the-day_accesslog_1 is up-to-date
Starting image-of-the-day_iotd_1 ... done
Creating image-of-the-day_iotd_2 ... done
Creating image-of-the-day_iotd_3 ... done
image-of-the-day_image-gallery_1 is up-to-date
PS>
PS># browse to http://localhost:8010 and refresh
PS>
PS>docker-compose logs --tail=1 iotd
Attaching to image-of-the-day_iotd_2, image-of-the-day_iotd_3, image-o
f-the-day_iotd_1
iotd_2          | 2019-10-08 08:05:38.689  INFO 1 --- [          mai
n] iotd.Application                      : Started Application in 4
.73 seconds (JVM running for 5.366)
iotd_3          | 2019-10-08 08:06:06.430  INFO 1 --- [p-nio-80-exec-
1] iotd.ImageController                  : Fetched new APOD image f
rom NASA
iotd_1          | 2019-10-08 08:07:44.656  INFO 1 --- [p-nio-80-exec-
1] iotd.ImageController                  : Fetched new APOD image f
rom NASA
```

這裡展示了每個 iotd 容器最近的日誌,可以看到 iotd_3 和 iotd_1 收到網頁應用程式的請求,並讀取映像檔資料,而 iotd_2 還沒有收到任何請求

圖 7.5:擴展一個應用程式元件,並使用 Docker Compose 檢查它的日誌。

　　現在您已經啟動了五個容器，接著可以透過 Docker Compose 一同管理。例如可以使用 Compose 控制整個應用程式；或者停止所有容器以節省運算資源，並在需要執行應用程式時重新啟動。以上這些操作透過 Docker CLI 也可以做到，雖然 Compose 是一個單獨的命令列用於管理容器，但使用方式與 Docker CLI 相同。您也可以使用 Compose 來管理應用程式，但仍可以使用 Docker CLI 來處理由 Compose 建立的容器。

◁)) 馬上試試

在同一個終端對話視窗中，使用 Docker Compose 命令停止和啟動應用程式，接著使用 Docker CLI 列出所有正在執行的容器：

```
docker-compose stop

docker-compose start

docker container ls
```

指令的輸出結果將如圖 7.6 所示。可以看到 Compose 停止應用程式後，列出了各個容器，但僅列出了再次啟動的服務（編註：也就是 Compose 檔案裡面所設定的服務），這些服務會以正確的相依順序啟動。在容器中 Compose 重新啟動了現有容器，而不是建立新容器。本例中所有的容器都是之前就建好的。

接下頁

使用 Compose 停止應用程式，會停止所有
容器，已停止的容器並不會佔用到 CPU 和
記憶體，但是它們的檔案系統依舊會存在

再次啟動應用時，會
重新啟動同一批容器

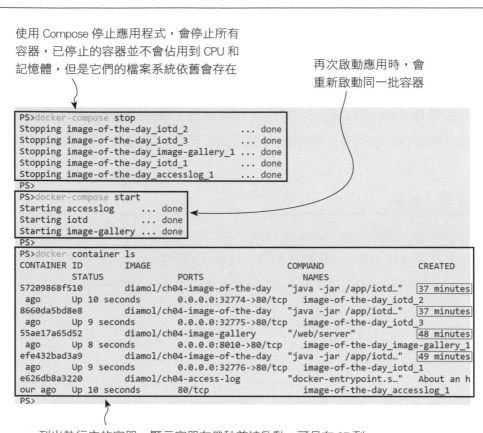

```
PS>docker-compose stop
Stopping image-of-the-day_iotd_2           ... done
Stopping image-of-the-day_iotd_3           ... done
Stopping image-of-the-day_image-gallery_1 ... done
Stopping image-of-the-day_iotd_1           ... done
Stopping image-of-the-day_accesslog_1      ... done
PS>
PS>docker-compose start
Starting accesslog    ... done
Starting iotd         ... done
Starting image-gallery ... done
PS>
PS>docker container ls
CONTAINER ID        IMAGE                               COMMAND                CREATED
                    STATUS              PORTS                     NAMES
57209868f510        diamol/ch04-image-of-the-day        "java -jar /app/iotd…"  37 minutes
 ago       Up 10 seconds        0.0.0.0:32774->80/tcp   image-of-the-day_iotd_2
8660da5bd8e8        diamol/ch04-image-of-the-day        "java -jar /app/iotd…"  37 minutes
 ago       Up 9 seconds         0.0.0.0:32775->80/tcp   image-of-the-day_iotd_3
55ae17a65d52        diamol/ch04-image-gallery           "/web/server"           48 minutes
 ago       Up 8 seconds         0.0.0.0:8010->80/tcp    image-of-the-day_image-gallery_1
efe432bad3a9        diamol/ch04-image-of-the-day        "java -jar /app/iotd…"  49 minutes
 ago       Up 9 seconds         0.0.0.0:32776->80/tcp   image-of-the-day_iotd_1
e626db8a3220        diamol/ch04-access-log              "docker-entrypoint.s…"  About an h
our ago    Up 10 seconds        80/tcp                  image-of-the-day_accesslog_1
PS>
```

列出執行中的容器，顯示容器在幾秒前被啟動，可見在 37 到
49 分鐘前就已經被建立了（編註：表示不是剛建的新容器）

圖 7.6：使用 Docker Compose 停止和啟動多容器應用程式。

Compose 還有更多功能，可以
直接執行 docker-compose 不帶
任何選項，以查看完整的命令

在進行下一步之前，需要考慮一個非常重要的因素。Docker Compose 是一個客戶端工具，用於根據 Compose 檔案的內容向 Docker API 發送指令的命令列。Docker 本身只是執行容器的工具，並不知道現在執行的應用程式是由許多容器所構成的。只有 Compose 知道這一點，但是 Compose 需要通過查看 Docker Compose YAML 檔案才能知道該應用程式的架構，因此您需要使用這個檔案來管理應用程式。

在開發時可能會遇到一些情況使應用程式與 YAML 檔案不同步，例如當 YAML 檔案更改或更新正在執行的應用程式時，使用 Compose 管理應用程式，就有可能會導致應用程式出錯。再舉另外一個例子假如先前已經將 iotd 服務擴展到了三個容器，但是沒有將這樣的配置結果記錄到 YAML 檔案中。當關閉應用程式接著重新建立時，Compose 會將其恢復為原始配置（一個容器）。

◁)) 馬上試試

在同一個終端對話視窗中（編註：因為 Compose 需要使用相同的 YAML 檔案）使用 Docker Compose 關閉應用程式並再次啟動。然後列出正在執行的容器來檢查配置：

```
docker-compose down

docker-compose up -d

docker container ls
```

down 命令將會刪除應用程式，因此 Compose 會停止並刪除容器，如果網路和 volume 已記錄在 Compose 檔案中且未標記為 external，則它也會刪除網路和 volume。接著啟動應用程式，由於沒有正在執行的容器，因此 Compose 重新建立了所有服務，但重建時使用了 YAML 檔案中的應用程式配置，該檔案未記錄規模，因此我們之前執行的 API 服務啟動時，是一個容器而不是三個容器。

您可以在圖 7.7 的輸出中看到這一點。此處的目的是重新啟動應用程式，但我們也意外地縮小了 API 服務的規模（三個變一個）。

接下頁

這行命令會停止應用並移除所有
由 Docker Compose 管理的資源，
所有的容器都會被移除

虛擬網路在 Compose 檔案中定義
為 external，由於它不是由 Docker
Compose 所管理，所以不會被移除

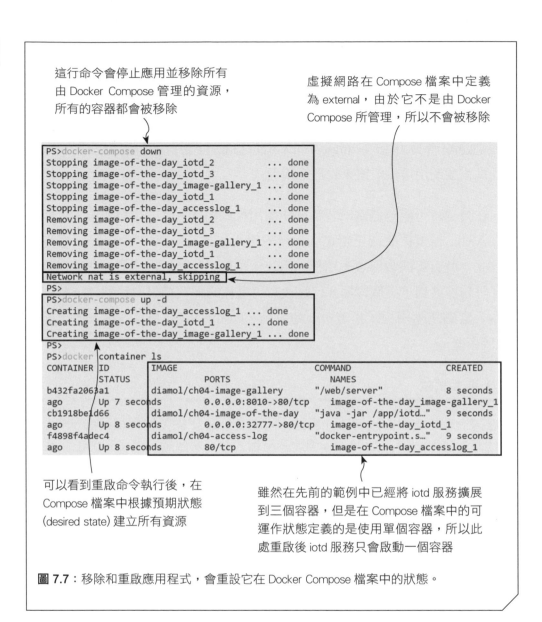

```
PS>docker-compose down
Stopping image-of-the-day_iotd_2            ... done
Stopping image-of-the-day_iotd_3            ... done
Stopping image-of-the-day_image-gallery_1 ... done
Stopping image-of-the-day_iotd_1            ... done
Stopping image-of-the-day_accesslog_1       ... done
Removing image-of-the-day_iotd_2            ... done
Removing image-of-the-day_iotd_3            ... done
Removing image-of-the-day_image-gallery_1 ... done
Removing image-of-the-day_iotd_1            ... done
Removing image-of-the-day_accesslog_1       ... done
Network nat is external, skipping
PS>
PS>docker-compose up -d
Creating image-of-the-day_accesslog_1 ... done
Creating image-of-the-day_iotd_1         ... done
Creating image-of-the-day_image-gallery_1 ... done
PS>
PS>docker container ls
CONTAINER ID      IMAGE                        PORTS                   COMMAND                          CREATED
                  STATUS                                               NAMES
b432fa2063a1      diamol/ch04-image-gallery    "/web/server"                               8 seconds
ago       Up 7 seconds           0.0.0.0:8010->80/tcp    image-of-the-day_image-gallery_1
cb1918be1d66      diamol/ch04-image-of-the-day "java -jar /app/iotd…"   9 seconds
ago       Up 8 seconds           0.0.0.0:32777->80/tcp   image-of-the-day_iotd_1
f4898f4adec4      diamol/ch04-access-log       "docker-entrypoint.s…"   9 seconds
ago       Up 8 seconds           80/tcp                  image-of-the-day_accesslog_1
```

可以看到重啟命令執行後，在
Compose 檔案中根據預期狀態
(desired state) 建立所有資源

雖然在先前的範例中已經將 iotd 服務擴展
到三個容器，但是在 Compose 檔案中的可
運作狀態定義的是使用單個容器，所以此
處重啟後 iotd 服務只會啟動一個容器

圖 7.7：移除和重啟應用程式，會重設它在 Docker Compose 檔案中的狀態。

　　Docker Compose 易於使用且功能強大，但是使用時需要注意，要做好
YAML 檔案的控管，才能讓應用程式如預期般運作。當使用 Compose 部署
應用程式時，它會建立相關的 Docker 資源，但是 Docker Engine 不知道這
些資源是否相關，只有透過 Compose 進行管理，才足以構成一支應用程式。

7.3 Docker 如何將容器串在一起 ？

　　分散式應用程式中的所有元件都透過 Compose 在 Docker 容器中執行，但是容器間如何相互聯絡？容器有自己的虛擬化網路環境。每個容器都擁有由 Docker 分配的虛擬 IP 位址，加入相同 Docker 網路的容器可以使用其 IP 位址相互訪問。但是容器會在應用程式生命週期內被替換，而新的容器將具有新的 IP 位址，因此 Docker 也支援使用 DNS 進行 service discovery 服務探索。

　　DNS 系統是將網域的名稱對應到 IP 位址，在公共網際網路和區域網路上都可以運作。將瀏覽器導向 blog.sixeyed.com 時，您使用的就是網域名稱，解析後會是 Docker 伺服器的其中一個 IP 位址。瀏覽器實際上是使用 IP 位址來獲取內容的。

　　Docker 內建了自己的 DNS 服務。執行在容器中的應用程式，在嘗試存取其他元件時 Docker 中 DNS 服務會進行 domain lookup，查找對應的 IP，如果網域名稱實際上是容器名稱，Docker 會回傳容器的 IP 位址，使用者可以直接在 Docker 的網路上找到該容器。如果網域名稱不是容器，則 Docker 會將請求傳送到執行 Docker 的伺服器上，進行標準 DNS lookup，以在內部區域網路或網際網路上找到 IP 位址。

　　您可以通過圖庫應用程式看到這一點。Docker 的 DNS service 回應，將包含單個容器中執行服務的單個 IP 位址，如果該服務在多個容器中大規模執行，則將包含多個 IP 位址。

◁))) 馬上試試

在同一個終端對話視窗中，使用 Docker Compose 來啟動應用程式，並分別以三個容器執行 API。然後連接到 Web 容器中的終端對話視窗，選擇要執行的 Linux 或 Windows 命令，並執行 DNS lookup：

接下頁

```
docker-compose up -d --scale iotd=3

# 如果是 Linux 的映像檔請執行以下命令:
docker container exec -it image-of-the-day_image-gallery_1 sh

# 如果是 Windows 的映像檔請執行以下命令:
# 以下為同一道命令,請勿換行
docker container exec -it image-of-the-day_image-gallery_1 cmd
nslookup accesslog

exit
```

nslookup 是 Web 應用程式基礎映像檔內建的一個程式,它會對傳入的網域名稱執行 DNS lookup,再將找到的 IP 位址印出。輸出如圖 7.8 所示,您可以看到 nslookup 發出了一條錯誤消息,這是 DNS 伺服器本身的問題,此處可以略過。從輸出結果中可以看出日誌容器 IP 位址為 172.24.0.2。

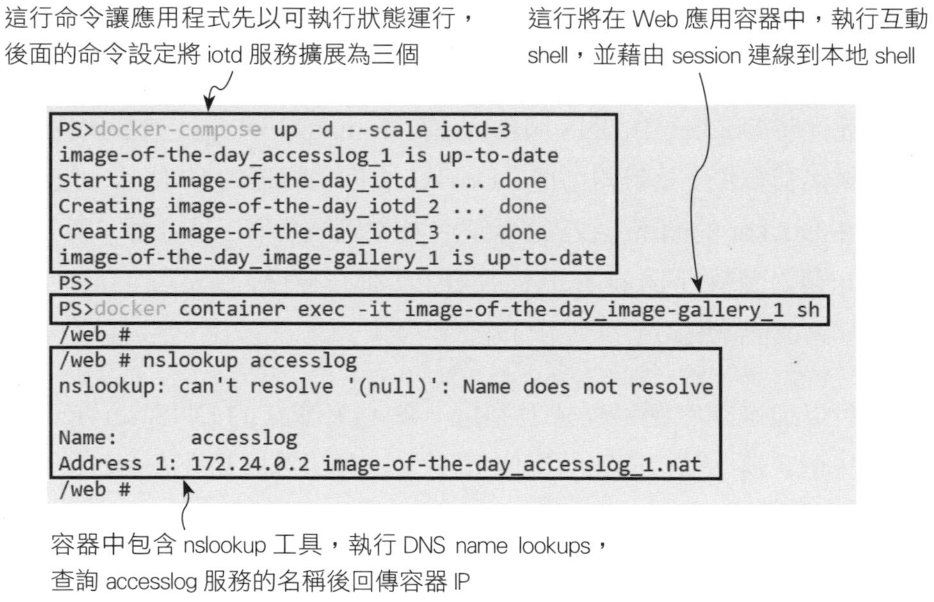

這行命令讓應用程式先以可執行狀態運行,後面的命令設定將 iotd 服務擴展為三個

這行將在 Web 應用容器中,執行互動 shell,並藉由 session 連線到本地 shell

```
PS>docker-compose up -d --scale iotd=3
image-of-the-day_accesslog_1 is up-to-date
Starting image-of-the-day_iotd_1 ... done
Creating image-of-the-day_iotd_2 ... done
Creating image-of-the-day_iotd_3 ... done
image-of-the-day_image-gallery_1 is up-to-date
PS>
PS>docker container exec -it image-of-the-day_image-gallery_1 sh
/web #
/web # nslookup accesslog
nslookup: can't resolve '(null)': Name does not resolve

Name:       accesslog
Address 1: 172.24.0.2 image-of-the-day_accesslog_1.nat
/web #
```

容器中包含 nslookup 工具,執行 DNS name lookups,查詢 accesslog 服務的名稱後回傳容器 IP

圖 7.8:使用 Docker Compose 擴展一個服務,並用 DNS lookups 來查找。

加入相同 Docker 虛擬網路的容器,將獲得相同網路區段內的 IP 位址進行連接。使用 DNS 意味著,當原本的容器被更換且 IP 位址發生更改時,您的應用程式仍然可以執行,因為 DNS 不會改變,而 Docker 中的 DNS 服務,會不斷從 domain lookup 中回傳當前容器的 IP 位址。

您可以使用 Docker CLI 手動刪除 accesslog 容器，然後使用 Docker
Compose 再次啟動應用程式來實驗看看。當 Compose 檢查到沒有執行的
accesslog 容器，它會自己啟動一個新的容器。該容器可能具有來自 Docker
虛擬網路的新 IP 位址（取決於是否有建立其他容器），因此在執行 DNS
lookup 時，您可能會看到不同的回應。

◁)) 馬上試試

在同一個終端對話視窗中，使用 Docker CLI 刪除 accesslog 容器，接著使
用 Docker Compose 重啟應用程式。最後在 Linux 中使用 sh 或在 Windows
中使用 cmd 再次連接到 Web 容器，並執行更多次 DNS lookup：

```
docker container rm -f image-of-the-day_accesslog_1

docker-compose up -d --scale iotd=3

# 如果使用 Linux 容器，請輸入：
docker container exec -it image-of-the-day_image-gallery_1 sh

# 如果使用 Windows 容器，請輸入：
docker container exec -it image-of-the-day_image-gallery_1 cmd

nslookup accesslog

nslookup iotd

exit
```

可以從圖 7.9 中看到輸出結果，在此情況下，沒有建立其他服務或刪除
容器，因此新的 accesslog 容器使用相同的 IP 位址 172.24.0.2。在 iotd API
的 DNS lookup 中，可以看到回傳了三個 IP 位址，該服務中的三個容器各
回傳一個 IP 位址。

接下頁

強制刪除 accesslog 容器，代表此應用程式已經
不是可運行狀態，Compose 藉由建立一個新的
accesslog 容器來重新啟動該應用程式

```
PS>docker container rm -f image-of-the-day_accesslog_1
image-of-the-day_accesslog_1
PS>
PS>docker-compose up -d --scale iotd=3
image-of-the-day_iotd_1 is up-to-date
image-of-the-day_iotd_2 is up-to-date
image-of-the-day_iotd_3 is up-to-date
Creating image-of-the-day_accesslog_1 ... done
Recreating image-of-the-day_image-gallery_1 ... done
PS>
PS>docker container exec -it image-of-the-day_image-gallery_1 sh
/web #
/web # nslookup accesslog
nslookup: can't resolve '(null)': Name does not resolve

Name:      accesslog
Address 1: 172.24.0.2 image-of-the-day_accesslog_1.nat
/web #
/web # nslookup iotd
nslookup: can't resolve '(null)': Name does not resolve

Name:      iotd
Address 1: 172.24.0.3 image-of-the-day_iotd_2.nat
Address 2: 172.24.0.5 image-of-the-day_iotd_3.nat
Address 3: 172.24.0.4 image-of-the-day_iotd_1.nat
/web #
```

Iotd API 服務使用了三個容器，
DNS lookup 回傳了三個 IP 位址

Accesslog 的 DNS lookup，展示了新的容
器已分配到舊容器的 IP，這代表 IP 位
址在容器移除時，馬上就得到了釋放

圖 7.9：多容器服務的擴展範例，每個容器 IP 位址都藉由 lookup 回傳。

　　DNS 伺服器可以回傳一個網域名稱中多個的 IP 位址。Docker Compose 使用此機制進行簡單的負載平衡，讓同一個服務分散到多個容器 IP 位址。不過很多情況下都要取決於該應用程式使用 DNS lookup 如何處理多個回應，例如某些應用程式使用較為簡單的方法，只會取得 IP 清單中的第一個位址。為了確保在所有容器之間取得負載平衡，Docker DNS 每次都會以不同的順序回傳。

Docker Compose 記錄了容器的所有啟動選項,並且在執行時負責容器之間的溝通。Docker Compose 的功用可不只這些,接著我們就要使用它來為應用程式設定環境。

7.4　Docker Compose 中的應用程式配置

第 6 章中的 todo-list 應用程式可以採用不同的方式執行,例如作為單個容器執行,在這種情況下應用程式會將資料儲存在 SQLite 資料庫中,也就是容器檔案系統中的一個檔案,可以運用第 6 章學到的 volume 來管理該資料庫檔案。然而 SQLite 資料庫僅適用於小型專案,大型應用程式則會使用更完整的資料庫系統,例如可以將 todo-list 配置為使用遠端 Postgres SQL 資料庫。

Postgres 是功能強大且流行的開源關聯式資料庫,它與 Docker 有很好的相容性,因此您可以作為分散式應用程式的資料庫,其中該應用程式在一個容器中執行,而資料庫在另一個容器中。todo-list 應用程式的 Docker 映像檔已按照之前的配置進行建置,本節要應用這個配置使其與其他環境一起使用,Docker Compose 除了可以管理多個容器以外,也可以管理多個環境接著就要使用 Docker Compose 應用這些配置。

從範例 7.3 中的 Compose 檔案可以看到配置了 Postgres 資料庫和 todo-list 應用程式。

範例 7.3 Docker Compose：使用 Postgres 資料庫的 todo-list 應用程式

```
services:

  todo-db:
    image: diamol/postgres:11.5
    ports:
      - "5433:5432"
    networks:
      - app-net

  todo-web:
    image: diamol/ch06-todo-list
    ports:
      - "8020:80"
    environment:
      - Database:Provider=Postgres
    depends_on:
      - todo-db
    networks:
      - app-net
    secrets:
      - source: postgres-connection
        target:/app/config/secrets.json
```

資料庫的配置很簡單，做法是使用 diamol/postgres:11.5 映像檔，接著將 postgres 容器中的連接埠 5342 對應到主機上公開的連接埠 5433，並使用 todo-db 作為 DNS 的名稱。現在我們已經將 Web 應用程式設定了一些新配置：

● **enviroment**：當該應用程式執行時，容器會自動建立一個環境變數。以此例來說，會在容器內設置一個名為 Database:Provider 的環境變數，其值為 Postgres。

● **secrets**：可以從執行時環境中讀取 secret 的訊息，並將其應用於容器內的所有檔案。該應用程式將在路徑 /app/config/secrets.json 底下有一個檔案，其中包含稱為 postgres-connection 的連接資訊。

secret 通常是由叢集環境中的容器平台（例如：Docker Swarm 或 Kubernetes）所提供，這些平台都支援資料庫加密的服務，因此對於敏感的設定資料（例如資料庫連接資訊，憑證或 API 密鑰）都可以得到保障。但是在執行 Docker 的本機上，沒有用於 secret 的叢集資料庫，因此 Docker Compose 可以從檔案中載入 secret。secret 的內容如範例 7.4 所示：

範例 7.4 從 Docker Compose 的本機檔案載入 secret

```
secrets:
  postgres-connection:
    file: ./config/secrets.json
```

上面的命令告訴 Docker Compose 從主機上的檔案 secrets.json，載入名為 postgres-connection 的金鑰。這種情況就像我們在第 6 章中討論過的綁定掛載一樣，主機上的檔案出現在容器中。差別在於，定義為 secret 物件後，會遷移到叢集的加密環境中，其用途是處理所有 Docker 會使用的機密資料。Docker 會將敏感性資料加密、傳送，只有需要這份資料且被授權的容器可以使用。解密後的資料在容器中會被掛載到 docker 的檔案系統中。

將應用程式配置加入到 Compose 檔案後，您就可以用不同的方式使用相同的 Docker 映像檔，並明確說明每種環境的設置。例如可以為開發和測試環境使用單獨的 Compose 檔案，發佈不同的連接埠，並觸發應用程式的不同功能。這裡的 Compose 檔案設置環境變數和 secret，以便在執行 todo-list 應用程式時，向其提供連接到 Postgres 資料庫的詳細訊息。

雖然此應用程式執行時看似與第 6 章沒有不同，但是現在資料變成儲存在 Postgres 資料庫容器中，您可以將資料庫與應用程式分開進行管理。

🔊 **馬上試試**

在本書程式碼的根目錄下,打開一個終端對話視窗,然後切換到該練習的目錄。在該目錄中,您可以看到 Docker Compose 以及包含要載入到應用程式容器中的金鑰 JSON 檔案。接著使用 docker-compose 啟動應用程式:

```
cd ./ch07/exercises/todo-list-postgres

# 如果是 Linux 的容器請執行以下命令:
docker-compose up -d

# 如果是 Windows 的容器請執行以下命令(注意檔案路徑是否正確):
docker-compose -f docker-compose-windows.yml up -d

docker-compose ps
```

可以從圖 7.10 看到輸出結果。docker compose ps 命令列出了 Compose 應用程式中所有正在執行的容器。

啟動一個新的 Compose 應用程式,這裡執行一個 Postgres SQL 資料庫,以及 todo-list 應用程式

```
PS>cd ./ch07/exercises/todo-list-postgres
PS>
PS>docker-compose up -d
Creating todo-list-postgres_todo-db_1 ... done
Creating todo-list-postgres_todo-web_1 ... done
PS>
PS>docker-compose ps

            Name                      Command              State
        Ports
--------------------------------------------------------------------------
todo-list-postgres_todo-db_1    docker-entrypoint.sh postgres   Up
 0.0.0.0:5433->5432/tcp
todo-list-postgres_todo-web_1   dotnet ToDoList.dll             Up
 0.0.0.0:8030->80/tcp
```

這裡展示了 Compose 應用程式的容器,其他的容器都不會顯示

圖 7.10:使用 Docker Compose 執行一個應用程式,並列出所使用的容器。

現在可以在 http://localhost:8030 瀏覽到此版本的 todo-list 應用程式。功能相同,但是現在資料變成保存在 Postgres 資料庫容器中。現在可以使用資料庫客戶端進行檢查,這裡就以 Sqlectron 做示範(編註:Sqlectron 已經內建在 Postgres 的映像檔裡面),Sqlectron 是一種快速、開放程式碼、跨平台的 UI,通常用於連接 Postgres、MySQL、SQL Server 資料庫。由上圖可以看到容器發佈的連接埠是 5433,所以伺服器的位址就是 localhost:5433。該資料庫為 todo,用戶名為 postgres,沒有密碼。從圖 7.11 中可以看到,我們已經對 Web 應用程式增加了一些資料,並且可以在 Postgres 中查詢:

Todo list 應用程式使用同樣的方式(第六章)執行,但是 Compose 設定它使用 Postgres 資料庫來儲存待辦事項

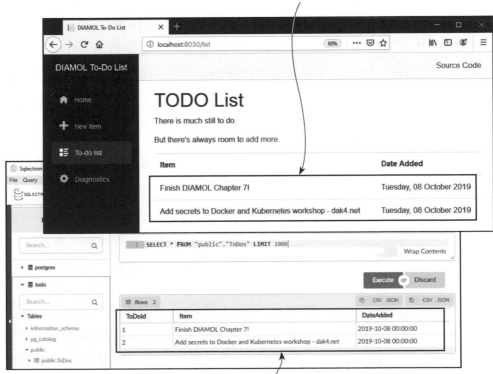

Sqlectron 是一個資料庫客戶端的 UI 介面,您可以使用它來查詢 Postgres 裡面的資料,Sqlectron 和 Todo list 應用程式用的是同一個資料庫容器,由圖中可以看到資料是如何進行儲存的

圖 7.11:使用 Postgres 資料庫,在容器中執行 todo-list 應用程式及查詢資料。

使用 Docker 的最大優勢就是，可以將應用程式與執行環境的配置分開來。應用程式的映像檔將由建置的 pipeline 生成，並且該映像檔將在測試環境中逐步進行，直到可以投入正式環境為止。每個環境都將使用環境變數、綁定掛載或 secret 來設置自己的配置，這些設置很容易在 Docker Compose 中取得。在每種環境中，您都使用相同的 Docker 映像檔，因此可以放心，將在其他環境通過測試的相同二進位檔案和相依元件，發佈到生產環境中。

7.5 了解 Docker Compose 解決的問題

Docker Compose 是一種非常簡潔的方法，以小巧、清晰的檔案格式，定義複雜的分散式應用程式的配置。Compose YAML 檔案實際上是針對應用程式的部署指南，它比 Word 檔案形式編寫的指南要好用的多。在過去，那些 Word 檔案定義了應用程式發佈的每個步驟，一個 Word 檔案通常有數十頁的篇幅，而且其中很多是不精準的文字說明或是過時失效的資訊。Compose 檔案簡單易行，可以使用它來執行應用程式，因此不會有過時的風險。

當您開始使用 Docker 容器時，Compose 是非常有用的，準確了解 Docker Compose 的用途以及它的局限性很重要。透過 Compose 可以清楚定義應用程式，並將該定義應用於執行 Docker 的單台電腦上，它將該機器上的即時 Docker 資源與 Compose 檔案中定義的資源進行比較，並將請求發送到 Docker API，以替換已更新的資源，並在需要的地方創建新資源。

當您執行 Docker Compose 時可以了解到要執行此應用程式所需要的資源，但是 Compose 也並無缺點，例如它不是像 Docker Swarm 或 Kubernetes 是完整容器平台，Compose 無法連續執行以確保您的應用程式保持可運行的狀態，如果容器建置失敗或被不小心刪除，在您再次手動執行 docker-compose 命令之前，Docker Compose 不會自動重新啟動或替換它們。圖 7.12 可以輕易了解 Compose 在應用程式生命週期中的位置：

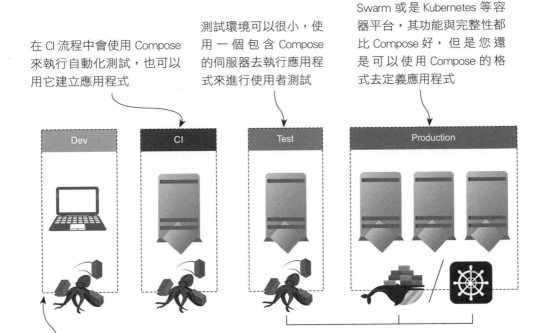

在 CI 流程中會使用 Compose 來執行自動化測試，也可以用它建立應用程式

測試環境可以很小，使用一個包含 Compose 的伺服器去執行應用程式來進行使用者測試

Swarm 或是 Kubernetes 等容器平台，其功能與完整性都比 Compose 好，但是您還是可以使用 Compose 的格式去定義應用程式

開發者會在本地使用 Compose 進行端對端 (end-to-end) 的使用者操作測試

圖 7.12：在應用程式的生命週期中，從開發到產品會用到 Docker Compose 的地方。

　　這並不是說 Docker Compose 不適合正式環境。如果您剛開始使用 Docker，並且正在將工作從單個 VM 遷移到容器、為所有應用程式獲得一致的環境，這些工作內容 Compose 都能夠輕鬆解決。但是當您到更為複雜的使用環境時，就要使用到容器叢集平台的一些功能，例如：高可用性，負載平衡或故障轉移等。相較於 Compose，容器叢集平台能夠給我們提供更多的功能與保障。

7.6 課後練習

　　Docker Compose 中有一些有用的功能，可增加執行應用程式的可靠性。在本次練習中，定義一個 Compose 以便在測試環境中，更可靠地執行 todo-list 應用程式。做法是將原本的應用程式新增以下這幾點功能：

● 如果機器或者 Docker engine 引擎重新啟動，則應用程式容器將自動重啟。

● 將資料庫容器使用綁定掛載的方式儲存檔案，使得再次啟動和關閉該應用程式都不會遺失已儲存的資料。

● Web 應用程式應在標準連接埠 80 上進行監聽。

　　以下是提示：

● 您 可 以 在 https://docs.docker.com/compose/compose-file 上 的 Docker 參考檔案中找到 Docker Compose 規範。定義了在 Compose 中取得的所有設置。

　　此範例的解答在本書的 GitHub 儲存庫中：

https://github.com/sixeyed/diamol/blob/master/ch07/lab/README.md。

8
Chapter

Day 08

維持應用程式
的可靠性

在之前的章節中，我們已經了解到如何在 Docker 映像檔中打包應用程式並在容器中執行，以及使用 Docker Compose 定義多容器應用程式。在正式環境中，您將在 Docker Swarm 或 Kubernetes 等容器平台上執行應用程式，這些平台具有部署、自我修復應用程式的功能，可檢查容器中應用程式是否正常（healthy）。如果該應用程式停止運作，則 Docker 可以移除發生故障的容器，並重新啟動或建立新容器來替換它。在本章中，您將學習如何將這些檢查機制放進您的容器映像檔中，這可以幫助 Docker 讓應用程式始終保持運轉。

8.1 將狀態檢查 (health checks) 加入到 Docker 映像檔中

每次執行容器時，Docker 都會在底層監測應用程式的執行狀況，容器在啟動時會執行特定的程序，該程序可能是 Java 或 .NET Core 執行環境、shell 腳本或應用程式的執行檔。Docker 會檢查該程序是否仍在運作，如果停止則容器進入退出狀態（exited state）。

這讓您可以在所有環境中進行基本的狀態檢查（health checks），如果程序故障並且容器處於退出模式，開發人員可以看出應用程式可能出現問題了。在叢集環境中，容器平台可以重新啟動已失效的容器或替換容器。這是一項非常基本的檢查，可以確定程序正在執行，但不能確保應用程式實際上是否正常。例如容器中的 Web 應用程式可能會達到最大負載，並開始對每個請求回傳 HTTP 503 伺服器無法使用，但是只要容器中的程序仍在執行，即使該應用程式已停止回應，Docker 仍認為容器是正常的。

Docker 透過向 Dockerfile 添加判斷機制，來提供在 Docker 映像檔中建置狀態檢查監測應用程式。接著我們先執行一個簡單的例子再來說明，以下將使用一個簡單的 API 服務容器進行此操作，但首先要在不進行任何狀態檢查的情況下執行該容器。

◁)) 馬上試試

這個練習會執行一個裝有 REST API 服務的容器，該 API 會回傳一個隨機數字，此 API 本身有一個錯誤，所以在呼叫三次之後，就會出現錯誤，之後的呼叫也都會失敗。打開終端對話輸入指令執行容器使用該 API。這是一個新的映像檔，因此您會在執行容器時，看到 Docker 將其抓取下來：

```
# 啟動 API 的容器
docker container run -d -p 8080:80 diamol/ch08-numbers-api

# 呼叫 API 三次，每次呼叫都會回傳一個隨機數字
curl http://localhost:8080/rng
curl http://localhost:8080/rng
curl http://localhost:8080/rng

# 第四次呼叫時會發生錯誤，之後的呼叫也會出錯
curl http://localhost:8080/rng

# 檢查容器的狀態
docker container ls
```

您可以在圖 8.1 中看到輸出結果。該 API 對於前三個呼叫可以正常回傳，第四個呼叫會回傳 HTTP 500 內部伺服器錯誤。之後的呼叫也都會回傳 HTTP 500，在容器列表中，API 容器的狀態為『Up 執行中』，容器內的程序仍在運作，因此就 Docker 而言看起來沒問題。容器執行環境無法知道該程序內部發生了什麼，以及該應用程式是否仍在正確運作。

此 API 實際上是故意寫錯，好方便讓我們練習，想查看細節，可以自行參閱程式碼。

接下頁

8-3

維
持
應
用
程
式
的
可
靠
性

這行執行了一個容器，容器中包
含一個產生隨機數字的 REST API

前三次呼叫 API 都成功，
並且回傳隨機數字

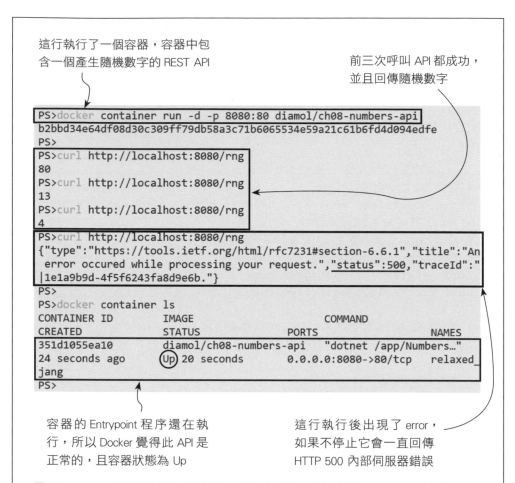

```
PS>docker container run -d -p 8080:80 diamol/ch08-numbers-api
b2bbd34e64df08d30c309ff79db58a3c71b6065534e59a21c61b6fd4d094edfe
PS>
PS>curl http://localhost:8080/rng
80
PS>curl http://localhost:8080/rng
13
PS>curl http://localhost:8080/rng
4
PS>curl http://localhost:8080/rng
{"type":"https://tools.ietf.org/html/rfc7231#section-6.6.1","title":"An
 error occured while processing your request.","status":500,"traceId":"
|1e1a9b9d-4f5f6243fa8d9e6b."}
PS>
PS>docker container ls
CONTAINER ID         IMAGE                              COMMAND
CREATED              STATUS               PORTS                    NAMES
351d1055ea10         diamol/ch08-numbers-api   "dotnet /app/Numbers…"
24 seconds ago       Up 20 seconds        0.0.0.0:8080->80/tcp     relaxed_
jang
PS>
```

容器的 Entrypoint 程序還在執
行，所以 Docker 覺得此 API 是
正常的，且容器狀態為 Up

這行執行後出現了 error，
如果不停止它會一直回傳
HTTP 500 內部伺服器錯誤

圖 8.1：Docker 檢查應用程式的程序，即使應用程式已經失效（failed state），容器
依然顯示 Up。

您可以把 HEALTHCHECK 指令加到 Dockerfile 裡面，並告訴執行環境要
如何檢查容器中的應用程式是否為正常的狀態。HEALTHCHECK 指令為
Docker 指定了一個在容器內執行的命令，該命令會回傳狀態碼，命令可
以是您用來檢查應用程式是否正常執行的任何內容。Docker 將按一定的
時間間隔，在容器中執行該命令。如果狀態碼顯示一切正常，則代表容
器是正常的。如果狀態碼連續幾次失敗，則該容器將標記為不正常。

8-4

範例 8.1 所展示的 Dockerfile 會用到 HEALTHCHECK 命令，我們將產生隨機數字的 API 重新建置成第 2 版（完整檔案在本書的程式碼中，位於 ch08/exercises/numbers /numbers-api/Dockerfile.v2）。此狀態檢查就像在主機上使用 curl 命令一樣，只是這次它在容器內執行。/health URL 是應用程式中的另一個站點，用於檢查是否有產生 Bug。如果應用程式正常執行，則它將回傳 HTTP 200 (OK)，如果應用程式當掉，則回傳 HTTP 500（內部伺服器錯誤）。

範例 8.1 在 Dockerfile 裡的 HEALTHCHECK 指令

```
FROM diamol/dotnet-aspnet

ENTRYPOINT ["dotnet", "/app/Numbers.Api.dll"]
HEALTHCHECK CMD curl --fail http://localhost/health

WORKDIR /app
COPY --from=builder /out/ .
```

Dockerfile 的其餘部分非常簡單。這是一個 .NET Core 應用程式，因此當 ENTRYPOINT 執行 dotnet 命令，Docker 會去監測 dotnet 程序，以檢查該應用程式是否仍在執行。狀態檢查用 HTTP 呼叫 /health 站點，API 會回應呼叫以測試應用程式是否狀態良好。使用 --fail 參數代表 curl 命令會將狀態碼傳遞給 Docker，如果請求成功它將回傳數字 0，Docker 會視為通過檢查。如果失敗則回傳非 0 的數字，表示狀態檢查沒有通過。

接著建置一個新版本的映像檔，以便了解 build 命令如何與其他檔案結構一起使用。通常您的應用程式原始資料夾中會有一個 Dockerfile，先前 Docker 會在資料夾中自己找到這個檔案來執行。在這裡要幫 Dockerfile 取個不同名稱，並且放在與程式碼不同的資料夾中，因此您需要在 build 命令中明確指定路徑。

◁)) **馬上試試**

執行終端對話視窗並找到本書程式碼的範例資料夾。然後使用標籤為
v2 的映像檔及 Dockerfile 來建置新映像檔：

```
# 根目錄中的資料夾包含程式碼和 Dockerfile:
cd ./ch08/exercises/numbers

# 在建置映像檔時利用 -f 標籤指定 Dockerfile 的位置:
# 以下為同一道命令，請勿換行
docker image build -t diamol/ch08-numbers-api:v2 -f
./numbers-api/Dockerfile.v2 .
```

　　產生映像檔後，就可以進行狀態檢查了。您可以調整狀態檢查的頻率，
以及檢查不過幾次，就視為該應用程式不正常。預設值是每 30 秒執行一次，
並連續三次沒通過後觸發不正常狀態。API 映像檔的 v2 版本內建了狀態檢
查，因此當您重複測試時，會發現它回報了容器的狀態。

◁)) **馬上試試**

執行相同的測試，但這次使用標籤為 v2 的映像檔，並在命令之間等待
幾秒鐘，以使 Docker 觸發容器內部的狀態檢查。

```
# 啟動標籤為 v2 的 API 容器,
docker container run -d -p 8081:80 diamol/ch08-numbers-api:v2

# 等待 30 秒後,執行以下的命令列出每個容器
docker container ls

# 此 API 會執行四次,前三次可以正常執行,第四次出現 bug
curl http://localhost:8081/rng
curl http://localhost:8081/rng
curl http://localhost:8081/rng
curl http://localhost:8081/rng

# 現在此 API 處於執行無法執行的狀態,等待個 90 秒 Docker 執行狀態檢查
docker container ls
```

接下頁

輸出結果如圖 8.2 所示。您可以看到新版本的 API 容器，最初顯示的是狀態良好，這是由於映像檔內建了狀態檢查機制，Docker 才會顯示此訊息。觸發該錯誤一段時間後，該容器顯示為不正常：

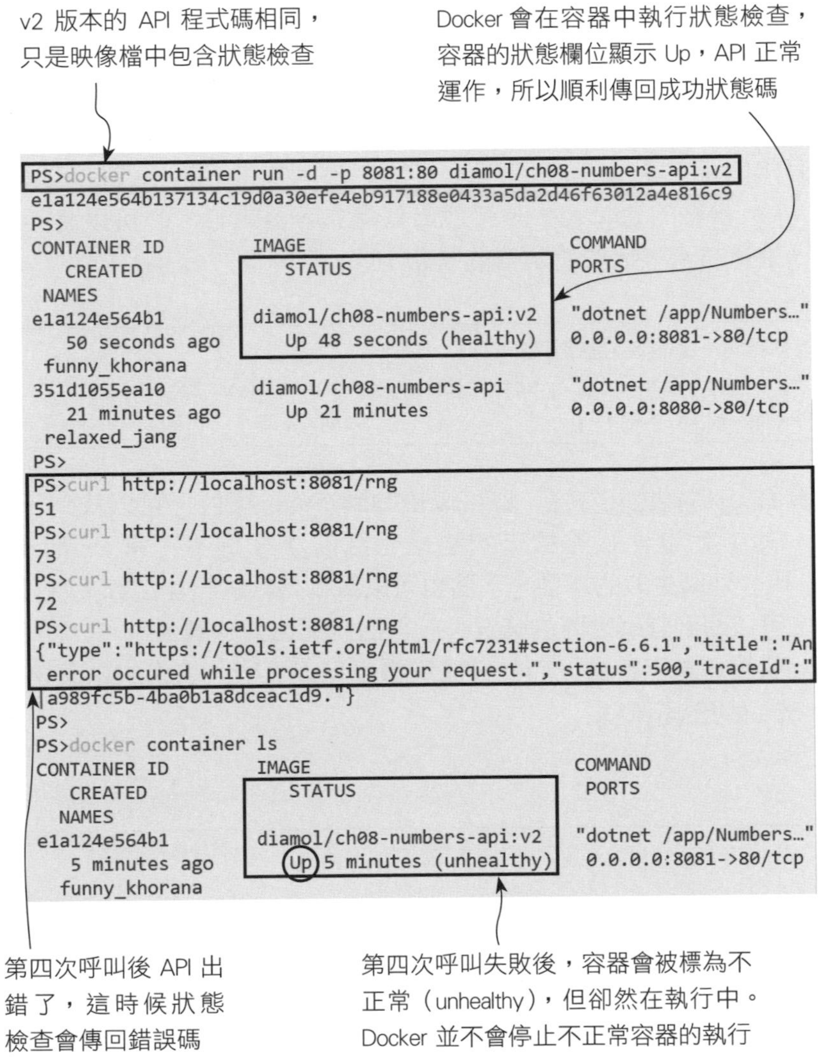

v2 版本的 API 程式碼相同，只是映像檔中包含狀態檢查

Docker 會在容器中執行狀態檢查，容器的狀態欄位顯示 Up，API 正常運作，所以順利傳回成功狀態碼

```
PS>docker container run -d -p 8081:80 diamol/ch08-numbers-api:v2
e1a124e564b137134c19d0a30efe4eb917188e0433a5da2d46f63012a4e816c9
PS>
CONTAINER ID        IMAGE                            COMMAND
   CREATED             STATUS                        PORTS
 NAMES
e1a124e564b1        diamol/ch08-numbers-api:v2       "dotnet /app/Numbers…"
   50 seconds ago      Up 48 seconds (healthy)       0.0.0.0:8081->80/tcp
 funny_khorana
351d1055ea10        diamol/ch08-numbers-api          "dotnet /app/Numbers…"
   21 minutes ago      Up 21 minutes                 0.0.0.0:8080->80/tcp
 relaxed_jang
PS>
PS>curl http://localhost:8081/rng
51
PS>curl http://localhost:8081/rng
73
PS>curl http://localhost:8081/rng
72
PS>curl http://localhost:8081/rng
{"type":"https://tools.ietf.org/html/rfc7231#section-6.6.1","title":"An
error occured while processing your request.","status":500,"traceId":"
|a989fc5b-4ba0b1a8dceac1d9."}
PS>
PS>docker container ls
CONTAINER ID        IMAGE                            COMMAND
   CREATED             STATUS                        PORTS
 NAMES
e1a124e564b1        diamol/ch08-numbers-api:v2       "dotnet /app/Numbers…"
   5 minutes ago       Up 5 minutes (unhealthy)      0.0.0.0:8081->80/tcp
 funny_khorana
```

第四次呼叫後 API 出錯了，這時候狀態檢查會傳回錯誤碼

第四次呼叫失敗後，容器會被標為不正常（unhealthy），但卻然在執行中。Docker 並不會停止不正常容器的執行

圖 8.2：這個應用程式有問題所以容器無法正常運作，不過狀態卻依然顯示 Up 正常運作。

Docker 的 API 會將該事件發佈為不正常狀態，因此執行該容器的平台會得到通知，並可以採取措施修復該應用程式。Docker 還記錄最近的檢查結果，您可以在查看容器時看到這些結果。您已經看到了 docker container inspect 的輸出，其中包含了容器的詳細資訊。如果狀態檢查正在執行也會顯示結果。

◁)) 馬上試試

現在有兩個正在執行的 API 容器，建立時沒有提供名稱，但是可以使用帶有 --last 參數的 container ls 查找最近建立容器的 ID。您可以將其輸入到容器進行檢查，以查看容器的狀態：

```
# 以下為同一道命令，請勿換行
docker container inspect $(docker container ls --last 1
--format '{{.ID}}')
```

回頭查看 JSON 檔案內容，您可以捲動到 State 欄位，可以找到 Health 區塊，其中就包含狀態檢查的結果（目前狀態是不正常），而 failing streak 代表連續失敗的次數，下面也可以看到傳回的日誌紀錄。在圖 8.3 中，您可以看到容器實際的情況，容器的狀態檢查連續失敗 6 次，觸發將容器狀態轉為不正常，而從日誌紀錄也可以看到，請求的結果會傳回 HTTP 500 的錯誤碼。

接下頁

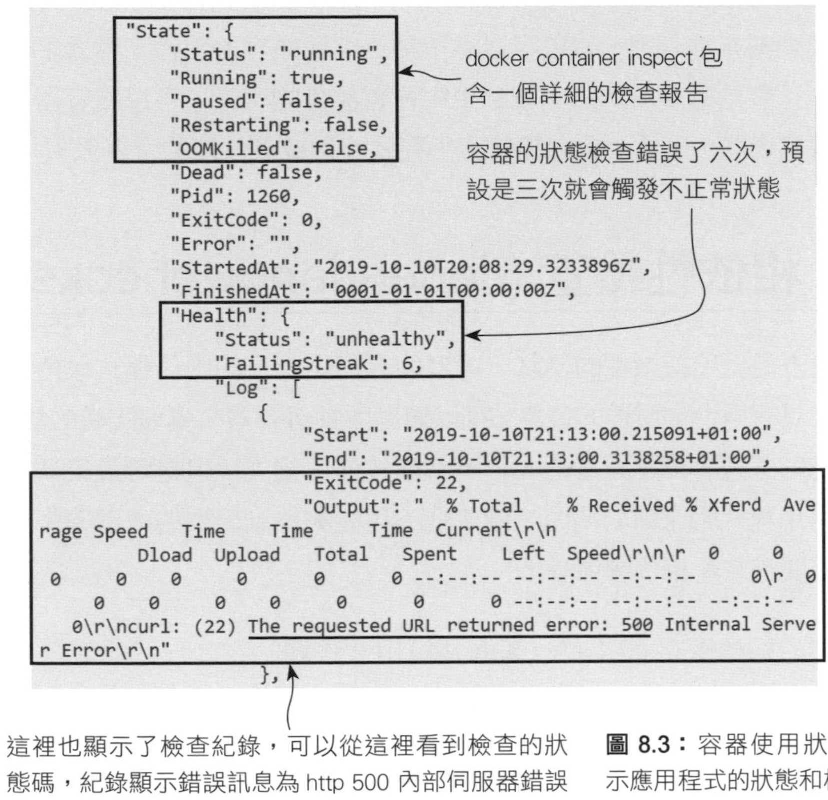

```
"State": {
    "Status": "running",
    "Running": true,
    "Paused": false,
    "Restarting": false,
    "OOMKilled": false,
    "Dead": false,
    "Pid": 1260,
    "ExitCode": 0,
    "Error": "",
    "StartedAt": "2019-10-10T20:08:29.3233896Z",
    "FinishedAt": "0001-01-01T00:00:00Z",
    "Health": {
        "Status": "unhealthy",
        "FailingStreak": 6,
        "Log": [
            {
                "Start": "2019-10-10T21:13:00.215091+01:00",
                "End": "2019-10-10T21:13:00.3138258+01:00",
                "ExitCode": 22,
                "Output": "  % Total    % Received % Xferd  Ave
rage Speed   Time    Time     Time  Current\r\n
          Dload  Upload   Total   Spent    Left  Speed\r\n\r  0     0
  0     0    0     0       0 --:--:-- --:--:-- --:--:--      0\r  0
      0     0     0     0      0       0 --:--:-- --:--:-- --:--:--
    0\r\ncurl: (22) The requested URL returned error: 500 Internal Serve
r Error\r\n"
            },
```

docker container inspect 包含一個詳細的檢查報告

容器的狀態檢查錯誤了六次，預設是三次就會觸發不正常狀態

這裡也顯示了檢查紀錄，可以從這裡看到檢查的狀態碼，紀錄顯示錯誤訊息為 http 500 內部伺服器錯誤

圖 8.3：容器使用狀態檢查展示應用程式的狀態和檢查紀錄。

　　狀態檢查正在執行它應做的工作：在容器內測試應用程式，並向 Docker 標記該應用程式為不正常的狀態。但是在圖 8.3 中看到不正常的容器正在『running』，即使 Docker 知道它無法正常工作，它仍處於執行的狀態。那為什麼 Docker 沒有自動重啟或更換該容器？

　　答案是：Docker 無法安全地執行此操作，因為 Docker Engine 在單一伺服器上執行。Docker 可以停止並重新啟動該容器，但應用程式也會停止執行。也不能使用 Docker 刪除容器，再用相同設定建立新容器，這樣很可能造成資料遺失。

　　Docker 不能自行採取措施修復不正常的容器，因此只能顯示該容器是不正常的，然後繼續執行。狀態檢查也會跟著繼續進行，因此如果故障是暫時的，並且下一次檢查通過，則容器狀態將再次恢復為正常的狀態。

若是在由 Docker Swarm 或 Kubernetes 管理多個執行 Docker 的叢集中，狀態檢查則非常有用。如果容器不正常，則通知容器平台，容器平台可以採取措施（參見第 14 章）。由於叢集中會有額外的容量，可以在容器不正常執行時替換容器，因此不會有任何應用程式停機或者任何的資料丟失。

8.2 相依性檢查 (dependency checks)

狀態檢查是一項持續性的測試，可幫助容器平台上的應用程式保持在正常的狀態。具有多台伺服器的叢集，可以通過啟動新容器來處理臨時的故障，因此即使您的某些容器停止回應，也不會造成任何損失。但是跨叢集執行會對分散式應用程式帶來新的問題，例如您不再能夠控制容器的啟動順序，尤其是當容器間存在著相依關係時。

前一節的隨機數字 API 有一個網站可用。該網站在其自己的容器中執行，並使用 API 容器產生隨機數字。在單一 Docker 伺服器上，您可以確保 API 容器會在 web 網站容器之前建立，因此在 web 啟動時，已經完成所有準備工作（編註：因為 Web 容器必須依賴 API 容器才能夠正常執行，容器間有『相依性』）。您甚至可以使用 Docker Compose 明確擷取到此資訊。但是在叢集容器平台中，您無法指定容器的啟動順序，因此 Web 容器可能會在 API 可用之前先被啟動，可能會產生無法預料的錯誤。

◁)) 馬上試試

刪除所有正在執行的容器，接著執行 Web 容器並打開網頁。雖然成功執行了以下的命令但您會發現 API 實際上無法正常執行：

```
docker container rm -f $(docker container ls -aq)

docker container run -d -p 8082:80 diamol/ch08-numbers-web

docker container ls
```

接下頁

現在輸入網址 http://localhost:8082 到瀏覽器，畫面會顯示一個看起來非常陽春的網頁，如果點擊『Get a random number』，則會看到如圖 8.4 顯示的錯誤：

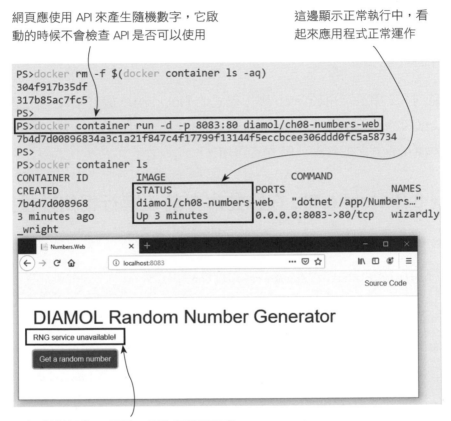

網頁應使用 API 來產生隨機數字，它啟動的時候不會檢查 API 是否可以使用

這邊顯示正常執行中，看起來應用程式正常運作

無法連接到 API 服務，即使伺服器程序以及容器都在執行網頁也無法正常運作

圖 8.4：應用程式沒有驗證對其他容器的相依性，看似沒有問題但應用程式無法正常運作。

這正是開發人員最不希望發生的事情。容器看起來沒有任何問題，但應用程式無法正常運作，原因在於此應用容器中主要功能的容器尚未被啟動。有些應用程式的程式碼會內建檢查程式，以在啟動時驗證所需的服務是否已經啟動了，但是大部分的開發人員都不會設想得如此周全，不會主動的進行任何相依性檢查。

還好 Docker 有內建此功能，做法是在 Docker 的映像檔中添加該相依性檢查（dependency checks），相依性檢查與狀態檢查不同，相依性檢查是在應用程式啟動之前就會自動執行，並確保應用程式需要的所有功能都可用。如果所有功能都正常，則通過相依性檢查，接著啟動應用程式。如果沒有通過相依性測試，容器會處於退出的狀態。Docker 沒有像 HEALTHCHECK 這樣的內建功能來進行相依性檢查，但是您可以將制定好的檢查規則加入啟動命令中。

範例 8.2 顯示了用於 Web 應用程式的 Dockerfile 最終階段（完整檔案位於 ch08/exercises/numbers/numbers-web/Dockerfile.v2），CMD 命令會在啟動應用程式之前驗證 API 是否可用。

範例 8.2 Dockerfile 在啟動命令前，進行相依性檢查

```
FROM diamol/dotnet-aspnet

ENV RngApi:Url=http://numbers-api/rng

CMD curl --fail http://numbers-api/rng && dotnet Numbers.Web.dll

WORKDIR /app
COPY --from=builder /out/ .
```

此檢查會再次使用 curl 工具，它是基礎映像檔的一部分。當容器啟動時，CMD 指令就會執行，並且會用 HTTP 呼叫 API，這是一項簡單的檢查，以確保 API 可用。參數 && 無論在 Linux 和 Windows 的工作方式都是一樣的，如果左側命令成功執行，它將接著執行右側命令。以本例來說：如果 API 可用、curl 命令成功執行（&& 左側命令），應用程式就會啟動（&& 右側命令）。這是一個 .NET Core 的 web 應用程式，因此 Docker 將監測 dotnet 程序，以驗證該應用程式仍在執行（此 Dockerfile 中沒有狀態檢查）。如果 API 不可用，curl 命令無法執行，dotnet 命令也不會執行，最後容器會處於退出模式。

◁)) **馬上試試**

使用標籤 v2 的隨機數字映像檔來執行容器。接著不啟動 API 容器（只啟動 web 容器），因此當此容器啟動時，它將失敗並退出：

```
docker container run -d -p 8084:80 diamol/ch08-numbers-web:v2

docker container ls --all
```

您可以在圖 8.5 中看到輸出結果。標籤為 v2 的容器啟動後僅幾秒鐘就失效了，因為 curl 命令無法找到 API：

標籤為 v2 的映像檔包含了相依性檢查，在
應用程式執行之前，會先確認 API 是可用的

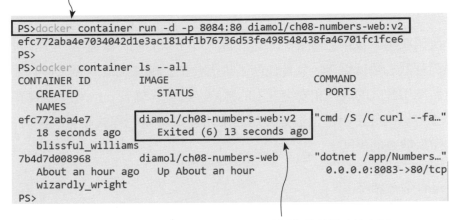

API 容器沒有執行，所以相依性檢查沒有通
過，應用程式不會啟動，容器會直接失效

圖 8.5：如果檢查沒有通過，啟動時使用相依性檢查的容器會失效。

　　這種情況下，寧可讓容器退出，也不要勉強執行。這是一種快速失效 (fail-fast) 的設計，對大型的執行環境來說很有必要。當容器退出時，平台可以安排新的容器上架並更換它。但 API 容器可能需要很長時間才能啟動，web 容器的執行環境尚未準備好之前將先退出，並等到新 web 容器重新啟動時，API 容器應該已經在執行了，就可以順利運作。

使用狀態檢查和相依性檢查，可以確保應用程式打包到容器平台上不會出現問題。到目前為止，我們是使用 curl 進行非常基本的 HTTP 測試來做檢查，雖然完成我們要做的目的，不過其實在做這些檢查時，盡可能不要用外部工具比較好，下一節我們就要改用自定義的程式來做檢查。

8.3 自訂用於應用程式檢查的規則

curl 是用於測試 web 應用程式和 API 非常有用的工具，它是跨平台的，因此可以在 Linux 和 Windows 上執行，並且是 .NET Core 執行環境映像檔的一部分，我們已將其作為 golden image 的基礎，因此會在映像檔執行時進行前一節的檢查。實際上我們不需要在映像檔中使用 curl 也可以運作，而且安全性檢查可能也會將之移除。

我們在第 4 章中已經介紹了這一點，在 Docker 映像檔中，應該包含執行應用程式的最低需求。其他任何工具都會增加映像檔的容量，並且還會增加更新應用程式的成本和安全性上的風險。因此，儘管 curl 是一個簡單易用於檢查容器的好工具，但最好使用與應用程式相同的程式語言或開發工具，編寫用於檢查的規則。

這有很多優點：

● 您可以減少映像檔中的軟體需求，無需安裝任何額外的工具，因為所有用於檢查的規則，已存在於該應用程式中。

● 您可以在應用程式中使用更複雜的檢查規則，如果是用 shell 腳本就難以做到，尤其是當您要發佈適用於 Linux 和 Windows 的跨平台 Docker 映像檔的時候。

● 您的應用程式可以使用與其相同的配置，因此您不必在多個地方指定像是 URL 之類的設定值，可以避免設定不同步的問題。

● 您可以執行任何所需的測試，檢查資料庫的連接或檔案路徑是否存在、檢查是否有載入憑證到容器裡面、檢查所有容器是否使用與應用程式相同的函式庫。

採用通用的工具也能確保在各種情況下都能運作。接下來我們在 .NET Core 中編寫了一個簡單的 HTTP 檢查工具，可用於 API 映像檔中的狀態檢查和相依性檢查。接著我們撰寫一個多階段的 Dockerfile，其中一個階段會編譯應用程式，而另一個階段則編譯這個檢查工具，最後階段會複製編譯好的應用程式和檢查工具。圖 8.6 展示了整個流程運作的樣子：

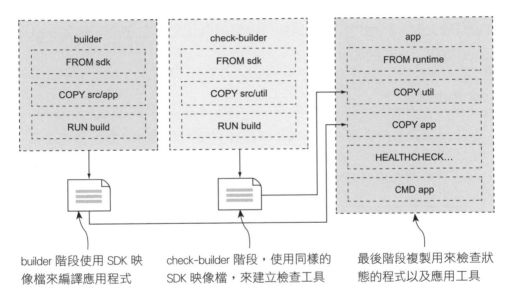

builder 階段使用 SDK 映像檔來編譯應用程式

check-builder 階段，使用同樣的 SDK 映像檔，來建立檢查工具

最後階段複製用來檢查狀態的程式以及應用工具

圖 8.6：使用多階段 Dockerfile 去編譯及打包應用程式。

範例 8.3 展示了該 API 的 Dockerfile.v3 的最後階段。現在已經使用自訂的程式進行狀態檢查，因此不需要在映像檔中安裝 curl。

範例 8.3 使用自訂的檢查程式取代 curl

```
FROM diamol/dotnet-aspnet

ENTRYPOINT ["dotnet", "Numbers.Api.dll"]
HEALTHCHECK CMD ["dotnet", "Utilities.HttpCheck.dll", "-u",\
    "http://localhost/health"]

WORKDIR /app
COPY --from=http-check-builder /out/ . COPY --from=builder /out/ .
```

新的檢查執行結果與先前用 curl 相同，唯一的區別是在檢查容器時，您不會在輸出結果中，看到太多詳細的日誌記錄。每項檢查只有一行，說明是成功還是失敗。該應用程式一開始仍會報告為正常，在您呼叫幾次 API 之後，會被標記為不正常。

◁)) 馬上試試

刪除全部現有的容器，然後執行標籤為 v3 的 API 容器。這次我們將指定狀態檢查的頻率，以便更快地觸發。先看看容器正不正常，然後使用 API，再看看容器是否轉為不正常狀態：

```
# 刪除現有容器
docker container rm -f $(docker container ls -aq)

# 執行標籤為 v3 的 API 容器
# 以下為同一道命令，請勿換行
docker container run -d -p 8080:80 -health-interval 5s
diamol/ch08-numbers-api:v3

# 等待 5 秒鐘以後列出容器
docker container ls

# 前三次能夠成功呼叫，第四次會失敗
curl http://localhost:8080/rng
curl http://localhost:8080/rng
curl http://localhost:8080/rng
curl http://localhost:8080/rng

# 現在應用程序處於失效狀態，請等待 15 秒，程式會再次檢查其狀態
docker container ls
```

接下頁

圖 8.7 顯示了輸出結果，結果與標籤 v2 相同，一旦觸發 API 中的錯誤，就不會通過狀態檢查。由此可知我們自定義的檢查程式是有用的。

標籤為 v3 的 API 使用 .NET HTTP 工具來進行狀態檢查，該命令設定了五秒的間隔時間

```
PS>docker container rm -f $(docker container ls -aq)
b989e51a88b8
PS>
PS>docker container run -d -p 8080:80 --health-interval 5s diamol/ch08-
numbers-api:v3
e6b51b1ea7ee4676c922b6a4bd0183fc973c749011b1a35cfff69c14a0aa821c
PS>
PS>docker container ls
CONTAINER ID        IMAGE                           COMMAND
  CREATED              STATUS                       PORTS
 NAMES
e6b51b1ea7ee        diamol/ch08-numbers-api:v3      "dotnet Numbers.Api.…"
  12 seconds ago       Up 10 seconds (healthy)      0.0.0.0:8080->80/tcp
 serene_shockley
PS>
PS>curl http://localhost:8080/rng
94
PS>curl http://localhost:8080/rng
8
PS>curl http://localhost:8080/rng
12
PS>curl http://localhost:8080/rng
{"type":"https://tools.ietf.org/html/rfc7231#section-6.6.1","title":"An
 error occured while processing your request.","status":500,"traceId":"
|be165748-42e20969a72c90c3."}
PS>
PS>docker container ls
CONTAINER ID        IMAGE                           COMMAND
  CREATED              STATUS                       PORTS
  NAMES
e6b51b1ea7ee        diamol/ch08-numbers-api:v3      "dotnet Numbers.Api.…"
  43 seconds ago       Up 41 seconds (unhealthy)    0.0.0.0:8080->80/tcp
  serene_shockley
```

API 還是有問題，第四次呼叫就進入失效狀態

HTTP 檢查工具，現在回傳錯誤碼，在三次錯誤後，容器進入不正常狀態

圖 8.7：將檢查程式打包進映像檔，來進行容器的狀態檢查。

　　這個 HTTP 檢查工具還可以做許多調整，以適用不同的使用情境。例如可以用來檢查容器的相依性，在 web 容器啟動時，用同一個工具來檢查 API 是否有效。

範例 8.4 顯示了 Dockerfile.v3 的最後階段。此處我們使用 -t 參數設定檢查工具等待回應的時間，並且 -c 參數告訴檢查工具載入與應用程式相同的配置檔案，從配置中取得 API 的 URL。

範例 8.4 使用檢查工具來進行相依性檢查

```
FROM diamol/dotnet-aspnet

ENV RngApi:Url=http://numbers-api/rng

CMD dotnet Utilities.HttpCheck.dll -c RngApi:Url -t 900 && \
    dotnet Numbers.Web.dll

WORKDIR /app
COPY --from=http-check-builder /out/ .
COPY --from=builder /out/ .
```

上面的作法讓我們再次擺脫了 curl，使用 HTTP 檢查工具就可以在啟動時做到幾乎一樣的事情。

◁)) 馬上試試

執行標籤為 v3 的應用程式，您可以看到該容器立刻進入退出狀態，因為在檢查 API 時沒有通過。

```
docker container run -d -p 8081:80 diamol/ch08-numbers-web:v3

docker container ls --all
```

輸出結果如圖 8.8 所示。您可以看到 API 容器仍在執行，但顯示不正常（unhealthy）。web 容器之所以找不到它，是因為它正在尋找 DNS 名稱 numbers-api，而在執行 API 容器時，我們沒有明確指定該名稱。如果我們使用該名稱作為 API 容器，則該應用程式將會顯示已連接狀態，並且可以正常執行，不過 API 中的錯誤已被觸發而沒回應，因此仍會顯示錯誤訊息。

接下頁

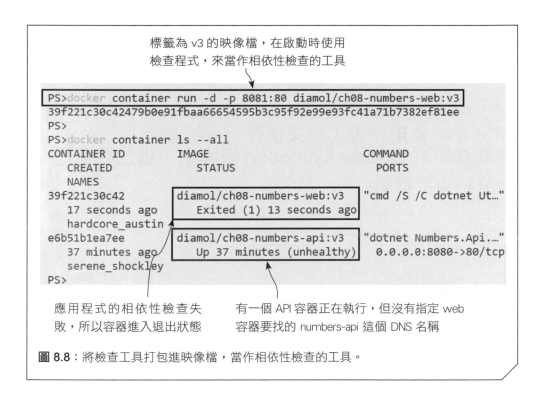

圖 8.8：將檢查工具打包進映像檔，當作相依性檢查的工具。

最後，自己編寫檢查工具還有一個好處，可以讓映像檔具有可攜性。不同的容器平台的宣告方式不同，狀態檢查和相依性檢查的方式也不同，若能在映像檔中自行編寫檢查的規則，則不管是使用 Docker Compose，或是在 Docker Swarm、Kubernetes 等容器平台上，都可以用一樣的方式來運作。

8.4 在 Docker Compose 中定義狀態檢查和相依性檢查

剛剛我們讓容器在相依性檢查失敗就退出，您可能會質疑這樣做真的比較好嗎？接著就來看看為什麼要這樣做。Docker Compose 可以在某種程度上修復不正常的應用程式，但並不是直接替換不正常的容器，這樣會導致應用程式停止服務（這點跟 Docker Engine 一樣）。取而代之的是將容器設置為退出狀態後重新啟動，就算映像檔中沒有狀態檢查，Docker Compose 也可以自己檢查。

範例 8.5 顯示了在 Docker Compose 檔案中宣告的隨機數字 API 服務
（完整檔案位於 ch08/exercises/number/docker/compose.yml 中）。其中指定
了 v3 標籤的容器映像檔，該映像檔使用自己編寫的工具進行狀態檢查，並
添加狀態檢查所需的相關設定。

範例 8.5 在 Docker Compose 檔案中，指定要進行
狀態檢查的參數

```
numbers-api:
  image: diamol/ch08-numbers-api:v3
  ports:
    - "8087:80"
  healthcheck:
    interval: 5s
    timeout: 1s
    retries: 2
    start_period: 5s
  networks:
    - app-net
```

您可以對狀態檢查進行更細微的微調。做法是使用 Docker 映像檔中定
義的狀態檢查命令，可以微調的項目如下：

● interval 是兩次檢查之間等待的時間，此範例設為五秒。

● timeout 是指允許檢查進行多長時間才被視為未通過。

● retries 是在將容器標記為不正常之前允許的連續失敗次數。

● start_period 是觸發狀態檢查之前所等待的時間，可確保應用程式完全啟
動之後再執行狀態檢查。

對於每個應用程式和環境，這些設定可能會有所不同，您必須在快速發現應用程式故障和允許短暫的錯誤之間取得平衡。此例對 API 的設定非常嚴格；狀態檢查需要花費 CPU 和記憶體資源，因此在正式環境中，檢查的間隔時間要拉得更長一點。

如前所述，若映像檔中沒有宣告狀態檢查，您也可以在 Docker Compose 檔案中幫容器加上檢查機制。範例 8.6 在同一個 Docker Compose 檔案中，顯示了該應用程式的服務，在這裡我們為該服務添加了狀態檢查。以下指定了與 API 服務相同的配置，除此之外還新增了 test 參數為 Docker 提供狀態檢查命令。

範例 8.6 在 Docker Compose 中加入狀態檢查

```
numbers-web:
  image: diamol/ch08-numbers-web:v3
  restart: on-failure
  ports:
    - "8088:80"
  healthcheck:
    test: ["CMD", "dotnet", "Utilities.HttpCheck.dll", "-t", "150"]
    interval: 5s
    timeout: 1s
    retries: 2
    start_period: 10s
  networks:
    - app-net
```

建議所有容器都要加入狀態檢查，此範例包含映像檔中的相依性檢查，以及設定 restart: on-failure，這代表如果容器意外失效，則 Docker 將重新啟動它（其中一個是第 7 章課後練習的答案，如果您尚未完成可以參考）。這裡沒有設定 depends_on，因此 Docker Compose 可以按任何順序啟動容器（編註：改由我們自己寫的檢查程式來檢查相依性）。如果 web 容器在 API 容器準備就緒之前啟動，則相依性檢查不會通過，並且 web 容器將進入退出狀態。這段時間 API 容器應該啟動了，因此當重新啟動 web 容器時，相依性檢查會成功，並且應用程式就可以正常運作。

🔊 馬上試試

清除執行中的容器，然後使用 Docker Compose 啟動隨機數字應用程式。
列出您的容器，以查看 web 應用程式在初次啟動後是否有再重新啟動：

```
# 移動到根目錄
cd ./ch08/exercises/numbers

# 清除執行中的容器
docker container rm -f $(docker container ls -aq)

# 啟動應用程式
docker-compose up -d

# 等待 5 秒鐘以後列出容器
docker container ls

# 檢查應用程序的執行日誌
docker container logs numbers_numbers-web_1
```

輸出結果如圖 8.9 所示，Compose 會同時建立兩個容器，因為未指定任
何相依性。在 API 容器啟動期間（在應用程式準備好處理請求之前），將
執行 web 容器的相依性檢查。您可以在日誌中看到檢查程式回傳成功，
但是它花費了 3176 毫秒，而該檢查設定為要求在 150 毫秒內回應，

因此未通過檢查並且容器進入退出模式。web 容器會在發生故障時重新
啟動，這次 API 檢查會在 115 毫秒內取得成功狀態碼，因此檢查通過，
應用程式處於運作狀態。

接下頁

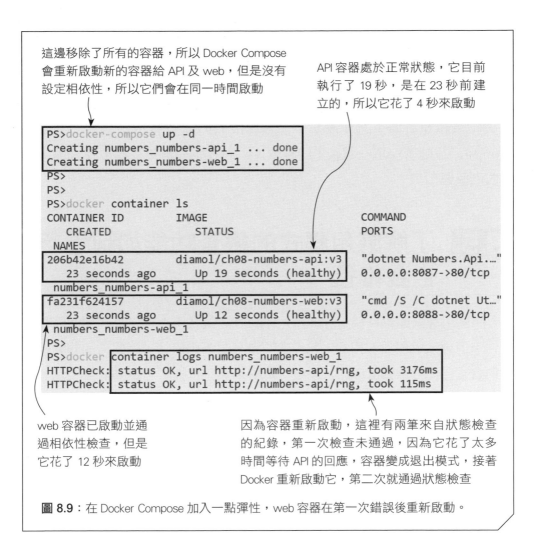

這邊移除了所有的容器，所以 Docker Compose 會重新啟動新的容器給 API 及 web，但是沒有設定相依性，所以它們會在同一時間啟動

API 容器處於正常狀態，它目前執行了 19 秒，是在 23 秒前建立的，所以它花了 4 秒來啟動

```
PS>docker-compose up -d
Creating numbers_numbers-api_1 ... done
Creating numbers_numbers-web_1 ... done
PS>
PS>
PS>docker container ls
CONTAINER ID          IMAGE                         COMMAND
  CREATED                STATUS                     PORTS
  NAMES
206b42e16b42          diamol/ch08-numbers-api:v3    "dotnet Numbers.Api.…"
  23 seconds ago        Up 19 seconds (healthy)    0.0.0.0:8087->80/tcp
  numbers_numbers-api_1
fa231f624157          diamol/ch08-numbers-web:v3    "cmd /S /C dotnet Ut…"
  23 seconds ago        Up 12 seconds (healthy)    0.0.0.0:8088->80/tcp
numbers_numbers-web_1
PS>
PS>docker container logs numbers_numbers-web_1
HTTPCheck: status OK, url http://numbers-api/rng, took 3176ms
HTTPCheck: status OK, url http://numbers-api/rng, took 115ms
```

web 容器已啟動並通過相依性檢查，但是它花了 12 秒來啟動

因為容器重新啟動，這裡有兩筆來自狀態檢查的紀錄，第一次檢查未通過，因為它花了太多時間等待 API 的回應，容器變成退出模式，接著 Docker 重新啟動它，第二次就通過狀態檢查

圖 8.9：在 Docker Compose 加入一點彈性，web 容器在第一次錯誤後重新啟動。

現在輸入網址 http://localhost:8088 到瀏覽器，您可以通過應用程式獲得一個隨機數字。如圖 8.10 所示：

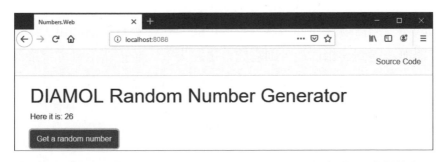

圖 8.10：應用程式最後終於正常運作，容器通過了狀態檢查以及相依性檢查。

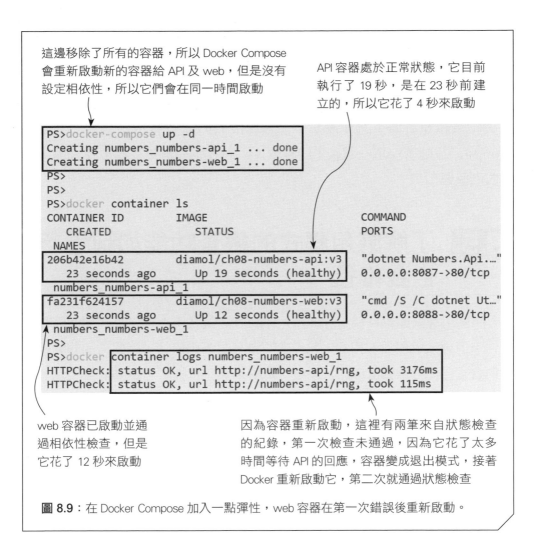 8.4　在 Docker Compose 中定義狀態檢查和相依性檢查

您可以點三次按鈕並獲得隨機數字，第四次點擊時還是會觸發 API 錯誤，之後您只會得到錯誤。

您可能會有疑問，當 Docker Compose 可以透過參數 depends_on 完成相依性檢查時，為什麼還要在容器啟動時建置相依性檢查？答案是 Compose 只能管理單一電腦上的相依性，而在正式叢集上應用程式的啟動行為則很難預測。

8.5 了解應用程式的檢查功能如何進行自我修復

將應用程式建置為具有許多小元件的分散式系統，可以提高靈活性和敏捷性，但會使管理更加複雜。元件之間會有很多相依性，因此先前的範例中我們會宣告元件啟動的順序，以便可以約束其相依性，但這其實並不是一個好主意。

在單一機器上，我們可以告訴 Docker Compose，web 容器相依於 API 容器，它將以正確的順序啟動它們。在正式環境中，可能會在十幾台伺服器上執行 Kubernetes，並且可能需要 20 個 API 容器和 50 個 web 容器。如果我們對啟動順序進行排序，那麼在啟動任何 web 容器之前，容器平台就需要啟動所有 20 個 API 容器嗎？如果前 19 個容器啟動正常，但是第 20 個容器有問題，並且需要 5 分鍾才能啟動怎麼辦？

這就是設置相依性檢查和狀態檢查的原因。您不需要 Docker 平台來保證啟動順序，只需讓它在伺服器上，盡可能的執行所有容器即可。如果其中一些容器無法達到其相依性，則它們會迅速失效，並重新啟動或替換為其他容器。大型應用程式的服務在全部執行之前，可能需要花費幾分鐘的時間重整，但是在那幾分鐘內，該應用程式就已經處於上線狀態並為使用者服務。圖 8.11 示範了正式叢集中容器的生命週期：

這是容器的生命週期，容器啟動接著進行相依性檢查，沒通過後進入退出模式，平台重新啟動容器；接下來只要通過了相依性檢查，容器就會正確啟動並通過狀態檢查

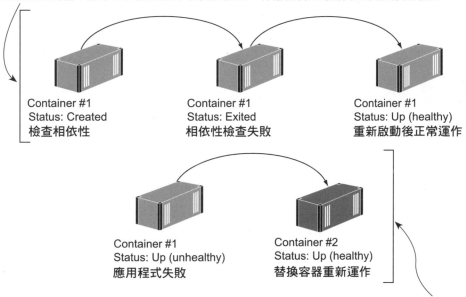

Container #1
Status: Created
檢查相依性

Container #1
Status: Exited
相依性檢查失敗

Container #1
Status: Up (healthy)
重新啟動後正常運作

Container #1
Status: Up (unhealthy)
應用程式失敗

Container #2
Status: Up (healthy)
替換容器重新運作

這是運作中的應用程式生命週期，假如在某個時刻應用程式發生錯誤，而狀態檢查多次未通過，容器會被標為不正常，平台會自動建立一個新的容器來取代它，取代的容器可能是在另一台伺服器上，當新的容器開始執行，舊的容器將會被平台關閉

圖 8.11：在正式環境叢集中的應用程式進行自我修復，做法是重啟或是替換容器。

　　自我修復應用程式的想法是，平台可以處理任何暫時性故障。如果您的應用程式出現錯誤，導致其記憶體不足，則平台將關閉容器，並用具有記憶體分配的新容器來替換該容器。雖然無法修復程式碼的錯誤，但可以使應用程式正常執行。

　　不過您需要注意狀態檢查，因為其檢查會持續且定期進行，所以不應安排過多的檢查項目。您需要找到一個平衡點，在不需要花費太長時間執行或使用過多的計算資源的情況下，讓檢查可以測試應用程式的關鍵部分是否能夠正常執行。相依性檢查僅在啟動時執行，所以不用太擔心它們使用的資源，但是需要小心檢查，某些相依性超出了您的控制範圍，如果平台無法解決此問題，那麼當您的容器出現故障時，檢查也無濟於事。

制定檢查中的規則是困難的，但對於維運人員來說相當重要，只要制定好規則後 Docker 可以輕鬆且自動的幫您完成檢查，只要運作妥當容器平台將為您保持應用程式的執行狀態。

8.6 課後練習

某些應用程式會一直使用硬體資源，因此相依性檢查和正在進行的狀態檢查，實際上是在測試同一件事。這個練習的內容就是這種情況，以下為一個模擬記憶體消耗的應用程式，只要執行它就會不斷分配並保留更多記憶體。這是一個以 Node.js 撰寫的應用程式，它需要進行以下的檢查：

● 在啟動時，它應該檢查是否有足夠的記憶體來工作。

● 在執行環境，它應該每 5 秒檢查一次，看它是否分配了比允許的更多的記憶體。如果有則需要標記它為不正常。

● 測試的規則已經寫在 memory-check.js 腳本中。您只需要將它連接到 Dockerfile 中。

● 腳本和初始 Dockerfile 位於本書程式碼的 ch08/lab 資料夾中。

以下有一些提醒：

該應用程式實際上並沒有分配任何記憶體。容器中的記憶體管理，會因為不同環境而變得很複雜，Windows 上的 Docker Desktop 的行為與 Linux 上的 Docker Community Edition 的行為不同。對於本次練習，該應用程式僅假裝使用記憶體。

解答在同一目錄底下，名稱為 Dockerfile.solution，您可以在本書的 GitHub 中找到：https://github.com/sixeyed/diamol/blob/master/ch08/lab/README.md

Day 09

9
Chapter

容器的監控與可觀察性

對於開發人員來說，最理想的應用程式可以根據傳入的流量大小自行
擴充或縮小規模，在出現不定期故障時也可以自行修復。我們可以在建置
Docker 映像檔時使用狀態檢查，來讓容器平台自行完成許多工作，但是仍
然需要持續的監控和警示，以便在出現嚴重錯誤時，可以快速通報維運、開
發人員。若無法掌控容器化後的應用程式，勢必不能正式發佈。

可觀察性是軟體領域中必不可少的一環，當您在容器中執行應用程式時，
必須要能隨時得知應用程式執行的情況，幫助您在發生錯誤時找到問題的根
源。在本章中，您將學習如何使用完善的方法對 Docker 進行監控，在應用
程式容器中設置監控指標、使用 Prometheus 收集指標以及使用 Grafana 將
其視覺化。這些工具都是開源和跨平台的，可以與您的應用程式一起在容器
中執行。

9.1 監控應用程式所需要的元素

容器中應用程式的監控和傳統環境不太一樣。在傳統環境中，您可能會
有一個監控的儀表板，儀表板上有伺服器列表及其當前的利用率（硬碟空間、
記憶體、CPU）以及警示，以通知您是否有任何伺服器過度運作（超過系統
或硬體的負荷）並可能停止回應。比起傳統環境，容器中的應用程式更為複
雜，因為應用程式可能是執行在數十個或數百個短暫存在的容器中，由容器
平台不斷進行建立或刪除。

所以我們需要一種稱為容器感知 (container-aware) 的監控方式，可以
在容器平台中進行監控並查詢所有正在執行的應用程式（編註：無需列出容
器 IP 位址就能進行查詢）。提到監控就不能不提到在 Docker 中相當好用的
工具：Prometheus。Prometheus 會在 Docker 容器中執行，所以可以非常
簡單的把監控機制加入您的應用程式中。圖 9.1 展示了該機制：

Prometheus 是一個開源專案，由雲端原生運算基金會（Cloud Native Computing Foundation，與 Kubernetes 相同的基金會）監督。

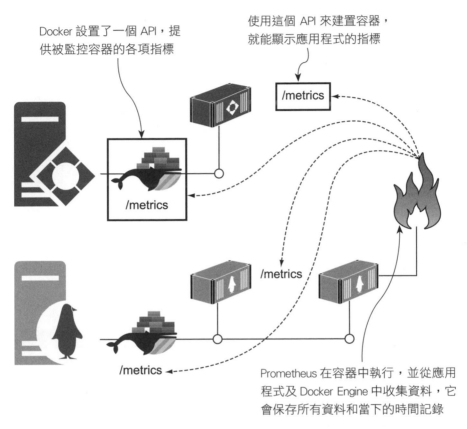

Docker 設置了一個 API，提供被監控容器的各項指標

使用這個 API 來建置容器，就能顯示應用程式的指標

/metrics

/metrics

/metrics

/metrics

Prometheus 在容器中執行，並從應用程式及 Docker Engine 中收集資料，它會保存所有資料和當下的時間記錄

圖 9.1：在容器中執行 Prometheus，去監控其他容器及 Docker 中的指標。

　　Prometheus 為監控帶來了一致性（consitency）。所有的應用程式都可以匯出相同的指標，因此可以採用同一套方法來監控，無論是 Windows 容器中的 .NET 應用程式，還是 Linux 容器中的 Node.js 應用程式。您只需學習一種查詢語言 PromQL（編註：用於監控，後續的內容會說明），就可以了解整個應用程式執行的狀況。

　　使用 Prometheus 的另一個很好的理由是，Docker Engine 支援匯出相同格式的監控指標，讓您可以了解容器平台中正在發生的事情，做法是在 Docker Engine 配置中啟用 Prometheus（在第 5 章已經說明過如何修改 Docker Engine 的設定）。可以直接在 Windows 上的 C:\ProgramData\docker\config 或在 Linux 上的 /etc/docker 中編輯 daemon.json 檔案。或者在 Docker Desktop 上右鍵單擊鯨魚圖標，選擇『Settings』，然後在『Docker Engine』頁次編輯配置。

◁)) 馬上試試

打開 Docker Engine 的配置並添加兩個新的設定值：

```
"metrics，addr": "0.0.0.0:9323",
"experimental": true
```

設定結果可以讓您在連接埠 9323 上監控和發佈指標。您可以在圖 9.2 中看到如何配置這兩個設定值：

在 Docker Desktop 中切換 Docker Engine 頁次設置 Prometheus
（效果和直接編輯 daemon.json 檔案一樣）

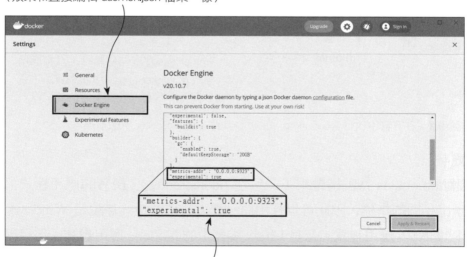

要啟用指標功能必須先啟用兩個設定：Docker Engine 需要在 experimental
模式中執行，而且要用 metrics-addr 指定發佈指標用的連接埠

圖 9.2：在 Docker Desktop 中發佈指標（會採 Prometheus 格式）。

接下頁

現在您可以在瀏覽器中輸入網址 http://localhost:9323/metrics，並查看 Docker 提供的所有訊息。圖 9.3 展示了本次執行的指標，其中包括了有關執行 Docker 的機器以及 Docker 管理的容器資訊（編註：我們將這些資訊稱為容器指標）：

設定好指標的 HTTP 端點 (endpoint) 後，您可以從 Docker Engine 查看資料

指標包含固定資訊，像是正在執行 Docker 的機器上可用記憶體還有多少

指標也包含了動態資訊，像是現在容器的數量，以及處於哪種狀態（暫停、執行、停止）

圖 9.3：由 Docker 收集並通過 HTTP API 印出的指標。

上述所看到輸出結果就是 Prometheus 格式，這是文字格式的訊息，其中每項指標都會標示名稱和值，前面還會有輔助文字，說明這個指標的計算單位和資料類型。這一行行文字訊息就是容器監控解決方案的核心。每個元件都將公開這樣的端點，從而提供當前運作的監控指標；當 Prometheus 收集它們時，就會將時間戳記添加到資料中，只要與先前儲存的監控指標結果相比，就可以查詢歷史資訊或追蹤不同時間點的變化。

◁)) 馬上試試

您可以在容器中啟用 Prometheus 以從執行 Docker 的電腦中讀取指標，不過容器不知道它們執行在哪台伺服器上面，因此您需要先找到伺服器的 IP 位址，並將其作為環境變數傳遞給容器：

```
# 將電腦的 IP 位址存到變數中，如果是 Windows 系統請輸入以下的命令：
# 以下為同一道命令，請勿換行
$hostIP = $(Get-NetIPConfiguration | Where-Object
{$_.IPv4DefaultGateway -ne $null }).IPv4Address.IPAddress

# 如果是 Linux 系統請輸入以下的命令：
hostIP=$(ip route get 1 | awk '{print $NF;exit}')

# 如果是 Mac 系統請輸入以下的命令：
hostIP=$(ifconfig en0 | grep -e 'inet\s' | awk '{print $2}')

# 將 IP 位址作為環境變數傳遞給容器：
# 以下為同一道命令，請勿換行
docker container run -e DOCKER_HOST=$hostIP -d -p 9090:9090
diamol/prometheus:2.13.1
```

diamol/prometheus 的映像檔使用 DOCKER_HOST IP 位址與您的主機進行連結，並收集您在 Docker Engine 中配置的監控指標。Prometheus 會執行以下幾項操作：執行容器時從 Docker 主機中抓取指標，將這些指標的值與時間戳記一起儲存在自己的資料庫中，並且可以使用簡單的 Web 介面來顯示指標。Prometheus UI 會顯示來自 Docker 的 /metrics 端點的所有訊息，您可以過濾需要的指標並將其以表格或圖形的方式顯示出來。

◁)) 馬上試試

在瀏覽器輸入網址 http://localhost:9090 可以看到 Prometheus 的 UI 介面。您可以從切換上方選單列的『Status / Targets』來檢查 Prometheus 可以存取哪些指標。如果 DOCKER_HOST 狀態為綠色，表示 Prometheus 已找到它。

接著切換到『Graph』選單，您可以看到一個下拉式選單，顯示 Prometheus 從 Docker 收集的所有指標。例如 engine_daemon_container_actions_seconds_sum，這個指標記錄了不同的容器操作以及執行了多長時間。選擇該指標然後點擊『Execute』，您的輸出結果將與圖 9.4 相似，其中顯示了建立、刪除和啟動容器所花費的時間。

Prometheus 的 UI 介面讓您可以直接用名稱來查詢指標，或是用 PromQL 語法做更進階的查詢 (編註：後面會介紹 PromQL)

這個下拉式選單展示了已收集的所有指標名稱

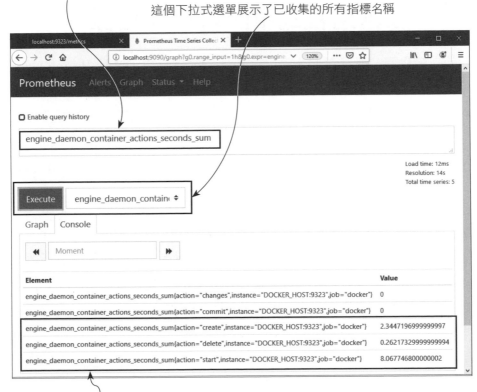

此表格顯示了詳細的查詢結果，您可以切換到 Graph 查看隨時間變化的數值

圖 9.4：Prometheus 的 UI 介面，可以快速查詢您要的指標。

接下頁

9-7

Prometheus UI 介面可以直接查看各個指標，並進行查詢。您可以在狀態
儀表板中看到 Docker 記錄了很多資訊，例如每種狀態下各有多少容器、
狀態檢查失敗的數量、Docker Engine 已分配的記憶體容量、Docker 提供
的 CPU 數量，這些都是最基本的指標（基礎架構階段的容器指標）。

　　應用程式都應該要有這樣的監控指標，才能隨時記錄不同階段的執行細
節。最好是每個容器都有一個指標端點來記錄資訊，讓 Prometheus 可以定
期收集所有容器的指標，並將這些資訊建構成一個顯示整個系統整體運作狀
況的儀表板。

9.2 在應用程式中設置監控指標

　　前一節我們已經看到 Docker Engine 的容器指標，透過 Prometheus 很
輕易就可以上手啟用。不過若是要讓每個應用程式也都有這樣的監控指標需
要花一些功夫，因為您必須自己寫程式擷取這些指標資訊，而且還要建立讓
Prometheus 呼叫的 HTTP 端點。還好 Prometheus 針對各種主要的程式語
言，都有對應的客戶端函式庫可以使用，讓前述這些工作沒有想像這麼麻煩。

　　本章的範例我們要更新圖庫應用程式，將 Prometheus 指標加入到這
個應用程式的每個元件中。我們會使用到幾種不同語言的 Prometheus 客
戶端函式庫，包括官方提供的 Java 和 Go 的版本，還有技術社群所開發的
Node.js 版本。圖 9.5 展示了如何將應用程式的每個容器和 Prometheus 客
戶端打包在一起，藉此來收集並顯示各種監控指標資訊。

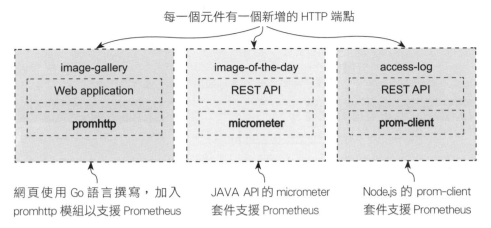

圖 **9.5**：在應用程式中的 Prometheus 客戶端函式庫，讓我們在容器中可以使用指標。

　　從 Prometheus 客戶端函式庫所收集的資訊，都是執行階段 (runtime) 的指標。可從中得知容器做了哪些事、負載狀況如何，這些都是攸關應用程式運作的重要訊息。不同的執行環境會有其各自重要的指標，例如：Go 應用程式的指標會包括執行中的 Goroutine 數量；Java 應用程式的指標會包括 JVM 中使用的記憶體等，而 Prometheus 透過不同客戶端的函式庫，都可以十分輕易收集和匯出這些指標。

◁)) 馬上試試

本章練習中有一個 Docker Compose 檔案，是一個新版本的 NASA 圖庫應用程式，會在容器中提供監控指標。啟動該應用程式接著來瀏覽這些指標：

```
cd ./ch09/exercises

# 刪除所有容器：
docker container rm -f $(docker container ls -aq)

# 創建 nat 網路，如果已經創建的話會顯示警告訊息（可以忽略）
docker network create nat

# 啟動應用程式
Docker-compose up -d

# 輸入網址 http://localhost:8010，查看應用程式是否有啟動
# 應用程式啟動後，接著到 http://localhost:8010/metrics 查看指標
```

接下頁

輸出結果如圖 9.6 所示。這些是 Go 前端網路應用程式中的監控指標，只要在 Go 語言匯入對應的函式庫，啟用相關設定，即可輕易取得這些資訊。

在容器中加入 Prometheus 客戶端函式庫，讓監控指標可以在容器中執行

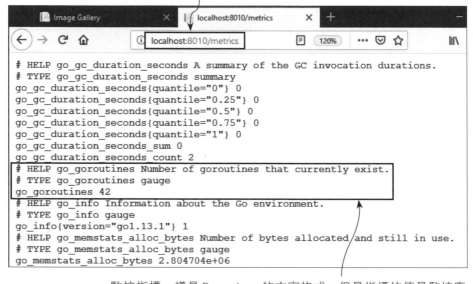

監控指標一樣是 Prometheus 的文字格式，但是指標的值是監控應用程式執行環境，以本例來說就是 Go 程式運作中的 Goroutine 數量

圖 9.6：來自 Go 語言執行環境的網頁容器的 Prometheus 監控指標。

您也可以瀏覽 http://localhost:8011/actuator/prometheus，會看到 Java REST API 所提供的監控指標。這些監控指標看起來就是一堆文字訊息，但其中包含許多關鍵資訊，例如 CPU 時間、記憶體、處理器執行緒等，我們可以用它們來建構儀表板，呈現容器運作的『激烈』程度。

這些執行階段的指標，跟上一節的容器指標是不同階段的資訊，不過只有這些細節還不夠，最終還要擷取跟應用程式運作有關的監控指標才能掌握整體運作狀況。應用程式指標通常會聚焦作業狀況，例如：元件已處理的事件數、程序回應的平均時間，或者專注於業務需要，顯示當前線上人數、新註冊的使用者人數等。

> 目前學習到的監控指標有三種：容器指標、執行階段指標、應用程式指標。

Prometheus 客戶端的函式庫可以讓您透過程式碼來記錄這些應用程式指標，範例 9.1 展示了一個使用 Node.js 函式庫的範例 server.js，該函式庫在圖庫應用程式的 access-log 元件程式碼中。

範例 9.1 在 Node.js 中宣告並使用自訂的 Prometheus 監控指標

```
// 宣告並使用自定義的 Prometheus 指標:
const accessCounter = new prom.Counter({
  name: "access_log_total",
  help: "Access Log - total log requests"
});

const clientIpGauge = new prom.Gauge({
  name: "access_client_ip_current",
  help: "Access Log - current unique IP addresses"
});

// 稍後會更新指標:
accessCounter.inc();
clientIpGauge.set(countOfIpAddresses);
```

Prometheus 有多種類型的指標，在本章的應用程式中，我們會使用最簡單的指標：計數器和儀表板。兩者都是都是數值，不過計數器的數字只會不斷增加，而儀表板的數值則會上下增減。開發人員只要選擇監控指標類型，並指定調整數值的時間點，其餘的就交由 Prometheus 客戶端函式庫來處理。

Prometheus 共有 4 種類型的監控指標，包括：計數器 (counter)、儀表板 (gauge)、直方圖 (histogram) 和摘要 (summary)，本章只會使用前兩種。

◁» 馬上試試

我們已經在上一個練習中執行應用程式，因此 Prometheus 正在收集這些指標，並一一載入應用程式，接著來瀏覽 Node.js 應用程式的指標端點：

```
# 連續發出 5 個 HTTP GET 請求 – 在 Windows 上請輸入以下的命令：
for ($i=1; $i -le 5; $i++) { iwr -useb http://localhost:8010 | Out-Null }

# 在 Linux 上請輸入以下的命令：
for i in {1..5}; do curl http://localhost:8010 > /dev/null; done

# 現在輸入網址 http://localhost:8012/metrics 到瀏覽器查看指標
```

您可以在圖 9.7 中看到輸出結果，我們發送了幾次請求，前兩個記錄顯示了自訂指標，記錄了接收到請求的數量，以及使用該服務的 IP 位址，這些都是簡單的資料（IP 計數器實際上是虛構的），不過足以呈現我們收集和展示監控指標的目的。Prometheus 允許您記錄更複雜的指標類型，但是即使用簡單的計數器，您也可以擷取應用程式中的詳細數據。

同樣的指標端點提供自訂的指標數值還有 Node.js 的資訊

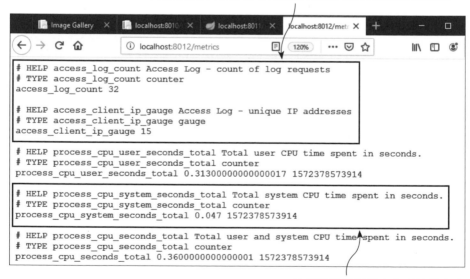

Node.js 執行階段指標是由客戶端函式庫
所提供，這裡顯示了 CPU 的執行時間

圖 9.7：此指標端點包含自訂指標以及 Node.js 執行階段指標。

Prometheus 客戶端函式庫搭配不同程式語言，有不同的使用方式。您可以自行參照本章所提供的範例程式，看看如何在 Go 語言開發的應用程式和用 Java 語言開發的 REST API 中添加監控指標。在 main.go 中，我們用與 Node.js 應用程式類似的方式初始化計數器和儀表板，但隨後使用客戶端函式庫中的檢測處理程序明確地設置監控指標。而 Java 應用程式有所不同，在 ImageController.java 中，會使用 @Timed 屬性，並在程式碼中增加一個 Registry.counter 物件。總之 Prometheus 在不同客戶端函式庫上，都要針對所使用的程式語言，以最符合程式邏輯的方式來使用。

擷取的指標取決於您的應用程式，下面的列表提供了一些有用的準則，當準備好為自己的應用程式添加監控指標時，可以參考以下這幾點：

● 與外部系統溝通時，記錄連線時間和是否有成功回應，這使您能迅速察覺另一個系統是否拖慢速度或是已經當掉。

● 任何能夠記錄的東西都值得以量化的方式記錄下來，例如：計數器的記憶體，硬碟和 CPU 的使用量，可以更容易直觀展示這些數字變化的頻率。

● 業務團隊要報告有關應用程式或使用者行為的任何詳細訊息，都應該設定監控指標，這樣方便您建構即時儀表板，也不用額外花時間、成本製作報告。

9.3 執行 Prometheus 容器以收集指標

Prometheus 使用抓取方式（pull model）來收集監控指標，而不是依靠其他系統傳送過來，我們通常稱這個動作為 scraping（編註：用更白話的說法就是爬蟲），因此在部署 Prometheus 時，要設定去爬 (scraping) 哪個端點。實務上，您可以讓 Prometheus 在叢集主機的平台上自動搜尋監控端點，若是在單一 Docker Compose 伺服器上，您就要提供相關服務名稱的列表，這樣 Prometheus 才能透過 Docker 的 DNS 找到對應的容器。

範例 9.2 展示了用來抓取圖庫應用程式指標的 Prometheus 配置。一開始 global 區塊設定每 10 秒 scraping 一次，接著為抓取不同元件建構不同任務，每個任務有不同 job_name，要給予指標端點的 URL 以及 Prometheus 要查詢的目標（編註：也就是監控指標的名稱）。要注意的是，抓取任務有不同的類型，前兩個屬於 static_configs 的抓取方式，可以指定一個目標主機，適合單一容器的狀況；而第 3 個任務我們使用 dns_sd_configs，這代表 Prometheus 將使用 DNS service discovery，它將查詢名稱符合的多個容器，適合大規模的執行環境下運作。

範例 9.2 設定 Prometheus 配置用於採集指標

```
global:
  scrape_interval: 10s

scrape_configs:
  - job_name: "image-gallery"
    metrics_path: /metrics
    static_configs:    ← 抓取單一容器指標
      - targets: ["image-gallery"]

  - job_name: "iotd-api"
    metrics_path: /actuator/prometheus
    static_configs:    ← 抓取單一容器指標
      - targets: ["iotd"]
  - job_name: "access-log"
    metrics_path: /metrics
    dns_sd_configs:    ← 抓取名稱相符的多個容器指標
      - names:
          - accesslog
        type: A
        port: 80
```

上述設定會讓 Prometheus 每 10 秒輪詢一次所有容器，然後會透過 DNS 取得容器的 IP 位址。而此處 image-gallery 和 iotd-api 因為預期是單一容器，所以設為 static_configs，若實際上是由多個容器執行，則可能會有無法預期的結果。此時若 DNS 的回應中包含多個容器的 IP 位址，則

Prometheus 只會使用最先找到的第一個 IP 位址。因此如果系統中有多個同名的容器，可能就會收集到不同容器的資訊 (Docker 的負載平衡機制會將請求分散到不同的指標端點)。上述抓取 accesslog 元件的任務設為 dns_sd_configs 就支援取得多個 IP 位址，Prometheus 會將找到的 IP 位址建成清單接著按照順序取得資訊。圖 9.8 顯示了 scraping 過程的執行方式：

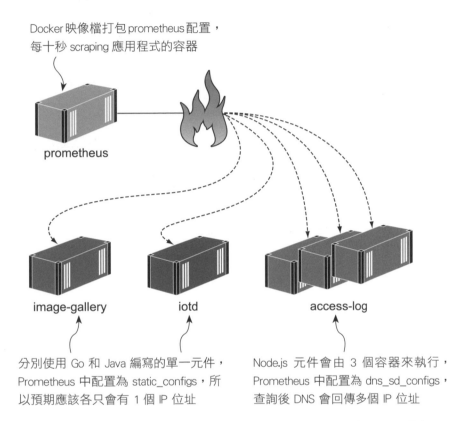

Docker 映像檔打包 prometheus 配置，
每十秒 scraping 應用程式的容器

prometheus

image-gallery　　iotd　　　　access-log

分別使用 Go 和 Java 編寫的單一元件，
Prometheus 中配置為 static_configs，所
以預期應該各只會有 1 個 IP 位址

Node.js 元件會由 3 個容器來執行，
Prometheus 中配置為 dns_sd_configs，
查詢後 DNS 會回傳多個 IP 位址

圖 9.8：Prometheus 在一個容器中執行，設定經由應用程式容器去 scraping 指標。

接著要替圖庫應用程式，建置一個自訂的 Prometheus 映像檔。我們會以 Prometheus 團隊在 Docker Hub 發佈的映像檔為基礎，再把我們的配置檔複製過去。(您可以在本章的程式碼中找到此 Dockerfile)。利用這種方式可以為我們提供了一個預先配置的 Prometheus 映像檔，可以在不進行任何額外配置的情況下執行，但是如果需要額外配置可以在其他環境中覆蓋配置檔案。

當許多容器正在同時執行，監控指標也會跟著更複雜，例如擴展圖庫應用程式的 Node.js 元件，以在多個容器上執行，Prometheus 將從所有容器中抓取並收集指標。

◁》 馬上試試

本章練習的資料夾中，還有一個 Docker Compose 檔案 (docker-compose-scale.yml)，該檔案是用隨機的連接埠來發布 access-log 服務，因此可以一次跑好幾個服務（編註：不怕連接埠衝突問題）。我們一次建三個容器，可以發送更多的請求：

```
# 以下為同一道命令，請勿換行
docker-compose -f docker-compose-scale.yml up -d --scale
accesslog=3

# 連續發送 10 個 HTTP GET 請求，使用 Windows 作業系統請輸入以下的命令：
# 以下為同一道命令，請勿換行
for ($i=1; $i -le 10; $i++) { iwr -useb http://
localhost:8010 | Out-Null }

# 如果使用 Linux 作業系統請輸入以下的命令：
# 以下為同一道命令，請勿換行
for i in {1..10}; do curl http://localhost:8010 > /dev/null;
done
```

該網站每次處理請求時，都會呼叫 access.log 服務，有三個執行該服務的容器，這些容器之間應該要能負載平衡。我們如何檢查負載平衡是否有效？這個服務所發送的指標訊息會標記有發送端的主機名稱，以本例來說就是 Docker 容器 ID。打開 Prometheus UI 介面並檢查存取日誌中的指標，您應該看到三組資料。

🔊 **馬上試試**

瀏覽至 http://localhost:9090/graph，在指標的下拉式選單中，選擇 access_log_total，然後點擊執行。

在 Node.js 應用程式所自訂的
指標，記錄有多少請求被處理

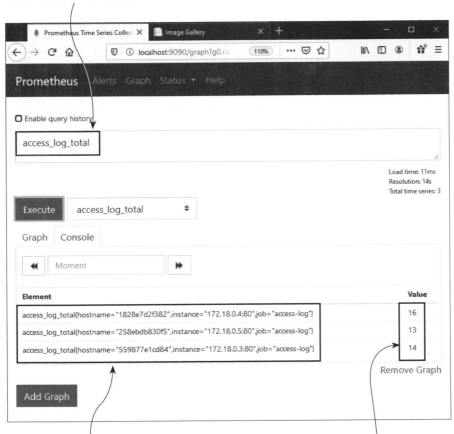

Prometheus scraping 所有的容器（共有三個），並且儲存收到的資料。Hostname 標籤顯示容器 ID 和相關記錄

每一個容器處理了大量的請求，這裡展示了負載平衡，請求數不完全是一樣的但是都還算平均

圖 9.9：監控指標可以用來驗證請求是有負載平衡的。

接下頁

您可以在圖 9.9 中看到輸出結果，每個容器都有一個數值，並且監控標籤（編註：與映像標籤不同）中包含主機名。每個容器的值會顯示負載平衡的分散情況。在理想情況下這些數字是相等的，但是有很多網路因素會影響（例如 DNS 快取和 HTTP 連接的狀況），如果您是在單一伺服器上執行的話，收集到的請求數就會是相同的（編註：因為都是同一個主機處理，數字自然相同）。

使用監控標籤記錄額外的訊息是 Prometheus 最強大的功能之一，讓同一個監控指標在不同容器規模下都能生效。現在您將看到監控指標的原始資料，表格中每個容器的第一行顯示了最新的指標值。您可以使用 sum() 查詢並匯總需要的容器（可以查詢全部的容器、也可以查詢特定幾個容器），並且可以在圖表中查看隨著時間推移下的使用狀況。

◁)) 馬上試試

在 Prometheus UI 介面中，點擊『Add Graph』按鈕以添加新查詢。在文字方塊中，貼上以下的查詢敘述：

```
sum(access_log_total) without(hostname, instance)
```

點擊『Execute』，您可以看到一個帶有時間序列的折線圖，這就是 Prometheus 表示資料的方式：每組指標都會記錄當下的時間戳記。除此之外，我們還向本地應用程式發送了一些 HTTP 請求，您可以在圖 9.10 中看到輸出結果。

接下頁

圖 9.10：彙總收集到的指標，將所有容器中的數值相加，並顯示出查詢結果的圖表。

　　sum() 查詢語法是使用 Prometheus 內建的查詢語言 PromQL。這是一種具有統計功能的語言，可讓您查詢隨時間推移的變化和改變幅度，而且不需要很複雜就可以建構有用的儀表板。Prometheus 格式的結構非常完善，您可以通過簡單的查詢來視覺化需要的指標，使用監控標籤來過濾數值或進行加總，光是這些就足以做出一個好用的儀表板。

圖 9.11：不需要學習太多的 PromQL 就能夠寫出一個簡單的 Prometheus 查詢。

　　圖 9.11 示範了一個典型的查詢敘述，該查詢會將查詢結果輸入到儀表板中，並匯總所有 image_gallery_request 指標的值，過濾出回應 HTTP 狀態碼為 200，並且忽略 instance 標籤、以取得所有容器的指標，結果會將所有容器 HTTP 200 的數量都加總起來。

　　Prometheus UI 介面非常適合檢查您的配置，驗證所有 scraping 的目標都是可以被訪問的，並且可以對它們進行查詢。這些查詢的資料除了可以做簡單的折線圖外，還可以依照您的需求繪製更加複雜的圖形，這時候就要借助 Grafana 來幫我們繪製。

9.4 執行 Grafana 容器以視覺化監控指標

　　由於監控是容器的主要功能之一，因此這個章節涉及了不少主題，不過其實我們只能匆匆帶過，更詳細的細節端看您的應用程式需求。要擷取哪些指標取決於您業務和營運上的考量，而擷取的做法又跟應用程式的執行環境有關，必須搭配對應的 Prometheus 函式庫來使用。

　　一旦將資料儲存到 Prometheus 中，事情就會變得比較簡單。您可以使用 Prometheus UI 介面瀏覽正在記錄的監控指標，並執行 PromQL 查詢以獲取需要的資料。接著執行 Grafana 儀表板，並將這些查詢匯入儀表板。每個資料點都會以對使用者最直覺的視覺化形式來呈現,整個儀表板都在向您展示應用程式執行的狀況。

本章的內容就是為了打造圖庫應用程式的 Grafana 儀表板,最後成果就如圖 9.2 所示。這樣可以將所有應用程式元件和 Docker 執行時的核心資訊,都簡單呈現出來,而且這些查詢結果也可以彈性調整規模,就算是在正式環境的叢集上也適用。

Grafana 儀表板可以在應用程式的不同層級間傳遞關鍵資訊,看起來很複雜,不過拆解成每個圖形,其實都跟前面一樣是由一個 PromQL 查詢所完成。圖 9.12 有裁剪並非完整全貌,不過書附檔案有提供自己打包好的 Grafana 映像檔,您可以自行在容器中執行探索細部功能。

應用程式的 Grafana 儀表板,每一個圖形都是以一個簡單的 PromQL 查詢結果所得,每一列是每個元件的監控指標

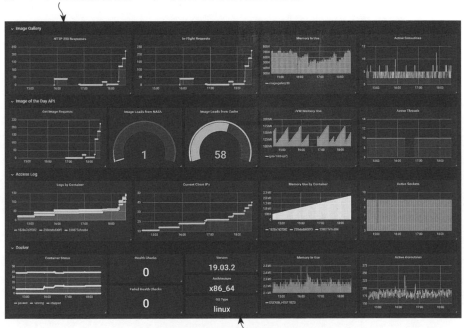

最下面一列顯示了 Docker Engine 的資訊,
包含容器的監控指標和配置的詳細資訊

圖 9.12:使用 Grafana 儀表板的應用程式,看起來很複雜但其實很簡單。

🔊 馬上試試

在執行以下範例之前，您需要先複製電腦的 IP 位址作為環境變數，
Compose 檔案會查詢該環境變數並將其添加到 Prometheus 容器中。接
著使用 Docker Compose 執行該應用程式並產生一些運作的資料：

```
# 將電腦的 IP 位址存到變數中 – 使用 Windows 作業系統請輸入以下的命令
# 以下為同一道命令，請勿換行
$env:HOST_IP = $(Get-NetIPConfiguration | Where-Object
{$_.IPv4DefaultGateway -ne $null }).IPv4Address.IPAddress

# 如果使用 Linux 作業系統請輸入以下的命令
export HOST_IP=$(ip route get 1 | awk '{print $NF;exit}')

# 使用內含 Grafana 的 Compose 檔案執行應用程式:
# 以下為同一道命令，請勿換行
docker-compose -f ./docker-compose-with-grafana.yml up -d
--scale accesslog=3

# 現在發送一些請求來產生一些資料，使用 Windows 作業系統請輸入以下的命令
# 以下為同一道命令，請勿換行
for ($i=1; $i -le 20; $i++) { iwr -useb http://
localhost:8010 | Out-Null }

# 如果使用 Linux 作業系統請輸入以下的命令
# 以下為同一道命令，請勿換行
for i in {1..20}; do curl http://localhost:8010 > /dev/null;
done

# 接著在瀏覽器輸入網址 http://localhost:3000
```

Grafana 使用連接埠 3000 作為 Web UI 介面。第一次打開網頁時需要登
錄，使用者名稱預設為 admin、密碼為 admin。首次登錄時，系統會要求
您更改使用者密碼，更改之後會開啟網站主頁面，或是自行點擊左上方
的『Home』，就會看到如圖 9.13 的儀表板。點擊『Image Gallery』就可以
載入應用程式儀表板。

接下頁

容器所使用的映像檔內建 Grafana 儀表板

Grafana 可以顯示很多儀表板,您可以
在主頁面的連結上,列出所需要的圖表

圖 9.13:Grafana 中的儀表板。

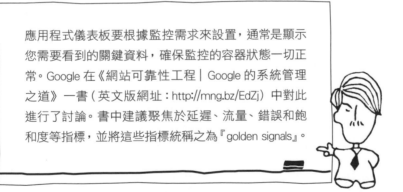

應用程式儀表板要根據監控需求來設置,通常是顯示
您需要看到的關鍵資料,確保監控的容器狀態一切正
常。Google 在《網站可靠性工程|Google 的系統管理
之道》一書(英文版網址:http://mng.bz/EdZj)中對此
進行了討論。書中建議聚焦於延遲、流量、錯誤和飽
和度等指標,並將這些指標統稱之為『golden signals』。

　　接著我們會詳細介紹第一組視覺化的圖表,以便您可以看到可以通過基
本查詢和視覺化建構的儀表板。圖 9.14 顯示了應用程式的一些監控指標:

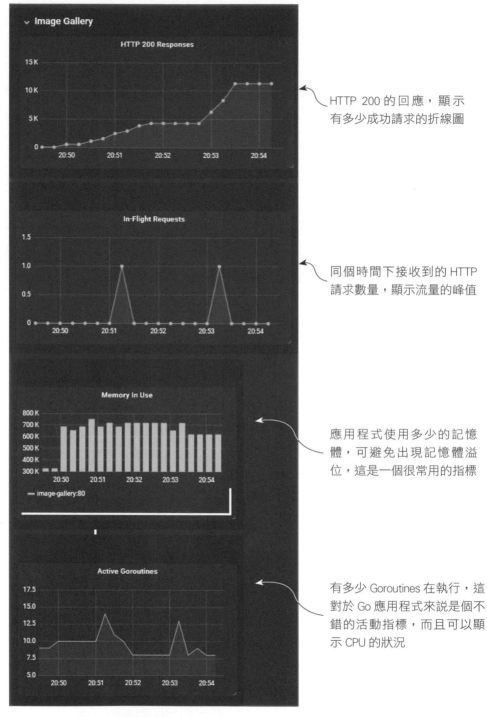

HTTP 200 的回應，顯示
有多少成功請求的折線圖

同個時間下接收到的 HTTP
請求數量，顯示流量的峰值

應用程式使用多少的記憶
體，可避免出現記憶體溢
位，這是一個很常用的指標

有多少 Goroutines 在執行，這
對於 Go 應用程式來說是個不
錯的活動指標，而且可以顯
示 CPU 的狀況

圖 9.14：關於應用程式中儀表板的詳細資訊，並視覺化相關的
golden signals（編註：見前頁）。

這裡有四個指標可以顯示應用程式的使用程度，以下就來一一介紹：

● **HTTP 200 Responses**（HTTP 正確回應數）：這是網站發送 HTTP 200 回應的計數器。PromQL 查詢是來自應用程式的計數器數值之總和。

```
PromQL：sum(image_gallery_requests_total {code ="200"}) without (instance)
```

● **In-Flight Requests**（進行中的請求）：顯示任何給定時間點的 HTTP 請求數。這是一個來自於 Prometheus 的儀表板（gauge）類型，因此數值高高低低。此圖沒使用篩選器，將顯示所有容器的總數，查詢的語法如下：

```
PromQL：sum(image_gallery_in_flight_requests) without (instance)
```

● **Memory In Use**（正在使用的記憶體）：顯示容器正在使用的系統記憶體。為了直觀地顯示資料，這裡使用了長條圖。PromQL 查詢需要加上任務名稱進行過濾：

```
PromQL：go_memstats_stack_inuse_bytes{job ="image-gallery"}
```

● **Active Goroutines**（活動中 Goroutine 數）：這是元件工作強度的概略指標，Goroutine 是 Go 中的一個工作單元，Goroutine 可以並行運作。此圖將顯示 Web 元件是否突然出現處理活動的高峰。這是另一種標準的 Go 指標，因此 PromQL 查詢會過濾網路任務中的統計訊息並把它匯總起來：

```
PromQL：sum(go_goroutines {job = \"image-gallery \"}) without(instance)
```

儀表板其他行列的圖形均使用類似的查詢。不需要複雜的 PromQL，您只需要選擇正確的監控指標來視覺化即可。

在這些視覺化的圖形中，觀看單一個數值不如觀看整個趨勢還有用。例如應用程式平均使用 200 MB 的記憶體還是 800 MB 的記憶體並不重要，重要的是突然出現偏離正常範圍的峰值時，可以依靠監控指標應幫助您快速的找到問題點。如果錯誤回應的圖形呈上升趨勢，並且活動中的 Goroutines 的數量每隔幾秒鐘增加一倍，則很明顯出現了問題，該元件可能已飽和，因此您可能需要擴展以容納更多的容器來處理負載 。

Grafana 是一種非常強大的工具，但使用起來很簡單。它是現代應用程式中最受歡迎的儀表板工具，可以查詢許多不同的資料來源，也可以將警示發送到不同的系統，值得您花時間來學會它。除了預設的儀表板之外，您還可以添加或編輯圖形（Panel），調整其大小並移動它們，然後將儀表板保存到檔案中。

◁)) 馬上試試

《網站可靠性工程》書中表示 HTTP 500 的計數器是一項核心指標，上述儀表板還缺了此監控指標，因此我們現在將其添加到儀表板中。如果您還沒有執行應用程式請再次執行它，瀏覽 http://locahost:3000 上的 Grafana，然後以使用者名稱 admin 和密碼 admin 登錄。接著點擊螢幕右上方的『Add Panel』圖標（也就是帶有加號的長條圖），如圖 9.15 所示。

您可以在 Grafana 畫面的右上方找到這個工具列

加入一個新的圖形　　匯出儀表板到　　　選擇所有儀表板上
（panel）到儀表板中　JSON 檔案中　　　資料的時間區間

圖 9.15：用來增加圖形（panel）的 Grafana 工具列，其中可以選擇需要的時間區間或者保存儀表板等操作。

現在，在新圖形視窗中單擊『Add Query』，會跳出一個畫面，您可以在其中擷取視覺化的所有詳細訊息。選擇 Prometheus 作為查詢的資料來源，然後在文字方塊中貼上以下 PromQL 查詢敘述：

```
sum(image_gallery_requests_total{code="500"}) without(instance)
```

接下頁

輸出結果應如圖 9.16 所示：

在彈出的畫面中加入新的圖形，您可以選擇圖表類型，加上標題並切換 Legend 設定（在畫面下方，可套用現成的圖表格式），即可以將查詢結果繪製成圖表

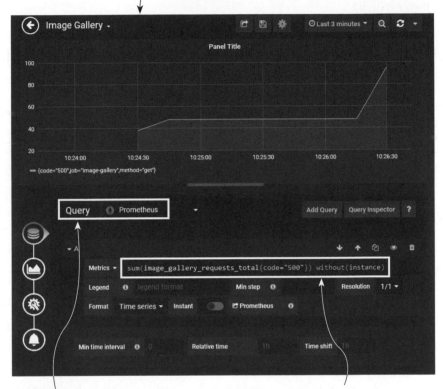

這個查詢使用 Prometheus 當作資料來源，所以 Grafana 容器會傳送請求給 Prometheus 容器

這是執行的查詢敘述，它藉由選擇儀表板的時間區間，來取得 HTTP 500 回應的數量，接著利用 Grafana 將其繪製為圖形

圖 9.16：加入一個圖形到 Grafana 儀表板中，以展示 HTTP 500 的相關資訊。

您的圖形應該會如圖 9.16 所示，圖庫應用程式大約有 10% 的比例會回應錯誤，只要請求數量夠多，應該會在圖形中看到一些錯誤回應（編註：提醒一下，此處縱軸是回應錯誤的次數不是比例，所以不會是 10）。接著按 Esc 鍵返回主儀表板。

您可以藉由拖動右下角來調整圖形的大小，並拖動標題來移動圖形。當儀表板看起來像您想要的那樣時，可以點擊工具面板中的 Share Dashboard 圖示（參見圖 9.15），您可以在其中選擇將儀表板導出為 JSON 檔案。

Grafana 的最後一步是打包自己的 Docker 映像檔，在本書程式碼的資料夾中您可以找到 diamol/ch09-grafana 映像檔，該映像檔已經使用 Prometheus 作為資料來源和配置了該應用程式的儀表板。範例 9.3 顯示了完整的 Dockerfile。

範例 9.3 用來打包客製化 Grafana 映像檔的 Dockerfile

```
FROM diamol/grafana:6.4.3

COPY datasource-prometheus.yaml ${GF_PATHS_PROVISIONING}/datasources/
COPY dashboard-provider.yaml ${GF_PATHS_PROVISIONING}/dashboards/
COPY dashboard.json /var/lib/grafana/dashboards/
```

此映像檔從 6.4.3 版本的 Grafana 開始，然後僅複製到一組 YAML 和 JSON 檔案到 Dockerfile 中。Grafana 依照本書中已經介紹過的配置模式設定了一些預設值，但是您可以試著套用自己的配置。容器啟動時，Grafana 會在特定資料夾中找到檔案，並套用找到的所有配置檔案。YAML 檔案設置 Prometheus 連接並載入 /var/lib/Grafana/dashboards 資料夾中所有的儀表板。最後一行是將儀表板的 JSON 檔複製到該資料夾中，以便在容器啟動時載入它。

Grafana 的功能不只於此，也可以使用 API 建立使用者並調整他們的設定。例如：建立有多個儀表板的 Grafana 圖表，或是讓使用者只能瀏覽 Grafana 清單中的儀表板等等。完成這些工作後，可以在辦公室用大螢幕瀏覽 Grafana 儀表板，讓團隊成員有效掌握所有相關資訊。

9.5　了解可觀察性的重要

當您從簡單的容器開發到準備發佈產品時，可觀察性是一項不可或缺的元素。在本章中介紹 Prometheus 和 Grafana 的原因是：學習 Docker 不僅涉及 Dockerfiles 和 Docker Compose 檔案的機制。Docker 其中一個神奇的地方，就是圍繞容器逐漸壯大的生態系統，以及圍繞該生態系統出現的建置架構。

　　當容器開始剛盛行時，監控是一件令人頭痛的事。當時的應用程式像今天一樣易於建置和部署，但是當應用程式開始服務後卻難以得知其執行的狀況，必須依靠 Pingdom 之類的外部服務，來檢查 API 是否正常提供服務，並且必須依靠使用者的回饋，來確保該應用程式是否還有正常執行。如今，在 Docker 打包的應用程式中加入監控容器已成為一種必備的工作。圖 9.17 總結了本章使用到的監控方法。

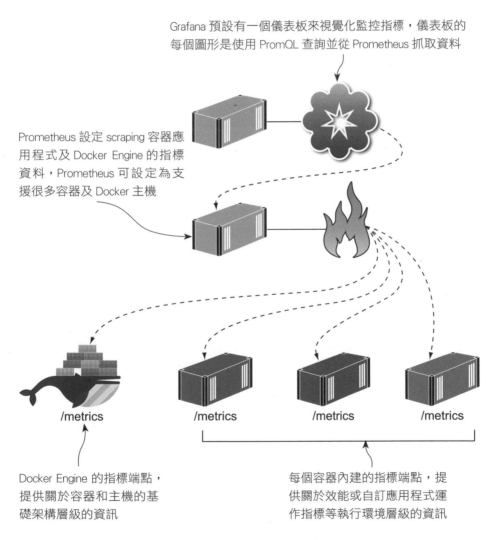

Grafana 預設有一個儀表板來視覺化監控指標，儀表板的
每個圖形是使用 PromQL 查詢並從 Prometheus 抓取資料

Prometheus 設定 scraping 容器應
用程式及 Docker Engine 的指標
資料，Prometheus 可設定為支
援很多容器及 Docker 主機

/metrics　　/metrics　　/metrics　　/metrics

Docker Engine 的指標端點，
提供關於容器和主機的基
礎架構層級的資訊

每個容器內建的指標端點，提
供關於效能或自訂應用程式運
作指標等執行環境層級的資訊

圖 9.17：容器化應用程式中以 Prometheus 作為核心的監控架構。

至此，我們介紹了圖庫應用程式的單一儀表板，這是針對應用程式整體的資訊。而在正式生產環境，您還可以增加其他儀表板，顯示更多額外的資訊。可以是一個顯示基礎架構層級資訊的儀表板，顯示所有伺服器的可用空間、CPU / 記憶體 / 網路使用率等。每個元件可能都會有自己的儀表板，各自顯示額外的資訊，例如：web 容器每個網頁或 API 每個端點各自的回應時間細節。

最後一點非常重要，製作一個摘要儀表板。將應用程式中的所有最重要的監控指標，匯總到一個儀表板中，這樣就可以一目了然地判斷出什麼地方出了哪些問題，並在情況繼續惡化之前採取應對措施。

9.6 課後練習

本章將監控功能添加到應用程式中，在課後練習中，要將 todo-list 應用程式執行相同的操作。您不需要深入研究程式碼，我們已經建置了包含 Prometheus 指標的映像檔版本。從 diamol/ch09/todo-list 執行一個容器，瀏覽到該應用程式並添加一些項目，接著您可以在 /metrics URL 看到可用的監控指標。此練習需要達成以下幾點：

● 編寫一個可用於執行該應用程式的 Docker Compose 檔案，使用該檔案啟動 Prometheus 容器和 Grafana 容器。

● Prometheus 容器應該已經配置為從應用程式中抓取監控指標。

● Grafana 容器應配置一個儀表板，以顯示該應用程式的三個關鍵指標：創建的任務數、已處理的 HTTP 請求總數和當前正在處理的 HTTP 請求數量。

和之前一樣，您可以在 GitHub 上找到解答以及最終完成的儀表板圖片：https://github.com/sixeyed/diamol/blob/master/ch09/lab/README.md。

10 Chapter

使用 Docker Compose 執行 多個環境

我們在第 7 章中學習了 Docker Compose，也了解如何使用 YAML 來定義多容器的應用程式，以及如何透過 Compose 命令列進行管理，藉由狀態檢查和監控機制，強化了 Docker 應用程式，讓它們準備好投入正式環境。現在我們回到 Compose，開發過程中不需要讓每個環境都具備正式版本的功能。可攜性是 Docker 的主要優勢之一，當打包應用程式，讓它在容器中執行時，無論部署在哪裡，它的工作方式都一樣，這一點很重要，因為它消除了環境之間的**飄移 (Drift)**。

當我們手動部署軟體時，常常會發生飄移的狀況。像是少了一些更新或忘了加入新的相依元件，因此正式環境與使用者測試環境不同，而使用者測試環境又與系統測試環境不同。當部署失敗時，通常是因為飄移，這需要大量的時間和精力來找出不對的地方並改到正確。將服務或產品遷移到 Docker 中就可以解決這個問題，因為每個應用程式，都已經打包了它的相依元件，不過您還是需要更多彈性，來支援不同環境下的不同行為，因此 Docker Compose 提供了將在本章介紹的進階功能。

10.1 使用 Docker Compose 部署多個應用程式

Docker Compose 可以在一個 Docker Engine 上執行多容器應用程式。這對開發人員來說非常有用，並且也廣泛用於非正式環境。開發團隊經常在不同的環境中執行多個版本的應用程式，可能在正式環境中跑 1.5 版，1.5.1 的修補版本正在測試環境中進行測試，1.6 版正在完成使用者測試，而 1.7 版正在系統測試中。後面這些非正式環境並不需要具備正式環境的規模和效能，所以很適合用 Docker Compose 來執行，這種做法可以將硬體效益發揮到最大化 (編註：不用為不同環境添購設備)。

為此，環境之間需要有一些區隔，您不能讓多個容器同時監聽連接埠 80 的流量，或將資料寫入相同檔案中。這只要寫一個 Docker Compose 檔案 (YAML) 就能做到，但是需要先了解 Compose 怎麼區分 Docker 中的資源屬於同一個應用程式。答案就是透過命名規則和標註 (labels) 來做到這一點；再者，如果同一個應用程式需要同時跑好幾個，則還需要解決預設值的問題。我們先執行以下範例，再接著說明：

◁)) 馬上試試

打開一個終端對話視窗並切換到到本章程式碼的目錄底下。執行我們之前跑過的兩個應用程式，然後嘗試執行 todo-list 應用程式的另一個複本：

```
cd ./ch10/exercises
# 執行來自第八章的隨機數字應用程式：
docker-compose -f ./numbers/docker-compose.yml up -d

# 執行 todo-list 應用程式：
docker-compose -f ./todo-list/docker-compose.yml up -d

# 嘗試執行另一個 todo-list 應用程式的複本：
docker-compose -f ./todo-list/docker-compose.yml up -d
```

輸出畫面會與圖 10.1 相同，您可以從不同資料夾中的 Compose 檔案啟動多個應用程式，但不能在同一個資料夾執行 up 命令來建立第 2 個應用程式。Docker Compose 會認為您是要啟動已經存在的應用程式容器，所以就不會建立任何新容器。

接下頁

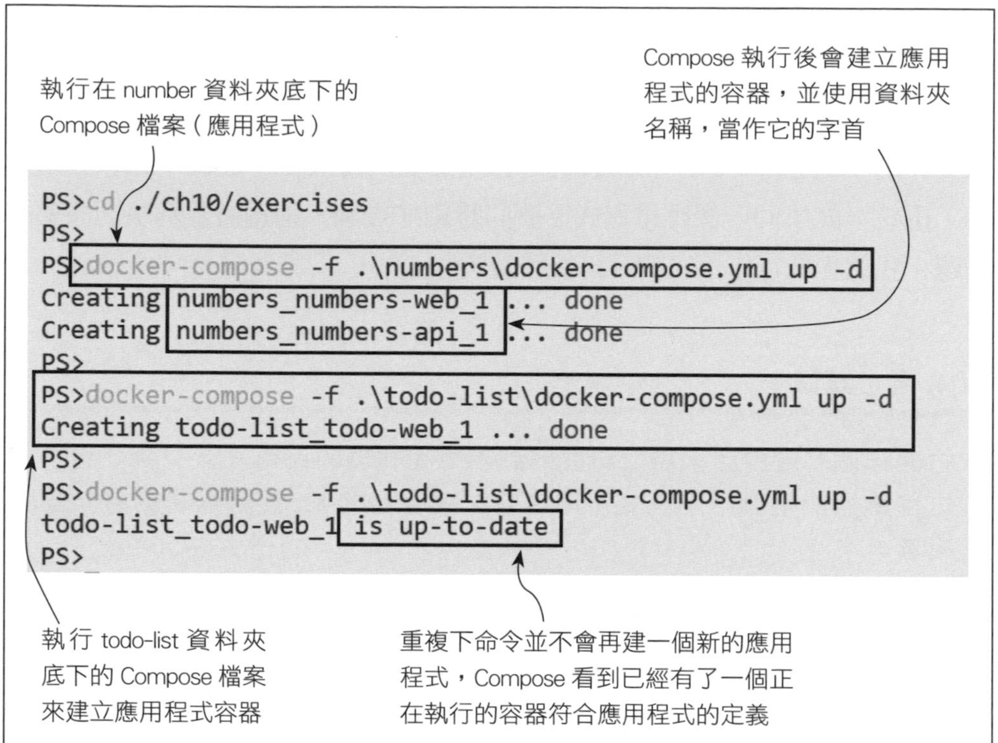

執行在 number 資料夾底下的
Compose 檔案 (應用程式)

Compose 執行後會建立應用
程式的容器，並使用資料夾
名稱，當作它的字首

```
PS>cd ./ch10/exercises
PS>
PS>docker-compose -f .\numbers\docker-compose.yml up -d
Creating numbers_numbers-web_1 ... done
Creating numbers_numbers-api_1 ... done
PS>
PS>docker-compose -f .\todo-list\docker-compose.yml up -d
Creating todo-list_todo-web_1 ... done
PS>
PS>docker-compose -f .\todo-list\docker-compose.yml up -d
todo-list_todo-web_1 is up-to-date
PS>_
```

執行 todo-list 資料夾
底下的 Compose 檔案
來建立應用程式容器

重複下命令並不會再建一個新的應用
程式，Compose 看到已經有了一個正
在執行的容器符合應用程式的定義

圖 10.1：重複下同一個 Docker Compose 命令，並不會建立一個新的應用程式容器。

Docker Compose 使用專案的概念，來識別屬於同一個應用程式的各種資源，並且使用 Compose 檔案的目錄名稱作為專案的預設名稱。Compose 在建立資源時會用專案名稱 (資料夾名稱) 當作字首 (prefix)，而在幫容器命名時，則會在字尾　(suffix) 額外加上一個數字。例如：您的 Compose 檔案位於名為 app1 的資料夾中，並且定義了一個名為 web 的服務和一個名為 disk 的 volume，則 Compose 會將 volume 命名為 app1_disk、將服務的容器命名為 app1_web_1。容器名稱字尾的數字會自動遞增，因此，如果您把它擴充成兩個 web 服務，則新容器將稱為 app1_web_2。圖 10.2 展示了如何為 todo-list 應用程式命名容器名稱。

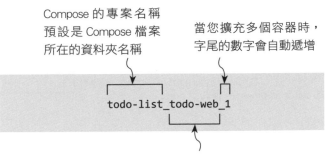

Compose 的專案名稱
預設是 Compose 檔案
所在的資料夾名稱

當您擴充多個容器時，
字尾的數字會自動遞增

todo-list_todo-web_1

Compose 檔案裡的服務名稱，也被當
作其他容器溝通所使用的 DNS 名稱

圖 **10.2**：Docker Compose 藉由加入專案名稱來管理相關的資源。

您可以自己更改 Compose 使用的專案名稱，這樣也可以在單個 Docker Engine 上，同時執行多組應用程式容器。

◁)) 馬上試試

現在您已經有一個 todo-list 應用程式正在執行，您可以透過指定其他專案名稱來啟動另一個專案。網站使用隨機連接埠，因此，如果想讓這些應用程式實際運作，則需要分配到實際可用的連接埠：

```
# 以下為同一道命令，請勿換行
docker-compose -f ./todo-list/docker-compose.yml -p todo-test
up -d
                                            手動修改了專案名稱
docker container ls

docker container port todo-test_todo-web_1 80
```

輸出結果如圖 10.3 所示，指定專案名稱代表就 Compose 而言，這是一個不同的應用程式，而且沒有與該專案名稱匹配的資源，因此 Compose 會建立一個新容器。容器的命名模式是按照上述所介紹的規則命名的，因此可以知道新容器會命名為 todo-test_todo-web_1。Docker CLI 提供 container port 命令來尋找配發給容器的連接埠，而且連接埠會用相同的容器名稱來命名，方便之後尋找。

接下頁

重新指定一個專案名稱代表 Compose 把此專
案和已存在的應用程式視為不同的應用程式

```
PS>docker-compose -f ./todo-list/docker-compose.yml -p todo-test up -d
Creating todo-test_todo-web_1 ... done
PS>
PS>docker container ls
CONTAINER ID          IMAGE                          COMMAND
  CREATED                 STATUS                     PORTS
NAMES
79c3d91b2531          diamol/ch06-todo-list          "dotnet ToDoList.dll"
  5 seconds ago         Up 4 seconds               0.0.0.0:32773->80/tcp
todo-test_todo-web_1
205a1bc5a1ae          diamol/ch06-todo-list          "dotnet ToDoList.dll"
  43 minutes ago        Up 43 minutes              0.0.0.0:32772->80/tcp
todo-list_todo-web_1
bc7f7ba657ff          diamol/ch08-numbers-api:v3     "dotnet Numbers.Api.…"
  43 minutes ago        Up 43 minutes (healthy)    80/tcp
numbers_numbers-api_1
PS>
PS>docker container port todo-test_todo-web_1 80
0.0.0.0:32773
PS>
```

現在有兩個應用程式正在執行，雖然使用同一個 Docker Compose
檔案，但是專案名稱不同所以在 Compose 裡面是不同應用程式

圖 10.3：指定專案名稱讓您可以用同一個 Compose 檔案，執行多個應用程式的複本。

　　這種方法可以用相同的 Compose 檔案，執行許多不同應用程式，可以
指定其他專案名稱來部署隨機數字應用程式。但是在大多數情況下，您需要
知道每個發行版所使用的連接埠，隨機分配連接埠就做不到這點，因此對於
維運或測試團隊來說，並不是一個很好的工作流程。而要做到這點，您自然
可以建立好幾個相同的 Compose 檔案，然後一一修改要更正的屬性（例如
連接埠號），聽起來就不是個聰明的方法，因此 Compose 提供了一種更好
的做法，使用覆寫 (override) 檔案來進行管理。

10.2 使用 Docker Compose 覆寫檔案

當開發團隊嘗試使用 Docker Compose 執行不同應用程式的設定時，最後往往只能為每個環境都寫一個 Compose 檔案，儘管每個 Compose 檔案內容可能有 90% 以上是相同的，但不同檔案無法統一維護修改，內容無法同步的問題會造成很多困擾。覆寫檔案是一種更為簡潔的方法。Docker Compose 允許您把多個檔案合併在一起，新檔案的屬性會覆蓋合併前的檔案。

圖 10.4 展示了如何使用覆寫檔案來建構一組易於維護的 Compose 檔案。從一個核心 docker-compose.yml 檔案開始，該檔案包含應用程式的基本結構，並使用所有環境通用的屬性，來定義和配置服務。然後每個環境都有自己的覆寫檔案，該檔案會添加特定的設置，而不用重複撰寫核心檔案中的任何配置。

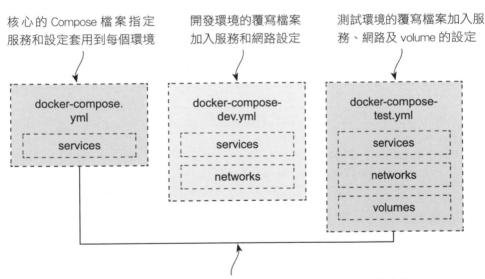

核心的 Compose 檔案指定服務和設定套用到每個環境

開發環境的覆寫檔案加入服務和網路設定

測試環境的覆寫檔案加入服務、網路及 volume 的設定

docker-compose.yml
services

docker-compose-dev.yml
services
networks

docker-compose-test.yml
services
networks
volumes

Docker Compose 會將多個檔案合併在一起，所以您可以藉由指定核心 Compose 檔案和測試環境的覆寫檔案來執行測試環境

圖 10.4：使用覆寫的檔案，加入指定環境的設定。

這種方式是可維護的，如果需要進行適用於所有環境的更改（例如將標籤更改為 latest)，則只需在核心檔案中修改一次，然後就會自動套用到各個環境。如果只是要更動某個特定環境的屬性，也只要修改一個檔案。您可以為各個環境提供覆寫檔案，還可以清晰地說明環境之間的差異。

範例 10.1 展示了一個非常簡單的例子，其中核心 Compose 檔案指定了大多數應用程式屬性，並且覆蓋了標籤，因此這次部署將使用 v2 版本的 todo-list 應用程式。

範例 10.1 更新 Docker Compose 覆寫檔案中的屬性

```
# 來自 docker-compose.yml 的核心檔案

services:
  todo-web:
    image: diamol/ch06-todo-list
    ports:
      - 80
    environment:
      - Database:Provider=Sqlite
    networks:
      - app-net
```

會覆蓋核心
檔案的屬性

```
# 來自 docker-compose-v2.yml 的覆寫檔案
services:
  todo-web:
    image: diamol/ch06-todo-list:v2
```

在覆寫檔案中，您只需指定要更改的屬性，但是您需要保留 Compose 檔案的結構，以便 Docker Compose 可以將配置連接在一起。在此範例中，覆寫檔案僅更改 image 屬性的值，只要在 services 區塊下的 todo-web 區塊中指定該值，Compose 就會自動比對核心檔案中的屬性定義。

當您在 docker-compose 命令中指定多個檔案路徑時，Docker Compose 會將檔案合併在一起。通常都會使用 config 命令驗證輸入檔案的內容，如果命令有效，則會輸出結果。您可以使用它來查看應用程式覆寫檔案時發生的情況。

🔊 **馬上試試**

在本章程式碼的資料夾中，使用 Docker Compose 將範例 10.1 中的檔案合併在一起並印出輸出結果：

```
# 以下為同一道命令，請勿換行
docker-compose -f ./todo-list/docker-compose.yml -f
./todolist/docker-compose-v2.yml config
```

config 命令實際上並未部署應用程式，它只是先驗證應用程式的配置。您會在輸出結果中看到兩個檔案已合併。所有屬性都來自核心 Docker Compose 檔案，除了 image 屬性之外，其屬性值已在第二個檔案中被覆蓋，如圖 10.5 所示。

Docker Compose 按照命令中列出檔案的順序來進行覆蓋，因此覆寫檔案要放後面，而原來的核心檔案放前面（編註：總之就是後面會覆蓋前面的檔案）。這很重要，因為如果順序錯誤，可能會得到錯誤的結果，config 命令在這裡很有用，因為它可以測試 Compose 檔案的執行順序。最後整合的 Compose 檔案內容會按字母順序排列，因此您會先看到 networks、services，然後是 version。

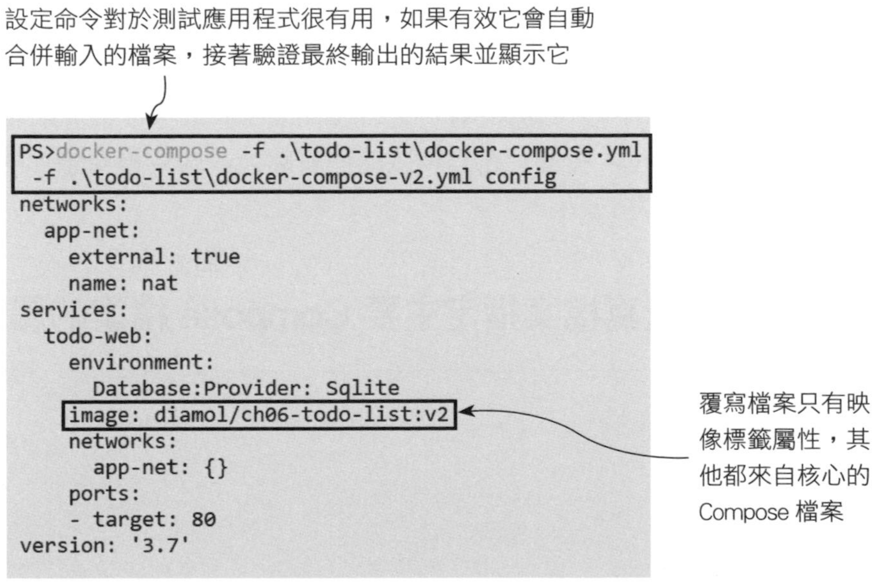

設定命令對於測試應用程式很有用，如果有效它會自動
合併輸入的檔案，接著驗證最終輸出的結果並顯示它

```
PS>docker-compose -f .\todo-list\docker-compose.yml
 -f .\todo-list\docker-compose-v2.yml config
networks:
  app-net:
    external: true
    name: nat
services:
  todo-web:
    environment:
      Database:Provider: Sqlite
    image: diamol/ch06-todo-list:v2
    networks:
      app-net: {}
    ports:
    - target: 80
version: '3.7'
```

覆寫檔案只有映像標籤屬性，其他都來自核心的 Compose 檔案

圖 10.5：合併 Compose 檔案和覆寫檔案，並顯示輸出節果。

您可以在部署的過程中自動執行上述命令，然後將合併的檔案提交到程式碼控制程式／平台中，然後按字母順序可以輕鬆比較各個發行的版本。以下就是現成的例子，在映像檔標籤上搭配覆寫檔案。我們在 numbers 資料夾中，為隨機數字應用程式提供了更實務的一組 Compose 檔案：

- **docker-compose.yml**：核心應用程式定義。它指定了 web 和 API 服務，沒有任何連接埠或網路定義。

- **docker-compose-dev.yml**：用於在開發中執行應用程式的檔案。它指定了一個 Docker 網路，並為服務添加了要公開的連接埠，禁用了狀態檢查和相依性檢查。這樣開發人員可以快速啟動並執行。

- **docker-compose-test.yml**：用於在測試環境中執行應用程式的檔案。這版本會指定要使用的網路，添加了狀態檢查參數，並為該 Web 應用程式公開了一個連接埠，但是在 API 服務中不會公開任何連接埠，避免服務對外開放。

- **docker-compose-uat.yml**：用於使用者驗收測試 (User Acceptance Testing) 環境的版本。這個版本會指定要使用的網路，也會使用標準的 80 連接埠，並會讓服務自動重新啟動，也會做更嚴謹的狀態檢查。

範例 10.2 為 dev 版本的覆寫檔案內容，因為沒有指定映像檔，所以很明顯不是完整的 Compose 檔案，此處將以添加新屬性或覆寫現有屬性的方式合併到核心 Compose 檔案中。

範例 10.2 使用覆寫檔案指定主要 Compose 檔案的屬性

```
services:
  numbers-api:
    ports:
      - "8087:80"
    healthcheck:
      disable: true

  numbers-web:
    entrypoint:
```

接下頁

```
    - dotnet
    - Numbers.Web.dll
ports:
    - "8088:80"

networks:
  app-net:
    name: numbers-dev
```

其他覆寫檔案遵循相同的模式讓每個環境的 web 應用程式和 API 使用不同的連接埠，因此您可以在一台機器上同時跑所有的容器。

◁)) **馬上試試**

首先刪除所有容器，然後在多個環境中執行隨機數字應用程式。每個環境都需要一個專案名稱和正確的 Compose 檔案組合：

```
# 刪除任何現有的容器
docker container rm -f $ (container ls -aq)

# 在開發人員配置中執行該應用程式：
# 以下為同一道命令，請勿換行
docker-compose -f ./numbers/docker-compose.yml -f ./
numbers/dockercompose-dev.yml -p number-dev up -d

# 測試環境設置：
# 以下為同一道命令，請勿換行
docker-compose -f ./numbers/docker-compose.yml -f ./
numbers/dockercompose-test.yml -p number-test up -d

# 使用者驗收測試：
# 以下為同一道命令，請勿換行
docker-compose -f ./numbers/docker-compose.yml -f ./
numbers/dockercompose-uat.yml -p number-uat up -d
```

現在，您有三個正在執行的應用程式，它們彼此隔離，因為每個部署都使用自己的 Docker 網路。在實務上可以在一台伺服器上執行，並且團隊可以依照他們想使用的不同環境，瀏覽到對應的連接埠。例如可以將 80 連接埠用於 UAT(User Acceptance Testing)，將 8080 連接埠用於系統測試，並將 8088 連接埠用於開發團隊的開發環境。圖 10.6 顯示了我們建立的網路和容器的輸出：

接下頁

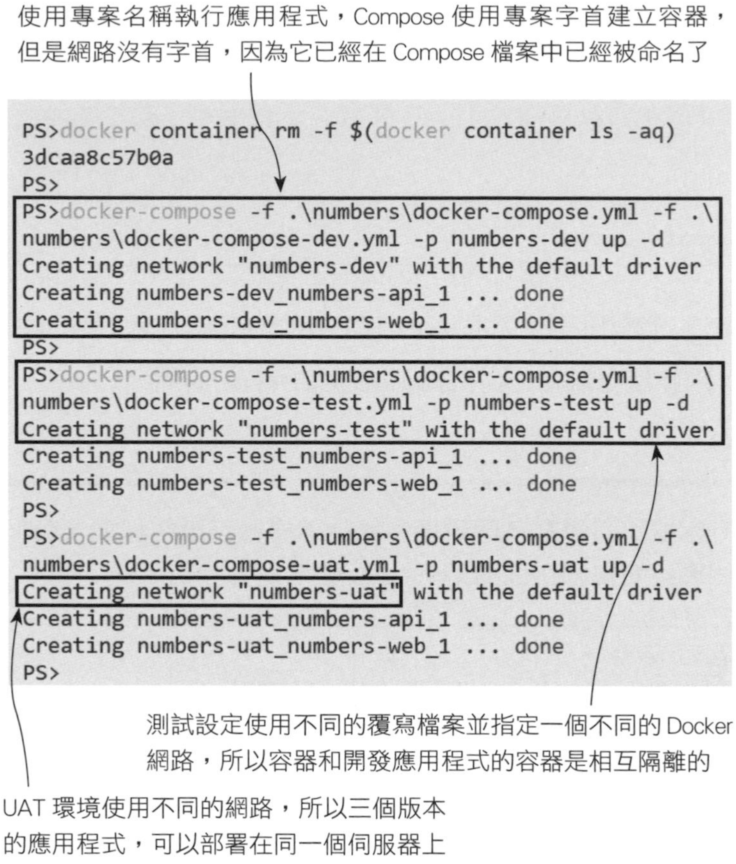

使用專案名稱執行應用程式，Compose 使用專案字首建立容器，
但是網路沒有字首，因為它已經在 Compose 檔案中已經被命名了

```
PS>docker container rm -f $(docker container ls -aq)
3dcaa8c57b0a
PS>
PS>docker-compose -f .\numbers\docker-compose.yml -f .\
numbers\docker-compose-dev.yml -p numbers-dev up -d
Creating network "numbers-dev" with the default driver
Creating numbers-dev_numbers-api_1 ... done
Creating numbers-dev_numbers-web_1 ... done
PS>
PS>docker-compose -f .\numbers\docker-compose.yml -f .\
numbers\docker-compose-test.yml -p numbers-test up -d
Creating network "numbers-test" with the default driver
Creating numbers-test_numbers-api_1 ... done
Creating numbers-test_numbers-web_1 ... done
PS>
PS>docker-compose -f .\numbers\docker-compose.yml -f .\
numbers\docker-compose-uat.yml -p numbers-uat up -d
Creating network "numbers-uat" with the default driver
Creating numbers-uat_numbers-api_1 ... done
Creating numbers-uat_numbers-web_1 ... done
PS>
```

測試設定使用不同的覆寫檔案並指定一個不同的 Docker
網路，所以容器和開發應用程式的容器是相互隔離的

UAT 環境使用不同的網路，所以三個版本
的應用程式，可以部署在同一個伺服器上

圖 10.6：在同一機器的不同容器中，執行多個隔離的環境。

現在，您具有三個可以作為獨立環境使用的服務：http://localhost 是
UAT 版本，http://localhost:8080 是系統測試版本，而 http://localhost:8088
是開發環境版本。無論瀏覽到其中任何一個網址，您都可以看到相同的應用
程式，但是每個網路容器只能在自己的網路中看到 API 容器（編註：不同
版本看不到其他版本的狀況），這讓不同的應用程式版本可以各自獨立運作。
就算您在開發環境版本中，不斷測試請求取得隨機數字，導致 API 失效，
但是系統測試版本和 UAT 版本仍會運作。每個環境中的容器使用 DNS
name 來溝通，但是 Docker 會管制容器網路內的流量。圖 10.7 顯示了如何
藉由隔離網路使您的所有環境分開：

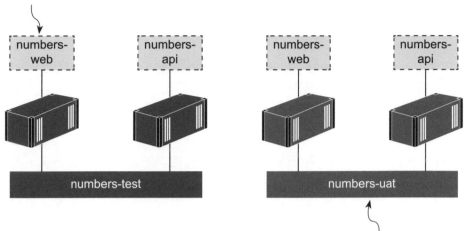

4 個容器在同一個 Docker Engine 上執行，但是它們連至不同的網路，
在 numbers-test 網路上的容器，沒辦法看到在 number-uat 網路上的容器

在網路內解析 DNS name，所以 web 容器使用 numbers-api
來和 API 溝通，不過它們只會看到自己網路裡面的容器

圖 10.7：在一個 Docker Engine 上執行多個環境並藉由隔離網路來獨立運作。

　　Docker Compose 是客戶端工具，您需要存取所有 Compose 檔案才能管理您的應用程式，而且還需要記住使用的專案名稱。以往如果要清掉測試環境，通常只需要執行 docker-compose down 就可以刪除容器和網路，但這不適用於採用覆寫檔案建立的環境，因為 Compose 需要比對與 up 相同的所有檔案和專案名稱的命令才能刪除資源。

◁) 馬上試試

先刪除該應用程式的測試環境版本。您可以在 down 命令上嘗試不同的參數，但是唯一能讓命令起作用的是與原本 up 命令具有相同檔案列表和專案名稱的那條命令：

```
# 如果使用預設的 docker-compose.yml，這可以正常執行
docker-compose down
```

接下頁

```
# 如果使用沒有專案名稱的覆寫檔案,這可以正常執行
# 以下為同一道命令,請勿換行
docker-compose -f ./numbers/docker-compose.yml -f
./numbers/dockercompose-test.yml down

# 但是之前指定了專案名稱,所以也必須包含以下的參數,這樣才能完全刪除掉容器
# 以下為同一道命令,請勿換行
docker-compose -f ./numbers/docker-compose.yml -f
./numbers/dockercompose-test.yml -p numbers-test down
```

您可以在圖 10.8 中看到輸出結果,除非提供相同的檔案和專案名稱,否則 Compose 無法識別應用程式的資源,因此在第一條命令中它不會刪除任何內容。在第二條命令中,雖然 Compose 嘗試刪除容器和網路,但沒有停止服務,因為有應用程式容器連接到該網路,還是無法刪除。

此目錄中沒有 Compose 檔案,也沒有指向 Compose
檔案的 -f 參數,因此該命令無法執行

```
PS>docker-compose down
ERROR:
        Can't find a suitable configuration file in thi
s directory or any
        parent. Are you in the right directory?

        Supported filenames: docker-compose.yml, docker
-compose.yaml

PS>
PS>docker-compose -f .\numbers\docker-compose.yml -f .\
numbers\docker-compose-test.yml down
Removing network numbers-test
ERROR: error while removing network: network numbers-te
st id df5591c401bb4742263df710dac38a7e6caec411f25c98af9
bda1fd14da4b459 has active endpoints
PS>
PS>docker-compose -f .\numbers\docker-compose.yml -f .\
numbers\docker-compose-test.yml -p numbers-test down
Stopping numbers-test_numbers-api_1 ... done
Stopping numbers-test_numbers-web_1 ... done
Removing numbers-test_numbers-api_1 ... done
Removing numbers-test_numbers-web_1 ... done
Removing network numbers-test
PS>
```

由於未指定檔案名稱,Compose 找不到容器,但是它會找到在 compose 檔案中有檔案名稱的網路

這是和原本 up 命令的檔案和專案名稱相同,因此 Compose 可以找到並刪除資源

圖 10.8:使用 Compose 管理應用程序時需要使用相同的檔案和專案名稱。

接下頁

發生這些錯誤是因為在 Compose 覆寫檔案中明確命名了網路。我們沒有在第二個 down 命令中指定專案名稱，因此它會使用預設名稱（即資料夾名稱編號）。Compose 嘗試尋找 numbers_numbers-web_1 和 numbers_numbers-api_1 的容器，但未找到它們，因為它們實際上是用專案 numbers-test 當字首建立的。Compose 認為這些容器已經不存在，只需要清理網路，也確實找到了，但因為使用預設的網路名稱，字首沒有加上專案名稱，Docker 不允許您刪除仍在連接容器的網路，Compose 嘗試刪除該網路就出錯了。

以上說明了在開發的過程中需要謹慎使用 Docker Compose，藉由 Docker Compose 可以讓您在單一電腦上部署數十或數百個應用程式並從硬體資源中獲得最大效益。覆寫檔案使您可以重新定義應用程式並識別環境之間的差異，但是需要了解管理上的潛在成本並從中使用腳本和自動化，以進行部署和移除。

10.3　在配置中加入環境變數和 secret

在上節中我們使用了 Docker 網路隔離不同環境下的應用程式，並使用 Compose 覆寫取得環境之間的差異，但是您還需要在每個環境更改相對應的應用程式配置。大多數應用程式可以從環境變數也可以從檔案中讀取相關的配置，而 Compose 對這兩種方法都提供了良好的支援。

回到 todo-list 應用程式，該應用程式的 Docker 映像檔主要是讀取環境變數和配置檔案進行設定。如果在不同的環境下執行應用程式，有三個地方可能會變的不一樣：

● **日誌記錄**：日誌記錄需要多詳細？一開始在開發環境中，日誌記錄會非常冗長，而在測試和正式環境中則變得越來越少。

● **資料庫功能**：要使用應用程式容器內簡單的資料庫檔案，還是使用功能較完整的資料庫。

● **資料庫連接資訊**：如果資料不是選擇存在本機檔案中，則需要連接資料庫的詳細訊息。

　　根據不同的開發情境可以使用覆寫檔案加入不同的配置，接著我們會採用不同的方法，提供您用 Docker Compose 所能做到的各種可能。範例 10.3 顯示了核心的 Compose 檔案，此檔案打包了一個基本的 Web 應用程式，並且將配置檔案設定為 secret。

範例 10.3 使用 secret 建構 Web 應用程式的 Compose 檔案

```
services:
  todo-web:
    image: diamol/ch06-todo-list
    secrets:
      - source: todo-db-connection
        target: /app/config/secrets.json
```

　　secret 是設定環境配置常用的一種方法，在現今熱門的容器叢集平台 Docker Compose、Docker Swarm 和 Kubernetes 中都支援用 secret 設定環境配置。在 Compose 檔案中，您可以指定 secret 的來源和目標。source 是從容器執行的環境中載入 secret 的位置，target 是容器內 secret 的檔案路徑。

　　上面範例中的 secret 的 source 為 todo-db-connection，這代表在 Compose 檔案中用這個名稱定義了一個 secret，而這個 secrect 的內容被放在 /app/config/secrets.json 之中，這也是應用程式找尋配置的位置之一。

當您實際執行後，可以發現前面的 Compose 檔案無效，因為其中沒有 secret 的部分，而且核心檔案的服務中指名要有 todo-db-connection。範例 10.4 顯示了用於開發的覆寫檔案，該檔案的 services 設定了更多配置，並指定了 secrets。

範例 10.4　使用覆寫檔案增加配置設定和 secret

```
services:
  todo-web:
    ports:
      - 8089:80
    environment:
      - Database:Provider=Sqlite
    env_file:
      - ./config/logging.debug.env
secrets:
  todo-db-connection:
    file: ./config/empty.json
```

覆寫檔案有三種方法可以添加應用程式的設定配置，或改變容器中應用程式的行為，各有不同的好處，您可以自行組合運用：

● **Environment**：直接在容器內添加環境變數，此處我們是設定讓應用程式使用 SQLite 資料庫 (SQLite 是使用本機檔案來儲存資料的元件)。Environment 屬性是設定應用程式配置最簡單的方法，並且從 Compose 檔案中就可以看到配置的內容。

● **env_file**：一個配置用的文字檔案，該文字檔案的內容會將環境變數載入到容器中。文字檔案中每一行就是一個環境變數，其名稱和值之間用等號分隔。使用環境變數檔案可以在多個元件之間共享設定，每個元件只要引用這個檔案即可，而不用複製環境變數到各個容器中。此處 env_file 檔案的內容是日誌記錄的配置。

● secrets 是寫在 Compose YAML 檔案中最上層資源,就跟 networks 或 services 一樣。而本例 secrets 中的 todo-db-connection,其內容實際上是存在本機上的檔案中 (./config/empty.json)。由於此處應用程式沒有要另外連接資料庫,因此是用一個空的 JSON 檔案當作 secret,執行時應用程式還是會去讀取檔案,只是裡面沒有任何配置。

◁)) **馬上試試**

您可以使用 Compose 檔案和 todo-list-configured 目錄中的覆寫檔案代替原始的開發配置,在執行該應用程式後使用 curl 將請求發送到 Web 應用程式,並檢查容器是否記錄了大量詳細訊息:

```
# 刪除現在執行的容器
docker container rm -f $(docker container ls -aq)

# 使用覆寫配置啟動容器 - 如果使用 Linux 系統請輸入以下的命令:
# 以下為同一道命令,請勿換行
docker-compose -f ./todo-list-configured/docker-compose.yml
-f ./todolist-configured/docker-compose-dev.yml -p
todo-dev up -d

# 如果使用 Windows 系統請輸入以下的命令:
# 以下為同一道命令,請勿換行
docker-compose -f ./todo-list-configured/docker-compose.yml
-f ./todolist-configured/docker-compose-dev.yml -f
./todo-listconfigured/docker-compose-dev-windows.yml -p
todo-dev up -d

# 傳送請求到應用程式中:
curl http://localhost:8089/list

# 檢查日誌紀錄:
docker container logs --tail 4 todo-dev_todo-web_1
```

您可以在圖 10.9 中看到輸出結果。Docker Compose 會強制讓每個應用程式使用網路,因此即使 Compose 檔案中未指定網路,它也會建立一個預設網路,並將容器連接到該網路。就輸出結果而言,最新的日誌顯示了該應用程式使用的 SQL 資料庫命令。您的日誌可能顯示不同的內容,但是如果查看整個日誌,則應該可以找到 SQL 語法的敘述,這代表我們已增加了日誌記錄的配置。

接下頁

用 Compose 覆寫檔案、環境變數
和 secret 中的配置來執行應用程式

```
PS>docker container rm -f $(docker container ls -aq)
a46a478e74f6
PS>
PS>docker-compose -f .\todo-list-configured\docker-comp
ose.yml -f .\todo-list-configured\docker-compose-dev.ym
l -p todo-dev up -d
Creating network "todo-dev_default" with the default dr
iver
Creating todo-dev_todo-web_1 ... done
PS>
PS>curl http://localhost:8089/list | Out-Null
  % Total    % Received % Xferd  Average Speed   Time
  Time    Time   Current
                                 Dload  Upload   Total
  Spent   Left  Speed
  0      0      0       0     0       0        0 --:--:--
100   2620     0    2620     0       0     2620 --:--:--
100   2620     0    2620     0       0     2620 --:--:--
--:--:-- --:--:--  3493
PS>
PS>docker container logs --tail 4 todo-dev_todo-web_1
info: Microsoft.EntityFrameworkCore.Database.Command[20
100]
      Executing DbCommand [Parameters=[], CommandType='
Text', CommandTimeout='30']
      SELECT "t"."ToDoId", "t"."DateAdded", "t"."Item"
      FROM "ToDos" AS "t"
```

使用該應用程式產生的資料　　　　此配置設定寫入很多日誌，包括傳送給資料
與操作會被寫入到日誌中　　　　　庫的 SQL 語法，它們原本不在預設設定中

圖 10.9：藉由在 Docker Compose 中更改配置來修改應用程式的行為。

　　開發人員部署時可以使用環境變數和 secret 進行應用程式的配置，將
Compose 檔案和 config 檔案中指定的值載入到容器中。例如在測試部署時
使用主機上的環境變數為容器提供屬性值。這使部署更具可移植性，因為您
可以更改環境，而無需更改 Compose 檔案本身。如果您想在其他伺服器上
啟動第二個測試環境，但需要有不同的配置時，就可以採用這種方法。範例
10.5 為 todo-web 服務的配置結果。

範例 10.5 在 Compose 檔案中，使用環境變數當屬性值

```
todo-web:
  ports:
    - "${TODO_WEB_PORT}:80"
  environment:
    - Database:Provider=Postgres
  env_file:
    - ./config/logging.information.env
  networks:
    - app-net
```

連接埠的 ${} 設定已替成環境變數的名稱。因此，假設我們在執行 Docker Compose 的電腦上設定了一個 TODO_WEB_PORT 變數，且值為 8877，則 Compose 會自動載入 8877 這個值，所以連接埠設定實際上會變為『8877：80』。該服務的詳細配置位於檔案 docker-compose-test.yml 中，該檔案還包括資料庫服務以及用於連接資料庫容器的密碼。

您可以透過與開發環境相同的方式，指定 Compose 檔案和專案名稱來執行測試環境，但是 Compose 的一項功能使整個工作流程變得更加容易，如果 Compose 在當前資料夾中找到一個名為 .env 的檔案，它會將該檔案視為環境檔案，並將內容當作環境變數，並在執行命令之前自動載入。

◁)) 馬上試試

移動到已配置的 todo-list 應用程式的目錄底下，並在不為 Docker Compose 指定任何參數的情況下執行它：

```
cd ./todo-list-configured

# 如果是 Windows 容器請輸入下面的命令:
cd ./todo-list-configured-windows

docker-compose up -d
```

接下頁

圖 10.10 展示了 Compose 已經建立了 web 和資料庫容器,儘管核心的
Compose 檔案未指定資料庫服務也沒有指定名稱,但它使用了專案名稱
todo_ch10。.env 檔案將 Compose 配置設定為預設情況下執行測試環境,
而無需指定測試用的覆寫檔案。

在這個資料夾中有多個 Compose 檔案,.env 檔案為 Compose
指定預設配置,其中包含使用的檔案及專案名稱

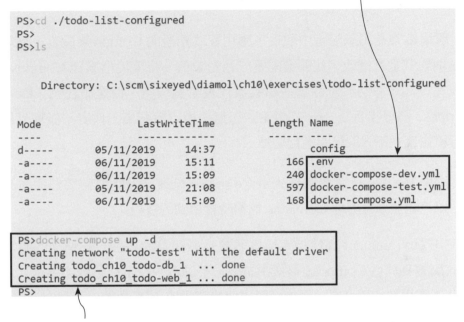

```
PS>cd ./todo-list-configured
PS>
PS>ls


    Directory: C:\scm\sixeyed\diamol\ch10\exercises\todo-list-configured


Mode                LastWriteTime         Length Name
----                -------------         ------ ----
d-----        05/11/2019     14:37               config
-a----        06/11/2019     15:11           166 .env
-a----        06/11/2019     15:09           240 docker-compose-dev.yml
-a----        05/11/2019     21:08           597 docker-compose-test.yml
-a----        06/11/2019     15:09           168 docker-compose.yml


PS>docker-compose up -d
Creating network "todo-test" with the default driver
Creating todo_ch10_todo-db_1  ... done
Creating todo_ch10_todo-web_1 ... done
PS>
```

不使用任何參數執行 Compose 命令,只使用 .env 的預設值,所以它結合了
Compose 檔案和測試環境設定,在建立資料庫容器的同時也建立了 web 容器

圖 **10.10**:使用一個環境檔案來指定 Docker compose 檔案和專案名稱。

此處可以使用這麼精簡的命令,而無需指定檔案名和參數,是因為
Docker Compose 會自行在資料夾中找到 .env 檔,而檔案中則包含有環
境變數。除了用於容器配置,例如 Web 應用程式的連接埠,也可用於
Compose 命令本身,例如要使用的檔案和專案名稱等。

範例 10.6 使用一個環境檔案來設定容器和 Compose

```
# 容器中的配置 - 要發佈的連接埠:
TODO_WEB_PORT=8877
TODO_DB_PORT=5432

# 撰寫環境變數配置 - 檔案名稱和專案名稱:
COMPOSE_PATH_SEPARATOR=;
COMPOSE_FILE=docker-compose.yml;docker-compose-test.yml
COMPOSE_PROJECT_NAME=todo_ch10
```

環境檔案在測試配置中取得了應用程式預設的 Compose 設定,您可以輕鬆地對其進行修改,使開發配置成為預設值。將環境檔案與 Compose 檔案放在一起,有助於記錄哪些檔案集代表哪個環境,但是請注意,Docker Compose 僅尋找名為 .env 的檔案。您無法指定檔案名,代表不能輕易用多個環境檔案在不同環境間進行切換。

使用 Docker 時需要處理大量 Compose 檔案,因此您需要熟悉所有選項。以下總結所有處理 Compose 檔案時會用到的技巧:

● 使用 environment 屬性指定環境變數是最簡單的做法,它使您的應用程式配置易於從 Compose 檔案中讀取。不過這些設定都是純文字格式,因此不要用於敏感資料,例如資料庫連接資訊或 API 金鑰。

● 載入 secret 屬性的配置檔案是最靈活的方式,因為所有容器執行環境都支援該檔案,並且可用於敏感資料。當您使用 Compose 時,secret 的來源可能是本機檔案,也可能是儲存在 Docker Swarm 或 Kubernetes 叢集中的加密 secret。無論來源是什麼,secret 內容都會載入容器中的檔案系統,以供應用程式讀取。

● 當服務之間有很多共享設定時,使用 environment_file 屬性將設定儲存在檔案中並將其載入到容器中。Compose 會在本機讀取檔案,並將各個值設定為環境變數,因此在連接到遠端的 Docker Engine 時,仍然可以使用本機的環境變數。

● 環境檔案 .env 可以儲存不同環境的配置，方便應用程式部署到不同的環境。

10.4 使用擴充欄位減少重複的欄位

看到這裡，您可能會認為 Docker Compose 所提供的配置選項（編註：指 services、netwoks 等區塊及其屬性）非常夠用，但實際上 Docker Compose 提供的規範很簡單，實務上在使用時常會遇到不少限制。最常見的問題之一是當您共享許多相同設定的服務時，如何避免 Compose 檔案越寫越長。在本節中我們將介紹解決此問題的方法，Docker Compose 使用擴充欄位定義 YAML blocks，您可以在整個 Compose 檔案中重複使用這個 blocks。擴充欄位是 Compose 非常強大的功能，它可以幫您消除很多重複和潛在的錯誤。

在本章練習的 image-gallery 資料夾中，有一個 docker-composeprod，使用擴充欄位的 yml 檔案。範例 10.7 顯示了如何定義擴充欄位，如何在任何上層區塊 (services、networks 等) 之外宣告擴充欄位，並使用符號『&』命名。

範例 10.7 在 Compose 檔案最上面定義擴充欄位

```
x-labels: &logging
  logging:
    options:
      max-size: '100m'
      max-file: '10'

x-labels: &labels
  app-name: image-gallery
```

在此檔案中有兩個自己定義的擴充欄位，分別叫做 logging 和 labels。按照慣例，會在區塊名稱前加上『x』，因此 x-labels 區塊定義了一個稱為 labels 的擴充欄位。接著我們看到 &logging 這個擴充欄位，此擴充欄位中設定了一些容器日誌的設定，這些被擴充欄位定義的設定，可以在其他的服務中被拿來使用。

再來要注意這些定義之間的區別，例如 &logging 區塊中包含 logging 屬性，這代表可以直接在 services 中使用它。而 labels 區塊並沒有包含 labels 屬性，因此必須使用原先就有的 labels。範例 10.8 清楚地說明了這兩種擴充的定義。

範例 10.8 在 YAML 合併的 services 定義中使用擴充欄位

```
services:

  iotd:
    ports:
      - 8080:80
    <<: *logging
    labels:
      <<: *labels
      public: api
```

擴充欄位與 YAML 合併語法『<<：』一起使用，此語法後面會跟著字串名稱，該名稱前帶有星號。因此 <<：* logging 將合併 YAML 檔案中 logging 擴充欄位的值。當 Compose 處理此檔案時，會從 logging 進行擴充，將 logging 的整個區塊添加到 services 中，並增加額外的 labels 到現有的 labels 區塊中。

◁)) 馬上試試

我們無需執行此應用程式，即可查看 Compose 如何處理檔案。只需執行 config 命令即可。這將驗證所有輸入並輸出最終的 Compose 檔案，並查看擴充欄位是否有合併到服務定義中：

```
# 切換至 ch10/exercises 底下的 image-gallery 資料夾：
cd ../image-gallery

# 檢查正式環境的配置：
# 以下為同一道命令，請勿換行
docker-compose -f ./docker-compose.yml -f ./docker-
compose-prod.yml config
```

接下頁

輸出結果如圖 10.11 所示。這裡沒有顯示完整的輸出，只擷取了服務定義來顯示合併進來的擴充欄位。

這個警告告訴您，有一個系統環境
變數使用 Compose 檔案但是它的
值尚未設定，這是您需要注意的

Config 命令設定合併並處理
輸入檔案和輸出，如果命令
沒問題會顯示合併的檔案

```
PS>cd ..\image-gallery\
PS>
PS>docker-compose -f .\docker-compose.yml -f .\docker-compose-prod.yml config
WARNING: The HOST_IP variable is not set. Defaulting to a blank string.
networks:
  app-net:
    name: image-gallery-prod
services:
  accesslog:
    image: diamol/ch09-access-log
    labels:
      app-name: image-gallery
    logging:
      options:
        max-file: '10'
        max-size: 100m
    networks:
      app-net: {}
  grafana:
    depends_on:
    - prometheus
    image: diamol/ch09-grafana
    labels:
      app-name: image-gallery
    logging:
      options:
        max-file: '10'
        max-size: 100m
```

兩個服務合併 logging 和 labels 擴充欄位所以有部份內
容一樣，但是在原始的 Compose 檔案中只要寫一次

圖 10.11：使用 config 命令來處理檔案和擴充欄位，並檢查輸出。

　　擴充欄位是確保 Compose 檔案達到最大效益的方法，使用相同的日誌設定和容器標籤可以為所有服務訂定標準。當您要複製並貼上大區塊的 YAML 時，最好使用擴充欄位。但是有一個很大的缺點：擴充欄位不適用於多個 Compose 檔案，因此您不能在核心 Compose 檔案中定義，然後在覆寫檔案中使用它。這是 YAML 本身語法的問題，而不是 Compose 的問題，要特別注意這點。

10.5　了解 Docker 的配置工作流程

　　業界現在常用的做法是將系統的整個部署配置封裝在程式碼管理中,透過這樣的方式讓您僅透過獲取該版本的程式碼即可執行部署腳本,來部署任何版本的應用程式。還可以讓開發人員獲取在本機執行正式環境時所需的元素,並在自己的電腦中重現錯誤 (bug) 來快速進行修復。

　　無論在哪個環境下總是會存在差異,Docker Compose 使您能夠取得環境之間的差異,同時仍為您提供位於程式碼控制中的那組部署配置。在本章中,我們研究了使用 Docker Compose 定義不同的環境,並將重點放在以下三點:

- **應用程式組合**:並非每個環境都會執行所有需要的元素。開發人員可能不會使用諸如儀表板之類的功能,或者應用程式可能會在測試環境中使用容器化的資料庫,但會在正式環境中使用雲端資料庫。覆寫檔案使您可以輕鬆地執行此操作,共享公用服務並在每個環境中加入特定的服務。

- **容器配置**:需要更改屬性以匹配環境的需求和功能。發佈的連接埠必須是唯一值,以免與其他容器發生衝突,並且 volume 路徑可能在測試環境中使用本機儲存,但在正式環境中使用共享儲存。覆寫檔案可以同時為每個應用程式提供了隔離的 Docker 網路,使您可以在單個伺服器上執行多個環境。

- **應用程式配置**:容器內應用程式的行為會根據不同的環境而有所變化。例如可能會更改應用程式的日誌記錄數量,或用於儲存本機資料的空間大小,或者可能會打開或關閉整個功能。您可以將 Compose 與覆寫檔案、環境變數和 secret 一起使用。

　　圖 10.12 顯示了我們在 10.3 節中執行的 todo-list 應用程式。開發和測試環境完全不同:在開發環境中,將應用程式的配置為使用本機資料庫檔案。在測試環境中,Compose 會執行資料庫容器,並且將應用程式配置為使用該資料庫。但是每種環境都使用隔離的網路和唯一的連接埠,因此可以在同一台機器上執行。

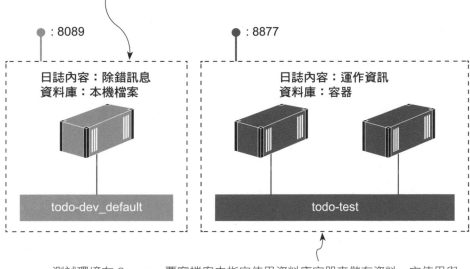

開發環境版本指定環境變數、環境檔案和 secret 使
應用程式使用本機資料庫檔案和增加日誌記錄數量

測試環境在 Compose 覆寫檔案中指定使用資料庫容器來儲存資料，它使用與
開發環境版本不同的連接埠和網路，所以兩個環境可以在同一個機器上執行

圖 **10.12**：使用 Docker Compose 為同一個應用程式配置不同的環境。

最重要的是，配置的工作流程在每個環境中都使用相同的 Docker 映像
檔。建置過程將產生容器映像檔，該映像檔已透過所有自動化測試。您可
以使用 Compose 檔案中的配置，將其發佈到煙霧測試 (Smoke Test) 的環
境中。通過測試後它將轉到下一個環境，該環境使用同一組映像檔，並應
用 Compose 檔案中的新配置。最終如果所有測試均透過，則使用 Docker
Swarm 或 Kubernetes 部署應用程式，將這些相同的容器映像檔部署到正式
環境時，發佈的軟體與透過所有測試的軟體皆完全相同。

煙霧測試是在軟體領域中對軟體基本
的功能進行測試，目的是確認軟體的
功能正常，保證軟體能正常運行。

10.5 了解 Docker 的配置工作流程

10.6　課後練習

在本練習中，我們希望您為 todo-list 應用程式建構自己的環境配置。將開發環境和測試環境放在一起，並確保它們都可以在同一台電腦上執行。

開發環境應為預設環境，您可以將其與 docker-compose up 一起執行。需要滿足以下幾點：

● 使用本機資料庫檔案。

● 發佈到連接埠 8089。

● 執行 v2 版本的 todo-list 應用程式。

測試環境將需要使用特定的 Docker Compose 檔案和專案名稱執行。需要滿足以下幾點：

● 使用單獨的資料庫容器。

● 將 volume 用於資料庫的儲存。

● 發佈到連接埠 8080。

● 使用 latest 版本的 todo-list 應用程式映像檔。

這裡與本章 todo-list 應用程式配置練習中的 Compose 檔案有相似之處。主要區別在於 volume 資料庫容器使用稱為 PGDATA 的環境變數，來設定應用程式將資料檔案寫入的位置。您可以在 Compose 檔案中，與 volume 一起使用。

如本章所述，有很多不同的組合可以解決此問題，解決方案放在 GitHub 上：

https://github.com/sixeyed/diamol/blob/master/ch10/lab/README.md

11

Chapter

Day 11

使用 Docker 及 Docker Compose 建置和測試應用程式

自動化是 Docker 的核心，您可以將所有需要的元件打包到 Dockerfile 中，並使用 Docker 命令列來執行；或者您可以在 Docker Compose 檔案中定義應用程式的架構（規格），並使用 Compose 命令列啟動和停止應用程式。命令列工具非常適合自動化流程，可以排定每天執行或開發人員提交修改程式碼的時候再執行。不管使用哪種工具執行這些作業，它們都可以用腳本式的形式幫您執行命令，因此可以輕鬆地與 Docker 工作流程與自動化伺服器整合在一起。

在本章中，您將學習如何使用 Docker 進行持續整合（Continuous Integration，CI）。CI 是自動執行的程序，會定期執行以建置應用程式，並執行一系列測試。只要 CI 程序運作順利，則代表目前最新應用程式的程式碼沒有問題，而且是打包好可以準備部署的候選發佈版本。以往設定和管理 CI 伺服器的工作既費時又費力，大型專案中都要安排一個管理 CI 的專職角色（稱為 build manager）。Docker 的加入簡化了傳統的 CI 程序，讓團隊成員可以騰出精力與時間做其他工作。

11.1　CI 流程如何與 Docker 配合使用

CI 程序是由程式啟動的一個 pipeline（流程），透過執行一連串的步驟，最後產生測試完成、可以部署的 artifact。規劃或建立 CI 的挑戰是每個專案的 pipeline 都是獨一無二的，不同的技術組成會執行不同的操作，並產生不同形式的 artifact（編註：可能是二進位檔、script 指令稿或專案設定檔等）。CI 伺服器必須能夠讓所有的 pipeline 正常工作，因此要安裝各種程式語言和開發工具，讓伺服器變得難以管理。

Artifact 原意是指人工的加工品，在軟體開發的領域中被解釋為程式碼生成的產物（用於部署），由於 Artifact 並沒有中文翻譯（軟體開發領域）故本書直接使用原文

Docker 為 CI 流程帶來了一致性，每個專案都遵循相同的步驟，並產生相同類型的 artifact。圖 11.1 為使用 Docker 技術的 pipeline，它是定時排程或程式碼修改時所觸發，會產生一組 Docker 映像檔。這些映像檔包含了最新版本的程式碼，經過編譯、測試、打包並推送到登錄伺服器，以進行軟體部署。

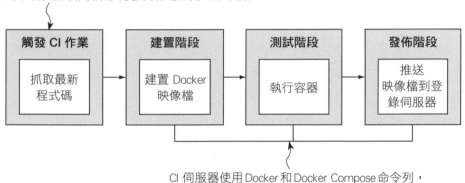

圖 11.1：使 CI pipeline 的基本步驟，包括建置、測試及發佈等都可以用 Docker 來完成。

CI pipeline 中的每個步驟，可使用 Docker 或 Docker Compose 來執行，而且所有工作都在容器中進行。您可以使用容器來編譯應用程式，因此 CI 伺服器不需要安裝任何程式語言或軟體開發套件 (Software development kit, SDK)。自動化的單元測試是映像檔建置的一部分，只要程式碼有錯，建置就會失敗，CI 流程也會停止。除此之外還可以用 Docker Compose 啟動整個應用程式，並另外執行一個獨立的容器，來執行更複雜的端對端測試（end-to-end tests），以模擬使用者的操作流程。

在容器化 CI 的工作流程中，所有複雜的工作都在容器中進行，但是您仍然需要搞定伺服器系統等基礎架構，才能將相關的一切都整合起來：包括集中式的程式碼管理系統、用來儲存映像檔的 Docker 登錄伺服器，以及執行 CI 工作流程所需的自動化伺服器。您可以選擇各式各樣的雲端託管服務，而且都支援 Docker，例如混搭 GitHub、Azure DevOps 和 Docker Hub，也可以使用有多合一解決方案的 GitLab。或者，我們建議您可以在 Docker 容器中執行自己的 CI 基礎架構。

11.2 使用 Docker 加快基礎架構建置的速度

如果有免費、可靠的託管服務，應該沒人想要自己架設任何基礎架構。但是如果希望將程式碼和打包的映像檔，完全保留在自己的網路中（出於資安或傳輸速度的考量），在 Docker 中執行這樣的建置系統，會是很好的替代方案。就算您還是選擇所有內容都使用雲端服務，為了應付 GitHub 或 Docker Hub 發生故障、網路斷線等例外狀況，最好還是能有一個基本的備援方案。

上一節我們提到的程式碼管理系統、Docker 登錄伺服器、自動化伺服器，都可以使用企業級開源軟體，輕鬆地在容器中執行。只要一個命令，就可以安裝並設定好 Gogs 的程式碼控制系統，使用 Docker 登錄伺服器存放映像檔，以及使用 Jenkins 作為自動化伺服器。

Gogs 是一種輕型的 git 伺服器，有時候只是想要在容器內進行程式碼的版本控管，不需要太複雜的功能時就會安裝這種較為輕型的 git 伺服器，但這種伺服器功能較為陽春，如果想要使用較完整的 git 伺服器可以安裝 GitLab（安裝成本高）。

Jenkins 是一款由 Java 撰寫、開放原始碼的持續整合工具，可以幫助使用者達成專案建置、測試及部署等階段自動化的目標，是實現測試自動化及持續整合的主流工具之一

馬上試試

在本章的 exercises 資料夾中，有一個 Docker Compose 檔案（YAML），用於定義 CI 基礎架構的建構程序。對於 Linux 和 Windows 容器而言有一部分的設置是不同的，請依照說明自行選擇正確的命令。

> 如果您在 5.3 節中沒有在 host 檔案中加入 registry.local 作為 DNS name，請先參考 5.3 節的說明加入它。

```
cd ch11/exercises/infrastructure

# 如果使用 Linux 容器，請輸入以下的命令：
# 以下為同一道命令，請勿換行
docker-compose -f docker-compose.yml -f docker-compose-
linux.yml up -d

# 如果使用 Windows 容器，請輸入以下的命令：
# 以下為同一道命令，請勿換行
docker-compose -f docker-compose.yml -f docker-compose-
windows.yml up -d

# 在 Mac 或 Linux 上，加入登錄伺服器的位址到 hosts 檔案上：
echo $'\n127.0.0.1 registry.local' | sudo tee -a /etc/hosts

# 在 Windows 上，加入登錄伺服器的位址 到 hosts 檔案上：
# 以下為同一道命令，請勿換行
Add-Content -Value "127.0.0.1 registry.local" -Path
/windows/system32/drivers/etc/hosts

# 查看容器：
docker container ls
```

您可以在圖 11.2 中看到輸出結果，Linux 和 Windows 上的命令不同，但是結果是相同的，Gogs 伺服器使用連接埠 3000，Jenkins 使用連接埠 8080，登錄伺服器使用連接埠 5000。

接下頁

啟動 Gogs、Docker 登錄伺服器和 Jenkins 自動化伺服器等建置系統架構，
本例是 Windows 作業系統的 Docker Desktop，採用 Linux 容器

```
PS>cd .\ch11\exercises\infrastructure\
PS>
PS>docker-compose -f docker-compose.yml -f docker-compose-linux.y
ml up -d
Creating infrastructure_gogs_1              ... done
Creating infrastructure_registry.local_1 ... done
Creating infrastructure_jenkins_1          ... done
PS>
PS>echo "`n127.0.0.1  registry.local" >> /windows/system32/driver
s/etc/hosts
PS>
PS>docker container ls
CONTAINER ID        IMAGE              COMMAND
CREATED             STATUS             PORTS
        NAMES
8879c6ceecf9        diamol/jenkins     "/bin/sh -c 'java -D…"
12 seconds ago      Up 10 seconds      0.0.0.0:8080->8080/tcp
        infrastructure_jenkins_1
58300a8e6f59        diamol/registry    "/registry/registry …"
12 seconds ago      Up 10 seconds      0.0.0.0:5000->5000/tcp
        infrastructure_registry.local_1
52dd6b467136        diamol/gogs        "/app/gogs/docker/st…"
12 seconds ago      Up 10 seconds      22/tcp, 0.0.0.0:3000->300
0/tcp   infrastructure_gogs_1
PS>
```

將登錄伺服器容器的 DNS
加入到本機電腦中方便我
們可以推送及抓取映像檔

所有的容器皆有公開的
連接埠，讓我們可以從
主機存取這些容器

圖 11.2：在容器中執行一個命令，來建置整個基礎設施。

這三個工具支援不同階段的自動化。登錄伺服器無需額外設定即可在容
器中執行，您可以直接使用 registry.local:5000 作為映像檔標籤中的網域，
來推送和抓取映像檔。Jenkins 使用擴充套件系統來添加功能，您可以手動
設定所需的功能，也可以在 Dockerfile 中綁定一組腳本來自動完成設定。
Gogs 沒有非常完善的自動化功能，因此在執行 Gogs 時仍然需要一些手動
操作。

◁)) 馬上試試

打開瀏覽器並輸入網址 http://localhost:3000，您可以看到 Gogs 的網路使用者介面。首先會看到初始設定的頁面如圖 11.3 所示（此頁面僅在首次使用新容器才會出現）。所有設定值都沒錯，就可以捲動到最下面點擊 Install Gogs。

當您第一次執行 Gogs 的時候會出現這個安裝頁面，可以看出 Gogs 是一個應用程式，也因此無法進行自動部署（編註：要先完成安裝之後才行）

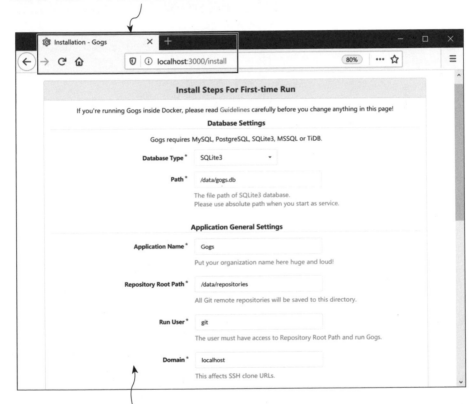

在容器中所有的設定都是預設的，所以您不需要修改它們，直接捲動到最下面，並點擊 Install Gogs 按鈕

圖 11.3：在容器中執行 Gogs，這是一個開放程式碼的 Git 伺服器，需要手動進行一些設定。

接下頁

完成後會進入登入頁面，由於沒有預設帳戶，因此您需要點擊註冊以建立一個。接著一定要使用 diamol 當作使用者名稱，建立一個新的使用者，如圖 11.4 所示，您可以任意填入任何電子郵件地址或密碼，但是後續我們的 Jenkins CI 工作流程 Gogs 的使用者會是 diamol。

在 Gogs 的安裝中，沒有預設使用者，所以您需要點擊註冊來建立使用者，第一個使用者會有管理員權限

您可以使用任何密碼，但是使用者名稱必須要是 diamol，以符合後續我們 Jenkins CI 的工作流程

圖 11.4：在 Gogs 中建立一個新的使用者，您可以使用它來推送程式碼到伺服器中。

點擊『Create New Account』，然後使用 diamol 作為使用者名稱和您設的密碼來登入。最後一步是建立一個 Git 儲存庫，我們將在該儲存庫中推送程式碼以觸發 CI 作業流程。開啟瀏覽器，並輸入 http://localhost:3000/repo/create，建立一個名為 diamol 的儲存庫，其他詳細資訊欄位可以不輸入資料，如圖 11.5 所示。

接下頁

儲存庫就像一個專案或應用程式的 Git 伺服器資料夾,
您可以上傳程式碼到這裡並觸發 CI 的自動化工具流程

儲存庫接受包含使用者名稱及儲存庫名稱指定的 URL,後續 Jenkins
會設定為使用 diamol/diamol 的網址去檢查程式碼是否有經過修改

圖 11.5:在 Gogs 中建立一個 Git 儲存庫,您可以在此上傳應用程式的程式碼。

在 Docker 中執行軟體時,並不是每個應用程式都能讓您完全自動化安裝。作者在本書中已經盡量將這些軟體設定步驟都建置程自訂的映像檔,但是請務必注意,您無法將所有的內容都打包到 docker container run 的工作流程中,這一點很重要。

Jenkins 是一個更好的選擇，它是一個 Java 應用程式，您可以把它打包進 Docker 映像檔，就可以在容器啟動時執行一組腳本。這些腳本幾乎可以做任何事情，像是安裝擴充套件、註冊使用者和建立 pipeline。這個 Jenkins 容器可以完成所有操作，您可以直接登入開始使用。

◁)) 馬上試試

打開瀏覽器並輸入 http://localhost:8080，您可以看到在圖 11.6 的畫面中，已經有一個配置為 diamol 的 job 處於失敗狀態。點擊右上角的『log in』連結，然後使用使用者名稱 diamol 和密碼 diamol 登入 Jenkins（編註：預設都是 diamol）。

有了 Jenkins 強大的自動化支援，我們可以在 Docker 映像檔中設定當容器啟動時，應用程式也會連帶啟動

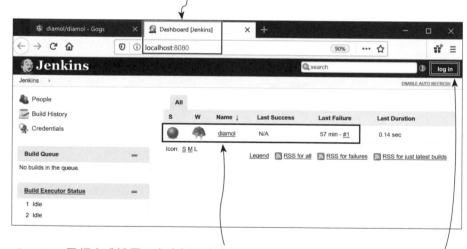

diamol job 已經完成設置，它會抓取來自 Gogs 伺服器的程式，並建置本章的應用程式，但是目前還沒辦法連到 Gogs 儲存庫所以會顯示失敗（編註：Success 欄位顯示 N/A，57 分鐘前執行失敗）

已經設置好一個管理員帳戶，我們可以使用 diamol 進行登入

圖 11.6：在容器中執行 Jenkins，它已完全設定好使用者，而且 CI 的工作流程已經設定好（編註：這也就是為什麼 Gogs 伺服器的使用者名稱一定要使用 diamol 的原因）。

Jenkins 處於失敗的狀態，因為它已配置為從 Gogs 伺服器中取得程式碼，但是目前還沒有程式碼在 Gogs 伺服器裡面。您可以從 GitHub 複製本書的程式碼，並將該書的程式碼推送到 Gogs 伺服器中。

◁)) 馬上試試

您可以使用 git remote add 添加一個額外的 Git 伺服器，然後將其推送到遠端伺服器。這會將程式碼從您的本機電腦上傳到 Gogs 伺服器，而該伺服器正是您電腦上的容器：

```
git remote add local http://localhost:3000/diamol/diamol.git

git push local

# Gogs 伺服器會要求你登入
# 使用您在 Gogs 伺服器註冊的使用者名稱 diamol 和密碼
```

現在，您可以在本機的 Gogs 伺服器中獲得整本書的程式碼。Jenkins 作業配置為每分鐘查詢一次程式碼是否修改，如果有修改就會觸發 CI pipeline。第一次作業失敗是因為儲存庫中沒有程式碼，因此 Jenkins 擱置了工作流程。您需要立即手動執行才能再次啟動這個作業排程。

◁)) 馬上試試

打開網頁並輸入 http://localhost:8080/job/diamol。您可以在圖 11.7 中看到輸出結果，然後可以點擊左側清單中的『Build Now』來執行重置作業。

如果看不到『Build Now』選項，請確保您已經使用 diamol 登入到 Jenkins。

接下頁

作業頁面可以讓您設置 pipeline，
並且查看最新的工作狀態

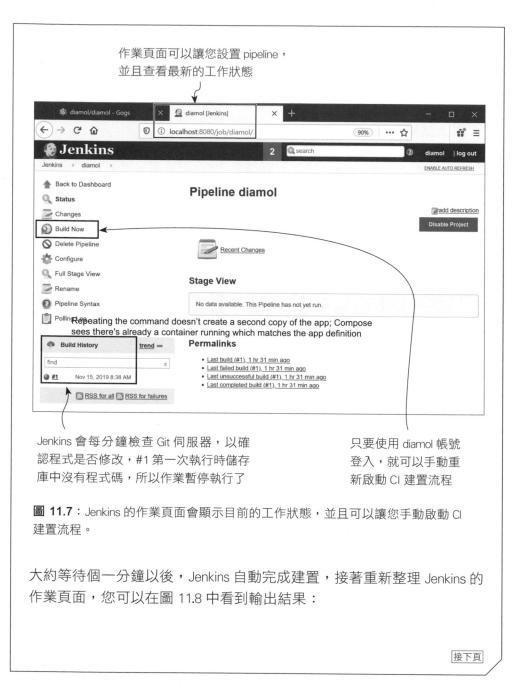

Jenkins 會每分鐘檢查 Git 伺服器，以確
認程式是否修改，#1 第一次執行時儲存
庫中沒有程式碼，所以作業暫停執行了

只要使用 diamol 帳號
登入，就可以手動重
新啟動 CI 建置流程

圖 11.7：Jenkins 的作業頁面會顯示目前的工作狀態，並且可以讓您手動啟動 CI
建置流程。

大約等待個一分鐘以後，Jenkins 自動完成建置，接著重新整理 Jenkins 的
作業頁面，您可以在圖 11.8 中看到輸出結果：

接下頁

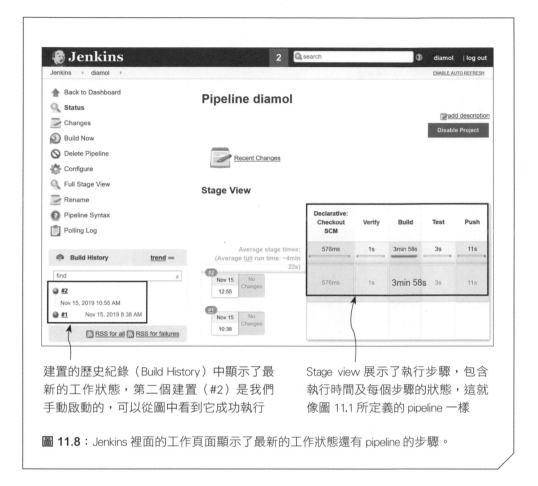

建置的歷史紀錄（Build History）中顯示了最新的工作狀態，第二個建置（#2）是我們手動啟動的，可以從圖中看到它成功執行

Stage view 展示了執行步驟，包含執行時間及每個步驟的狀態，這就像圖 11.1 所定義的 pipeline 一樣

圖 11.8：Jenkins 裡面的工作頁面顯示了最新的工作狀態還有 pipeline 的步驟。

pipeline 中的每個部分都是在 Docker 容器中執行，這樣的好處就是：在 Docker 執行的容器可以連接到 Docker API，並在同一個 Docker Engine 上啟動新容器。Jenkins 映像檔已安裝 Docker CLI，並且 Compose 檔案中的配置，會設定讓 Jenkins 執行 Docker 命令時，會將命令發送到您電腦上的 Docker Engine。

聽起來很奇怪，但實際上只是利用了 Docker CLI 呼叫 Docker API，因此來自不同位置的 CLI 可以連接到同一 Docker Engine。圖 11.9 顯示了它是如何工作的：

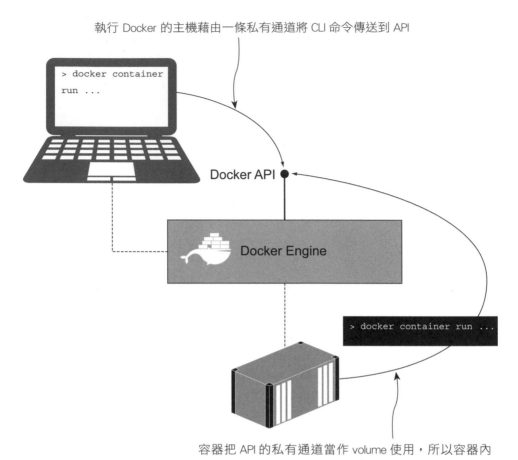

執行 Docker 的主機藉由一條私有通道將 CLI 命令傳送到 API

> docker container run ...

Docker API

Docker Engine

> docker container run ...

容器把 API 的私有通道當作 volume 使用，所以容器內
的 Docker CLI 可以與正在執行的 Docker Engine 進行溝通

圖 11.9：容器可以使用 volume 來綁定 Docker API 的私有通道。

在預設情況下，Docker CLI 會使用電腦專用的通訊通道（Linux 上的
socket 或 Windows 上的 named pipe）連接到本機的 Docker API。該通訊
通道可透過容器的綁定掛載來使用，因此容器中的 CLI 執行環境，實際上是
連接到電腦上的 socket 或 named pipe。這造就了一些特別的使用情境，容
器中的應用程式可以跟 Docker 查詢其他容器，或者啟動和停止新容器。不
過這也有安全性的問題，因為容器中的應用程式具有對主機上所有 Docker
功能的完整存取權限，因此只能對信任的 Docker 映像檔謹慎使用此權限，
當然您可以相信作者的 diamol 映像檔。

範例 11.1 是要啟動 CI 基礎架構容器而執行的 Docker Compose 檔案的一部分，先來看看 Jenkins 規格定義。您可以看到 volume 在 Linux 版綁定到 Docker socket，在 Windows 版則綁定到 named pipe，也就是 Docker API 的位址。

範例 11.1 將 Jenkins 中的 Docker CLI 綁定到 Docker Engine

```
# docker-compose.yml
services:
  jenkins:
    image: diamol/jenkins
    ports:
      - "8080:8080"
    networks:
      - infrastructure

# docker-compose-linux.yml
jenkins:
  volumes:
    - type: bind
      source: /var/run/docker.sock
      target: /var/run/docker.sock

# docker-compose-windows.yml
jenkins:
  volumes:
    - type: npipe
      source: \\.\pipe\docker_engine
      target: \\.\pipe\docker_engine
```

以上就是您需要的所有基礎架構。Jenkins 連接到 Docker Engine 以執行 Docker 和 Docker Compose 命令，並且可以通過 DNS 連接到 Git 伺服器和 Docker 登錄伺服器，因為它們都是同一個 Docker 網路中的容器。CI 工作流程執行一個命令來建置應用程式，並將所有複雜的建置流程，都記錄在 Dockerfiles 和 Docker Compose 檔案中。

11.3 使用 Docker Compose 取得建置設定

前一節我們透過 Jenkins 作業建置了一個新版本的隨機數字應用程式。第 10 章中有介紹過，如何將應用程式拆解到多個 Compose 檔案中，此處就要使用該方法來取得建置設定。範例 11.2 來自 ch11/exercises 資料夾中的基本 docker-compose.yml 檔案，它包含 web 和 API 服務的定義，映像檔名稱中包含環境變數。

範例 11.2 在核心的 Docker Compose 檔案的映像檔標籤中使用環境變數

```
services:
  numbers-api:
    image: ${REGISTRY:-docker.io}/diamol/ch11-numbers-api:v3-build-
      ${BUILD_NUMBER:-local}    ← 用 - 指定預設值
    networks:
      - app-net

numbers-web:
    image: ${REGISTRY:-docker.io}/diamol/ch11-numbers-web:v3-build-
      ${BUILD_NUMBER:-local}    ← 用 - 指定預設值
    environment:
      - RngApi__Url=http://numbers-api/rng
    networks:
      - app-net
```

這裡的環境變數用橫線語法 - 指定了一組預設值，因此 ${REGISTRY：-docker.io} 告訴 Compose 在執行環境用 REGISTRY 環境變數來替換 token。如果該環境變數不存在或是空的，就使用預設值 docker.io，這是 Docker Hub 的網域。映像檔標籤也指定了預設值，只要有設置環境變數 BUILD_NUMBER，就將該值帶入標籤，否則就使用預設值 local。

這對於支援 CI 程序，和使用相同的 artifact 的本機開發人員來說，是非常有用的作業模式。開發人員建置 API 映像檔時，不用設置任何環境變數，因此該映像檔將是 docker.io/diamol/ch11-numbers-api:v3-build-local。而 docker.io 是 Docker Hub，這是預設網域，因此該映像檔將僅顯示為 diamol/ch11-numbers-api:v3-build-local。當在 Jenkins 中執行相同的建置環境，變數將設置為使用本機 Docker 登錄伺服器和作業的實際內部建置編號，Jenkins 將其設置為遞增數字，因此映像檔名稱將為 Registry.local:5000/diamol/ch11-numbers-api:v3-build-2。

靈活的映像檔名稱是 CI 設定中一個重要的部分，但是關鍵資訊是在覆寫檔案 docker-compose-build.yml 中指定的，該檔案告訴 Compose 在哪裡找到 Dockerfile。透過 Docker Compose 建置應用程式，可依據 YAML 檔案中所指定的服務，有效地執行 docker image build 命令。可以是十幾個映像檔，也可以是一個映像檔，就算只是建一個映像檔，都建議使用 Docker Compose，這樣可以透過 YAML 檔案來指定想要的標籤。

◁))) **馬上試試**

您可以使用與 CI build pipeline 相同的步驟在本機建置應用程式。打開 terminal session，找到該章節的目錄，然後使用 Docker Compose 建置應用程式：

```
cd ch11/exercises

# 建置兩個映像檔：
# 以下為同一道命令，請勿換行
docker-compose -f docker-compose.yml -f docker-compose-build.yml build

# 檢查 web 映像檔的標籤：
# 以下為同一道命令，請勿換行
docker image inspect -f '{{.Config.Labels}}' diamol/ch11-numbersapi:v3-build-local
```

您可以在圖 11.10 中看到輸出結果。

接下頁

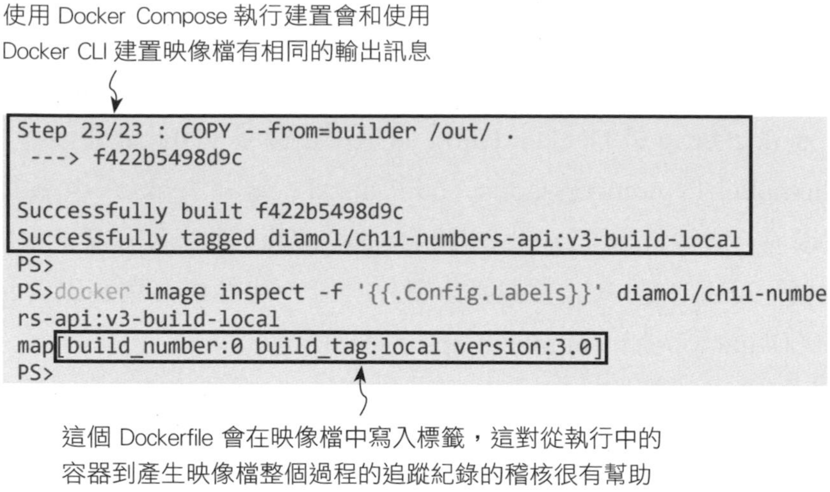

使用 Docker Compose 執行建置會和使用
Docker CLI 建置映像檔有相同的輸出訊息

```
Step 23/23 : COPY --from=builder /out/ .
 ---> f422b5498d9c

Successfully built f422b5498d9c
Successfully tagged diamol/ch11-numbers-api:v3-build-local
PS>
PS>docker image inspect -f '{{.Config.Labels}}' diamol/ch11-numbe
rs-api:v3-build-local
map[build_number:0 build_tag:local version:3.0]
PS>
```

這個 Dockerfile 會在映像檔中寫入標籤,這對從執行中的
容器到產生映像檔整個過程的追蹤紀錄的稽核很有幫助

圖 11.10:使用 Docker Compose 建置映像檔並檢查映像檔標籤。

這次建置還可以從中看到 CI pipeline 成功的其他資訊,您可以在最後
的 inspect 命令的輸出結果看到映像檔的標籤。

Docker 允許您將標籤套用到大多數資源上,例如容器、映像檔、網路
和 volume。它們是簡單的鍵 / 值對的關係,您可以在其中儲存相關資源的
其他資料。標籤在映像檔上非常有用,因為它們被嵌入到映像檔中,並隨
映像檔一起移動,當您推送或抓取映像檔時,標籤也會隨之移動。使用 CI
pipeline 建置應用程式時,重要的是要有稽核追蹤的紀錄,以便您從執行中
的容器,追溯到建立它的作業,而映像檔標籤可以幫助您做到這一點。

範例 11.3 顯示了隨機數字 API 的 Dockerfile(您可以在本章的練習中
找到完整檔案,位於 numbers/numbers-api/Dockerfile.v4)。此處有兩個新
的 Dockerfile 指令,分別為 ARG 和 LABEL。

範例 11.3 指定映像檔標籤並在 Dockerfile 中建置參數

```
# app image
FROM diamol/dotnet-aspnet

ARG BUILD_NUMBER=0
ARG BUILD_TAG=local

LABEL version="3.0"
LABEL build_number=${BUILD_NUMBER}
LABEL build_tag=${BUILD_TAG}

ENTRYPOINT ["dotnet", "Numbers.Api.dll"]
… (略) …
```

LABEL 指令在建置時，只有將 Dockerfile 中的鍵 / 值對套用到映像檔。您可以看到 Dockerfile 中指定的 version = 3.0，它與圖 11.10 中的標籤輸出相符。另外兩個 LABEL 指令則是使用環境變數來設置標籤，而這些環境變數則由 ARG 指令提供。

ARG 與 ENV 指令非常相似，不同的是 ARG 只在映像檔上的建置環境有作用，而不是容器中的執行環境。兩者都可以設置環境變數值，但是 ARG 指令僅在建置期間存在，因此從映像檔執行的任何容器都看不到該變數。這就很適合用來傳遞只與建置過程有關而與執行容器無關的資訊。我們在這裡使用它來提供用於映像檔標籤的值，在 CI 的工作流程中，也就是記錄了建置號碼和完整的建置名稱。ARG 指令也設了預設值，因此當您在本機建置映像檔，而不傳遞任何變數時，您會在映像檔標籤中看到 build_number:0 和 build_tag:local。

您可以在 Compose 覆寫檔案中，查看 CI pipeline 中的環境設定，如何傳給 Docker build 命令。範例 11.4 展示了 docker-compose-build.yml 檔案的內容以及所有建置設定。

範例 11.4 指定建置設定並在 Docker Compose 中重複使用欄位

```
x-args: &args
  args:
    BUILD_NUMBER: ${BUILD_NUMBER:-0}
    BUILD_TAG: ${BUILD_TAG:-local}

services:
  numbers-api:
    build:
      context: numbers
      dockerfile: numbers-api/Dockerfile.v4
      <<: *args

  numbers-web:
    build:
      context: numbers
      dockerfile: numbers-web/Dockerfile.v4
      <<: *args
```

除非您跳過了第 10 章，要不然應該看得懂這裡的 Compose 檔案，如果無法理解，可以回去參考第 10 章。Compose 規格定義中的 build 區塊，包括以下三個部分：

● **context**：這是 Docker 用作建置工作目錄的路徑。通常會是當前目錄，也就是您在 docker image build 命令中最後句點傳入的路徑。而此處我們是指定為 numbers 目錄，是 Compose 檔案所在位置的相對路徑。

● **dockerfile**：Dockerfile 的位置，此處是 context 指定位置的相對路徑。

● **args**：任何要傳遞的建置參數，需要與 Dockerfile 中 ARG 指令所指定的鍵對應。此應用程式的兩個 Dockerfile 都使用相同的 BUILD_NUMBER 和 BUILD_TAG 參數，因此我們使用了 Compose 擴充欄位一次定義了這些值，並且合併 YAML 以將擴充欄位應用於兩個服務。

　　您會在許多不同的地方看到指定的預設值，這是為了確保對 CI 工作流程的支援不會破壞其他工作流程。您應該要特別注意使用單一 Dockerfile，無論建置作業如何執行，這件事都不會改變。Compose 檔案中的預設參數會使您在 CI 環境之外執行時自動建置，而 Dockerfile 中的預設值意味著即使不使用 Compose，映像檔也可以正確建置。

◁)) 馬上試試

您可以使用一般的 image build 命令，繞過 Compose 檔案中的設定，來建置隨機數字 API 的映像檔。由於 Dockerfile 中有指定預設值，因此可以建置成功，並會加上我們自己輸入的標籤，方便之後可以使用您需要的映像檔。

```
# 切換至 numbers 資料夾(這是在 Compose 的內容設定中完成的)：
cd ch11/exercises/numbers

# 建置映像檔，指定 Dockerfile 路徑和建置參數：
# 以下為同一道命令，請勿換行
docker image build -f numbers-api/Dockerfile.v4 --build-arg
BUILD_TAG=ch11 -t numbers-api .

# 檢查標籤：
docker image inspect -f '{{.Config.Labels}}' numbers-api
```

輸出結果如圖 11.11 所示，您可以從結果看到，build 命令後加上了 build_tag:ch11 所以覆蓋掉預設值，而 build_number 則還是依據 Dockerfile 中 ARG 的預設值設為 build_number:0。

接下頁

建置命令只指定了一個參數 (build_tag)，而其他
參數在 Dockerfile 有預設值，所以還是建置成功

```
Step 23/23 : COPY --from=builder /out/ .
 ---> Using cache
 ---> 79737e41496f
Successfully built 79737e41496f
Successfully tagged numbers-api:latest
PS>
PS>docker image inspect -f '{{.Config.Labels}}' numbers-a
pi
map[build_number:0 build_tag:ch11 version:3.0]
PS>
```

build_tag 的值在 build 命令中指定了，當在 CI pipeline
中進行建置時，會由 Jenkins 提供環境變數

圖 11.11：針對建置參數加入預設值的開發人員建置工作流程。

這裡有很多細節只是為了在映像檔中添加正確的標籤。現在您應該能夠
執行 docker image inspect 並找到該映像檔的正確來源，將其追溯到產生該
映像檔的 CI 作業，然後再追蹤到觸發建置的程式碼版本。這就是從任何執
行容器的環境，追蹤到原始程式碼的稽核過程。

11.4 只用 Docker 來建置的 CI 作業

您已經在本章中，使用 Docker 和 Docker Compose，來為隨機數字應
用程式建置映像檔，而無需在電腦上安裝其他任何工具。該應用程式有兩
個元件，並且都是用 .NET Core 3.0 編寫的，不用在電腦安裝 .NET Core
SDK 即可建置它們。做法是使用第 4 章中的多階段 Dockerfile 來編譯和打
包應用程式，因此只需要 Docker 和 Compose。

這是容器化 CI 的主要優點，並且可以獲得所有託管建置服務（例如 Docker Hub、GitHub Actions 和 Azure DevOps）的支援。這代表您不再需要手動安裝很多工具的 Build Server，也不需要與所有開發人員保持最新的工具。您的建置腳本變得非常簡單，開發人員可以在本機使用完全相同的建置腳本，並獲得與 CI pipeline 相同的輸出，因此可以輕鬆在不同的建置服務之間移動。

現在我們正在使用 Jenkins 進行 CI 的工作流程，並且可以使用一個簡單的純文字檔案配置 Jenkins 作業，該純文字檔案、應用程式程式碼、Dockerfiles 和 Compose 檔案一起位於程式碼的版本管理中。範例 11.5 顯示了 pipeline 的一部分（來自檔案 ch11/exercises/Jenkinsfile）以及 pipeline 步驟執行的腳本。

範例 11.5 定義 CI 作業的 Jenkins 建置步驟

```
# Jenkinsfile 中的建置階段會先從切換目錄開始然後執行兩個 shell 命令，
# 第一個命令為設定腳本檔案以便後續的工作流程，第二個命令則用於呼叫腳本

stage('Build') {
  steps {
    dir('ch11/exercises') {
      sh 'chmod +x ./ci/01-build.bat'
      sh './ci/01-build.bat'
      }
  }
}
```

```
# 下面內容是 01-build.bat 批次檔中的內容：
docker compose
  -f docker-compose.yml
  -f docker-compose-build.yml build --pull
```

這就是您在本機執行的 docker-compose build 命令，不過它加了 pull 參數，這代表 Docker 在建置過程中，抓取其所需映像檔的最新版本。無論

如何這都是要養成的好習慣，因為這意味著您每次建置映像檔，都會使用有目前所有安全性修補的最新基礎映像檔。在 CI 的工作流程中，這一點尤其重要，因為 Dockerfile 使用的映像檔有任何不同，都有可能導致應用程式無法執行，這樣做可以讓您盡可能早點發現問題。

建置步驟會執行一個簡單的腳本檔案，檔案名稱以 .bat 結尾，因此可以在 Windows 容器中的 Jenkins 下執行，但在 Linux 容器中也可以正常工作。此步驟會執行建置，由於它是一個簡單的命令列，因此 Docker Compose 的所有輸出（也是 Docker 的輸出）將被儲存在建置的日誌當中。

◁)) 馬上試試

您可以在 Jenkins UI 中查看日誌。打開瀏覽器，並輸入網址 http://localhost:8080/job/diamol 查看 job，然後在 Stage view 中點擊作業 # 2 的『Build』步驟，再點擊『Logs』。您可以展開 Build 步驟內容，可以看到 Docker 建置的輸出結果，如圖 11.12 所示。

這些是建置階段的日誌，我們只使用 Docker Compose CLI
來建置，所以所有映像檔建置日誌都會記錄下來

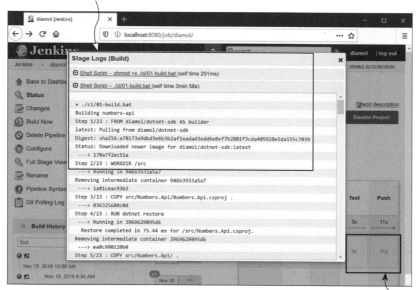

您可以點擊 Stage view 的任何階段，來查看各個步驟的日誌內容

圖 11.12：在 Jenkins pipeline 建置的輸出結果，顯示的就像通常 Docker 日誌的內容。

上述 pipeline 中的每個步驟都遵循相同的模式，都是呼叫批次檔來執行 Docker Compose 的命令。這種作法讓在不同的建置服務之間切換變得容易。您不需要使用專門的語法撰寫 pipeline 的流程，只要將一般的指令撰寫成腳本，然後就可以呼叫腳本來執行 pipeline 流程。我們可以將 pipeline 各階段的批次檔案都加到 GitLab 或 GitHub Actions 中執行建置，就能進行相同的動作。

Jenkins 建置的各個階段，均支援以容器方式運作：

● **Verify**（驗證）：會呼叫批次檔 00-verify.bat，該腳本僅輸出 Docker 和 Docker Compose 的版本資訊。這是啟動 pipeline 的其中一種方法，因為它可以驗證 Docker 的相依元件是否可用，並記錄建置映像檔的工具版本。

● **Build**（建置）：會呼叫批次檔 01-build.bat，它使用 Docker Compose 建置映像檔。在 Jenkinsfile 中指定了 REGISTRY 環境變數，因此映像檔標籤會標示 local，表示在本機的登錄伺服器中。

● **Test**（測試）：會呼叫批次檔 02-test.bat，它使用 Docker Compose 啟動整個應用程式，列出容器後就關閉應用程式。這只是一個簡單的測試，確認容器可以正常執行。在實務專案中，啟動應用程式後，必須用另一個容器執行點對點測試。

● **Push**（推送）：會呼叫批次檔 03-push.bat，它使用 Docker Compose 推送所有建置好的映像檔。映像檔標籤會有本機登錄伺服器的位址，只要 Build 和測試階段成功，就可以把映像檔推送到登錄伺服器中。

CI pipeline 中的每個階段都是循序執行的，如果在任何階段出現錯誤，作業就會直接結束。反過來說，只要是推送到登錄伺服器中的映像檔，都是經過完整階段，成功通過建置、測試等階段，代表登錄伺服器上存放的都是可以發佈的候選版本映像檔。

◁⑴)) **馬上試試**

您可以從前面章節執行的結果可以看到，Jenkins 在前面就成功的建置了 #2 版本的映像檔（#1 版本的映像檔因為當時沒有程式碼建置失敗）。現在您可以使用 REST API 查詢本機登錄伺服器容器，應該只會看到 v2 版本的隨機數字應用程式映像檔：

```
# catalog 端點會顯示儲存庫中的所有映像檔：
curl http://registry.local:5000/v2/_catalog

# tags 端點會顯示儲存庫中的個別標籤：
# 以下為同一道命令，請勿換行
curl http://registry.local:5000/v2/diamol/ch11-numbers-
api/tags/list

# 以下為同一道命令，請勿換行
curl http://registry.local:5000/v2/diamol/ch11-numbers-
web/tags/list
```

您可以在圖 11.13 中看到儲存庫中的 web 和 API 映像檔，但是兩者都只有 build-2 標籤，因為第一個版本建置失敗（#1），所以不會有 build-1 標籤的映像檔。

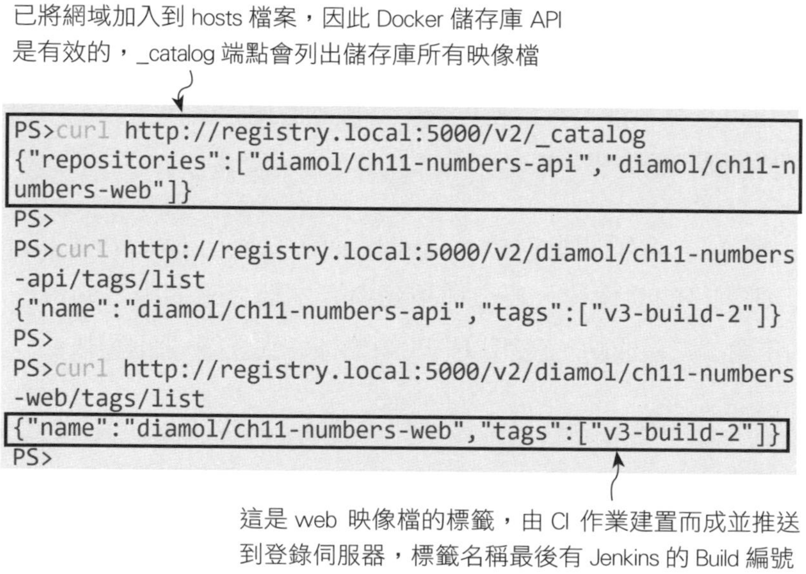

已將網域加入到 hosts 檔案，因此 Docker 儲存庫 API
是有效的，_catalog 端點會列出儲存庫所有映像檔

```
PS>curl http://registry.local:5000/v2/_catalog
{"repositories":["diamol/ch11-numbers-api","diamol/ch11-n
umbers-web"]}
PS>
PS>curl http://registry.local:5000/v2/diamol/ch11-numbers
-api/tags/list
{"name":"diamol/ch11-numbers-api","tags":["v3-build-2"]}
PS>
PS>curl http://registry.local:5000/v2/diamol/ch11-numbers
-web/tags/list
{"name":"diamol/ch11-numbers-web","tags":["v3-build-2"]}
PS>
```

這是 web 映像檔的標籤，由 CI 作業建置而成並推送
到登錄伺服器，標籤名稱最後有 Jenkins 的 Build 編號

圖 **11.13**：傳送網頁請求給登錄伺服器 API，以查詢儲存在容器中的映像檔。

這是一個相當簡單的 CI pipeline，不過足以展示建置作業中的所有細節，以及一些重要的實踐方案。關鍵就是讓 Docker 進行較難的工作，並在腳本（批次檔）中建置 pipeline 的各個階段。接著您就可以使用任何 CI 工具來自動建置應用程式，只需將腳本檔案加入到工具的 pipeline 定義中即可。

11.5　了解 CI 流程中的容器

在容器中編譯和執行應用程式只是 Docker 在 CI pipeline 中的其中一項優勢。Docker 將建置應用程式基本作業包裝起來，賦予了一致性，您可以妥善的運用這個特性，用一致性的做法在 pipeline 中添加其他許多有用的功能。圖 11.14 展示了更廣泛的 CI 流程，其中包括掃描容器映像檔安全性，確保沒有已知漏洞，以及對映像檔進行數位簽章（digitally signing）等新增階段。

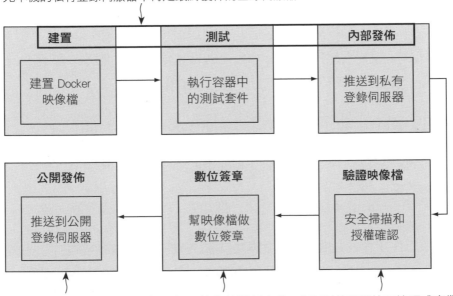

圖 11.14：此為正式生產的 CI pipeline，多了一些安全性檢驗的階段。

Docker 將此方法稱為安全性軟體供應鏈（secure software supply chain），確保您即將部署的軟體安全無虞，這對任何規模的組織都很重要。您可以在 pipeline 中用工具檢查已知的安全漏洞，只要有任何問題，建置流程就會失敗。還可以將正式環境上的容器配置為僅執行經過數位簽證過的映像檔，而數位簽證程序可以安排在成功建置後進行。這樣當您的容器部署到正式環境時，可以確定它們是通過建置過程中的映像檔所執行的，而且在過程中已通過了所有的測試確保沒有安全問題。

您在 pipeline 中添加的檢查適用於其他容器和映像檔，因此在任何應用程式平台上的套用方式皆相同。如果專案中使用多種技術，您將在 Dockerfile 中使用不同的基礎映像檔和不同的建置步驟，不過 CI pipeline 的做法將完全相同。

11.6　課後練習

在課後練習中您將建立自己的 CI pipeline，我們將使用本章中的邏輯和範例。在本章的 lab 資料夾中，您可以找到跟第 6 章 todo-list 應用程式一樣的程式碼，建置該應用程式所需的 Jenkinsfile、CI 的腳本、核心 Docker Compose 也都準備好了。您只有以下幾件事要做：

● 撰寫包含建置設定的覆寫檔案 docker-compose-build.yml。

● 建立一個 Jenkins 作業來執行 CI pipeline。

● 將儲存庫中 diamol 修改後的結果，推送到 Gogs 程式碼管理系統。

就這三件工作，失敗了也不用灰心，請先檢查日誌內容再進行一些調整。沒有人第一次撰寫 Jenkins job 就沒問題的，因此我們還是給點提示：

● 您的 Compose 覆寫檔案將與練習中的覆寫檔案非常類似，可以參考本章的練習。

● 在 Jenkins UI 中，點擊『New Item』以建立 job，然後可以從現有的 diamol 作業中複製 job 過去。

● 除了 Jenkinsfile 的路徑之外，您需要指定 lab 資料夾而不是 Exercises 資料夾。

　　如果您對以上的說明還不太了解，則可以在 lab 資料夾的說明檔案中找到更多資訊，並附有 Jenkins 步驟的螢幕截圖，以及 Docker Compose 檔案的建置配置範例：

　　https://github.com/sixeyed/diamol/blob/master/ch11/lab/README.md

MEMO

第 3 篇

使用容器調度工具
(container orchestrator)
執行大規模的應用程式

容器調度工具是在多個伺服器（伺服器叢集）上執行容器化的
應用程式。您可以使用相同的 Docker 映像檔，也可以使用相
同的 Docker Compose 檔案格式，但是您不需要自己管理容
器，只要告訴叢集應用程式執行的預期狀態即可，接著叢集會
幫您管理容器。在本書第 3 篇中，您將學習如何使用 Docker
Swarm，它是內建在 Docker 中，簡單而功能強大的容器調度
工具。您將了解應用程式更新和降版還原 (rollback) 的流程，
以及如何將您建置的 pipeline 連接到叢集上，以加入持續部署
(continuous deployment, CD) 的功能到 CI pipeline 中。

12

Chapter

容器調度
(orchestration)：
Docker Swarm

經過前幾章的介紹，現在您應該可以輕鬆使用 Docker 和 Docker Compose 打包和執行應用程式了。下一步是了解這些應用程式如何在正式環境中執行，藉由許多執行 Docker 的機器，從而提供高可用性，以及處理大量傳入流量的能力。

在正式環境下，應用程式仍然使用與本機相同的 Docker 映像檔執行，但是會有一個管理層負責協調與指揮所有機器並執行容器，這就是所謂的**調度** (orchestration)，現今主流的容器調度工具分別是 Docker Swarm 和 Kubernetes。它們具有許多相同的特性和功能。在本章中，您將學習如何使用 Docker Swarm 進行容器的調度，這是內建於 Docker 之中，功能強大、適用於正式生產環境的容器調度工具。

Kubernetes 是一個更為強大的容器調度工具，學習成本會比 Docker Swarm 還要高，建議先從 Swarm 入門再去學習 Kubernetes。

12.1 什麼是容器調度？

Docker Compose 非常適合在一台機器上執行容器，但是在正式環境中就不敷使用了。單機環境下，只要該機器離線了，您就會失去所有應用程式及容器。正式系統需要高可用性，而這正是調度的目的。調度基本上是將許多機器組合在一起成為一個叢集。叢集會調度且管理容器，在所有機器之間分配工作，平衡傳入的網路流量，並更換任何不正常的容器。

您可以在每台機器上安裝 Docker 來建立叢集，然後將它們與調度工具 (Swarm 或 Kubernetes) 結合在一起。接著就可以使用命令列工具或網頁使用者介面，來遠端管理叢集。圖 12.1 展示了整個叢集架構與運作流程。

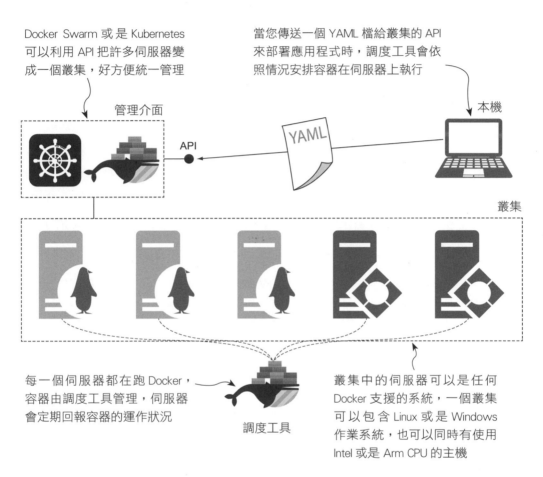

Docker Swarm 或 是 Kubernetes 可以利用 API 把許多伺服器變成一個叢集，好方便統一管理

當您傳送一個 YAML 檔給叢集的 API 來部署應用程式時，調度工具會依照情況安排容器在伺服器上執行

管理介面

API

YAML

本機

叢集

每一個伺服器都在跑 Docker，容器由調度工具管理，伺服器會定期回報容器的運作狀況

調度工具

叢集中的伺服器可以是任何 Docker 支援的系統，一個叢集可以包含 Linux 或 是 Windows 作業系統，也可以同時有使用 Intel 或 是 Arm CPU 的主機

圖 12.1：調度工具能把許多伺服器變成一個叢集並幫您管理所有容器。

調度工具提供了一組額外的功能可將容器提升到一個新的層次。叢集中有一個分散式資料庫 (Distributed Database, DDB)，用於儲存部署應用程式的所有資訊。然後會有一個排程器（scheduler）來搞定在哪裡執行容器，系統會在叢集的伺服器之間發送訊息，用來確認容器還在執行。這是讓調度工具具備高可靠性的基礎。您可以透過將 YAML 檔案發送到叢集，來部署應用程式。調度工具會儲存該訊息，接著安排容器執行該應用程式，將工作分配給還有可用容量的伺服器。當應用程式執行時，叢集確保應用程式繼續執行。如果伺服器離線，並且遺失了許多容器，則叢集將會在其他伺服器上啟動替換的容器。

調度工具會處理所有管理容器的工作。您只需在 YAML 檔案中定義預期狀態，而不用知道或關心叢集中有多少台伺服器或容器在何處執行。調度工具還提供用於連網、配置應用程式和儲存資料的功能。圖 12.2 展示了叢集如何運作。

叢集 API 是一個提供管理者管理應用程式的端點

叢集也有一個給使用者的公開端點，以在 HTTP 或 HTTPS 上存取應用程式，通常稱為入口 (ingress)，外部的流量可以從任何伺服器輸入叢集，並且會經由路由到負責該項服務的容器

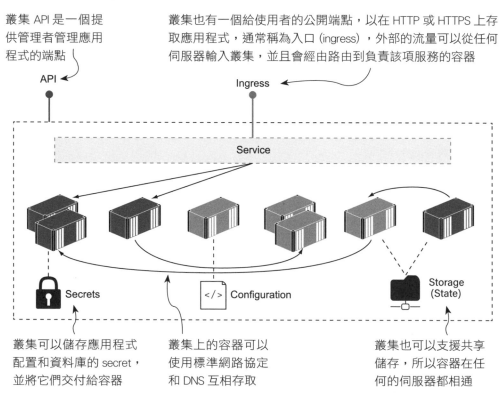

叢集可以儲存應用程式配置和資料庫的 secret，並將它們交付給容器

叢集上的容器可以使用標準網路協定和 DNS 互相存取

叢集也可以支援共享儲存，所以容器在任何的伺服器都相通

圖 12.2：調度工具提供給容器額外的功能，包含網路、配置和儲存。

　　圖 12.2 中缺少一個重要的東西 - 伺服器。調度工具隱藏了各個機器、網路和儲存設備的詳細訊息。您可以將整個叢集當作一個大型伺服器來使用，透過命令列連接的 API 發送命令並執行查詢。叢集可以是 1,000 台電腦，也可以是一台電腦，您都可以用相同的方式使用它，並發送相同的命令和 YAML 檔案，來管理應用程式。應用程式的使用者可以連接到叢集中的任何伺服器，由調度工具在容器間處理網路流量的路由工作。

12.2　設置 Docker Swarm 叢集

　　介紹完調度工具後，這節就讓我們來實作。透過 Docker Swarm 部署容器調度非常容易，因為前面所敘述的功能都已內建在 Docker Engine 中。您需要做的就是初始化叢集並將 Docker 切換到 Swarm 模式。

> Docker Swarm 將叢集上的電腦稱為『節點 (node)』，同一網路上的節點組成一個調度叢集。

🔊 **馬上試試**

Docker CLI 具有一組用於管理叢集操作的命令，下達 swarm init 命令後 Docker 就會切換到 Swarm 模式。您通常可以在不帶任何參數的情況下執行它，但是如果您的電腦有多個網路連線則會出現錯誤，Docker 會詢問您要讓 Swarm 使用哪一個 IP 位址：

```
docker swarm init
```

您可以在圖 12.3 中看到輸出結果，它告訴我們 Swarm 已經初始化完成，並且預設我們的電腦是管理節點。叢集中的電腦分成不同的角色，可以是管理節點或工作節點。執行 swarm init 後，畫面會顯示一長串的命令，並提示您可以在其他電腦上執行這道命令，以成為 Swarm 的工作節點。

接下頁

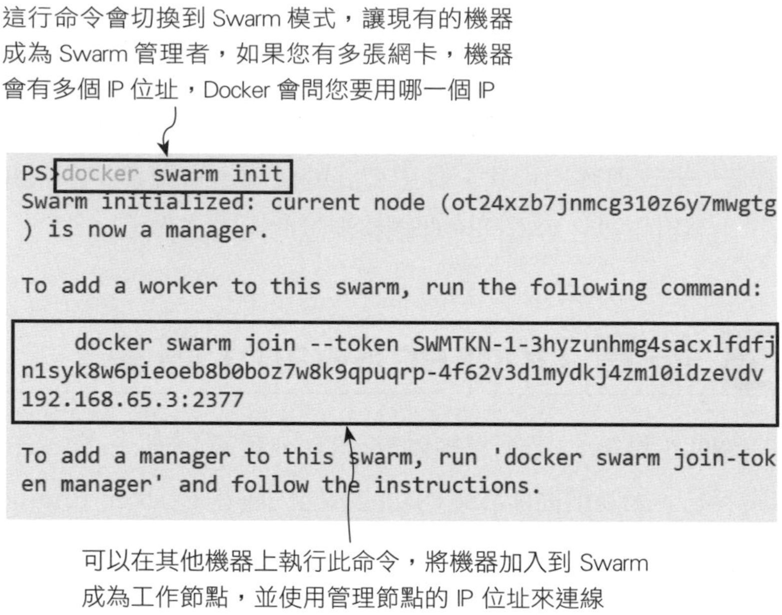

這行命令會切換到 Swarm 模式，讓現有的機器
成為 Swarm 管理者，如果您有多張網卡，機器
會有多個 IP 位址，Docker 會問您要用哪一個 IP

```
PS:docker swarm init
Swarm initialized: current node (ot24xzb7jnmcg310z6y7mwgtg
) is now a manager.

To add a worker to this swarm, run the following command:

    docker swarm join --token SWMTKN-1-3hyzunhmg4sacxlfdfj
n1syk8w6pieoeb8b0boz7w8k9qpuqrp-4f62v3d1mydkj4zm10idzevdv
192.168.65.3:2377

To add a manager to this swarm, run 'docker swarm join-tok
en manager' and follow the instructions.
```

可以在其他機器上執行此命令，將機器加入到 Swarm
成為工作節點，並使用管理節點的 IP 位址來連線

圖 **12.3**：切換到 Swarm 模式後會建立一個使用單一節點的叢集，同時
它也是管理節點 (manager)。

管理節點 (manager) 和工作節點 (worker) 之間的區別在於，管理節點負責
整個應用程式的執行，包含叢集資料庫的儲存、發送命令和 YAML 檔案
到管理節點上託管的 API、容器調度和監控等。工作節點通常只能按照
管理節點的安排來執行容器並且報告其狀態。

　　初始化 Swarm 只需執行一次後，即可加入任意數量的電腦或伺服器，
加入的機器就會被稱為『節點 (node)』，要將節點加入 Swarm 的前提條件
是必須在同一個網路上，並且需要管理節點的審核才能加入，審核方式是透
過 token，token 就像密碼一樣（編註：就是圖 12.3 中 --token 後面那一長
串的英數字）以保護 Swarm 免受惡意節點的攻擊。管理節點可以將 token
輸出給其他節點，讓它們加入成為 Swarm 中的工作節點或是額外的管理節
點。您可以在 Swarm 中加入或列出目前的所有節點（編註：若是在管理節
點上加入節點，就不用輸入完整的 token 內容，在其他節點上才需要）。

🔊 馬上試試

進入 Swarm 模式後，Docker CLI 會提供更多命令。執行以下命令以查找工作節點或管理節點的 token，並列出 Swarm 中的所有節點：

```
# 輸入以下的命令，以加入工作節點
docker swarm join-token worker

# 輸入以下的命令，以加入管理節點
docker swarm join-token manager

# 列出 swarm 中的所有節點
docker node ls
```

您可以在圖 12.4 中看到輸出結果。目前 Swarm 中只有一個節點，但是我們可以使用 join 命令中管理節點的 IP 位址將網路上的其他電腦添加到 Swarm 中。

如果您有 Swarm 管理節點的權限，您可以執行命令加入更多工作節點

可以加入更多管理節點來提高 Swarm 的高可用性，通常會設三個

```
PS>docker swarm join-token worker
To add a worker to this swarm, run the following command:

    docker swarm join --token SWMTKN-1-5fnqrv545sso0u41c9q
9b4fhj78elansytxdr8gx3w9k4o43cv-58owolep8mfjrpicgql2isqdl
192.168.2.119:2377

PS>
PS>docker swarm join-token manager
To add a manager to this swarm, run the following command:

    docker swarm join --token SWMTKN-1-5fnqrv545sso0u41c9q
9b4fhj78elansytxdr8gx3w9k4o43cv-c0vl53z7n8731kerpirkk7r2j
192.168.2.119:2377

PS>
PS>docker node ls
ID                      HOSTNAME        STATUS
            AVAILABILITY    MANAGER STATUS      ENGINE
 VERSION
zse6ejllozl34k41q1e2bp2g4 *   sc-brix-win10       Ready
            Active          Leader              19.03.
4
```

這一大串文字就是此 Swarm 的 token

列出所有在 Swarm 裡面的節點並輸出詳細資訊，像是可用性、節點種類，還有機器上的 Docker 版本

圖 12.4：使用 Swarm 模式專屬的命令去管理叢集中的節點。

　　單節點 Swarm 的工作方式與多節點 Swarm 完全相同，除了單節點
Swarm 無法獲得高可用性或者無法使用許多電腦的容量來擴展容器。圖
12.5 比較了用於開發和測試環境的單節點 Swarm，和正式環境中的多節點
叢集架構

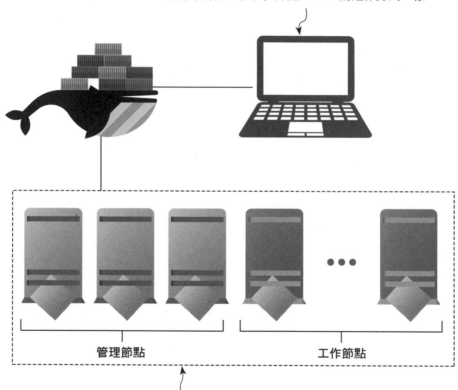

單節點 Swarm 對於開發或測試環境來説毫無問題，
但是您被限制在一台機器的運算能力上，而且沒
有高可用性，但和多節點 Swarm 的運作方式一樣

管理節點　　　　　　　　　　工作節點

正式 Swarm 通常會有三個管理節點：叢集資料庫、排程器
(scheduler) 和監控，這三個管理節點提供了高可用性並執行有幾
百個工作節點的 Swarm，所以可以執行大量的可擴展應用程式

圖 12.5：測試環境和正式環境的 Swarm 的節點數量不同但是功能相同。

與 Kubernetes 相比，Docker Swarm 的一大優勢是設置和管理叢集的便利性。您只需在每台伺服器上安裝 Docker，執行一次 docker swarm init，然後對所有其他節點進行 docker swarm join，即可建構具有數十個節點的 Swarm，而且正式環境和測試環境的工作流程都是相同的。有了單節點 Swarm 之後，就可以了解容器調度工具怎麼為您管理容器化的應用程式。

12.3 使用 Docker Swarm 服務執行應用程式

您不用自己在 Docker Swarm 上執行容器，而是先部署服務，然後 Swarm 為您執行容器。服務只是在容器之上的抽象概念，跟 Docker Compose 相同，Swarm 實際上也是將服務部署為多個容器，並使用相同的方式來定義服務，包括指定要使用的映像檔、設置環境變數、發佈連接埠，以及 DNS 名稱。區別在於，服務可以具有許多複本 (replicas)，各個容器都使用該服務中相同的規格定義 (specification)，並且可以在 Swarm 中的任何節點上執行。

◁)) **馬上試試**

使用 Docker Hub 中的應用程式映像檔，建立並執行一個服務，然後檢查服務是否正常執行：

```
# 以下為同一道命令，請勿換行
docker service create --name timecheck --replicas 1 diamol/
ch12-timecheck:1.0

docker service ls
```

接下頁

服務是 Docker Swarm 中的一級物件 (First-class object)，但是您需要在
Swarm 模式下執行，或取得 Swarm 管理權限才能使用。輸出結果如圖
12.6 中，您可以看到該服務已建立，service ls 命令顯示了該服務的詳細
資訊：

一級物件 (First-class object) 指在程式語言中
執行後可以作為參數傳遞給其他函式或存入一
個變數的實體，例如 Python 的函式 (Function)
就屬於一級物件。

建立一個名為 timecheck 的服
務並且在單一個容器中執行

```
PS>docker service create --name timecheck --replicas 1 diamol/ch12-timecheck:1.0
8yj2h75zzvv22qk2j7t4obid9
overall progress: 1 out of 1 tasks
1/1: running
verify: Service converged
PS>
PS>docker service ls
ID                      NAME                    MODE            REPLICAS
IMAGE                           PORTS
8yj2h75zzvv2            timecheck               replicated      1/1
diamol/ch12-timecheck:1.0
PS>
```

列出服務的基本資訊，包括
複本數量以及 Docker 映像檔

圖 12.6：Swarm 幫您執行容器的方式就是建立一個服務。

在 Swarm 中構成服務的容器稱為複本 (replicas)，但它們其實也只是普通的 Docker 容器。您可以連接到執行複本的節點，並使用 Docker 的容器命令對其進行操作。在單節點 Swarm 上，每個複本都將在該電腦上執行，因此您其實也可以手動操作剛剛建立的服務容器。不過這通常不是您需要做的事情，因為容器是由 Swarm 管理的。如果您嘗試自己手動管理它們，可能發生無法預期的結果（編註：也浪費了 Swarm 強大管理功能）。

🔊 **馬上試試**

服務複本正在您的電腦上執行，但由 Swarm 管理。您可以刪除該容器，但是 Swarm 會檢查該服務執行時是否有低於最低需求的複本數，如果低於指定的副本數，Swarm 將自動建立一個替換容器並重啟服務。

```
# 列出執行 timecheck 服務的複本:
docker service ps timecheck

# 檢查電腦上的容器:
docker container ls

# 移除 timecheck 服務複本使用的容器:
docker container rm -f $( docker container ls --last 1 -q)

# 再次檢查 timecheck 複本:
docker service ps timecheck
```

您可以在圖 12.7 中看到輸出結果。有一個容器在為 timecheck 服務執行複本，然後將其手動刪除，但是該服務仍然存在於 Swarm 中，並且其執行複本的最低數量應該為 1。當我們刪除容器時，Swarm 會檢查到沒有足夠的複本正在執行，因此開始進行替換。您會在最後輸出的列表中，看到原始容器顯示為失敗，因為 Swarm 不知道容器為何停止，正在執行的複本是一個僅創建了 10 秒鐘的新容器。

接下頁

service ps 命令列出服務的複
本，這裡展示在 Docker desktop
節點上執行的單一複本

列出的容器在我們的機器上執
行，容器名稱是由服務名稱、
複本數量以及複本 ID 構成

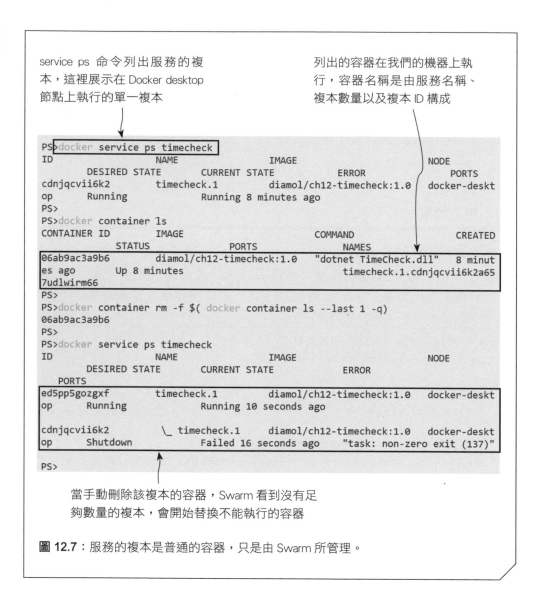

```
PS>docker service ps timecheck
ID                    NAME                    IMAGE                      NODE
     DESIRED STATE         CURRENT STATE           ERROR               PORTS
cdnjqcvii6k2          timecheck.1             diamol/ch12-timecheck:1.0  docker-deskt
op       Running               Running 8 minutes ago
PS>
PS>docker container ls
CONTAINER ID          IMAGE                          COMMAND               CREATED
                STATUS              PORTS              NAMES
06ab9ac3a9b6          diamol/ch12-timecheck:1.0    "dotnet TimeCheck.dll"   8 minut
es ago        Up 8 minutes                       timecheck.1.cdnjqcvii6k2a65
7udlwirm66
PS>
PS>docker container rm -f $( docker container ls --last 1 -q)
06ab9ac3a9b6
PS>
PS>docker service ps timecheck
ID                    NAME                    IMAGE                      NODE
     DESIRED STATE         CURRENT STATE           ERROR
   PORTS
ed5pp5gozgxf          timecheck.1             diamol/ch12-timecheck:1.0   docker-deskt
op       Running               Running 10 seconds ago

cdnjqcvii6k2          \_ timecheck.1          diamol/ch12-timecheck:1.0   docker-deskt
op       Shutdown              Failed 16 seconds ago     "task: non-zero exit (137)"
PS>
```

當手動刪除該複本的容器，Swarm 看到沒有足
夠數量的複本，會開始替換不能執行的容器

圖 12.7：服務的複本是普通的容器，只是由 Swarm 所管理。

在 Swarm 模式下執行時，您要把應用程式當作服務來看，然後讓
Swarm 管理各個容器。之所以如此，是因為您自己是無法管理容器的，如果
想直接檢查容器狀態或是印出日誌，要先連接到 Swarm 中的每個節點，先
找出節點上是否有執行服務的任何複本。找到後在 Swarm 上執行 Docker
所提供的命令，使用 docker service log 從所有複本中印出日誌內容，或是
使用 docker service inspect 取得狀態資訊。

🔊 馬上試試

docker service 命令是您在 Swarm 模式下管理應用程式的方法。您可以從複本中取得訊息，例如所有日誌條目以及有關整個服務的訊息：

```
# 印出最後十秒鐘的服務日誌：
docker service logs --since 10s timecheck

# 取得該服務的詳細資訊：
# 以下為同一道命令，請勿換行
docker service inspect timecheck -f
'{{.Spec.TaskTemplate.ContainerSpec.Image}}'
```

輸出結果如圖 12.8 所示，它展示了服務複本中最新的日誌內容和一部份的服務規範：

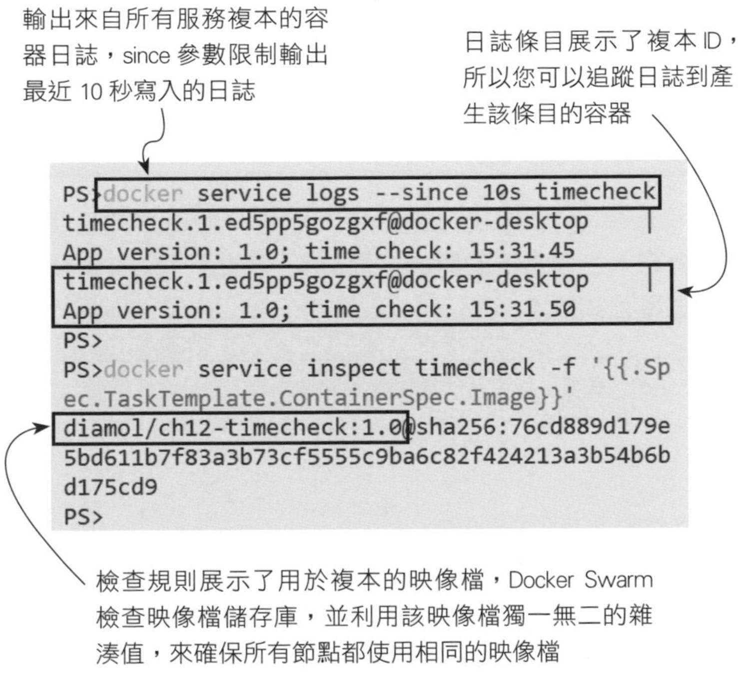

輸出來自所有服務複本的容器日誌，since 參數限制輸出最近 10 秒寫入的日誌

日誌條目展示了複本 ID，所以您可以追蹤日誌到產生該條目的容器

```
PS>docker service logs --since 10s timecheck
timecheck.1.ed5pp5gozgxf@docker-desktop      |
App version: 1.0; time check: 15:31.45
timecheck.1.ed5pp5gozgxf@docker-desktop      |
App version: 1.0; time check: 15:31.50
PS>
PS>docker service inspect timecheck -f '{{.Sp
ec.TaskTemplate.ContainerSpec.Image}}'
diamol/ch12-timecheck:1.0@sha256:76cd889d179e
5bd611b7f83a3b73cf5555c9ba6c82f424213a3b54b6b
d175cd9
PS>
```

檢查規則展示了用於複本的映像檔，Docker Swarm 檢查映像檔儲存庫，並利用該映像檔獨一無二的雜湊值，來確保所有節點都使用相同的映像檔

圖 12.8：您可以將服務當成一個元件來輸出複本日誌或檢查規則。

接下頁

整個服務規格都保存在叢集中，您可以透過執行相同的 service inspect 命令（不使用 format 參數）來查看它。叢集裡的資訊都會安全地存放在叢集的資料庫中並複製到所有管理節點。這是 Docker Swarm 和 Docker Compose 之間的最大區別之一，後者沒有儲存用於定義應用程式的資料（編註：不會保留使用過的 YAML 檔案）。如果您使用 Compose 檔案則只能透過 Docker Compose 管理應用程式。在 Swarm 模式下，應用程式的定義儲存在叢集中，因此您可以在沒有本機 YAML 檔案的情況下管理應用程式。

您可以更新正在執行的服務來試看看。指定新的映像檔版本，但無需重新定義服務中的任何配置。這也是在叢集中更新已部署應用程式的方式。當您更新服務定義時，Swarm 會跟著更改，然後刪除舊容器並啟動新容器來替換複本。

◁)) 馬上試試

使用新的映像檔版本更新 timecheck 服務。這是一個簡單的應用程式，每隔幾秒鐘就會寫入一個當下的時間，而更新後的應用程式會增加在日誌中印出新的應用程式版本：

```
# 更新 timecheck 服務以使用新的應用程式映像檔：
docker service update --image diamol/ch12-timecheck:2.0
timecheck

# 列出 timecheck 服務的複本：
docker service ps timecheck

# 檢查 timecheck 的日誌：
docker service logs --since 20s timecheck
```

接下頁

當您列出 timecheck 服務的複本，可以看到有兩個，從映像標籤 1.0 執行的舊複本和從映像標籤 2.0 執行的替換複本。服務日誌中包含一個複本 ID，因此您可以查看哪個複本產生了日誌條目。這些都是容器中的應用程式日誌內容，只是 Swarm 收集後和複本 ID 一起顯示出來。您可以在圖 12.9 中看到輸出結果：

推出應用程式的更新版本來更新服務

可以看到列出了三個服務複本，先前我們手動刪除了 1.0 版本的原始容器，Swarm 替換的 1.0 版本，以及更新的 2.0 版本

```
PS>docker service update --image diamol/ch12-timecheck:2.0 timecheck
timecheck
overall progress: 1 out of 1 tasks
1/1: running
verify: Service converged
PS>
PS>
PS>docker service ps timecheck
ID                      NAME                IMAGE                           NOD
E                       DESIRED STATE       CURRENT STATE           ERROR
                            PORTS
dwj272z5tgwl            timecheck.1         diamol/ch12-timecheck:2.0       doc
ker-desktop            Running             Running 8 seconds ago

ed5pp5gozgxf            \_ timecheck.1      diamol/ch12-timecheck:1.0       doc
ker-desktop            Shutdown            Shutdown 9 seconds ago

cdnjqcvii6k2            \_ timecheck.1      diamol/ch12-timecheck:1.0       doc
ker-desktop            Shutdown            Failed about an hour ago    "task:
non-zero exit (137)"
PS>
PS>docker service logs --since 20s timecheck
timecheck.1.dwj272z5tgwl@docker-desktop         | App version: 2.0; time che
ck: 16:00.46
timecheck.1.dwj272z5tgwl@docker-desktop         | App version: 2.0; time che
ck: 16:00.51
timecheck.1.dwj272z5tgwl@docker-desktop         | App version: 2.0; time che
ck: 16:00.56
```

來自應用程式 2.0 更新版本的服務日誌（只列出近 20 秒），但如果再往前找，也可以看到 1.0 版本的日誌條目

圖 12.9：推出新的版本來更新服務。

所有容器調度工具，都使用分階段推出 (rollout) 的方法來更新應用程式 (編註：也就是輪替式或滾動式 (rolling) 更新)。從而使您的應用程式，在升級過程中保持上線狀態。Swarm 透過一次替換一個複本，來實現這一點，因此，如果您有多個託管應用程式的複本，而且一直會有傳入服務的請求。此時可以為您的單個服務配置輪替式更新。例如您可能由 10 個複本構成的 Web 應用程式，在進行更新時，您可以讓 Docker 一次替換兩個複本，在繼續替換接下來的兩個複本之前，檢查新容器是否可以正常執行，直到所有 10 個複本都被替換為止。

圖 12.10 展示了輪替式更新在部署過程中的樣貌子，一些複本正在執行舊版本的應用程式映像檔，而某些複本正在執行新版本。在更新期間，應用程式的兩個版本均處於保持上線的狀態，所以使用者可能會看到不同版本 (使用者體驗方面的顧慮，就要由您自己處理了)。

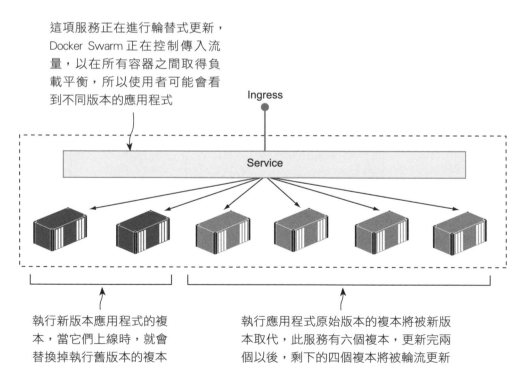

這項服務正在進行輪替式更新，Docker Swarm 正在控制傳入流量，以在所有容器之間取得負載平衡，所以使用者可能會看到不同版本的應用程式

Ingress

Service

執行新版本應用程式的複本，當它們上線時，就會替換掉執行舊版本的複本

執行應用程式原始版本的複本將被新版本取代，此服務有六個複本，更新完兩個以後，剩下的四個複本將被輪流更新

圖 12.10：在 Docker Swarm 和 Kubernetes 中以輪替式更新來升級服務的版本。

除此之外。自動的輪替式更新更支援了自我修復設計 (self-healing applications)，更新過程會檢查新容器在更新後是否能夠正常執行，如果新版本存在問題讓容器發生故障，則可以自動暫停更新，以防止破壞整個應用程式，發生錯誤時還可以使用命令進行 rollback（降版還原），由於先前我們已經將 Swarm 的服務的設定檔案儲存在其資料庫中，因此，如果需要手動 rollback 到先前版本，只要一個命令就可以做到。

◁)) 馬上試試

通常，您可以使用 YAML 檔案來管理應用程式的部署，如果部署出錯則 rollback 到以前的狀態，之所以可以這樣做，是因為 Docker Swarm 將服務的當前和先前狀態儲存在其資料庫中：

```
# rollback 到之前的版本:
docker service update --rollback timecheck

# 列出 timecheck 服務所有的複本:
docker service ps timecheck

# 列出 25 秒前 timecheck 服務所有的複本日誌:
docker service logs --since 25s timecheck
```

只是 rollback 過程使用的是更新之前的最後版本（編註：簡單說就是用更新前的版本來「降級」），因此無需指定映像檔標籤。如果更新是以 Docker 無法發現的方式影響了應用程式的運作，例如您沒有執行狀態檢查或檢查不夠詳細，就可能會發生這種情況，這時 rollback 就派上用場了。在此情況下，如果發現應用程式已損壞，則只需執行 rollback 命令，而無需一直嘗試查找舊版服務的檔案。輸出結果如圖 12.11 所示，您可以在其中看到所有部署的複本，以及最新複本的服務日誌，已更新的為 2.0，rollback 的為 1.0。

接下頁

rollback 是一個特殊的更新方法，它告訴 Swarm 將服務『降回』
之前的版本，該版本的檔案存於 Swarm 的資料庫中

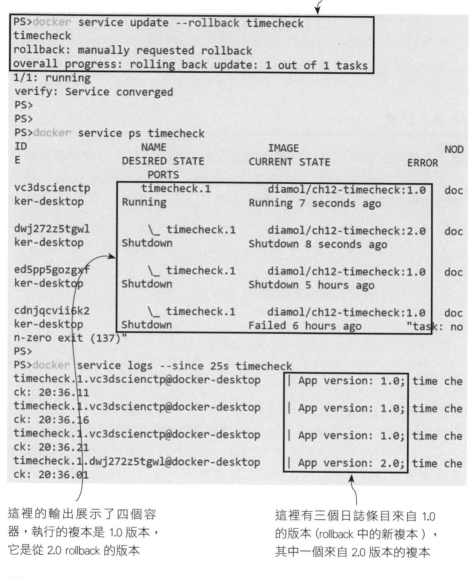

```
PS>docker service update --rollback timecheck
timecheck
rollback: manually requested rollback
overall progress: rolling back update: 1 out of 1 tasks
1/1: running
verify: Service converged
PS>
PS>
PS>docker service ps timecheck
ID                    NAME                  IMAGE                       NOD
E                     DESIRED STATE         CURRENT STATE          ERROR
                         PORTS

vc3dscienctp          timecheck.1           diamol/ch12-timecheck:1.0   doc
ker-desktop           Running               Running 7 seconds ago

dwj272z5tgwl          \_ timecheck.1        diamol/ch12-timecheck:2.0   doc
ker-desktop           Shutdown              Shutdown 8 seconds ago

ed5pp5gozgxf          \_ timecheck.1        diamol/ch12-timecheck:1.0   doc
ker-desktop           Shutdown              Shutdown 5 hours ago

cdnjqcvii6k2          \_ timecheck.1        diamol/ch12-timecheck:1.0   doc
ker-desktop           Shutdown              Failed 6 hours ago          "task: no
n-zero exit (137)"
PS>
PS>docker service logs --since 25s timecheck
timecheck.1.vc3dscienctp@docker-desktop        | App version: 1.0; time che
ck: 20:36.11
timecheck.1.vc3dscienctp@docker-desktop        | App version: 1.0; time che
ck: 20:36.16
timecheck.1.vc3dscienctp@docker-desktop        | App version: 1.0; time che
ck: 20:36.21
timecheck.1.dwj272z5tgwl@docker-desktop        | App version: 2.0; time che
ck: 20:36.01
```

這裡的輸出展示了四個容
器，執行的複本是 1.0 版本，
它是從 2.0 rollback 的版本

這裡有三個日誌條目來自 1.0
的版本 (rollback 中的新複本)，
其中一個來自 2.0 版本的複本

圖 12.11：您可以使用命令 rollback 到之前的版本。

服務是您在 Swarm 模式下管理資源最小單位（而不是容器）。您也可以管理一些新的資源類型，但是主要的 Docker 資源還是以相同的方式工作。例如當容器需要在 Swarm 模式溝通時，還是透過 Docker 網路對外溝通，您也可以發佈連接埠以允許外部流量進入應用程式。

12.4 管理叢集中的網路流量

就容器內部的應用程式而言，Swarm 模式下的網路是標準的 TCP/IP。元件透過 DNS 名稱相互查找，接著透過 Docker 中的 DNS 伺服器傳回 IP 位址，容器將網路流量發送到該 IP 位址。最終流量被容器接收並作出相對應的回應。在 Swarm 模式下，發送請求的容器和發送回應的容器，可以在不同的節點上執行。

在 Docker 背後有著各式各樣的網路設定讓使跨叢集的溝通連接順暢，您無需深入研究其中的運作方式以及原理。Swarm 模式提供了一種新型的 Docker 網路，稱為覆蓋網路 (overlay network)。這是一個虛擬網路，橫跨叢集中的所有節點，當服務連接到 overlay network 時，它們可以使用該服務名稱作為 DNS 名稱相互溝通。

圖 12.12 展示了兩個 overlay network 如何支援不同應用程式，其中每個應用程式將跨多個節點上的多個服務來執行

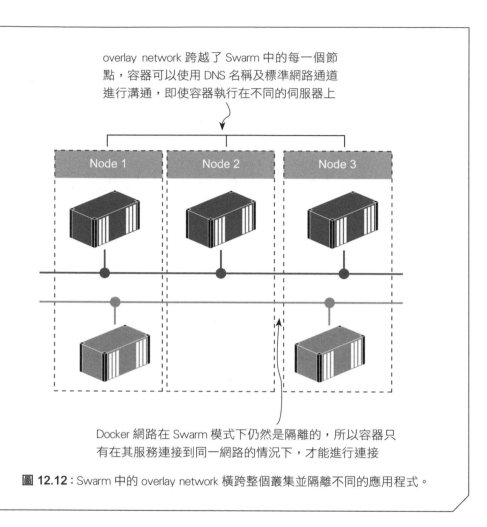

overlay network 跨越了 Swarm 中的每一個節點，容器可以使用 DNS 名稱及標準網路通道進行溝通，即使容器執行在不同的伺服器上

Node 1　Node 2　Node 3

Docker 網路在 Swarm 模式下仍然是隔離的，所以容器只有在其服務連接到同一網路的情況下，才能進行連接

圖 **12.12**：Swarm 中的 overlay network 橫跨整個叢集並隔離不同的應用程式。

　　overlay network 允許服務在組成同一個應用程式的時候進行溝通，但是這些網路是隔離的，因此不同網路上的服務無法相互存取。

　　與 Docker 網路上的容器相比，overlay network 上的服務還有另一個區別。我們在第 7 章使用 Docker Compose 為單個服務擴展和執行多個容器，而對使用 Compose 建立的服務進行 DNS 查詢，將傳回所有容器的 IP 位址，並且仰賴使用者固定 IP 位址來發送流量。如果 Swarm 中有數百個複本，這樣做會難以擴展服務，因此 overlay network 使用不同的方法，在對服務做 DNS 查詢時只會傳回一個虛擬 IP 位址。

◁)) 馬上試試

讓我們從之前的練習中刪除該應用程式,並為我們在上一章中使用的圖庫應用程式映像檔建立網路和 API 服務。

```
# 移除原始的應用程式:
docker service rm timecheck

# 建立一個 overlay network 給新的應用程式:
docker network create --driver overlay iotd-net

# 建立一個 API 服務,並將它加入網路中:
# 以下為同一道命令,請勿換行
docker service create --detach --replicas 3 --network
iotd-net --name iotd diamol/ch09-image-of-the-day

# 建立一個日誌 API,並將它加入網路中:
# 以下為同一道命令,請勿換行
docker service create --detach --replicas 2 --network
iotd-net --name accesslog diamol/ch09-access-log

# 檢查建立的服務:
docker service ls
```

現在,您已經執行了映像檔中的 API 服務,並且這些服務已附加到 overlay network 中。從圖 12.13 的輸出中可以看到,我們建立了三個複本來執行映像檔 API 服務,建立兩個複本來執行日誌服務。目前這些服務是使用 Docker Desktop 的單節點 Swarm 執行,但是我們也可以在具有 500 個節點的 Swarm 上執行相同的一連串命令,並且輸出將是相同的,只是複本會在不同的節點上執行。

查看虛擬 IP 位址 (Virtual IP networking, 也稱為 **VIP 網路**) 最簡單的方法是連接到任何容器複本中的終端對話視窗。您可以執行一些網路命令對服務名稱執行 DNS lookup,並檢查傳回的 IP 位址。

接下頁

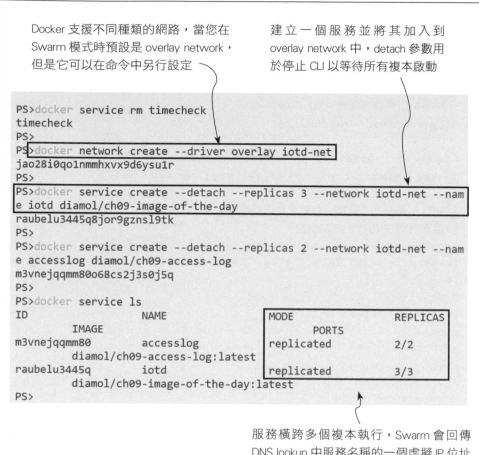

Docker 支援不同種類的網路，當您在
Swarm 模式時預設是 overlay network，
但是它可以在命令中另行設定

建立一個服務並將其加入到
overlay network 中，detach 參數用
於停止 CLI 以等待所有複本啟動

```
PS>docker service rm timecheck
timecheck
PS>
PS>docker network create --driver overlay iotd-net
jao28i0qo1nmmhxvx9d6ysu1r
PS>
PS>docker service create --detach --replicas 3 --network iotd-net --nam
e iotd diamol/ch09-image-of-the-day
raubelu3445q8jor9gznsl9tk
PS>
PS>docker service create --detach --replicas 2 --network iotd-net --nam
e accesslog diamol/ch09-access-log
m3vnejqqmm80o68cs2j3s0j5q
PS>
PS>docker service ls
ID                      NAME            MODE            REPLICAS
      IMAGE                           PORTS
m3vnejqqmm80            accesslog       replicated      2/2
      diamol/ch09-access-log:latest
raubelu3445q            iotd            replicated      3/3
      diamol/ch09-image-of-the-day:latest
PS>
```

服務橫跨多個複本執行，Swarm 會回傳
DNS lookup 中服務名稱的一個虛擬 IP 位址

圖 12.13：在 Swarm 模式中執行一個服務並將其連接到 overlay network。

◁)) **馬上試試**

在最新建立的容器中執行終端對話視窗，並為 API 服務執行 DNS
lookup。對於 Linux 和 Windows 容器，前幾行命令是不同的，但是一旦
連接到容器中的終端對話視窗，後續的命令是相同的：

接下頁

```
# 使用 Windows 容器執行一個終端對話視窗:
docker container exec -it $(docker container ls --last 1 -q) cmd

# 使用 Linux 容器執行一個終端對話視窗:
docker container exec -it $(docker container ls --last 1 -q) sh

# 執行 DNS lookups:
nslookup iotd
nslookup accesslog
```

從圖 12.14 的輸出結果中可以看到，每個服務都有一個 IP 位址，即使有多個容器在執行這些服務。服務的 IP 位址還是所有複本共用的虛擬 IP。

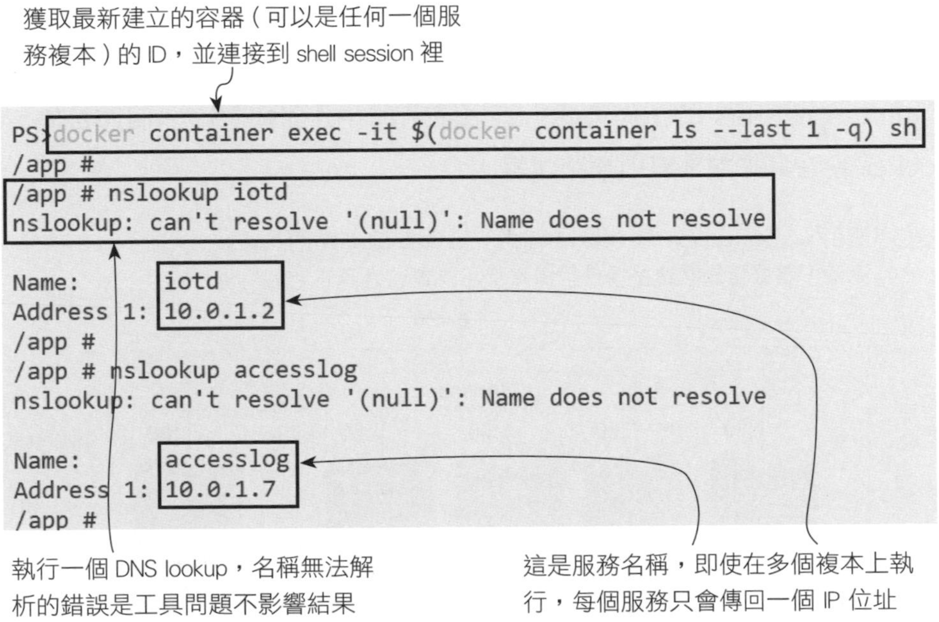

獲取最新建立的容器（可以是任何一個服務複本）的 ID，並連接到 shell session 裡

執行一個 DNS lookup，名稱無法解析的錯誤是工具問題不影響結果

這是服務名稱，即使在多個複本上執行，每個服務只會傳回一個 IP 位址

圖 12.14：服務使用 VIP 網路，所以所有的複本共用一個虛擬 IP 位址。

從上面的結果可以看到無論使用 Windows 容器或是 Linux 容器都可以支援 VIP 網路，並且 VIP 網路還是平衡網路流量的一種方法。DNS lookup 只會傳回一個 IP 位址，而且就算之後網路服務的規模擴大或縮小，IP 位址也會保持不變。客戶端只要將資料發送到該 IP 位址，系統會知道該位址實際上對應多個目的地（編註：也就是 Swarm 上的多個複本），會擇一進行轉送。

您只需要知道，Docker Swarm 是利用 VIP 網路，提供服務與服務之間可靠且負載平衡的存取即可。應用程式是以 Swarm 的服務形式來執行，使用簡單的 DNS 名稱存取網路，完全隱藏了 overlay network 技術背後的複雜性。

而針對外部進入的網路請求，Swarm 也是採用相同的方式處理。當叢集或應用程式的規模很大，要處理外部流量似乎會是個複雜的問題。例如您可能有一個執行 10 個複本的 Web 應用程式，若叢集中有 20 個節點，代表某些節點並沒有執行這個應用程式的容器，這時 Swarm 必須要能正確將外部網路請求正確導向有執行容器的節點；或者，叢集中只有 5 個節點，每個節點就可能執行多個複本，這時 Swarm 則要考量容器之間的負載平衡。

Swarm 是透過使用 ingress network 來處理這些問題，圖 12.15 展示了 ingress network 的工作方式，每個節點都在外部監聽同一個連接埠，而 Docker 會在叢集內部導引網路連線。

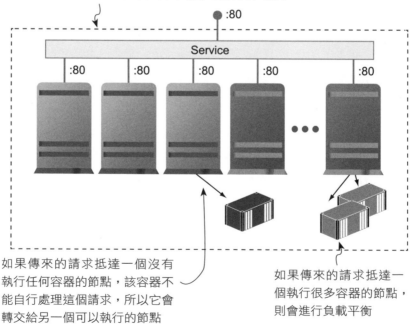

圖 12.15：Docker Swarm 使用 ingress network 在節點上傳入流量到容器。

當您發佈服務的連接埠時，Swarm 就會使用 ingress network，它跟 overlay network 一樣簡單好用（雖然背後都是複雜的網路技術）。在 Swarm 模式下建立服務時，只要發佈要使用的連接埠，ingress network 就會開始運作。

◁)) 馬上試試

圖庫應用程式的最後一個元件是網站本身。當您將其作為 Swarm 服務執行並發佈連接埠時，它會開始使用 ingress network：

```
# 建立應用程式的網頁:
# 以下為同一道命令，請勿換行
docker service create --detach --name image-gallery
--network iotd-net --publish 8010:80 --replicas 2
diamol/ch09-image-gallery

# 列出所有服務:
docker service ls
```

現在您可以在單一連接埠上監聽有多個複本的服務，這點是使用 Docker Compose 無法做到的，我們沒辦法讓多個容器同時監聽同一個連接埠。而 Swarm 之所以能做到，是因為監聽的是 ingress network 上的連接埠。當外部的請求進入叢集時，ingress network 會將其轉送到服務的某個複本，可以是收到該請求、同一節點上的複本，也可以是叢集其他節點上的複本。圖 12.16 可以看到執行兩個複本和已發佈連接埠的服務。

接下頁

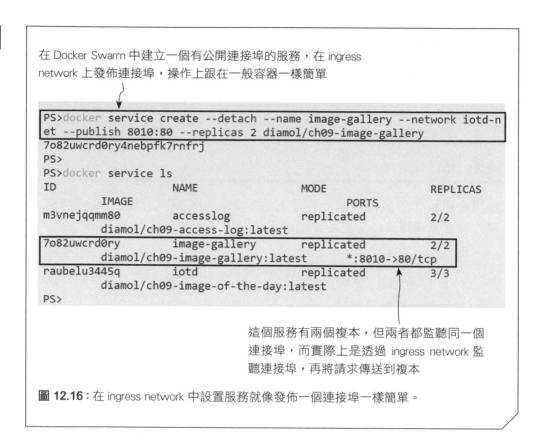

在 Docker Swarm 中建立一個有公開連接埠的服務，在 ingress network 上發佈連接埠，操作上跟在一般容器一樣簡單

```
PS>docker service create --detach --name image-gallery --network iotd-n
et --publish 8010:80 --replicas 2 diamol/ch09-image-gallery
7o82uwcrd0ry4nebpfk7rnfrj
PS>
PS>docker service ls
ID                      NAME                    MODE              REPLICAS
        IMAGE                                   PORTS
m3vnejqqmm80            accesslog               replicated        2/2
        diamol/ch09-access-log:latest
7o82uwcrd0ry             image-gallery           replicated        2/2
        diamol/ch09-image-gallery:latest        *:8010->80/tcp
raubelu3445q            iotd                    replicated        3/3
        diamol/ch09-image-of-the-day:latest
PS>
```

這個服務有兩個複本，但兩者都監聽同一個連接埠，而實際上是透過 ingress network 監聽連接埠，再將請求傳送到複本

圖 12.16：在 ingress network 中設置服務就像發佈一個連接埠一樣簡單。

您可以瀏覽到該連接埠，網頁與第 4 章的執行結果一模一樣，除非您執行的是 Windows 容器。如果是 Linux 容器（不管是在 Linux、Mac 或 Windows 10 系統），都可以在瀏覽器輸入網址 http://localhost:8010 來查看該應用程式。如果是 Windows 容器則無法執行此操作，因為 Windows 容器無法在本機上存取 Swarm 服務。

這是少數 Windows 容器無法和 Linux 容器使用相同方式工作的情況之一，這歸咎於 Windows 網路基礎架構的局限性。實務上這不成問題，因為 Swarm 叢集通常是多節點，本來就是以遠端的伺服器方式運作，存取遠端電腦時 ingress network 就可以正常工作。但是在單節點的 Windows Swarm 上，您只能透過其他電腦來瀏覽服務，而無法在本機上操作。

在圖 12.17 中您可以看到應用程式的畫面。網路請求被傳送到 Web 服務的兩個複本之一，接著從 API 服務的三個複本之一中獲取圖片資料。

ingress network 監聽 8010 連接埠，傳入的請求會由 Swarm 處理，並傳送到執行複本的節點中，如果節點上有多個複本，流量會自動取得負載平衡

圖 12.17：使用 ingress network 在服務中公開連接埠，Swarm 會傳送請求到複本。

這裡再強調一下，叢集的大小與部署方式和管理應用程式無關。無論是在雲端中 50 個節點的叢集或者是單一電腦中的單一節點叢集，執行的命令與結果都是相同的，我們可以從任何節點存取該 Web 服務的兩個複本，並使用 API 服務的三個複本獲取資料。

12.5 該如何選擇 Docker Swarm 和 Kubernetes ？

　　Docker Swarm 是最簡單的容器調度工具，它採用了 Docker Compose 上已經廣被接受的網路和服務概念，將其建構成調度工具，並整合到 Docker Engine 之中。容器調度工具的選擇不止一個，在軟體開發領域較為熱門的有 Docker Swarm 和 Kubernetes，該選擇哪款作為您的開發工具呢？

　　目前 Kubernetes 比 Docker Swarm 還要熱門，因為所有主要的雲端服務都內建 Kubernetes，並提供相對應的託管服務。您可以在 Microsoft Azure、Amazon Web Services 或 Google Cloud 中透過其 CLI 的單一命令或在其 Web 首頁上點擊幾下，來啟動多節點的 Kubernetes 叢集。這些雲端服務會負責初始化叢集 (這與使用 Docker Swarm 一樣簡單) 並管理作為節點的虛擬機器。Kubernetes 易於擴展，因此雲端服務提供者可以將其與其他產品 (例如負載均衡器和資料庫) 整合，從而輕鬆部署功能齊全的應用程式。

正因為雲端服務幫您省去許多步驟，當您想要更加深入的去了解其運作原理時，就必須惡補許多相關知識，又因涉及許多雲端服務所以學習成本會比 Docker Swarm 來的還要高。

　　反觀 Docker Swarm，目前雲端服務提供者的託管服務都不提供，一部份原因可能是可轉移的元件較少，因此很難與其他服務整合。如果您想在雲端服務中執行 Docker Swarm 叢集，則需要自己建置虛擬機，並自行初始化 Swarm，這部分雖然可以全部自動化，但不像使用雲端服務那麼簡單方便。圖 12.18 展示了如果要在 Azure 中執行 Docker Swarm 叢集，則需要配置和管理自己的主要雲端資源。

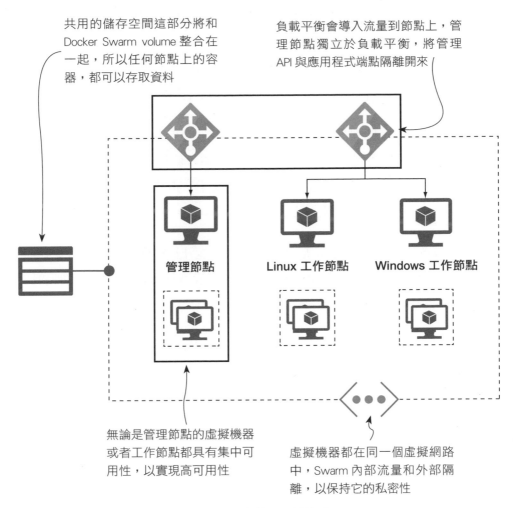

共用的儲存空間這部分將和 Docker Swarm volume 整合在一起，所以任何節點上的容器，都可以存取資料

負載平衡會導入流量到節點上，管理節點獨立於負載平衡，將管理 API 與應用程式端點隔離開來

管理節點　　Linux 工作節點　　Windows 工作節點

無論是管理節點的虛擬機器或者工作節點都具有集中可用性，以實現高可用性

虛擬機器都在同一個虛擬網路中，Swarm 內部流量和外部隔離，以保持它的私密性

圖 12.18：正式生產環境的 Swarm 需要自行管理雲端資源。

　　不過與部署應用程式相比，部署叢集的頻率比較低，而且對於正在進行的操作，Docker Swarm 更為簡單。功能雖然不像 Kubernetes 那麼完整，但已經符合大多數開發團隊所需要的一切。發送到 Swarm 叢集的 YAML 檔案是 Docker Compose 的擴充語法，該語法簡潔明瞭且邏輯架構清楚。Kubernetes YAML 檔案則相對比較複雜和冗長，部分原因是因為 Kubernetes 支援更多的資源。若分別使用兩個調度工具來執行 Docker 容器，並且使用相同的 Docker 映像檔，在 Kubernetes 上定義應用程式的 YAML 檔案，內容會比 Swarm 的檔案多了 5 到 10 倍 的內容。

我們給新手的建議是先從 Docker Swarm 開始學習，如果之後會用到 Swarm 所沒有的功能，再考慮使用 Kubernetes。一開始要用 Docker 來建構應用程式會花費不少心力，不過因為可以使用相同的映像檔，之後要再轉移到 Kubernetes 並不困難。以下是這兩個調度工具的一些區別：

● **基礎架構**：如果您要部署到雲端服務當中，Kubernetes 是一個更簡單的選擇，但是如果您是要部署在大型主機當中，使用 Swarm 管理會比較容易。另外，如果您的團隊是使用 Windows 作為開發環境，則可以直接使用 Swarm，而無需另外安裝 Linux。

● **學習曲線**：學習 Swarm 很簡單，因為您已經學會使用 Docker 和 Compose 擴充的經驗。Kubernetes 的學習成本比較高，並不是團隊中的每個人都可以上手。

● **功能集**：Kubernetes 的複雜性較高，由於它具有高度彈性，您可以使用 Kubernetes 做您在 Swarm 中不容易完成的事情，例如藍綠部署（blue/green deployment）、服務自動擴展、角色型存取控制（role-based access control, RBAC）等。

● **社群支援**：Kubernetes 具有大型的開源社群並且非常活躍，Kubernetes 的開發團隊也很積極的更新版本和新功能，而 Swarm 一直是個穩定的產品，暫時不會有大型的新功能加入。

Swarm 是一款很棒的產品，它可以幫您管理正式環境中的容器調度，並且輕鬆地平衡負載，無論您的應用程式有多複雜。

12.6　課後練習

　　這次是一個非常簡單的練習，目的只是為了增加您使用 Docker Swarm 的相關經驗。我們希望您在 Swarm 叢集中，執行第 8 章的隨機數字應用程式。您將需要兩個服務和一個網路來連接它們，並且這些服務將需要使用以下的 Docker 映像檔（它們位於作者的 Docker Hub 上，因此您無需自己建構）：

● diamol/ch08-numbers-api:v3

● diamol/ch08-numbers-web:v3

　　解答放在 GitHub 上，需要的時候可以參考一下：

https://github.com/sixeyed/diamol/blob/master/ch12/lab/README.md

MEMO

13

Chapter

在 Docker Swarm 中部署 分散式應用程式

在上一章中，我們花了很多時間，來學習如何使用命令列建立 Docker Swarm 的服務，這是開始學習容器調度 (orchestration) 的好方法，也可以藉此了解手動執行容器與讓調度工具管理容器之間的區別，但是您不會在實際的專案中這樣做，因為您無法連接到管理節點，自然不能向其發送命令來執行服務。實際做法是使用發送到管理節點的 YAML 檔案，來定義應用程式；然後再由管理節點決定採取什麼措施來執行您的應用程式。這與 Docker Compose 中看到的預期狀態（desired-state）方法相同，YAML 檔案指定了應用程式應該要達到的狀態，調度器會查看目前執行的情形，並想辦法達到指定的狀態。

Docker Swarm 和 Kubernetes 都使用這種「預期狀態」的方式在運作，但兩者有不同的 YAML 語法。Swarm 使用 Docker Compose 語法定義應用程式的所有元件，當您將 YAML 發送到管理節點時，它將依據您的檔案內容建立網路和服務以及其他任何內容。Compose 格式非常適合用來定義叢集部署的分散式應用程式，但是 Compose 有些功能僅在 Swarm 模式下有用，而有些僅在單一伺服器上才有作用，該格式有足夠的靈活度，可以同時支持兩種模式。在本章中，我們將延續先前對 Docker Compose 和 Docker Swarm 的介紹，來講解如何在叢集中部署、執行分散式應用程式。

13.1 使用 Docker Compose 進行正式環境部署

Docker Swarm 的強大功能來自於 Compose，無論是在正式環境、開發環境與測試環境中所使用都是相同的 Compose 檔案，因此您的 artifacts(編註：指開發的軟體成品) 與開發工具對於每個環境、專案都具有一致性。也就是說，在 Swarm 的部署方式就如同使用 Compose 檔案進行部署一樣。範例 13.1 展示了第 6 章中 todo-list 應用程式的部署格式 (Compose 檔案)，其中僅指定了映像檔名稱和發佈的連接埠：

範例 13.1 能夠部署到 Swarm 的 Compose 檔案

```
version: "3.7"

services:
  todo-web:
    image: diamol/ch06-todo-list
    ports:
      - 8080:80
```

　　若您使用 Docker Compose 部署到單一伺服器上，會先建立一個容器，容器上有公開的連接埠，用來存取該容器內的應用程式。您可以用完全一樣的檔案在 Swarm 上部署，然後您會看到執行單一複本的服務，該服務有使用 ingress 網路的公開連接埠，您可以在 Swarm 模式下藉由建立 stack 來部署應用程式。

★ **編註** stack 是將各種資源（例如服務、網路和 volume）組合在一起的資源集合。

◁» 馬上試試

使用 Compose 檔案部署 stack，首先您需要初始化 Swarm，接著切換到本章練習的資料夾進行部署，完成後檢查執行狀況：

```
cd ch13/exercises

# 用 Compose 檔案部署 stack:
docker stack deploy -c ./todo-list/v1.yml todo

# 列出所有的 stack:
docker stack ls

# 列出所有的 service:
docker service ls
```

接下頁

從圖 13.1 的輸出結果中可以看到，雖然是使用標準的 Docker CLI 部署到 Swarm，但它的行為和 Docker Compose 非常相似。這邊我們將 Compose 檔案發送到叢集，管理節點會建立一個預設網路，以將服務加入其中，然後開始為應用程式建立服務。stack 是 Swarm 模式下的 **first-class resource**（編註：中文常翻成第一類資源、頭等資源，為了避免讀者搞混，後續的內容都以英文表示）。您可以使用 CLI 建立，輸出和刪除 stack。在本練習中我們會試著部署 stack，並建立一個服務。

使用 Compose 檔案部署 stack，Swarm 會查看檔案（YAML 格式）中每個元件定義的預期狀態並建立需要的資源

stack 是 Swarm 底下的資源，所以您可以使用 Docker CLI 建立，輸出和刪除

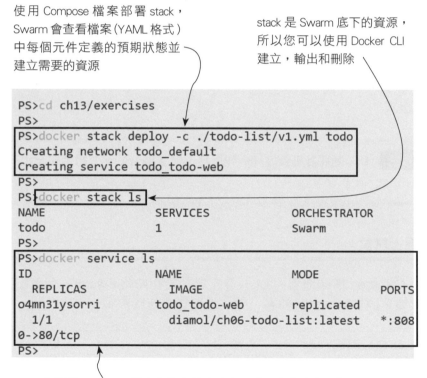

```
PS>cd ch13/exercises
PS>
PS>docker stack deploy -c ./todo-list/v1.yml todo
Creating network todo_default
Creating service todo_todo-web
PS>
PS>docker stack ls
NAME                SERVICES            ORCHESTRATOR
todo                1                   Swarm
PS>
PS>docker service ls
ID                  NAME                MODE
  REPLICAS            IMAGE                            PORTS
o4mn31ysorri        todo_todo-web       replicated
  1/1                 diamol/ch06-todo-list:latest     *:808
0->80/tcp
PS>
```

stack 會依照 Compose 檔案中的定義來建立服務，也會建立一個 overlay 網路，並公開連接埠以提供服務。以上的設定都採用 Swarm 模式下的預設值

圖 13.1：在 Swarm 模式下使用 Compose 檔案部署 stack。

如果您執行的是 Linux 容器，可以直接打開瀏覽器，輸入 http://localhost:8080 並查看該應用程式，如果您使用的是 Windows 容器，則會有無法在本機存取 ingress 網路的問題，因此您需要用另一台電腦來存取。這和前面 todo-list 應用程式是一樣的問題，所以這裡不再贅述。在本練習中，我們學到了使用標準的 Docker Compose 檔案，不需要任何額外的配置設定，就可以部署應用程式到 Swarm 上面。如果您的 Swarm 擁有多個節點，則將具有高可用性，執行服務複本的節點只要出現狀況造成服務斷線時，Swarm 會在另一個節點上替換服務，來保持應用程式的可用性。

Swarm 模式有一組額外的功能，您可以透過在 Compose 檔案的服務中，加入一個 deploy 區塊，來在應用程式中使用它們。這些屬性只有在叢集中執行才會產生作用，所以會在部署 stack 時使用，不過在單一伺服器上部署，也可以使用相同的檔案，deploy 區塊會自行略過。範例 13.2 展示了 todo-list 應用程式的更新服務定義，其中包括部署所需要的屬性，用來執行多個複本，並限制每個複本可以使用的運算資源。

範例 13.2　在您的 Docker Compose 檔案中，加入 Swarm 部署配置

```
services:
  todo-web:
    image: diamol/ch06-todo-list
    ports:
      - 8080:80
    deploy:
      replicas: 2
      resources:          只有在 Swarm
        limits:           模式才有作用
          cpus: "0.50"
          memory: 100M
```

這些是您要用於部署於正式環境的基本屬性。執行多個複本代表您的應用程式可以有更多負載，假如其中有一個複本由於伺服器故障或服務更新而離線，則另一個複本可代替離線的複本，以維持應用程式的服務。您還應該在所有服務啟用時，指定運算限制 (compute limits)，以保護您的叢集免受惡意程式碼的攻擊，導致耗盡所有 CPU 和記憶體。制定限制需要事先做一些功課，因為您需要知道應用程式全力工作時需要多少資源，可以參考第 9 章設置監控指標即可。此應用程式範例中的定義，限制每個複本使用 CPU 內核最多 50 %，記憶體最多 100 MB。

更新部署到 Swarm stack 與部署新應用程式的作法是一樣的，您要將更新的 YAML 檔案發送到管理節點以進行更改。當您部署 v2 版本的 Compose 檔案時，Swarm 將建立一個新複本，並替換現有的複本。

◁)) 馬上試試

使用新的 Compose 檔案，但使用原來的 stack 名稱來執行 stack deploy 命令，就像對現有的 stack 進行更新一樣。接著印出所有複本，您將看到 Swarm 如何更新應用程式：

```
# 使用 stack 部署更新過的 Compose 檔案
docker stack deploy -c ./todo-list/v2.yml todo

# 檢查所有的 web 服務複本:
docker service ps todo_todo-web
```

輸出結果如圖 13.2 所示。您可以看到 stack 更新了服務，該服務具有兩個新複本，替換掉了原始的複本，因為在 Compose 檔案中，添加資源限制 (resource limits) 會更改容器的定義，所以需要使用新的容器進行操作。

如果您未指定限制，則 Docker 容器預設可以存取所有主機的 CPU 和記憶體，這只適用於非正式環境，所以您可以在伺服器上加入所有的應用程式，並讓它們配置所需的資源。但是在正式環境中，您必須加以限制以防止惡意程式碼或使用者試圖大量使用系統資源，而這些限制是在容器啟動時建立的，因此如果更新這些限制會得到一個新容器，這就是 Swarm 模式中更新複本的原理。

接下頁

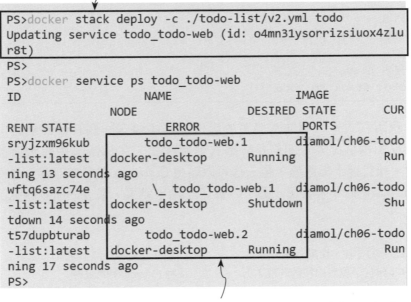

使用一個新的 Compose 檔案和一個現有的 stack 名稱
進行部署，會促使 stack 更新為最新的狀態

```
PS>docker stack deploy -c ./todo-list/v2.yml todo
Updating service todo_todo-web (id: o4mn31ysorrizsiuox4zlu
r8t)
PS>
PS>docker service ps todo_todo-web
ID                    NAME                     IMAGE
               NODE            DESIRED STATE         CUR
RENT STATE            ERROR               PORTS
sryjzxm96kub          todo_todo-web.1          diamol/ch06-todo
-list:latest  docker-desktop    Running            Run
ning 13 seconds ago
wftq6sazc74e          \_ todo_todo-web.1       diamol/ch06-todo
-list:latest  docker-desktop    Shutdown           Shu
tdown 14 seconds ago
t57dupbturab          todo_todo-web.2          diamol/ch06-todo
-list:latest  docker-desktop    Running            Run
ning 17 seconds ago
PS>
```

這個更新建立了一個新的複本，並替換現有複本的容器，任務
清單展示了所有容器，替換下來的容器都處於 Shutdown 狀態

圖 13.2：使用 Compose 檔案更新一個 stack，如果檔案裡面的定義有改變，
由定義產生的服務也會跟著更新。

　　Swarm stack 也可以很方便對應用程式進行分組，因為叢集通常會執
行許多應用程式，所以您可以運用這個機制來進行管理，例如使用 Docker
CLI 中的 stack 命令來管理應用程式，列出各個服務和服務複本，或者刪除
該應用程式。

◁») 馬上試試

stack 是管理應用程式的單位，提供您一個簡單的方式讓應用程式可以
一次執行好幾個服務，每個服務底下又有好幾個複本。以下我們來查看
執行 todo-list 應用程式的 stack，然後刪除它看會發生什麼事：

接下頁

```
# 列出 stack 中所有服務:
docker stack services todo

# 列出 stack 中所有服務的複本
docker stack ps todo

# 刪除 stack:
docker stack rm todo
```

這個應用程式是一個非常簡單的範例,其中包含一個 Docker 網路,一個服務和兩個複本。即便是分散式應用程式,在 Swarm 中有數百個複本中,執行幾十種服務,也一樣可以藉由 Compose 檔案來部署,並使用 docker stack 命令來管理。圖 13.3 展示了輸出結果,最後的命令刪除了整個 stack。

列出 stack 的任務,會顯示所有服務的複本(包含了現有的和舊的複本)

這是一個在 todo-list 應用程式 stack 中的服務

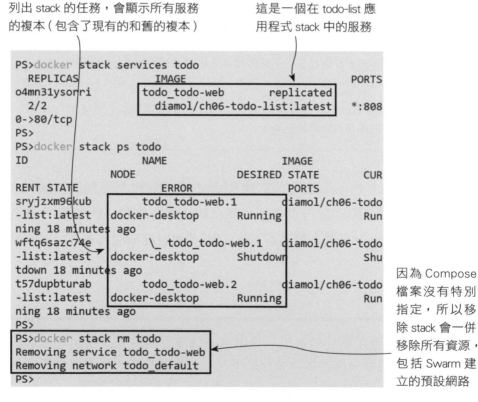

因為 Compose 檔案沒有特別指定,所以移除 stack 會一併移除所有資源,包括 Swarm 建立的預設網路

圖 13.3:使用 Docker CLI 管理 stack,您可以列出資源並予以刪除。

就算不使用 Compose 檔案，也可以管理 stack 中的所有資源，因為所有定義規格都儲存在叢集資料庫中。該資料庫可以被任何一個 Swarm 管理節點讀取，也就是說這些定義都可以被複製到任一個管理節點上。這也是安全存放其他資源的一種方法。做法是將應用程式『配置檔案』存放在 Swarm 中，使您可以將其用於 Compose 檔案中的服務上。

13.2 使用 config 管理應用程式配置

在容器中執行的應用程式，需要從執行容器的平台中載入該應用程式的配置。以下的範例是在本機開發和測試環境中，使用 Docker Compose 和環境變數來載入配置，正式環境則使用儲存在叢集中的 Docker 配置檔案。圖 13.4 展示了它是如何運作的，可以看到在每種環境中都是完全相同的 Docker 映像檔，只是應用程式的行為會因為配置不同而發生變化。

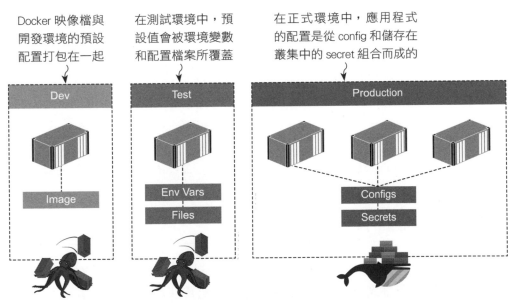

Docker 映像檔與開發環境的預設配置打包在一起

在測試環境中，預設值會被環境變數和配置檔案所覆蓋

在正式環境中，應用程式的配置是從 config 和儲存在叢集中的 secret 組合而成的

圖 13.4：從平台中載入不同環境的應用程式配置，Swarm 模式使用的是 config 和 secret。

配置是部署的關鍵，所有調度工具都擁有 first-class 資源，來保存應用程式的配置。其功能之所以強大，是因為調度工具可以讓容器從叢集中載入配置，但同時也可以將部署應用程式的團隊與管理配置的團隊區隔開來。

整個組織中通常擁有一組管理配置檔案的團隊，該團隊可以存取所有 secret（API 密鑰、資料庫伺服器密碼、SSL 憑證），這些 secret 都安全儲存在系統中。該系統通常與執行應用程式的環境完全分開，因此團隊需要一種將配置從中央系統（central system）載入到容器中的方法。Docker Swarm 可以透過特定類型的資源（也就是 config）支援該工作流程，將現有的配置檔案載入到叢集中。

> config 的功能其實和前面介紹過的 secret 很像，用法也差不多，只是因為存在叢集上，儲存形式略有不同。雖然本質上還是一個檔案，不過為了和 Docker 的配置檔案有所區別，本書會直接用英文稱呼為 config。

◁)) 馬上試試

todo-list 應用程式使用 JSON 檔案進行配置。映像檔中預設的配置會使用本機的資料庫檔案來儲存資料，然而如果跑好幾個複本，這樣會讓應用程式無法運作，每個容器都有自己的資料庫，使用者每次都可能連到不同容器，就會看到不同的待辦事項內容。所以首先我們就要解決這個問題，用新的配置在叢集中進行來部署：

```
# 使用本機的 JSON 檔案，建立 config:
# 以下為同一道命令，請勿換行
docker config create todo-list-config ./todo-list/configs/
config.json

# 檢查叢集中的配置:
docker config ls
```

上述命令我們會建立一個 config。建立 config 要給定名稱，並指向一個現存的配置檔案內容。此處的應用程式配置使用 JSON 檔案，不過 config 也可以 XML 檔、鍵/值對或二進位檔等各種形式儲存。Swarm 會將 config 傳到容器的檔案系統當作檔案來使用，因此對應用程式來說，會看到跟您上傳檔案一模一樣的內容。圖 13.5 展示了輸出結果，除了名稱之外，還使用了隨機 ID 建立了配置檔案。

接下頁

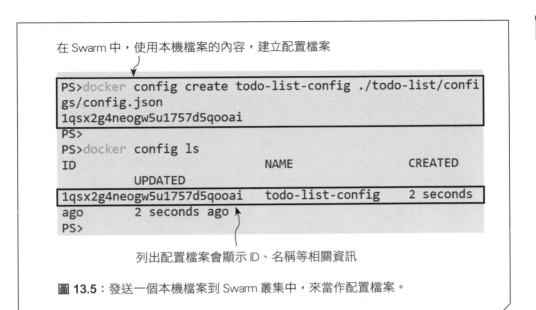

在 Swarm 中，使用本機檔案的內容，建立配置檔案

```
PS>docker config create todo-list-config ./todo-list/confi
gs/config.json
1qsx2g4neogw5u1757d5qooai
PS>
PS>docker config ls
ID                                        NAME                    CREATED
                  UPDATED
1qsx2g4neogw5u1757d5qooai    todo-list-config    2 seconds
ago          2 seconds ago
PS>
```

列出配置檔案會顯示 ID、名稱等相關資訊

圖 13.5：發送一個本機檔案到 Swarm 叢集中，來當作配置檔案。

　　配置檔案的使用方式就如同其他 Docker 資源一樣，可以使用命令來刪除、檢查以及建立。其中執行檢查命令時會向您展示配置檔案的內容，因此配置檔案不能用於敏感資料，在 Swarm 資料庫中檔案內容是未加密的狀態，在從管理節點移動到執行複本的節點時，並不會在傳輸過程中進行加密的動作。

🔊 **馬上試試**

您可以下命令檢查 config 以顯示完整的內容。下面的範例就展示了當複本使用 config 時，在容器檔案系統中看到的內容：

```
# 使用 inspect 命令 加上 pretty 參數，來查看內容:
docker config inspect --pretty todo-list-config
```

圖 13.6 展示了輸出結果，其中包含 config 所有的中繼資料 (metadata)，檔案的內容與直接開啟檔案相同（包括空格、縮排等）

接下頁

```
                   如果您有權存取 Swarm 管理節點,
                   就可以查看 config 的所有內容

PS>docker config inspect --pretty todo-list-config
ID:                 1qsx2g4neogw5u1757d5qooai
Name:               todo-list-config
Created at:         2019-11-21 11:35:18.8732004 +0000 utc
Updated at:         2019-11-21 11:35:18.8732004 +0000 utc
Data:
{
  "Logging": {
    "LogLevel": {
      "Default": "Information",
      "Microsoft": "Warning",
      "Microsoft.Hosting.Lifetime": "Warning"
    }
  },
  "AllowedHosts": "*",
  "Database": {
    "Provider": "Postgres"
  }
}

PS>
```

這是我們上傳用於建立 config 的內容,
這些資料都會被載入到容器檔案系統中

圖 13.6:config 並不安全,有權存取叢集的人,都可以看到其內容。

　　管理 config 是獨立的流程,跟管理使用這些 config 的應用程式是兩件事。在 DevOps 流程中,可以由同一個團隊來完成,或是整合成一個自動化流程。在大型企業中,可能會考量需要符合既有處理程序,這時還是可以將兩者分開處理。

　　您可以在 Compose 檔案中指定要建置服務的 config。範例 13.3 為 todo-list 應用程式更新後的局部定義內容(完整內容請見 v3.yml),該配置的內容是從 config 所載入。

範例 13.3 config 的內容會顯現於容器的檔案系統中

```
services:
  todo-web:
    image: diamol/ch06-todo-list
    ports:
      - 8080:80
    configs:
      - source: todo-list-config
        target: /app/config/config.json

#...(略)...

configs:
 todo-list-config:
   external: true
```

　　當容器作為該服務的複本執行時，它會把 Swarm 中 config 的內容載入到 /app/config/config.json 檔案中，這是應用程式配置來源的路徑。您可以使用相對位置來指定配置檔案的路徑 (通常 Docker 會使用絕對路徑來表示)，但是實際路徑會因不同的作業系統而異，因此最好明確指出檔案的位置 (正斜線目錄路徑在 Windows 和 Linux 容器中均可使用)。

　　在範例 13.3 Compose 檔案的後半段，可以看到 config 的內容，包含了它的名稱和 external 屬性。external 屬性會告訴叢集這個資源要事先儲存在叢集上。部署的工作流程會先部署 config，然後再部署使用它們的應用程式。您可以透過部署 v3 Compose 檔案來練習，該檔案還包含 SQL 資料庫服務，因此多個 web 容器會共享同一資料庫。

🔊 **馬上試試**

透過部署 YAML 檔案來更新應用程式，範例中的 stack 命令都是一樣的。
Swarm 將為資料庫服務、web 應用個別建立一個新複本：

```
# 部署更新後的應用程式定義：
docker stack deploy -c ./todo-list/v3.yml todo

# 列出 stack 中的所有服務：
docker stack services todo
```

您在上一個練習中刪除了舊 stack，因此這是一個新的部署。您可以看到
一個網路和兩個服務正在建立。這邊已將 web 元件減為單一複本，以便
更輕鬆地更新。每個服務現在都在執行一個複本，輸出結果如圖 13.7 所
示。

這是一個新的部署，因此建立了新的資源，其中
不包括 config，因為它是已存在的外部資源

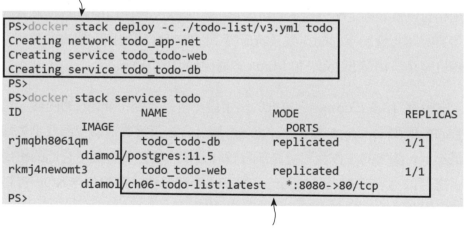

```
PS>docker stack deploy -c ./todo-list/v3.yml todo
Creating network todo_app-net
Creating service todo_todo-web
Creating service todo_todo-db
PS>
PS>docker stack services todo
ID                   NAME               MODE            REPLICAS
        IMAGE                           PORTS
rjmqbh8061qm         todo_todo-db       replicated      1/1
        diamol/postgres:11.5
rkmj4newomt3         todo_todo-web      replicated      1/1
        diamol/ch06-todo-list:latest  *:8080->80/tcp
PS>
```

一個複本正在執行 Web 服務，
該服務使用單一的資料庫複本

圖 **13.7**：使用 config 部署一個 stack。

現在，應用程式的配置會更改為使用 Postgres 作為資料庫，這是從 config 載入到複本中的配置。如果您打開瀏覽器輸入 http://localhost:8080 （如果使用 Windows，則需要從另一台電腦瀏覽到您的電腦），則會看到該應用程式無法正常執行。您可以檢查 web 服務的日誌以查看原因，它將展示很多有關連接資料庫的錯誤。此部署將 web 應用程式的配置設為使用 Postgres，但 config 中未提供資料庫連接所需的詳細訊息，因此連接失敗，我們將在下一節中解決該問題。

前面提到過，敏感資料不應保留在 config 中，因為它們沒有經過加密，任何有權存取叢集的人都可以讀取。其中包括含有使用者名稱和密碼的資料庫連接資訊，以及正式環境服務和 API 密鑰的 URL。通常在正式環境中會設置完備的防衛機制，即使被入侵的風險降低了，您仍需要加密叢集中的敏感資料。Docker Swarm 提供了 secret 用來儲存此類配置內容。

13.3　使用 secret 管理機密配置

secret 是叢集管理的 Swarm 中的一種資源，它的工作方式和config 幾乎一樣。您可以從本機檔案建立 secret，並儲存在叢集資料庫中，然後在服務規格定義中引用 secret，在執行時 secret 的內容會載入到容器檔案系統中。跟之前的 config 相比，secret 的主要區別在於，只有在 Swarm 載入到容器內部後，才能以純文字的形式讀取到配置內容。

secret 會在叢集的整個生命週期內進行加密。資料會以加密的方式儲存在管理節點共享的資料庫中，只有在執行複本當下，才會傳遞給需要 secret 的節點。從管理節點到工作節點的過程，secret 都是經過加密的，只有在容器內是未加密的狀態 (可以與原始檔案內容一起顯示)。以下的練習將使用一個 secret 來儲存 todo-list 應用程式的資料庫連接字串。

🔊)) **馬上試試**

從本機檔案建立 secret 然後查看它，以了解 Docker 所提供有關 secret 的訊息：

```
# 使用本機的 JSON 檔案，建立 secret:
# 以下為同一道命令，請勿換行
docker secret create todo-list-secret ./todo-list/secrets/
secrets.json

# 使用 secret inspect 語法加上 pretty 參數查看資料:
docker secret inspect --pretty todo-list-secret
```

使用 secret 的方式與 config 相同。唯一的區別在於 secret 一經儲存，您將無法讀取其內容。您可以在圖 13.8 中看到輸出結果，查看 secret 時僅會顯示跟資源有關的中繼資料 (metadata)，而不顯示實際資料。

從本機檔案建立 secret，secret 會在 Swarm
資料庫中進行加密，並從管理節點進行傳輸

```
PS>docker secret create todo-list-secret ./todo-list/secrets/sec
rets.json
y2v9wlkbp71w2olkhybrp60m0
PS>
PS>docker secret inspect --pretty todo-list-secret
ID:             y2v9wlkbp71w2olkhybrp60m0
Name:           todo-list-secret
Driver:
Created at:     2019-11-21 13:40:21.2833795 +0000 utc
Updated at:     2019-11-21 13:40:21.2833795 +0000 utc
PS>
```

您可以隨意檢查所有的 secret，但看不到內容。
唯一可以看到地方就是使用該 secret 的容器內

圖 13.8：一旦 secret 儲存在 Swarm 裡面，您會無法讀取原始內容。

現在 secret 已儲存在 Swarm 中，可以部署具有該 secret 定義的新版本應用程式。secret 的 Compose 語法與 config 非常相似。您可以在服務定義中指定 secret 的來源路徑和目標路徑，接著 secret 會自動讀取定義。範例 13.4 是新的部署配置 v4.yml 檔案中的關鍵部份：

範例 13.4 指定作為應用程式配置的 secret 和 config

```
services:
  todo-web:
    image: diamol/ch06-todo-list
    ports:
      - 8080:80
    configs:
      - source: todo-list-config
        target: /app/config/config.json
    secrets:
      - source: todo-list-secret
        target: /app/config/secrets.json

#...(略)...

secrets:
  todo-list-secret:
    external: true
```

可以看到，secret 的內容也會放到容器中的 JSON 檔案，同樣也是應用程式會去尋找配置的來源位置。此處我們用來存放應用程式連到 Postgres 資料庫容器的連接資訊，因此在部署該應用程式時，無論使用哪個 web 複本，使用者都會有相同的專案配置。

◁)) 馬上試試

部署應用程式的最新版本，該次會提供先前缺少的資料庫連接資訊，修復 Web 應用程式。

```
# 部署新版本的應用程式:
docker stack deploy -c ./todo-list/v4.yml todo

# 檢查 stack 的複本:
docker stack ps todo
```

接下頁

在 Compose 檔案中，只有 web 服務定義進行更改，但是執行此檔案時，您將看到 Docker 狀態，正在更新兩個服務。而實際上資料庫服務並沒有進行任何更新，這裡容易被 CLI 的輸出誤導，它會將 Compose 檔案中的所有服務列為『Updating』，而實際上並非全部都會更新。您可以在圖 13.9 的輸出中看到這一點。

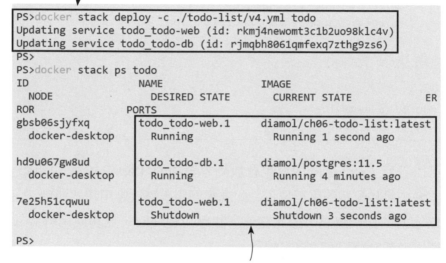

Docker CLI 展示了在 stack 中的每一個服務都會進行更新，
但是沒有修改定義的服務其實並不會進行更新的動作

```
PS>docker stack deploy -c ./todo-list/v4.yml todo
Updating service todo_todo-web (id: rkmj4newomt3c1b2uo98klc4v)
Updating service todo_todo-db (id: rjmqbh8061qmfexq7zthg9zs6)
PS>
PS>docker stack ps todo
ID                    NAME                IMAGE
  NODE                  DESIRED STATE       CURRENT STATE            ER
ROR                   PORTS
gbsb06sjyfxq          todo_todo-web.1     diamol/ch06-todo-list:latest
  docker-desktop        Running             Running 1 second ago

hd9u067gw8ud          todo_todo-db.1      diamol/postgres:11.5
  docker-desktop        Running             Running 4 minutes ago

7e25h51cqwuu          todo_todo-web.1     diamol/ch06-todo-list:latest
  docker-desktop        Shutdown            Shutdown 3 seconds ago

PS>
```

資料庫服務還在原始的複本上執行，網頁服務已關
閉舊有的複本，現在的新版本使用 config 和 secret

圖 13.9：部署最新版本的應用程式會校正配置，並修復應用程式。

現在，該應用程式可以正常執行，如果您是從遠端電腦（使用 Windows 容器）或本機主機（使用 Linux 容器）瀏覽到連接埠 8080，則會看到該應用程式。圖 13.10 展示了基礎架構的設置，其中容器連接到 Docker 網路，而從 Swarm 載入 secret。

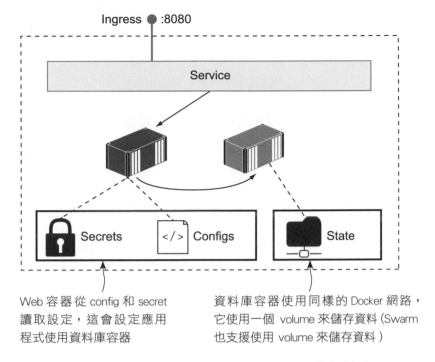

Ingress :8080

Service

Secrets </> Configs State

Web 容器從 config 和 secret
讀取設定，這會設定應用
程式使用資料庫容器

資料庫容器使用同樣的 Docker 網路，
它使用一個 volume 來儲存資料（Swarm
也支援使用 volume 來儲存資料）

圖 **13.10**：todo-list 應用程式透過 Docker Swarm 用 stack 的方式執行。

圖 13.10 完全沒有看到任何硬體方面的資訊，這是因為此應用程式在任
何規模的 Swarm 上，都具有相同的部署架構。secret 和 config 儲存在管理
節點的分散式資料庫中，並且可用於每個節點。stack 建立了一個網路，因
此容器可以在它們執行的任何節點上相互連接，並且該服務使用 ingress 網
路，以便使用者可以將流量發送到任何節點，並由一個 web 複本進行操作。

您需要了解有關 config 和 secret 的一件事，就是它們無法更新。在叢集
中建立它們時，內容將始終相同，如果需要更新應用程式的配置，則需要替
換它，替換配置會有以下三個步驟：

● 使用更新後的內容建立一個新的配置檔案或 secret，並使用與先前檔案不
同的名稱。

- 更新應用程式在 Compose 檔案中使用的配置檔案或 secret 名稱，並指定新名稱。

- 使用更新後的 Compose 檔案部署 stack。

　　這個流程代表您每次在更改配置時，都需要更新服務，意思就是正在執行的容器將被新的容器替換，這個部份不同的調度工具處理方式也會有所不同，Kubernetes 就可以直接更改現有 config 或 secret（不用另存新的名稱），但要留意可能的問題。因為有些 K8s 版本會監控配置是否修改（編註：可快速更新容器配置），而有些則不會，還是得自行置換容器才行。Swarm 則都是一致的作法，當配置更改時，一律都要更新您的服務才行。

　　即便如此也不能被嚇跑，實務上會需要常常更新服務。不管是應用程式有新功能、相依函式庫或作業系統基礎映像檔有安全性更新等，都會需要更新。而且至少每個月要更新一次，這也是作業系統相關的基礎映像檔在 Docker Hub 的更新頻率。

　　這也讓我們可以在 Swarm 模式中建置有狀態的應用程式，您將會定期更換容器，因此也需要使用 Docker volume 進行永續性儲存，而 volume 在 Swarm 的運作方式跟之前說明的略有不同。

13.4 使用 volume 將資料儲存在 Swarm 中

　　我們在第 6 章中，介紹了 volume，它們是具有與容器不同生命週期的儲存單元。當您要打包任何有狀態應用程式，都可以使用 volume 進行儲存。volume 看起來像是容器檔案系統的一部分，但實際上它是儲存在容器的外部。應用程式升級時將會替換容器，並將 volume 重新掛載到新容器，因此新容器會有先前容器的所有資料。

調度平台中的 volume 在概念上也相同，您可以在 Compose 檔案中為服務掛載一個 volume，複本會將該 volume 視為本機目錄。不過資料的儲存方式有很大的不同，您需要了解這一點，以確保應用程式能夠按預期執行。在叢集中有多個可以執行容器的節點，每個節點都有自己的磁碟，用於儲存本地端的 volume。在更新中維持狀態的最簡單方法是使用本地端的 volume。

但是，這種方法存在一個問題，替換複本可能會在與原始複本不同的節點上執行，因此它無法存取原始節點的 volume。此時您可以將服務固定到特定的節點，這樣後續更新都找的到原來的 volume。有些情況可能需要採用這個方案，例如：應用程式更新後須要保留原來的資料，但又不需要執行多個複本來確保可用性的時候。至於實際做法很簡單，只要在 Compose 檔案中做標記（label），限制應用程式的複本只能在某節點執行即可

◁)) 馬上試試

這裡只有一個節點的 Swarm，因此每個複本都將在同一節點上執行，不過以上介紹標記的做法在多節點 Swarm 也相同。標記是鍵／值對的形式，在此練習中我們要指定的標記為 storage=raid：

```
# 找到 node 的 ID，並且加上一個 label:
docker node update --label-add storage=raid $(docker node ls -q)
```

該命令的輸出只是節點的 ID（篇幅關係就不顯示輸出畫面）。您現在可以識別叢集中的節點，並且可以用來限制服務複本的調度位置。範例 13.5 展示了 todo-list 資料庫服務定義中的 constraints，可限制複本執行的節點，同時也指定了一個 volume，以下為 v5.yml 配置檔案內容。

範例 13.5 在 Swarm 服務中指定限制執行的配置

```
services:
  todo-db:
    image: diamol/postgres:11.5
    volumes:
      - todo-db-data:/var/lib/postgresql/data  ← 限制只能在此節
    deploy:                                        點上執行複本
      placement:
        constraints:
          - node.labels.storage == raid

#...(略)...

volumes:
  todo-db-data:
```

在 Compose 檔案的最後面 volumes 的內容並不是不小心裁到了，確實只要有 volume 的名稱就夠了。

這樣會採預設值，在 Swarm 中的本機磁碟上建立 volume。當部署到叢集時，也可以確保資料庫複本會在標記的節點上執行，該節點將建立一個名為 todo-db-data 的本機 volume，用來儲存資料檔案。

📢 馬上試試

Compose 檔案中的限制指定了 Swarm 節點的標記，因此資料庫容器將在此處執行，並使用該節點上的本機 volume。這道命令會先在您的節點上尋找 volume，然後再進行部署：

```
# 列出 node 上的所有 volume (只顯示 ID):
docker volume ls -q

# 更新 stack 到 v5 - Linux 版本:
docker stack deploy -c ./todo-list/v5.yml todo
```

接下頁

```
# 更新 stack 到 v5 – Windows 版本:
docker stack deploy -c ./todo-list/v5-windows.yml todo

# 再次檢查 volume:
docker volume ls -q
```

執行後，您會看到有多個 volume（您可能擁有比輸出畫面更多的 volume，在進行這些練習之前，可以使用 docker volume prune 命令清除它們）。若是在 Dockerfile 中指定映像檔要掛載的 volume，只要服務使用此映像檔，stack 也會幫它建一個預設的 volume。該 volume 具有與 stack 相同的生命週期，如果您移除 stack，則 volume 將被刪除；如果您更新服務，則會產生新的 volume。如果希望資料在兩次更新之間保持不變，則需要在 Compose 檔案中使用自定義名稱的 volume。您可以在圖 13.11 中看到輸出結果，部署 stack 會建立一個新的命名 volume，而不是預設 volume。

這兩個 volume 是在部署 v4 stack 時建立的，一個 volume
用於 web 容器，另一個 volume 用於資料庫容器

```
PS>docker volume ls -q
3370d68cf3bc60145f33497e2eed34a6e93ded136169e8f8bb2f1782c5308221
54475ce4e89a2151e69ef6371ae63f9ac7d8b23b3bc918d86bc5a1504e2c7cf1
PS>
PS>docker stack deploy -c ./todo-list/v5.yml todo
Updating service todo_todo-web (id: usm3csl18vo180jhhbmvw23ds)
Updating service todo_todo-db (id: 6olko32lfnturfdkd4vsjbp38)
PS>
PS>docker volume ls -q
3370d68cf3bc60145f33497e2eed34a6e93ded136169e8f8bb2f1782c5308221
54475ce4e89a2151e69ef6371ae63f9ac7d8b23b3bc918d86bc5a1504e2c7cf1
todo_todo-db-data
PS>
```

V5 版本的 Compose 檔案，命名了一個資料庫服務的 volume，叫做 todo-db-data，
當我們刪除 stack 時，預設 volume 會被刪除，但自己命名的 volume 會留下

圖 13.11：部署 stack 也會建立 volume，這些 volume 可以是匿名的也可以自定義名稱。

如果標記的節點本身可以正常執行，則此部署可保證資料的可用性。當容器未通過其狀態檢查而被替換，則新複本將與前一個複本都會在同一節點上執行，並掛載相同的命名 volume。更新資料庫服務規格時，就可以保有相同的資料。這代表資料庫檔案在容器之間會永續保存，確保資料是安全的。您可以透過 Web UI 將新待辦事項添加到 todo-list 應用程式，升級資料庫服務後，也可從新資料庫容器的 UI 中，找到原有的資料。

◁)) 馬上試試

從第 6 章到現在，Postgres 伺服器已經發佈了新的版本，應用程式最好也保持在最新的狀態，因此要同步更新資料庫服務。v6.yml 中的 Compose 規格與 v5.yml 相同，但它使用新版本的 Postgres：

```
# 部署更新後的資料庫 - Linux 容器:
docker stack deploy -c ./todo-list/v6.yml todo

# 部署更新後的資料庫 - Windows 容器:
docker stack deploy -c ./todo-list/v6-windows.yml todo

# 檢查 stack 中的任務:
docker stack ps todo

# 檢查 volume:
docker volume ls -q
```

您可以在圖 13.12 中看到輸出結果，新的資料庫複本是執行更新的 Docker 映像檔，但仍然會掛載前一個複本的 volume，因此保留了所有資料。

接下頁

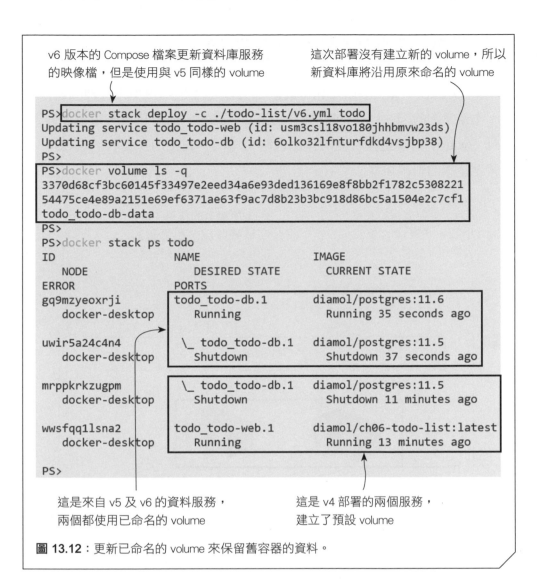

圖 **13.12**：更新已命名的 volume 來保留舊容器的資料。

這是一個簡單的範例，當您對應用程式有不同的儲存要求時，事情會變得更加複雜，因為本機 volume 中的資料不會複製到所有節點。只把磁碟當快取使用的應用程式適合本機 volume，每個複本的資料都不同也無妨，但不適用需要跨叢集存取或分享資料的應用程式。Docker 擁有 volume 的外掛系統，讓 Swarm 也可以透過雲端空間或資料中心的儲存設備，提供分散式儲存的功能。只要您所使用的實際基礎架構有提供，就可以配置使用這些不同形式的 volume，而操作方式也大致相同，都是將 volume 掛載到服務中即可。

13.5 了解叢集如何管理 stack

　　在 Docker Swarm 中，您可以把 stack 當作是由叢集來管理的資源集合。本章示範的 stack 都比較單純，在正式環境的 stack 則會包含更多資源，而且 Swarm 管理這些資源的做法也略有不同。圖 13.13 展示了 Swarm 如何管理基本的資源類型。

ingress 網路要保持其可
用性，好讓 stack 管理
公開和非公開的連接埠

stack 所擁有的服務，會
在部署時建立和更新，
並在刪除 stack 時被移除

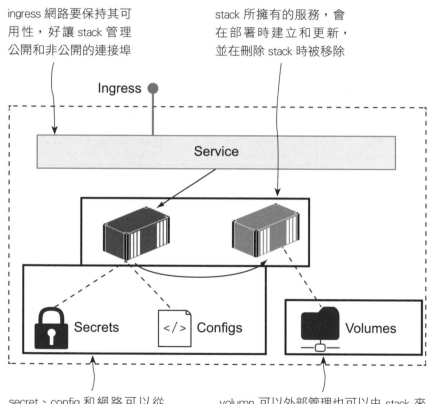

secret、config 和網路可以從
外部進行管理，並在部署應
用程式之前建立，接著 stack
將它們跟服務串聯起來

volumn 可以外部管理也可以由 stack 來
管理，採預設值建立的 volume 其生命
週期比照 stack，而自行命名的 volume
則在 stack 刪除後仍會保留下來

圖 **13.13**：stack 部署如何管理 docker Swarm 的資源。

　　您已經在練習中完成了上述一些情境的工作，我們將在本章的最後做重點整理：

● 可以透過 Swarm 建立和刪除 volume。如果服務的映像檔有指定 volume，則 stack 將建立一個預設 volume，如果之後刪除 stack 時，該 volume 也將被刪除。如果您為 stack 指定一個自己命名的 volume，則該 volume 將在部署時建立，但在刪除 stack 時不會被刪除。

● secret 或 config 是透過上傳到叢集的外部檔案所建立，建立後會存在叢集的資料庫，然後再傳給服務定義中需要使用的容器。這樣只要建立一次就可以一直讀取（write-once read-many），也不能再更新（編註：只能另外建立不同的 secret 或 config）。在 Swarm 上應用程式的配置管理與部署是各自獨立的流程。

● 網路可以獨立於應用程式進行管理，管理員可以建立供應用程式使用的網路，也可以由 Swarm 管理，而 Swarm 會在必要時建立和刪除它們。即使未在 Compose 檔案中指定網路，每個 stack 都將透過網路進行部署，以將服務掛載到該 stack。

● 服務在部署 stack 時建立或刪除，並且當 stack 執行時，Swarm 會不斷對其進行監控，以確保達到所需的服務級別。狀態檢查失敗的複本將被替換，當失去節點時失聯的複本也會被替換。

　　stack 是組成應用程式的一組邏輯元件，但它不會記錄服務之間的相依關係。當您將 stack 部署到叢集時，管理節點會在叢集中盡快啟動盡可能多的服務複本。您並無法限制叢集啟動服務的順序，因為這樣做可能會影響部署的性能。所以您需要假設您的元件都是隨機順序啟動，並在映像檔中進行狀態檢查和相依性檢查，以便在應用程式無法執行時讓容器快速失效。這樣叢集可以透過重新啟動或更換容器來修復損壞，讓應用程式具備自我修復功能。

13.6 課後練習

本章的課後練習將使您獲得更多撰寫 Compose 檔案來定義應用程式的經驗,並將它們作為 stack 部署在 Swarm 上。此練習希望您從第 9 章開始,為圖庫應用程式編寫正式環境的部署檔案,該部署應放在符合以下要求的單一 Compose 檔案中:

- 存取日誌 API 使用映像檔 diamol/ch09-access-log。它是內部元件,只能由 web 應用程式存取,並且應在三個複本上執行。

- NASA API 使用映像檔 diamol/ch09-of-day-day。此 API 應該在連接埠 8088 上公開存取,並且可以在五個複本上執行,以支援預期的流量負載。

- web 應用程式使用映像檔 diamol/ch09-image-gallery。它應該發佈在標準 HTTP 連接埠 80 上,並在兩個複本上執行。

- 所有元件都應具有合理的 CPU 和記憶體限制(這可能需要進行幾輪部署才能得出最大安全值)。

- 部署 stack 後,該應用程式應該可以執行。

此應用程式沒有 volume、config 或 secret,因此它是一個非常簡單的 Compose 檔案,您可以在 GitHub 上找到解答以供參考:

https://github.com/sixeyed/diamol/blob/master/ch13/lab/README.md。

14
Chapter

升級和降版還原（rollback）的自動發佈

更新容器化的應用程式，是一個由容器調度器管理的零停機過程。通常您的叢集中具有預留的運算能力讓管理人員可用來在更新期間安排新的容器，而且容器映像檔具有狀態檢查機制，因此叢集可以知道新元件是否發生故障。我們已經在第 13 章中實作了 Docker Swarm stack 的部署過程。接著我們將在本章中花時間探索更新應用程式的配置選項。

更新配置聽起來好像很簡單，但實際執行時可是博大精深，如果不了解發佈（rollouts）的運作方式以及如何去修改預設的配置，您可能會遇到一些問題。本章重點在介紹 Docker Swarm 如何更新已發佈的應用程式 (所有調度平台都有一個分階段的發佈過程，工作方式都很類似)，並了解更新和降版還原 (rollback，也稱回溯更新) 的工作方式後，您就可以嘗試尋找適合的應用程式配置，以便可以隨時部署到正式環境，並確保應用程式會成功的進行更新，如果失敗了 Docker Swarm 會自動降回以前的版本。

14.1 Docker 更新應用程式的過程

當您建置 Docker 映像檔，並在容器中執行應用程式，正常來說可以讓應用程式持續執行到您要部署新版本為止，但是有四個部署步驟需要注意，首先是應用程式及其相依元件，然後是編譯應用程式的 SDK，接著是執行應用程式平台，最後是作業系統。圖 14.1 展示了一個為 Linux 建置的 .NET Core 應用範例，該應用程式有六個更新步驟。

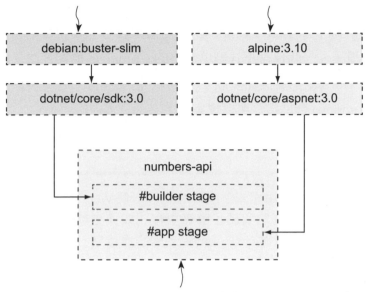

SDK 映像檔是以 Debian 為基礎，它會在工具升級或是有新版本的 Debian 發佈時更新

執行環境映像檔是以 Alpine 為基礎，當執行環境升級指令，或有新版本的 Alpine 時進行更新

應用程式需要使用最新版本的 SDK，來確保工具鏈 (toolchain) 在出狀況時能夠安全修復，並使用最新的執行環境，藉由更新來減少應用程式出錯的機會。當應用程式使用的任何函式庫有新版本或者是應用程式本身有任何新功能時，也會進行更新

圖 14.1：當加入其他映像檔時，您的 Docker 映像檔會有很多相依元件。

　　您應該配合作業系統定期更新，通常每個月更新一次；並留意應用程式所使用的函式庫，只要函式庫更新就進行臨時性的部署。這就是為什麼建置 pipeline 是專案的首要事項。每次推送修改的程式碼時，pipeline 都會重新執行，以將新的功能及更新加進應用程式中。除此之外應該保持每晚執行 pipeline 一次，以確保您使用的 SDK、應用程式平台和作業系統等都是最新的，最後建置可發佈的映像檔。

　　不管應用程式是否有修改，至少每個月發佈一次應用程式，雖然聽起來很麻煩，尤其是還要花費發佈的時間以及資源成本，但是這種方式可以使整個開發團隊的思維更加健全。只要有做到自動且定期的發佈應用程式，每次更新時都會使團隊對整個流程充滿信心，不知不覺中會養成在新功能完成後馬上積極發佈新版本的習慣，而不是消極坐等下次部署的時機。

想要每次發佈應用程式都能成功，狀態檢查是發佈過程中最重要的機制之一，沒有狀態檢查，應用程式就不會自我修復，這也代表您無法獲得正確的更新和 rollback。在本章中，我們將繼續使用第 8 章中的隨機數字應用程式，搭配第 10 章中學到的 Docker Compose 覆寫檔案技巧。我們會定義一個核心的 Compose 檔案、一個包含正式環境規格的 Compose 檔案，以及用於更新的其他檔案。Docker 不支援從多個 Compose 檔案進行部署，所以需要先使用 Docker Compose 合併這些覆寫檔案。

◁)) 馬上試試

首先，部署第一個隨機數字應用程式。我們將執行一個 web 容器和 API 容器（總共六個複本），這將幫助我們了解應用程式如何更新。此練習需要以 Swarm 模式執行，然後將一些 Compose 檔案連接在一起來部署 stack：

```
cd ch14/exercises

# 將核心 Compose 檔案與正式環境的覆寫檔案連接起來：
# 以下為同一道命令，請勿換行
docker-compose -f ./numbers/docker-compose.yml -f
./numbers/prod.yml config > stack.yml

# 部署已連接的 Compose 檔：
docker stack deploy -c stack.yml numbers

# 印出 stack 中的服務：
docker stack services numbers
```

您可以在圖 14.2 中看到輸出結果 ，使用 Docker Compose 命令將核心 Compose 檔案與覆寫檔案連接 (join) 在一起，這種方法不但可以驗證檔案內容，也可以當作持續部署 pipeline 的一部分。stack 部署建立了一個 overlay 網路和兩個服務。

接下頁

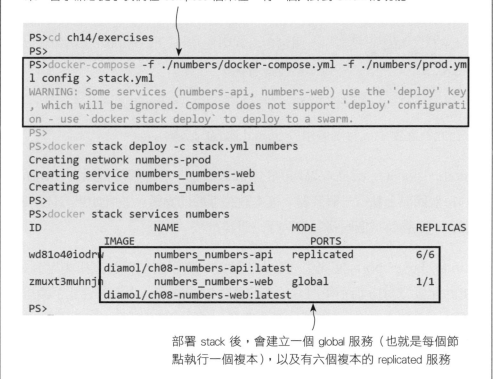

您只能使用單一的 Compose 檔案去部署 stack，這邊使用 Docker Compose 的
config 命令（編註：跟上一章的 docker config 命令不同喔！），來產生這個檔
案，警示訊息提示我們在 Compose 檔案裡，有一個只針對 Swarn 的功能

```
PS>cd ch14/exercises
PS>
PS>docker-compose -f ./numbers/docker-compose.yml -f ./numbers/prod.ym
l config > stack.yml
WARNING: Some services (numbers-api, numbers-web) use the 'deploy' key
, which will be ignored. Compose does not support 'deploy' configurati
on - use `docker stack deploy` to deploy to a swarm.
PS>
PS>docker stack deploy -c stack.yml numbers
Creating network numbers-prod
Creating service numbers_numbers-web
Creating service numbers_numbers-api
PS>
PS>docker stack services numbers
ID               NAME                   MODE          REPLICAS
      IMAGE                          PORTS
wd81o40iodrw     numbers_numbers-api    replicated        6/6
      diamol/ch08-numbers-api:latest
zmuxt3muhnjn     numbers_numbers-web    global            1/1
      diamol/ch08-numbers-web:latest
PS>_
```

部署 stack 後，會建立一個 global 服務（也就是每個節
點執行一個複本），以及有六個複本的 replicated 服務

圖 **14.2**：將多個 Compose 檔案連接在一起來部署 stack。

您可以在圖 14.2 中看到與 stack 有關的新內容，API 服務在 replicated
模式下執行，而 web 服務在 global 模式下執行。global 模式的服務會在
Swarm 的每一個節點上執行單個複本，採用這樣的配置就不需要 ingress 網
路了。在反向代理等特定的使用情境下，這會是不錯的部署選項，不過這裡
我們只是用來比較發佈成 globel 模式或 replicated 模式有甚麼不同。範例
14.1 是 web 服務的設定（即 prod.yml 的局部內容）。

範例 14.1 使用主機網路而不是 Ingress 的 global 服務

```
numbers-web:
  ports:
    - target: 80
      published: 80
      mode: host
  deploy:              ┤ global 服務的配置參數
    mode: global
```

在此新配置中，有兩個用於 global 服務的參數：

● mode: global— deploy 區塊中的 mode 設定，將部署配置為在 Swarm 中的每個節點上執行一個容器。複本數將等於節點數，並且如果有任何節點加入，也會為這個服務另外執行一個容器。

● mode: host—ports 區塊中的 mode 設定，將服務配置為直接綁定到主機上的連接埠 80，而不使用 ingress 網路。在 Swarm 中網路性能至關重要，因此不希望在 ingress 網路中產生額外的路由消耗時就會採取這樣的配置 (建議只在流量小的時候採取此配置，流量大的時候還是讓 ingress 網路進行負載平衡)。

此部署使用原本的應用程式映像檔，因此不會執行任何狀態檢查，並且該應用程式的 API 有 Bug，會在呼叫幾次 API 後就會停止工作。您可以打開瀏覽器並輸入 http://localhost（Windows 請使用另一部電腦），並且請求大量的隨機數字，您的呼叫會在六個 API 服務複本之間進行負載平衡。最終，API 服務會全部出錯，然後該應用程式將停止執行，並且此錯誤無法自行修復，叢集不會替換容器，因為叢集不知道應用程式是否執行不正常 (沒有狀態檢查)。可想而知，這樣做並不安全，假設您發佈的更新版本沒有狀態檢查機制，叢集更新應用程式後將無從得知成功運作與否。

因此，我們將繼續部署 v2 版本的應用程式映像檔，該版本中加入了狀態檢查。除此之外 v2 Compose 覆寫檔案使用 v2 當作映像檔標籤，並且加入了一個新配置，此配置設定了狀態檢查的啟動頻率，以及失敗多少次會觸發重新執行。正常情況下 Docker Compose 的運作都一樣，而出錯時，規格定義有 healthcheck 區塊的容器將可以重新執行。將此版本的應用程式部署到 Docker Swarm，叢集將可以修復 API。只要 API 容器損壞，狀態檢查就會失敗並替換新容器，應用程式得以重新開始運作。

◁))) **馬上試試**

您需要加入新的 v2 Compose 覆寫檔案、狀態檢查配置和正式環境 (prod-healthcheck) 的覆寫檔案，以取得新的 YAML 檔。接著只需要重新部署 stack 即可：

```
# 加入狀態檢查和 v2 覆寫檔案:
# 以下為同一道命令，請勿換行
docker-compose -f ./numbers/docker-compose.yml -f
./numbers/prod.yml -f ./numbers/prod-healthcheck.yml -f
./numbers/v2.yml --log-level ERROR config > stack.yml

# 更新 stack:
docker stack deploy -c stack.yml numbers

# 檢查 stack 的複本:
docker stack ps numbers
```

輸出的檔名是一樣的

此次部署將 web 和 API 服務，都更新到 v2 版本的映像檔。服務更新以分階段發佈的方式來完成，預設會先停止現有容器再啟動新容器，這對使用主機模式（host-mode）連接埠的 global 服務來說是必要的，因為只有在舊容器退出、釋放連接埠後，新容器才能啟動。若應用程式預期是在最大規模下運作，那這樣對 replicated 服務來說也是有意義的（編註：因為最大規模下沒有多餘容量，一定要先停止舊容器才行）。但您必須留意，在更新過程中舊容器會先關閉，才會開始替換容器，此時服務可能會處於負載量不足的狀態。您可以在圖 14.3 中看到整個過程。

指定 Compose 命令的 --log-level，可以減
少有關 Swarm-only 的警告訊息，方便觀察

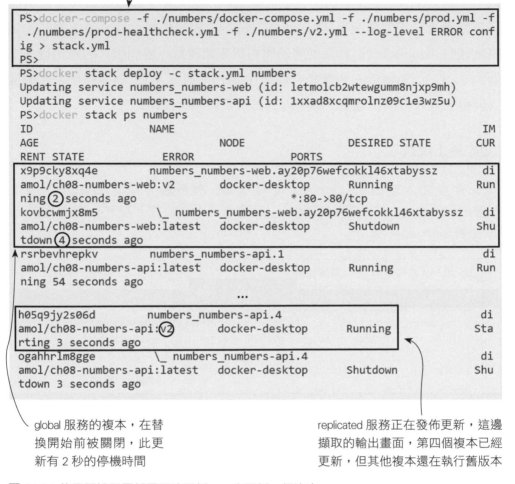

```
PS>docker-compose -f ./numbers/docker-compose.yml -f ./numbers/prod.yml -f
 ./numbers/prod-healthcheck.yml -f ./numbers/v2.yml --log-level ERROR conf
ig > stack.yml
PS>
PS>docker stack deploy -c stack.yml numbers
Updating service numbers_numbers-web (id: letmolcb2wtewgumm8njxp9mh)
Updating service numbers_numbers-api (id: 1xxad8xcqmrolnz09c1e3wz5u)
PS>docker stack ps numbers
ID                        NAME                                          IM
AGE                            NODE                DESIRED STATE        CUR
RENT STATE             ERROR               PORTS
x9p9cky8xq4e              numbers_numbers-web.ay20p76wefcokkl46xtabyssz  di
amol/ch08-numbers-web:v2       docker-desktop      Running              Run
ning 2 seconds ago                              *:80->80/tcp
kovbcwmjx8m5              \_ numbers_numbers-web.ay20p76wefcokkl46xtabyssz di
amol/ch08-numbers-web:latest   docker-desktop      Shutdown             Shu
tdown 4 seconds ago
rsrbevhrepkv              numbers_numbers-api.1                          di
amol/ch08-numbers-api:latest   docker-desktop      Running              Run
ning 54 seconds ago
                             ...
h05q9jy2s06d              numbers_numbers-api.4                          di
amol/ch08-numbers-api:v2       docker-desktop      Running              Sta
rting 3 seconds ago
ogahhrlm8gge              \_ numbers_numbers-api.4                       di
amol/ch08-numbers-api:latest   docker-desktop      Shutdown             Shu
tdown 3 seconds ago
```

global 服務的複本，在替
換開始前被關閉，此更
新有 2 秒的停機時間

replicated 服務正在發佈更新，這邊
擷取的輸出畫面，第四個複本已經
更新，但其他複本還在執行舊版本

圖 14.3： 使用預設配置部署服務更新，一次更新一個複本。

　　Docker Swarm 使用較為保守的預設值來發佈更新。它一次只更新一個
複本，確定容器正確啟動才執行下一個複本。發佈新服務會先停止現有的容
器再進行更換，如果新容器無法正確啟動而更新失敗，則會暫停發佈。既然
不知道新容器是否可以運作，為什麼要在啟動新容器之前就先刪除舊容器
呢？一旦發佈失敗，服務也會被迫暫停（編註：舊容器已退出，新容器又失
敗），很可能會使系統癱瘓，為什麼不能先自動回復到之前的版本呢？還好，
我們有更聰明的方式來發佈更新。

14.2　使用 Compose 配置正式發佈

　　由於加入狀態檢查機制，v2 版本的隨機數字應用程式具有自我修復的功能。如果透過網頁請求大量的隨機數字，則 API 複本將全部出錯，但請等待 20 秒鐘左右，接著 Swarm 會替換所有複本，並且該應用程式將重新開始執行。您可以查看叢集如何根據狀態檢查機制監視容器，並使應用程式保持正常的狀態。

　　v2 版本的發佈使用了預設的更新配置，但是我們希望該 API 的發佈能夠更快更安全，因此要更改在 Compose 檔案 deploy 區塊的設定。範例 14.2 展示了 API 服務的 update_config 部分（節錄自 prod-update-config.yml 檔案）。

範例 14.2　指定應用程式發佈的配置

```
numbers-api:
  deploy:
    update_config:
      parallelism: 3
      monitor: 60s
      failure_action:rollback
      order: start-first
```

　　更新配置中的四個屬性更改了部署的工作方式：

● parallelism 是並行替換的複本數。預設值為 1，因此先前一次只更新一個容器。此處改成一次更新三個容器。因為有更多的新複本在執行，所以這可以使您更快地發佈產品，並且有可能提早發現故障。

● monitor 是 Swarm 在繼續發佈之前應等待監視新複本的時間長度。預設值為 0，如果映像檔具有狀態檢查機制，則可以修改它，讓 Swarm 在這段時間內持續狀態檢查（編註：監視期內出現問題會 rollback 降版還原，超過監視期出問題，則是更換同一版本的複本）。這裡改成 60 秒，可以讓發佈更為可靠。

- failure_action 是由於容器在 monitor 期間未啟動或未通過狀態檢查，而導致發佈失敗採取的操作。預設為暫停發佈，我們將其設置為自動 rollback 到之前的版本。

- order 是替換複本的順序。預設是 stop-first，也就是先停止舊容器（編註：停止後再替換新容器），這樣可以確保複本的數量不會增加，但如果您的叢集有多餘的容量，改成 start-first 會好一點（編註：也就是先啟動新容器），在刪除舊複本之前就會先建立並檢查新複本。

對於大多數應用程式來說，以上配置都是不錯的做法，但是您需要針對自己的使用情境進行調整。例如可以將 parallelism 設置為完整複本總數的 30% 左右，這樣您的更新會進行的相當快，但是您應該要預留足夠長的 monitor 時間長度，來執行多個狀態檢查，只有在前一個更新成功的情況下，下一個更新任務才會被執行。

還有一件重要的事需要留意：當您用修改後的結果部署 stack，就會先套用容器的更新配置，接著如果這次部署也包含服務的更新，就會以新的更新配置來進行發佈。

◁)) 馬上試試

下一個部署將會更新配置，並將服務更新到映像檔標籤 v3。複本發佈將使用新的更新配置：

```
# 以下為同一道命令，請勿換行
docker-compose -f ./numbers/docker-compose.yml -f
./numbers/prod.yml -f ./numbers/prod-healthcheck.yml -f
./numbers/prod-updateconfig.yml -f ./numbers/v3.yml
--log-level ERROR config > stack.yml

docker stack deploy -c stack.yml numbers

docker stack ps numbers
```

接下頁

完成更新後，您會發現 stack ps 命令列出的複本列表變得很多。因為它
展示了每個部署中的所有複本，因此將展示原始容器和已更新的 v2 容器
以及新的 v3 複本。我們已經截掉圖 14.4 中的輸出，但是如果您向下捲
動畫面，則會看到 API 服務的三個複本已更新，並且在下一次更新之前
持續進行狀態檢查。

web 服務的更新配置並沒有更改，所以新
的 V3 複本在 V2 複本關閉後才開始服務

```
PS>docker-compose -f ./numbers/docker-compose.yml -f ./numbers/prod.yml -f
 ./numbers/prod-healthcheck.yml -f ./numbers/prod-update-config.yml   -f .
/numbers/v3.yml --log-level ERROR config > stack.yml
PS>
PS>docker stack deploy -c stack.yml numbers
Updating service numbers_numbers-web (id: letmolcb2wtewgumm8njxp9mh)
Updating service numbers_numbers-api (id: 1xxad8xcqmrolnz09c1e3wz5u)
PS>docker stack ps numbers
ID                       NAME                                             IM
AGE                             NODE             DESIRED STATE      CUR
RENT STATE              ERROR              PORTS
k2dioh6p7l9k             numbers_numbers-web.ay20p76wefcokkl46xtabyssz    di
amol/ch08-numbers-web:(v3)      docker-desktop   Running            Run
ning 4 seconds ago                               *:80->80/tcp
x9p9cky8xq4e            \_ numbers_numbers-web.ay20p76wefcokkl46xtabyssz  di
amol/ch08-numbers-web:(v2)      docker-desktop   Shutdown           Shu
tdown 8 seconds ago
kovbcwmjx8m5            \_ numbers_numbers-web.ay20p76wefcokkl46xtabyssz  di
amol/ch08-numbers-web:latest    docker-desktop   Shutdown           Shu
tdown 14 minutes ago
vzdurp1ra5hh             numbers_numbers-api.1                            di
amol/ch08-numbers-api:v3        docker-desktop   Running            Run
ning 6 seconds ago
```

列出 stack 的所有複本會佔用很多篇幅，如果我
們在這裡向下捲動視窗，會看到三個 API 複本同
時更新到 v3，狀態檢查會監控一分鐘，如果它
們的狀態是正常的，將更新其他三個服務

圖 14.4：用新的更新配置來更新 stack，發佈後立即生效。

　　還有一種更簡潔的方式來檢查是否已更新到最新的配置和最新更新狀態。做法是使用帶有 pretty 參數的 inspect 命令，該命令可以辨識服務規格。stack 建立的服務使用以下的命名規則：{stack-name}_{service-name}，藉此直接指定 stack 服務。

◁)) **馬上試試**

檢查隨機數字 API 服務以查看更新狀態：

```
docker service inspect --pretty numbers_numbers-api
```

您可以在圖 14.5 中看到輸出結果，這邊只展示了重要的訊息，但是如果您在輸出畫面繼續往下捲動視窗，還會看到狀態檢查配置、資源限制和更新配置等訊息。

所有的 Docker 資源都有一個 inspect 命令，
使輸出的內容更加具有可讀性

```
PS>docker service inspect --pretty numbers_numbers-api

ID:             1xxad8xcqmrolnz09c1e3wz5u
Name:           numbers_numbers-api
Labels:
 com.docker.stack.image=diamol/ch08-numbers-api:v3
 com.docker.stack.namespace=numbers
Service Mode:   Replicated
 Replicas:      6
UpdateStatus:
 State:         completed
 Started:       About a minute ago
 Completed:     14 seconds ago
 Message:       update completed
```

這裡展示了最近的更新狀態，或正在更新的狀態

圖 14.5：檢查命令會印出當前配置和最近的更新狀態。

更改容器的更新配置時要注意，這些設定必須包含到後續每個部署當中。我們在部署 v3 時加上了自訂的設定，但是若下次部署覆寫檔案未包含這些設定，則 Docker 會將服務還原回原來預設的更新配置。Swarm 會改用原先的更新配置，一次只更新一個複本。

Swarm 發佈的更新配置設定也可以套用到 rollback，因此您還可以配置一次 rollback 多少個複本，以及每組複本等待 rollback 完成的時間。這些調整看似不重要，但在正式部署或測試具規模的應用程式時，指定更新配置和 rollback 程序至關重要。這樣可以確保您可以隨時發佈更新版本並且快速套用，過程中也會進行充足的狀態檢查，有問題則自動 rollback。透過這些設定來處理故障時的動作，可以確保一切順利進行。

14.3　服務降版還原（rollback）的配置

由於沒有 docker stack rollback 命令，不能整個 stack 進行 rollback，只有單一服務才能 rollback 到以前的狀態。除非出現嚴重錯誤，否則您無需手動讓服務 rollback。當叢集正在執行發佈的過程中察覺新複本在監視期 (monitor period) 內失敗時，rollback 機制會自動執行 (管理者不會知道有 rollback 的情況發生)。

應用程式部署是造成停機的主要原因，即使一切都自動化，但自動化程式和 YAML 檔案是人工撰寫的，難免有所疏漏。我們可以透過隨機數字應用程式來體驗到這一點，我們準備部署新版本應用程式，但漏了某些配置設定，因此 API 會立即發生錯誤。

◁)) **馬上試試**

執行 v5 版本的隨機數字應用程式（v4 是我們在第 11 章中展示持續整合的版本，但使用的程式碼與 v3 相同）。此部署將會失敗，因為 Compose 檔案中未提供 v5 所需要的配置設定：

```
# 把不同的 Compose files 加在一起
# 以下為同一道命令，請勿換行
docker-compose -f ./numbers/docker-compose.yml -f
./numbers/prod.yml - f ./numbers/prod-healthcheck.yml -f
./numbers/prod-updateconfig.yml -f ./numbers/v5-bad.yml
config > stack.yml

# 部署更新：
docker stack deploy -c stack.yml numbers

# 等一段時間，然後檢查服務的狀態：
docker service inspect --pretty numbers_numbers-api
```

這是個部署失敗的例子。新的 API 複本已建立並成功啟動，但並沒有通過狀態檢查，狀態檢查配置設定為每兩秒鐘執行兩次，然後將容器標記為無法執行。如果在部署的監視期間有任何新複本不正常，則將觸發 rollback 機制，練習中已為此服務設置為自動 rollback。如果您在部署後等待 30 秒左右，然後再檢查服務，您將看到類似圖 14.6 中的輸出結果，說明已執行 rollback 並且該服務正在執行 v3 映像檔的六個複本。

當部署出錯時叢集會自動 rollback，叢集至少會使應用程式保持可以執行的狀態，使用 start-first 發佈策略可以幫助您實現這一目標。如果我們使用預設的 stop-first，則將停止三個 v3 複本，然後啟動三個 v5 複本卻失敗，這會導致一段時間的可負載量減少。在新複本將自己標記為不正常，並完成 rollback 的期間，將只有三個活動中的 API 複本。使用者不會看到任何錯誤，因為 Docker Swarm 不會向不正常的複本發送任何流量，但是該 API 實際上只剩 50% 的負載量。

接下頁

把這麼多的 Compose 檔案合併在一起是不好的示範，但本練習
的覆寫檔案只是為了展示更新功能，通常合併的檔案會少一些

```
PS>docker-compose -f ./numbers/docker-compose.yml -f ./numbers/prod.ym
l -f ./numbers/prod-healthcheck.yml -f ./numbers/prod-update-config.ym
l -f ./numbers/v5-bad.yml config > stack.yml
WARNING: Some services (numbers-api, numbers-web) use the 'deploy' key
, which will be ignored. Compose does not support 'deploy' configurati
on - use `docker stack deploy` to deploy to a swarm.
PS>
PS>docker stack deploy -c stack.yml numbers
Updating service numbers_numbers-api (id: 1vr0odj82d0xpegpfb9jhjhon)
Updating service numbers_numbers-web (id: f42rvj61mjt3o1p0fjcj322ni)
PS>
PS>docker service inspect --pretty numbers_numbers-api

ID:               1vr0odj82d0xpegpfb9jhjhon
Name:             numbers_numbers-api
Labels:
 com.docker.stack.image=diamol/ch08-numbers-api:v3
 com.docker.stack.namespace=numbers
Service Mode:     Replicated
 Replicas:        6
UpdateStatus:
 State:           rollback_completed
 Started:         42 seconds ago
 Message:         rollback completed
```

這邊已經部署了 v5 映像檔標籤，
但服務卻執行了 6 個 v3 標籤複本

這是因為更新到 v5 失敗，已經
自動 rollback 到以前的版本 v3

圖 14.6：只要配置正確，一察覺到更新失敗就會馬上 rollback。

此部署使用預設配置來進行 rollback，此預設配置與用於更新的預設配
置相同，一次執行一項任務，採用 stop-first 策略，監視期間為 0，如果替
換複本失敗將會暫停 rollback。我們覺得這配置太謹慎了，因為在您的應
用程式執行正常，且部署中斷的情況下，通常會希望盡快 rollback 到以前
的狀態。範例 14.3 展示了我們對此服務的配置（來自 prodrollback-config.
yml）：

範例 14.3 自訂 rollback 配置，以快速恢復運作

```
numbers-api:
  deploy:
    rollback_config:
      parallelism: 6
      monitor: 0s
      failure_action: continue
      order: start-first
```

這個配置的目標是盡快還原，parallelism 的數值為 6，因此將一次性替換所有失敗的複本，使用 start-first 策略先啟動舊版本的複本，以避免在 rollback 之前要先關閉新複本所帶來的負載量不足等隱憂。而且我們把監視期設為 0，即使 rollback 失敗（複本未啟動），也會嘗試更換複本直到成功為止（編註：不會再回復更早的版本）。這是一個積極的 rollback 策略，它假定前一個版本都沒問題，當複本重新啟動就會恢復正常。

◁)) 馬上試試

我們將自訂 rollback 配置，並且再次嘗試更新成 v5 版本的應用程式。此發佈仍將失敗，但 rollback 將更快地進行，使應用程式在 v3 API 上恢復到最大負載量：

```
# 加入更多 Compose files:
# 以下為同一道命令，請勿換行
docker-compose -f ./numbers/docker-compose.yml -f
./numbers/prod.yml -f ./numbers/prod-healthcheck.yml -f
./numbers/prod-update-config.yml -f ./numbers/prod-rollback-
config.yml -f ./numbers/v5-bad.yml config > stack.yml

# 使用新的 rollback config 再次部署更新:
docker stack deploy -c stack.yml numbers

# 等它完成，您會看到又 rollback 了一次:
docker service inspect --pretty numbers_numbers-api
```

接下頁

這次，你會看到馬上就發生 rollback，但只會出現一下下，因為 API 服務中只有少量複本，所有複本都在單一節點上執行。您可以看到這對於在 20 個節點上執行 100 個複本的大型部署會有多麼重要，單獨 rollback 每一個複本，會讓應用程式更長時間處在負載量不足，或不穩定的狀態下執行。您可以在圖 14.7 中看到輸出結果。

用同樣的配置進行部署，因此啟動後就會失敗，
不過這次 rollback 會更快回復到可運作的版本（v5）

```
PS>docker-compose -f ./numbers/docker-compose.yml -f ./numbers/prod.ym
l -f ./numbers/prod-healthcheck.yml -f ./numbers/prod-update-config.ym
l -f ./numbers/prod-rollback-config.yml    -f ./numbers/v5-bad.yml co
nfig > stack.yml
WARNING: Some services (numbers-api, numbers-web) use the 'deploy' key
, which will be ignored. Compose does not support 'deploy' configurati
on - use `docker stack deploy` to deploy to a swarm.
PS>
PS>docker stack deploy -c stack.yml numbers
Updating service numbers_numbers-web (id: f42rvj61mjt3o1p0fjcj322ni)
Updating service numbers_numbers-api (id: 1vr0odj82d0xpegpfb9jhjhon)
PS>
PS>docker service inspect --pretty numbers_numbers-api

ID:             1vr0odj82d0xpegpfb9jhjhon
Name:           numbers_numbers-api
Labels:
 com.docker.stack.image=diamol/ch08-numbers-api:v3
 com.docker.stack.namespace=numbers
Service Mode:   Replicated
 Replicas:      6
UpdateStatus:
 State:         rollback_started
 Started:       27 seconds ago
 Message:       update rolled back due to failure or early termination
 of task 725i2l6t3z45vjk4ftylcvzvq
```

部署過後 27 秒，其中有一個複本失敗了，因此
會立即進行 rollback。只要幾秒就 rollback 完成了

圖 **14.7**：使用自訂的 rollback 設置，可以更快地修復失敗的發佈。

執行完請查看 rollback 後的服務配置，您會看到 rollback 配置已重置為預設值。這肯定會造成混亂，因為您會認為 rollback 配置並未生效。但這實際上是因為整個服務配置也都 rollback，其中自然也包括 rollback 的設定。下次部署時，您必須自行再將容器更新和 rollback 的配置加入，不然就會回復用預設值來執行。

這就是使用多個覆寫檔案的風險，必須正確指定覆蓋的順序才行。一般並不會將環境設定分散到多個檔案，此處這樣做是為了讓您更容易觀察更新和 rollback 的過程。通常應該會是核心的 Compose 檔案、環境覆寫檔案，以及版本覆寫檔案。我們將採用這種方法進行最後的部署，修復 v5 問題，讓應用程式可以再次執行。

◁)) 馬上試試

v5 版本會有問題是因為漏掉某個設定，我們要將它加回到 v5.yml 的覆蓋檔案中，而且 prod-full.yml 覆寫檔案已經將所有正式生產環境的設定都包在一起，現在我們可以成功部署 v5 了：

```
# 所有的自訂設定 config 都在 prod-full 檔案裡面:
# 以下為同一道命令，請勿換行
docker-compose -f ./numbers/docker-compose.yml -f
./numbers/prodfull.yml -f ./numbers/v5.yml --log-level
ERROR config > stack.yml

# 部署 v5 版本:
docker stack deploy -c stack.yml numbers

# 等待一段時間，並檢查部署是否完成:
docker service inspect --pretty numbers_numbers-api
```

我們在部署和列出服務的地方等了幾分鐘，確定更新可以正常運作，而且也沒有觸發 rollback，如圖 14.8 所示。

接下頁

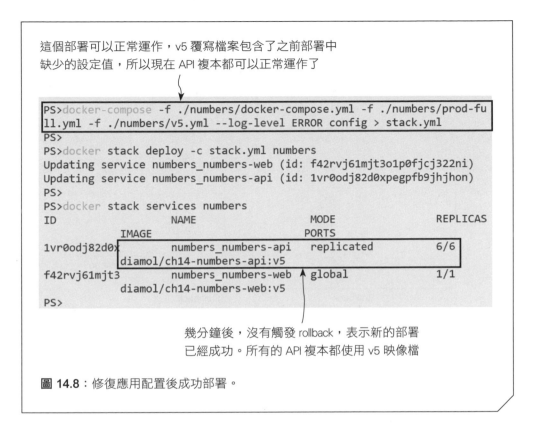

這個部署可以正常運作，v5 覆寫檔案包含了之前部署中
缺少的設定值，所以現在 API 複本都可以正常運作了

```
PS>docker-compose -f ./numbers/docker-compose.yml -f ./numbers/prod-fu
ll.yml -f ./numbers/v5.yml --log-level ERROR config > stack.yml
PS>
PS>docker stack deploy -c stack.yml numbers
Updating service numbers_numbers-web (id: f42rvj61mjt3o1p0fjcj322ni)
Updating service numbers_numbers-api (id: 1vr0odj82d0xpegpfb9jhjhon)
PS>
PS>docker stack services numbers
ID                  NAME                     MODE          REPLICAS
                    IMAGE                    PORTS
1vr0odj82d0x        numbers_numbers-api      replicated    6/6
                    diamol/ch14-numbers-api:v5
f42rvj61mjt3        numbers_numbers-web      global        1/1
                    diamol/ch14-numbers-web:v5
PS>
```

幾分鐘後，沒有觸發 rollback，表示新的部署
已經成功。所有的 API 複本都使用 v5 映像檔

圖 14.8：修復應用配置後成功部署。

現在，v5 正常執行，它實際上就是之前的隨機數字應用程式，我們可以用它來說明有關 rollback 的最後一點。該應用程式現在可以正常執行，並且設置了狀態檢查，因此如果您繼續使用 API，造成複本失敗時，它們將會被替換，並且該應用程式會重新執行。如果狀態檢查失敗，不會 rollback 到之前的版本，除非失敗發生在更新的監視期間內，否則只會替換複本。如果您部署 v5，並且在 60 秒的監視期內 API 容器發生問題，則將觸發 rollback 機制。圖 14.9 展示了從 v3 到 v5 的更新和 rollback 過程。

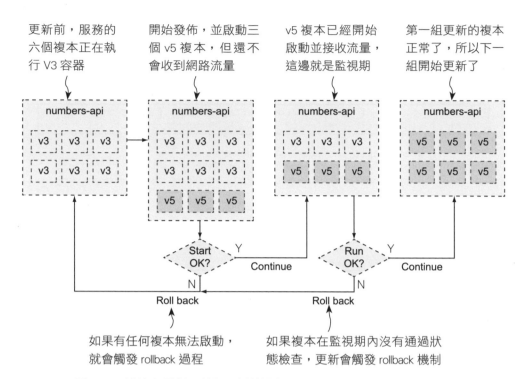

更新前，服務的六個複本正在執行 V3 容器

開始發佈，並啟動三個 v5 複本，但還不會收到網路流量

v5 複本已經開始啟動並接收流量，這邊就是監視期

第一組更新的複本正常了，所以下一組開始更新了

Start OK?   Y   Continue   N   Roll back

Run OK?   Y   Continue   N   Roll back

如果有任何複本無法啟動，就會觸發 rollback 過程

如果複本在監視期內沒有通過狀態檢查，更新會觸發 rollback 機制

圖 14.9：這流程圖説明整個更新的過程。

這就是更新和 rollback 配置。實際上，只是在 Compose 檔案的『部署』部分中設置一些值並測試一些變化，以確保可以快速又安全的進行更新，並在出現問題時迅速 rollback。這可以幫助您最大程度地延長應用程式的正常執行時間。剩下的就是了解叢集中節點停機時，正常執行時間如何受到影響。

14.4 管理叢集的停機時間

容器調度工具將一群機器變成一個強大的叢集，但您很難保證機器不會出狀況，因此很容易就被迫停機。硬碟、網路和電源都會在某個時刻出現故障，叢集越大停機的可能性就越高。叢集能夠使您的應用程式，在大多數機器停機的情況下執行，但是某些計劃外的故障就需要我們設定一些機制去處理，使用 Swarm 可以輕鬆地解決這類問題。

要繼續執行本節的範例，需要多節點的 Swarm 叢集。考量到大部分的讀者都沒有多台硬體或者架設虛擬機的經驗，本節的範例將使用線上練習平台 PWD (Play with Docker) 進行，您可以自行建立多節點叢集並練習部署和節點管理。打開瀏覽器並輸入 https://labs.play-with-docker.com，使用您的 Docker Hub ID 進行登錄，然後點擊『Add New Instance』將虛擬 Docker 伺服器添加到您的 online session 中。下面的範例在 session 中添加了五個節點，並將它們當作 Swarm 來使用。

◁)) 馬上試試

在 Docker 的 session 中啟動 PWD 並建立五個節點，您將在左側導覽欄中看到它們，然後點擊它們。在主視窗中，您將看到一個連接到所選節點的 terminal session：

```
# 使用 node 的 IP 地址，選擇 node1 並且初始化：
ip=$(hostname -i)
docker swarm init --advertise-addr $ip

# 加入管理節點和工作節點到 Swarm 裡面：
docker swarm join-token manager
docker swarm join-token worker

# 選擇 node2 並且貼上加入 manager 的指令，然後 node3 也一樣
# 選擇 node4 並且貼上加入 worker 的指令，然後 node5 也一樣

# 回到 node1 確定所有的 node 都準備好了：
docker node ls
```

執行後會有一個虛擬的 Swarm，您可以根據需要進行任何練習，不用擔心損毀，只要關閉 session，所有節點都會消失，但不會影響到您的電腦（它們實際上是執行 Docker-in-Docker 的容器，具有許多用於管理 session 和網路的智慧型設備）。您可以在圖 14.10 中看到輸出結果。

接下頁

這是 PWD 的操作介面，可以在瀏覽器中使用 Linux 容器的免費線上練習環境。只要使用您的 Docker ID 登錄，就可以使用

我們建立了五個節點，這裡會列出節點的 IP 地址，您可以選擇一個節點來切換終端對話視窗

本例會將這些節點配置成一個高可用性的 Swarm，有三個管理節點 (manager) 和兩個工作節點 (worker)

圖 14.10：使用 PWD 環境來產生一個多節點 Swarm。

讓我們以最簡單的情境為例，首先您想要關閉一個節點，以更新伺服器的作業系統。該節點可能正在執行容器，您希望它們能被正常關閉，並在其他節點上進行替換，使您的電腦進入維護模式，以便在任何需要重新啟動的期間內，Docker 都不會執行任何新容器。Swarm 中節點的維護模式稱為 drain mode，啟動此模式後您就可以加入管理節點或工作節點進去。

◁») 馬上試試

切換到您的 node1 管理節點的終端對話視窗，並將其他兩個節點設置為 drain mode：

```
# 設定一個 worker 和一個 manager 進入 drain 模式：
docker node update --availability drain node5
docker node update --availability drain node3

# 檢查 node:
docker node ls
```

接下頁

drain mode 對工作節點和管理節點而言稍有不同。在這兩種情況下，節點上執行的所有複本都將關閉，並且不會為該節點安排更多複本。管理節點仍然是管理組的一部分，所以它們依舊可以同步叢集資料庫，提供對管理 API 的存取，並且可以成為領導者。圖 14.11 展示了兩個被設置 drain mode 節點的叢集。

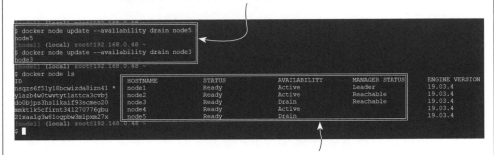

您可以從管理節點更改節點的可用性。drain mode 意味著節點上的所有複本都被移除，並且在切換模式之前，都不會被安排其他的任務

管理節點和工作節點都可以設置為 drain mode，但此模式下的管理節點仍然保有管理權

圖 14.11：進入 drain mode 後，會刪除所有容器，並讓您在節點上進行維護。

　　在上圖中可以看到 leader manager，這是什麼意思呢？由於您需要多個管理節點才能獲得高可用性，但這是一個 active-passive 模型。實際上只有一名管理節點在控制叢集，而這就是領導者 (leader)。其他節點保留叢集資料庫的複本，它們可以處理 API 請求，如果領導者出錯時，就可以立即接管。其餘管理節點替換的過程是採取多數決，因此您需要奇數個管理節點，通常較小的叢集，需要三個管理節點；大型叢集，可能會需要五個管理節點。如果少了一個管理節點，導致管理節點的數量變成偶數個，則可以將一個工作節點升級成為管理節點。

◁)) **馬上試試**

在 PWD 中模擬節點故障很容易，您可以連接到領導者並將其從 Swarm 中手動刪除。然後剩下的一名管理節點成為領導者，接著可以升級一個工作節點確保管理節點的數量是奇數：

```
# 在 node1 - 強制離開 Swarm:
docker swarm leave -force

# 在 node 2 - 將 worker node 再次切換成可用:
docker node update --availability active node5

# 將一個工作節點提升為管理節點:
docker node promote node5

# 檢查 node:
docker node ls
```

節點可以透過兩種方式離開 Swarm，管理節點可以使用 node rm 命令，或者節點本身可以使用 Swarm leave 來離開叢集。如果節點自行離開，則情況類似於節點離線一樣，Swarm 管理者認為該節點仍應存在，但無法存取。您可以在圖 14.12 的輸出中看到這一點。原始 node 1 仍列為管理節點，但是狀態為『Down』，管理器狀態為『Unreachable』。

> 我們已經從 Swarm 中刪除了節點 1，所以
> 像設置節點可用性和提升節點這樣的管理
> 任務，必須在不同的管理節點上進行

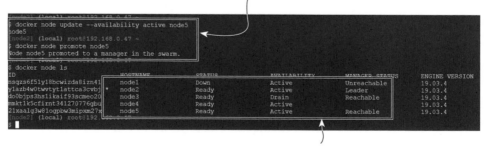

> 現在，原來的管理節點無法聯繫，但叢集仍然可以正常運
> 作，因為我們已經將一個工作節點提升為新的管理節點

圖 14.12：節點管理使您的 Swarm 即使在節點離線時也能保持高可用性。

現在，該 Swarm 叢集又具有三個管理節點，這使其具有較高的可用性。如果 node1 意外離線，則當它重新連線時，我們可以降級節點，將其中一個管理節點降級成工作節點。

我們將介紹一些不太常見的情境，以下您將了解 Swarm 在遇到這些情況時的行為以及如何應對：

● **所有管理節點都離線：**

如果所有管理節點都離線，但工作節點仍在執行，您的應用程式會繼續執行。如果沒有管理節點，則 ingress 網路和工作節點上的所有服務複本都以相同的方式工作，但是現在沒有任何節點在監視您的服務，因此，如果容器發生故障，將無法替換。要解決此問題，必須使管理節點重新連線，讓叢集再次正常執行。

● **領導者和大多數的管理節點之外的所有節點都離線：**

如果除一個管理節點之外的所有節點都離線，並且其餘管理節點都不是領導者，則可能失去對叢集的控制。管理節點必須重新選出新的領導者，如果沒有其他管理節點，則不能選出一位領導者。您可以透過使用 force-new-cluster 參數，在其餘管理節點上執行 swarm init 來解決此問題。這使該節點成為領導者，但保留了所有叢集資料和所有正在執行的任務。然後，您可以添加更多管理節點以恢復高可用性。

● **重新平衡複本以實現平衡負載：**

添加新節點後，服務複本不會自動重新平衡。如果您透過新節點增加叢集的負載量，但不更新任何服務，則新節點將不會執行任何複本，必須執行 service update --force 重新平衡複本，無需更改任何其他屬性。

14.5 Swarm 叢集的高可用性

應用程式部署中有多個層次，您需要考慮高可用性。在本章中狀態檢查會告訴叢集您的應用程式是否正在執行，它將替換發生故障的容器，以使應用程式保持正常的狀態；如果一個節點離線，多個管理節點會提供異地備援 (redundancy)，以確保調度容器和監視節點持續進行。

最後簡單總結本章內容，因為人們經常透過建置跨多個資料中心的單個叢集，來獲得區域之間的高可用性。從理論來說執行此操作並無太大的問題，您可以在資料中心 A 中創建管理節點，並在資料中心 A、B 和 C 中創建工作節點。這無疑簡化了叢集管理，但問題在於網路延遲。Swarm 中的節點通訊非常頻繁，如果 A 和 B 之間突然出現網路延遲，管理節點可能會認為所有 B 節點都已離線，並將所有容器重新安排在 C 節點上。結果只會變得更糟，可能會出現叢集分裂的現象 (split-brain)：在不同地區的多個管理節點，都認為自己是領導者。

如果您確實需要在類似的情況下保持應用程式正常執行，則唯一安全的方法是使用多個叢集。這增加了您的管理開銷，並且存在叢集與正在執行的應用程式之間發生資料不同步的風險，但這些都是可掌握的問題，而網路延遲問題則不受控。圖 14.13 展示了該配置的架構。

您需要多個叢集來實現真正的高可用性，它們應該在不同的資料中心或不同的區域，這樣即使整個區域不可用，您的應用程式也能保持執行。如果兩者都在線，外部的 DNS 服務可以將使用者引導到最近的叢集

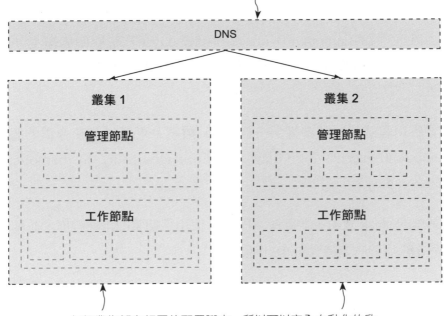

每個叢集都有相同的配置腳本，所以可以完全自動化的啟動一個新的叢集。多個管理節點確保叢集資料庫和管理活動的高可用性，多個工作節點確保了應用程式的高可用性

圖 14.13：為了實現資料中心的異地備援 (redundancy)，您需要在不同的區域有多個叢集。

14.6 課後練習

　　課後練習將回到圖庫應用程式，現在該輪到您建置一個 stack 部署了，該 stack 部署具有針對 API 服務的部署和 rollback 配置。不過有一個與本章的練習不同，API 元件沒有在 Docker 映像檔中內設定狀態檢查，因此您需要考慮如何在服務規格定義中添加狀態檢查。要求如下：

● 編寫一個 stack 檔案，使用以下容器映像檔，部署圖庫應用程式：diamol/ch04-access-log，diamol/ch04-image-of-the-day 和 diamol/ch04-image-gallery。

● 該 API 元件為 diamol/ch04-image-of-day-day，它應與四個複本一起執行，應指定狀態檢查，並且使用快速且安全的更新配置和快速的 rollback 配置。

● 部署應用程式後，請準備另一個 stack 檔案，更新以下映像檔的服務：diamol/ch09-access-log，diamol/ch09-image-of-day 和 diamol/ch09-image-gallery。

● 部署您的 stack 更新，並確保 API 元件使用您期望的策略發佈，並且不會由於不正確的狀態檢查而 rollback。

無論使用哪種方式，解答都在 GitHub 上，您可以利用以下網址查看：

https://github.com/sixeyed/diamol/blob/master/ch14/lab/README.md。

15
Chapter

安全性遠端連線設定與 CI/CD pipeline 的建構

透過 Docker 命令列管理容器，很容易忘了我們其實是對 Docker Engine 上的 API 發送指令，命令列本身其實並沒有真正做任何事情。將命令列與 Engine 分開有兩個主要好處，一來讓其他工具也可以使用 Docker API，因此命令列不是管理容器的唯一方法，再者只要設定好本機的命令列，您可以直接遠端操控執行 Docker 的電腦。這是非常強大的功能，您可以在自己的筆電上，透過慣用的 Docker 命令來執行容器，或是管理具有數十個節點的叢集，而無須離開辦公桌。

這種遠端連線的方式便於管理測試環境或在正式環境中進行除錯，也是開啟 CI/CD pipeline 中**持續部署 (continuous deployment, CD)** 階段的方法。在 pipeline 的 CI（continuous integration，持續整合）階段成功完成之後，在 Docker 登錄伺服器中，您將會有一個可發佈的應用程式候選版本。接著 pipeline 的下一階段就是持續部署，您要連接到遠端 Docker Engine 並部署新版本的應用程式。這個階段也許還只是在執行一組整合測試的測試環境，要到最後一個階段才會連接到叢集主機，並將應用程式部署到正式環境中。在本章中，您將學習到如何安全地公開 Docker API，以便讓您的電腦或整個 CI/CD pipeline 可以連接到遠端的 Docker Engine。

15.1 Docker API 的端點設定

先前在安裝 Docker 時，我們並不需要特別設定就可以和 API 溝通，因為預設值會讓 Engine 在本機的 channel 上運作，透過命令列就可以直接下指令。本機 channel 使用 Linux socket 或 Windows 具名管道 (Named pipes，編註：就是用主機名稱連線)，這兩種方式都會受限於只能用區域電腦連線。要啟用 Docker Engine 的遠端連線，必須在配置檔案中進行設定，其中關於遠端連線的 channel 有幾個不同的選項，最簡單的方法是允許任何 HTTP 連線都能存取 (不須加密)。

啟用未加密的 HTTP 存取雖然簡單但是其安全性也是最低的。您的 Docker API 將會在普通的 HTTP 端點上運作，任何人透過此端點都可以連接到 Docker Engine 並管理容器，而無需身份驗證。您可能會認為這樣在筆電上開發會滿方便的，殊不知這也打開了一個容易進行攻擊的途徑。例如惡意網站可能會向 Docker API 正在監聽的 http://localhost:2375 發送請求，並偷偷在電腦上啟動一個比特幣挖礦容器，直到您發覺為止。

我們還是會教導啟用 HTTP 存取，但實務上完全不建議您這麼做，在本節中您會對遠端連線有更深入的了解，我們會介紹其他更安全的方法。

範例 15.1 修改 daemon.json 對 Docker Engine 進行 HTTP 存取

如果您在 Linux 或 Windows Server 上使用 Docker Engine，則需要編輯配置檔案。Linux 系統的配置檔案為 /etc/docker/daemon.json，Windows 系統則是 C:\ProgramData\docker\config\daemon.json。您需要在 hosts 參數中加入要監聽的端點。範例 15.1 是使用 Docker 的連接埠 2375 進行 HTTP 存取所需的設置。

```
{
  "hosts": [
  # 在連接埠 2375 上啟用遠端連線:
  "tcp://0.0.0.0:2375",

  # 並持續監聽 - 使用 Windows 請輸入 "npipe://":
  "npipe://"

  # 使用 linux 請輸入 "fd://":
  "fd://"
  ],
  "insecure-registries": [
    "registry.local:5000"
  ]
}
```

　　遠端連線功能也可以從 Docker Desktop 中設定，您可以在 Windows 10 或 Mac 上進行操作。方法是在鯨魚圖示上按右鍵，從 Menu 中開啟 『Setting』，然後如圖 15.1 勾選 **Expose daemon on tcp://localhost:2375 without TLS**，儲存設定後重新啟動 Docker 即可。

使用 Docker Desktop 可以勾選此項，直接公開 Engine API

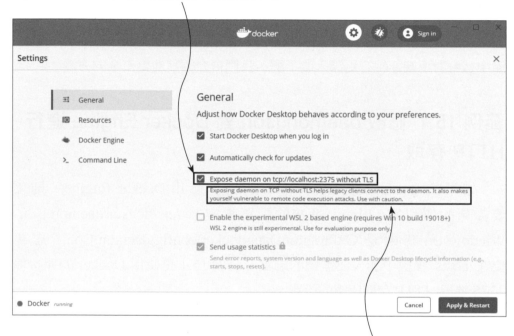

這裡的警告訊息是提醒您這是官方不推薦的方法

圖 **15.1**：啟用直接透過 HTTP 存取 Docker API。

　　您可以在 Docker CLI 用 TCP 連線到本地端主機，再向 API 發送 HTTP 請求，確認 Docker Engine 是否已經設為可遠端連線。

◁)) **馬上試試**

在 Docker 命令列可以使用 host 參數連接到遠端主機，此處我們是連到本機 localhost，只是改採用 TCP 方式連線（編註：模擬遠端連線）：

```
# 藉由 TCP 連接到本機主機:
docker --host tcp://localhost:2375 container ls

# 並透過 HTTP 使用 REST API:
curl http://localhost:2375/containers/json
```

Docker 和 Docker Compose 命令列都支援 host 參數，用來指定後續的 Docker 命令要發送給哪個位址上的 Docker Engine。若 Docker Engine 像此處一樣沒有任何安全性設定，則只使用 host 參數就可以進行連線，不需要登入身份驗證，也不會進行加密。您可以在圖 15.2 中看到輸出結果。

使用 Docker 命令列連線遠端主機，此處示範是 localhost 本機端，只要改成 IP 地址或網址名稱，就可以連線其他網路主機或雲端伺服器

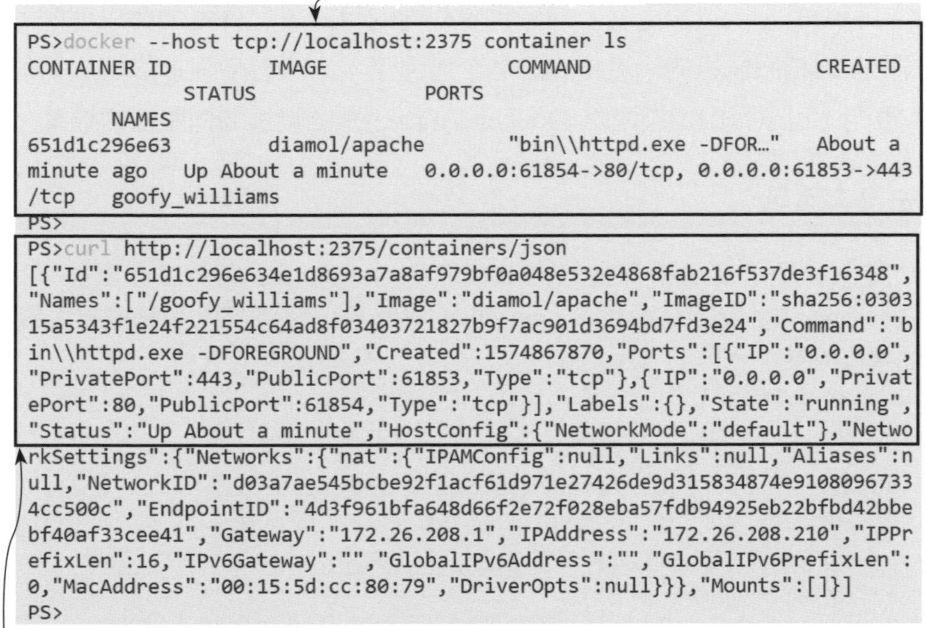

```
PS>docker --host tcp://localhost:2375 container ls
CONTAINER ID        IMAGE               COMMAND                CREATED
          STATUS              PORTS
     NAMES
651d1c296e63        diamol/apache       "bin\\httpd.exe -DFOR…"   About a
minute ago   Up About a minute   0.0.0.0:61854->80/tcp, 0.0.0.0:61853->443
/tcp   goofy_williams
PS>
```

```
PS>curl http://localhost:2375/containers/json
[{"Id":"651d1c296e634e1d8693a7a8af979bf0a048e532e4868fab216f537de3f16348",
"Names":["/goofy_williams"],"Image":"diamol/apache","ImageID":"sha256:0303
15a5343f1e24f221554c64ad8f03403721827b9f7ac901d3694bd7fd3e24","Command":"b
in\\httpd.exe -DFOREGROUND","Created":1574867870,"Ports":[{"IP":"0.0.0.0",
"PrivatePort":443,"PublicPort":61853,"Type":"tcp"},{"IP":"0.0.0.0","Privat
ePort":80,"PublicPort":61854,"Type":"tcp"}],"Labels":{},"State":"running",
"Status":"Up About a minute","HostConfig":{"NetworkMode":"default"},"Netwo
rkSettings":{"Networks":{"nat":{"IPAMConfig":null,"Links":null,"Aliases":n
ull,"NetworkID":"d03a7ae545bcbe92f1acf61d971e27426de9d315834874e9108096733
4cc500c","EndpointID":"4d3f961bfa648d66f2e72f028eba57fdb94925eb22bfbd42bbe
bf40af33cee41","Gateway":"172.26.208.1","IPAddress":"172.26.208.210","IPPr
efixLen":16,"IPv6Gateway":"","GlobalIPv6Address":"","GlobalIPv6PrefixLen":
0,"MacAddress":"00:15:5d:cc:80:79","DriverOpts":null}}},"Mounts":[]}]
PS>
```

命令列只是 Docker API 的一個客戶端。您可以直接用 curl 呼叫它，來執行該客戶端支援的所有操作

圖 15.2：當 Docker Engine 允許使用 HTTP 時，任何人都可以直接連線主機位址來使用。

現在想像一下，如果您告訴維運團隊，您想管理 Docker 伺服器，因此需要他們啟用遠端連線，這將使任何人都可以在該電腦上對 Docker 進行任何沒有安全性的操作，並且不會留下任何稽核記錄。這樣的要求一定會被白眼，不要小看這樣做的危險性。Linux 容器使用與主機伺服器相同的使用者帳戶，因此，如果您以 Linux 管理員帳戶 root 的身份執行容器，那麼您幾乎拿到伺服器的管理員權限。Windows 容器的工作方式略有不同，因此您不會從容器中獲得完整的伺服器權限，但是您仍然可以進行一些危險的操作。

當您使用遠端連線進入 Docker Engine 時，您發送的所有命令，均在該電腦環境 (context) 裡面執行。如果您執行一個容器並嘗試從本機硬碟掛載一個 data volume，容器看到的其實是遠端電腦的磁碟（而不是本機端的磁碟內容），這會影響您後續操作。例如您在測試環境中跑一個容器，然後要載入存在本機電腦上的程式碼，該命令將會執行失敗，會顯示伺服器上並不存在您要存取的目錄（您可能會覺得疑惑，該目錄就確實存在您的電腦上啊）；或者更麻煩的是，遠端電腦上剛好也有相同的目錄，您會更加難以理解怎麼容器裡面的檔案怪怪的。最糟糕的是，這會幫本來沒有權限存取伺服器的人開了後門，可以藉由遠端連線 Docker Engine 來瀏覽遠端伺服器的檔案。

◁)) 馬上試試

此範例展示了使用不安全的方法存取 Docker Engine 會產生什麼後果。執行容器時將根目錄掛載為 host-drive 資料夾，您將可以瀏覽遠端主機的檔案系統：

```
# 使用 Linux 容器，將根目錄掛載到 host-drive:
# 以下為同一道命令，請勿換行
docker --host tcp://localhost:2375 container run -it -v /:/
host-drive diamol/base

# 使用 Windows 容器，將 C:\ 掛載到 host-drive:
# 以下為同一道命令，請勿換行
docker --host tcp://localhost:2375 container run -it -v
C:\:C:\hostdrive diamol/base

# 在容器中瀏覽檔案系統：
ls
ls host-drive
```

接下頁

您可以在圖 15.3 中看到輸出結果，執行容器的使用者可以在主機上讀寫檔案。

這是用互動模式執行的容器，我們使用的是 Windows 系統，可以從映像檔和掛載的 host-drive 資料夾中看到 Windows 中的資料夾

```
Microsoft Windows [Version 10.0.17763.864]
(c) 2018 Microsoft Corporation. All rights reserved.

C:\>ls
 Volume in drive C has no label.
 Volume Serial Number is E075-7D83


11/27/2019  03:30 PM    <DIR>           host-drive
11/08/2019  09:35 AM             5,510 License.txt
11/27/2019  07:57 PM    <DIR>           Users
11/27/2019  07:57 PM    <DIR>           Windows
               1 File(s)          9,606 bytes
               3 Dir(s)  21,297,627,136 bytes free

C:\>ls host-drive
 Volume in drive C has no label.
 Volume Serial Number is E075-7D83

 Directory of C:\host-drive

09/15/2018  07:33 AM    <DIR>           PerfLogs
11/27/2019  03:10 PM    <DIR>           Program Files
11/06/2019  09:07 PM    <DIR>           Program Files (x86)
11/27/2019  03:30 PM                 6 THIS_FILE_IS_ON_THE_HOST_DISK
11/06/2019  09:16 PM    <DIR>           Users
11/06/2019  08:57 PM    <DIR>           Windows
               1 File(s)              6 bytes
               5 Dir(s)  116,392,804,352 bytes free
```

容器中掛載的 host-drive 資料夾，其實是遠端主機 C:\ 下的內容，所以切換之後可以看到所有檔案。由於掛載時有讀寫權限，所以也可以修改檔案

圖 15.3：只要擁有存取 Docker Engine 的權限，您也可以存取遠端主機的檔案系統。

在本練習中，您只是連接到自己的電腦，因此並沒有任何資安風險。但是，如果您今天執行的是薪資系統的伺服器，並且該伺服器具有對 Docker Engine 的遠端連線權限，駭客攻進來的話，就可以竄改您的薪資與獎金。再次重申，實務上絕對不要讓 Docker Engine 採用這麼不安全的遠端連線方式。

在繼續之前，先解決我們所造成的危險情況，取消之前在本機 Docker Desktop 中勾選的選項，或還原對 Docker 所做的更改配置，然後我們將繼續探討更安全的遠端連線配置。

15.2 Docker 的遠端存取安全設定

Docker 支援兩種方法以安全的監聽 channel，第一種使用**傳輸層安全性協定 (Transport Layer Security, TLS)**，此方法是以 HTTPS 網站使用的數位憑證加密技術為基礎。Docker API 使用 mutual-TLS 雙向認證，因此伺服器和客戶端都具有用於識別自己並加密流量的憑證。第二種是使用 SSH 協定，這是連接到 Linux 伺服器的標準方法，Windows 也有支援。SSH 使用者可以用使用者名稱和密碼，或私鑰進行身份驗證。

這兩種方法採用不同的方式來控制可以存取叢集的權限。mutual-TLS 是使用最廣泛的 TLS，但在建立和替換憑證時會產生管理成本。SSH 需要在要連接的電腦上安裝 SSH 客戶端，但現在的作業系統都有內建了，它使您可以更輕鬆地管理誰可以存取您的電腦。圖 15.4 展示了 Docker API 支援哪些 channel。

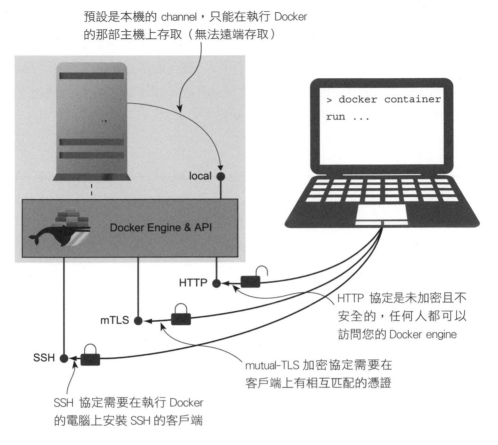

預設是本機的 channel，只能在執行 Docker
的那部主機上存取（無法遠端存取）

> docker container
run ...

local

Docker Engine & API

HTTP

HTTP 協定是未加密且不
安全的，任何人都可以
訪問您的 Docker engine

mTLS

mutual-TLS 加密協定需要在
客戶端上有相互匹配的憑證

SSH

SSH 協定需要在執行 Docker
的電腦上安裝 SSH 的客戶端

圖 15.4：利用加密和身份驗證等安全機制，可以讓我們更安心的使用 Docker API。

　　這裡需要注意的是，如果要設定 Docker Engine 的安全遠端連線，需要有存取 Docker 主機的權限。您無法使用 Docker Desktop 來啟用安全遠端連線設定，因為 Desktop 實際上是在電腦的 VM 中執行 Docker，所以您無法設定該 VM 的監聽方式（只有剛剛所使用的未加密 HTTP 選項可選）。**千萬不要嘗試使用 Docker Desktop 進行接下來的範例**，會直接出現錯誤訊息，告訴您設定無法調整，不然也可能會嘗試幫您調整，但這樣更慘，Docker 會執行錯誤，而且必須要重新安裝。接下來本節的範例操作，都會在 Play with Docker（PWD）線上模擬平台上進行，若您有可以執行 Docker 的遠端電腦（如 Raspberry Pi），本章範例程式碼中的 readme 檔案會有詳細的說明，教您在 PWD 以外的環境進行相同的操作。

我們將從使用 mutual-TLS 安全地存取遠端的 Docker Engine 開始。為此，您需要建立兩組憑證和金鑰檔案（金鑰檔案的作用類似於憑證的密碼），一個用於 Docker API，另一個用於客戶端。憑證通常是由第三方憑證頒發機構（certificate authority, CA）所建立、發放，以下練習我們已經建立了可用於 PWD 的憑證，因此您可以直接使用。

◁)) **馬上試試**

輸入網址 https://labs.play-with-docker.com 到瀏覽器進行登入以使用 PWD 進行練習，建立一個新節點。在該終端對話視窗中，執行容器用來部署憑證，並在 PWD 上配置 Docker Engine 以使用憑證。然後重啟 Docker：

```
# 建立一個存放憑證的資料夾：
mkdir -p /diamol-certs

# 執行容器來部署憑證：
# 以下為同一道命令，請勿換行
docker container run -v /diamol-certs:/certs -v
/etc/docker:/docker diamol/pwd-tls:server

# 結束 docker，並接著重啟
pkill dockerd
dockerd &>/docker.log &
```

您執行的容器從 PWD 節點掛載了兩個 data volume，接著將憑證和一個新的 daemon.json 檔案，從容器映像檔複製到該節點上。因為更動到 Docker Engine 設定，需使用 docker 命令重新啟動。

您可以在圖 15.5 中看到輸出結果，此時 Engine 正在使用 TLS 監聽連接埠 2376（這是安全 TCP 連線的協定）。

接下頁

該容器將相容於 PWD 的 mutual-TLS 憑證部署到節點
上,並使用主機的 volume 掛載更新 Docker 的配置檔案

重新啟動 Docker Engine,套用新的設定。這種重啟 Docker 的方式
是 PWD 特有的,在本機的部署中,則需要手動重啟 Docker 服務

圖 15.5:配置一個 Play with Docker 終端對話視窗,Docker Engine 正在使用 mutual-
TLS 進行監聽。

要真正將流量從本機電腦發送到 PWD 節點,還有最後一步要做。點擊
『OPEN PORT』按鈕,然後打開連接埠 2376。這時會跳出一個錯誤訊息,
請先忽略該訊息,然後複製上面的 URL。這是您所使用的 PWD 終端對話
視窗的網址,會長得像 ip172-18-0-62-bo9pj8nad2eg008a76e0-2376.direct.
labs.play-with docker.com 這樣,您將使用它從本機電腦連接到 PWD 中的
Docker Engine。圖 15.6 展示了如何打開連接埠。

點擊 OPEN PORT 按鈕，設
定讓 PWD 監聽傳入的連線

按此複製 PWD
終端視窗的網址

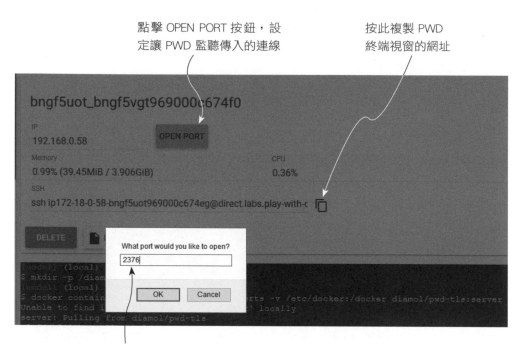

讓 PWD 中執行的 Docker Engine 監聽 TLS 客戶端連接埠 2376。當您點
擊『OK』時，會開啟一個新的分頁，要複製其中的 URL，稍後會用到

圖 15.6：在 PWD 中打開連接埠，可以將外部流量發送到容器和 Docker Engine 中。

　　現在可以對 PWD 進行遠端管理。您使用的憑證是由 OpenSSH 工具
建立的憑證（在容器中執行，如果您有興趣查看 Dockerfile 的工作原理，
Dockerfile 位於 images/cert-generator 檔案夾中）。因為篇幅的關係，我們
不會詳細介紹 TLS 憑證和 OpenSSH。但是了解 CA、伺服端憑證和客戶端
憑證之間的關係很重要，如圖 15.7 所示。

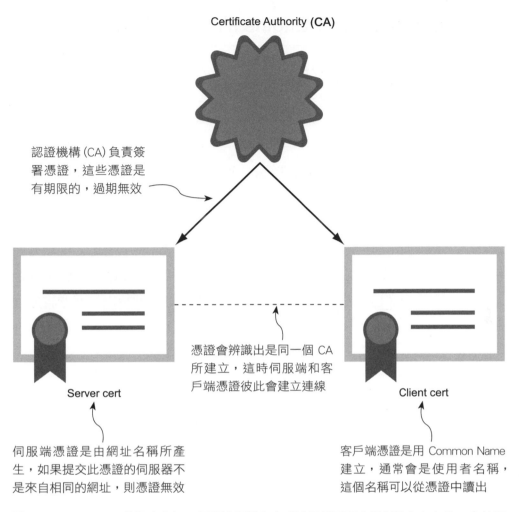

Certificate Authority (CA)

認證機構 (CA) 負責簽署憑證，這些憑證是有期限的，過期無效

憑證會辨識出是同一個 CA 所建立，這時伺服端和客戶端憑證彼此會建立連線

Server cert

Client cert

伺服端憑證是由網址名稱所產生，如果提交此憑證的伺服器不是來自相同的網址，則憑證無效

客戶端憑證是用 Common Name 建立，通常會是使用者名稱，這個名稱可以從憑證中讀出

圖 15.7：matual-TLS 的概略介紹，伺服端憑證和客戶端憑證可用來識別持有者身分，會共用同一個 CA。

如果要使用 TLS 保護 Docker Engine，需要先建立一個 CA，接著要幫每個要保護的 Docker Engine 建立一個伺服端憑證，每個要允許其存取的使用者，也要建立一個客戶端憑證。憑證具有生命週期，您可以設定客戶端憑證的使用期限，來決定客戶存取的時間。儘管這些動作都可以自動化，但管理憑證還是要耗費一些成本。

將 Docker Engine 配置為使用 TLS 時，需要指定 CA 憑證路徑，以及伺服端憑證、金鑰對。範例 15.2 是在 PWD 節點上部署的 TLS 設定。

15.2 Docker 的遠端存取安全設定

15-13

範例 15.2 在 Docker Engine 的設定中啟用 TLS

```
{
    "hosts": ["unix:///var/run/docker.sock",
    "tcp://0.0.0.0:2376"], "tls": true,
    "tlscacert": "/diamol-certs/ca.pem",
    "tlskey": "/diamol-certs/server-key.pem",
    "tlscert": "/diamol-certs/server-cert.pem"
}
```

執行之後，在遠端的 Docker Engine 已受保護，必須要有 CA 憑證、客戶端憑證和客戶端金鑰，否則您就無法像之前一樣直接用 curl 呼叫 REST API，或使用 Docker CLI 發送命令。該 API 也不會接受過期或其他的客戶端憑證，必須使用與伺服器相同的 CA 所建立的憑證才行。若客戶端沒有使用 TLS，則 Docker Engine 會拒絕 API 連線。您可以使用跟 PWD 上執行的同一版本的映像檔，在本機電腦上下載客戶端憑證，然後用這個憑證進行連線。

◁)) 馬上試試

請先確定您已經複製好剛剛 PWD 的連接埠 2376 存取的 URL，才能從本機電腦連接到 PWD 終端對話視窗。使用先前打開連接埠 2376 時複製的終端對話視窗網址 (見 P.15-22 頁)，嘗試連接到 PWD 的 Docker Engine：

```
# 從 address bar中，取得您的 PWD 網址 - 像是
# ip172-18-0-62-bo9pj8nad2eg008a76e0-6379.direct.labs.play-with-
# docker.com

# 將 PWD 網址存到一個變數中，Windows 作業系統請輸入以下的命令：
$pwdDomain="<your-pwd-domain-from-the-address-bar>"

# 將 PWD domain 存到一個變數中，Linux 作業系統請輸入以下的命令：
pwdDomain="<your-pwd-domain-goes-here>"

# 嘗試直接存取 Docker API:
curl "http://$pwdDomain/containers/json"

# 嘗試使用命令列:
docker --host "tcp://$pwdDomain" container ls

# 抓取 PWD 客戶端憑證到您的電腦上:
mkdir -p /tmp/pwd-certs
cd ./ch15/exercises
tar -xvf pwd-client-certs -C /tmp/pwd-certs
```

接下頁

```
# 與客戶端憑證連接:
# 以下為同一道命令,請勿換行
docker --host "tcp://$pwdDomain" --tlsverify --tlscacert
/tmp/pwdcerts/ca.pem --tlscert /tmp/pwd-certs/client-cert.
pem --tlskey/tmp/pwd-certs/client-key.pem container ls

# 您可以使用任何的 Docker CLI 命令:
# 以下為同一道命令,請勿換行
docker --host "tcp://$pwdDomain" --tlsverify --tlscacert
/tmp/pwdcerts/ca.pem --tlscert /tmp/pwd-certs/client-cert.
pem --tlskey/tmp/pwd-certs/client-key.pem container run -d
-P diamol/apache
```

您可以將 TLS 參數存進環境變數中,方便下達後續的 Docker 命令。如果
您沒有提供正確的客戶端憑證,則會出現錯誤,只要有提供憑證,您可
以完全從本機電腦的 PWD 中控制遠端的 Docker Engine。您可以在圖 15.8
中看到這個過程。

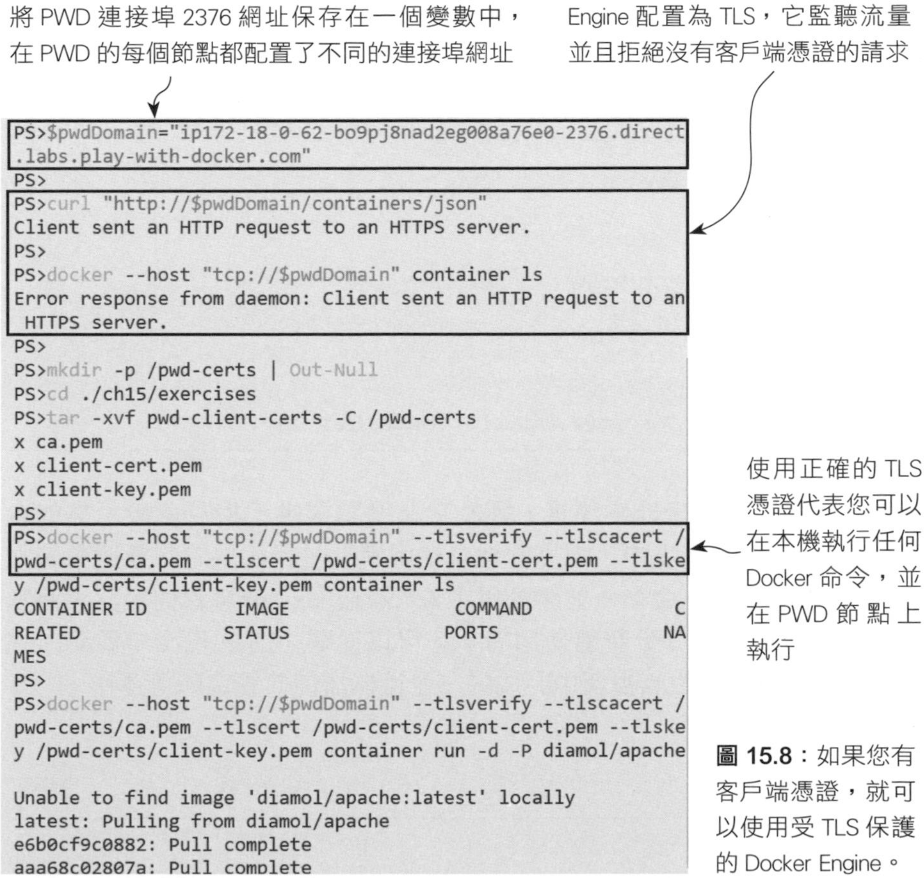

將 PWD 連接埠 2376 網址保存在一個變數中,
在 PWD 的每個節點都配置了不同的連接埠網址

Engine 配置為 TLS,它監聽流量
並且拒絕沒有客戶端憑證的請求

```
PS>$pwdDomain="ip172-18-0-62-bo9pj8nad2eg008a76e0-2376.direct
.labs.play-with-docker.com"
PS>
PS>curl "http://$pwdDomain/containers/json"
Client sent an HTTP request to an HTTPS server.
PS>
PS>docker --host "tcp://$pwdDomain" container ls
Error response from daemon: Client sent an HTTP request to an
 HTTPS server.
PS>
PS>mkdir -p /pwd-certs | Out-Null
PS>cd ./ch15/exercises
PS>tar -xvf pwd-client-certs -C /pwd-certs
x ca.pem
x client-cert.pem
x client-key.pem
PS>
PS>docker --host "tcp://$pwdDomain" --tlsverify --tlscacert /
pwd-certs/ca.pem --tlscert /pwd-certs/client-cert.pem --tlske
y /pwd-certs/client-key.pem container ls
CONTAINER ID         IMAGE              COMMAND           C
REATED               STATUS             PORTS             NA
MES
PS>
PS>docker --host "tcp://$pwdDomain" --tlsverify --tlscacert /
pwd-certs/ca.pem --tlscert /pwd-certs/client-cert.pem --tlske
y /pwd-certs/client-key.pem container run -d -P diamol/apache

Unable to find image 'diamol/apache:latest' locally
latest: Pulling from diamol/apache
e6b0cf9c0882: Pull complete
aaa68c02807a: Pull complete
```

使用正確的 TLS
憑證代表您可以
在本機執行任何
Docker 命令,並
在 PWD 節點上
執行

圖 15.8:如果您有
客戶端憑證,就可
以使用受 TLS 保護
的 Docker Engine。

在 Docker Engine 的設定中啟用 SSH

　　另一個用於安全遠端連線的選項是 SSH，這樣做的好處是 Docker CLI 使用標準的 SSH 客戶端，因此無需修改 Docker Engine 的任何設定。由於認證是由 SSH 伺服器處理的，因此不需要建立或管理憑證。您只要幫允許遠端連線的每個人，在 Docker 所在的主機上建立使用者帳號，當他們嘗試在遠端電腦上執行任何 Docker 命令時，就可以此來驗證身分。

◁)) 馬上試試

回到您的 PWD 終端對話視窗中，記下 node1 的 IP 地址，然後建立另一個節點。執行以下命令，使用 SSH 從 node2 上的命令列管理 node1 上的 Docker Engine：

```
# 將 node1 的 IP 地址存到變數中:
node1ip="<node1-ip-address-goes-here>"

# 打開 SSH 終端對話視窗視窗來驗證連線:
ssh root@$node1ip
exit

# 列出 node2 上的本機容器:
docker container ls

# 列出 node1 上的遠端容器:
docker -H ssh://root@$node1ip container ls
```

使用 PWD 實作起來非常簡單，因為它為節點提供了相互連接所需的全部資源。在真實環境中，您需要建立使用者，並且如果您想要避免輸入密碼，還需要建立金鑰，並將公用金鑰 (public key) 分發給伺服器，將私密金鑰 (private key) 分發給使用者。您可以從圖 15.9 的輸出中看到，這都是在 PWD 終端對話視窗中完成的，並且無需任何設定即可運作。

接下頁

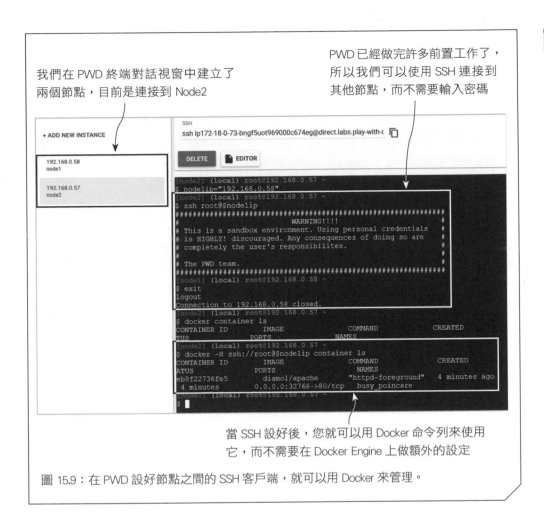

我們在 PWD 終端對話視窗中建立了
兩個節點，目前是連接到 Node2

PWD 已經做完許多前置工作了，
所以我們可以使用 SSH 連接到
其他節點，而不需要輸入密碼

當 SSH 設好後，您就可以用 Docker 命令列來使用
它，而不需要在 Docker Engine 上做額外的設定

圖 15.9：在 PWD 設好節點之間的 SSH 客戶端，就可以用 Docker 來管理。

　　維運人員對於透過 SSH 使用 Docker 可能會有兩極的看法。一方面，這
比管理憑證要容易得多，而且維運人員多半有豐富 Linux 管理經驗，相信這
一點都難不倒他。另一方面，這也表示任何存取 Docker 的使用者，也能存
取其他伺服器，這樣恐怕會給予太大的權限。

　　如果您的組織主要是使用 Windows 作業系統，則可以在 Windows 上
安裝 OpenSSH 伺服器，就可以使用相同的方法操作，只是這與管理員平常
管理 Windows 伺服器權限的方式不太一樣。儘管 TLS 需要管理憑證，但
還是我們建議的首選，因為它可以直接在 Docker 中運作，不需要額外安裝
SSH 伺服器或客戶端。

透過 TLS 或 SSH 保護對 Docker Engine 的存取，可以進行加密（讓 CLI 和 API 之間的流量不會被偷窺）和身份驗證（使用者必須證明其身份才能進行連接）。該安全性不提供授權或稽核功能，因此您無法限制使用者的操作，也沒有任何記錄。若要考慮限制哪些人可以存取哪些環境時（編註：每個人可以造訪的位置和權限都不同），可能就沒辦法做到了。使用者還需要注意所使用的環境，Docker CLI 使其非常容易切換到遠端 Engine，要時時注意現在的狀態是在遠端還是在自己的個人電腦上。

15.3 使用 Docker Context 管理遠端的 Docker Engine

您可以使用 host 參數以及 TLS 憑證路徑，透過本機的 Docker CLI 連線到遠端的電腦，但您所下達的每個指令都要重複以上的動作，這時每條指令都會變得很冗長並降低可讀性，所幸 Docker 可以使用 Context 在 Docker Engine 之間輕鬆的進行切換。您可以使用 CLI 創建 Docker Context，並指定 Engine 的所有連接詳細訊息。您可以建立多個 Context，每個 Context 的所有連接詳細訊息，都儲存在本機電腦上。

◁)) 馬上試試

建立 Context 以用於在 PWD 中執行的 Docker Engine（已啟用 TLS）。

```
# 使用您的 PWD 網址和憑證創建 context:
# 以下為同一道命令，請勿換行
docker context create pwd-tls --docker
"host=tcp://$pwdDomain,ca=/tmp/pwd-certs/ca.pem,cert=/tmp/
pwdcerts/client-cert.pem,key=/tmp/pwd-certs/client-key.pem"

# 使用 SSH 的命令如下:
# docker context create local-tls --docker "host=ssh://
# user@server"

# 列出 contexts:
docker context ls
```

接下頁

您會在輸出結果中看到有一個預設 Context，該 Context 使用私有 channel 指向您本機 Docker Engine。圖 15.10 中的輸出結果來自 Windows 電腦，因此預設 channel 使用具名管道。您還可以看到一個 Kubernetes 的端點選項，用於使用 Docker Context 來儲存 Kubernetes 叢集的連接詳細訊息。

在 Docker CLI 中使用的連接訊息建立一個 Context，
在這種情況下，您可以使用主機名和憑證的路徑

```
PS> docker context create pwd-tls --docker "host=tcp://$pwdDo
main,ca=/pwd-certs/ca.pem,cert=/pwd-certs/client-cert.pem,key
=/pwd-certs/client-key.pem"
pwd-tls
Successfully created context "pwd-tls"
PS>
PS> docker context ls
NAME                    DESCRIPTION
 DOCKER ENDPOINT
                        KUBERNETES ENDPOINT   ORCHESTRATOR
default *               Current DOCKER_HOST based configuration
 npipe://///./pipe/docker_engine
                                              swarm
pwd-tls
 tcp://ip172-18-0-58-bngf5uot969000c674eg-2376.direct.labs.pl
ay-with-docker.com
PS>
```

您可以幫 Docker 或 Kubernetes 端點設定 Context

圖 15.10：透過指定遠端主機名稱和 TLS 憑證的路徑來添加一個新的 Context。

Context 中會包含連線到遠端 Docker 所需的所有訊息，此處我們是以連線到採用 TLS 安全協定的 Docker Engine 做示範，若是採用 SSH 協定的 Docker Engine，只要依實際連接資訊修改 host 參數和憑證路徑，同樣也可以建立連線。

Context 可以將本機 CLI 連接到區域網路或網際網路上的其他電腦。有兩種切換 Context 的方法，您可以在終端對話視窗暫時切換它（採用環境變數），或者可以長久性切換，之後每次開啟終端對話視窗都有用。

🔊 **馬上試試**

切換 Context 時，您的 Docker 命令也將發送到選定的 Engine，您無需外指定 host 參數。您可以使用環境變數進行臨時切換，也可以使用 context use 命令進行長久性切換：

```
# 使用環境變數切換到一個命名好的 context，此方式是切換 context 最常
# 用的方法，適用於臨時切換；使用 Windows 作業系統請輸入以下的命令：
$env:DOCKER_CONTEXT='pwd-tls'

# 如果使用 Linux 作業系統請輸入以下的命令：
export DOCKER_CONTEXT='pwd-tls'

# 列出可選擇的 context:
docker context ls

# 列出 active context 上的容器:
docker container ls

# 切回 default context，不建議使用這個方式切換 context，
# 此方法適用於長久切換:
docker context use default

# 再次列出容器:
docker container ls
```

上述操作的輸出結果可能跟您想的不一樣。我們先用環境變數切換到 PWD，然後用 context use 命令再切換到 default context，不過由於環境變數會覆蓋 context use 命令的結果，因此實際上 Context 還是在 PWD。由於兩種設定方式的效果不同，要特別謹慎使用。圖 15.11 展示了執行結果，雖然切換到 default 了，但 Context 還是連接到 PWD。

接下頁

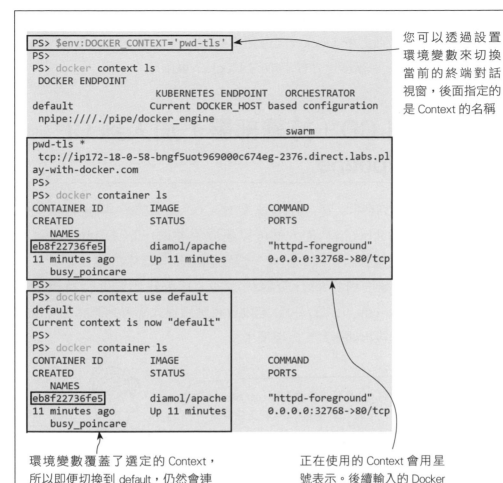

您可以透過設置環境變數來切換當前的終端對話視窗,後面指定的是 Context 的名稱

環境變數覆蓋了選定的 Context,所以即便切換到 default,仍然會連接到 PWD 的容器(容器 ID 一樣)

正在使用的 Context 會用星號表示。後續輸入的 Docker 命令都會執行在此容器中

圖 15.11:有兩種切換 Context 的方法,如果混合使用,很容易搞混。

您使用 docker context use 設置的 Context 會變成系統的預設值。您打開的任何新終端對話視窗或已執行 Docker 命令的任何批次處理程序,它們都將使用該 Context。您可以使用 DOCKER_CONTEXT 環境變數覆蓋該變數,環境變數優先權會高於手動設定的 Context,不過只限目前的終端對話視窗有效。

如果您常在 Context 之間切換,最好使用環境變數做切換,而且不要把本機的 Docker Engine 當作預設的 Context。否則會很容易搞混導致誤關了重要的容器或應用程式。

當然，您應該不會常常存取正式環境的 Docker 伺服器。隨著對容器的理解越深，您會學到更多 Docker 自動化的技巧，並取得只有超級管理員或是 CI/CD pipeline 系統帳號才能存取的 Docker 權限。

15.4 將 CD（持續部署）加入到 CI pipeline

現在，我們已經可以安全存取遠端的 Docker 主機，只要再搭配第 11 章所介紹的 Jenkins 為基礎，就可以建立完整的 CI/CD pipeline。該 pipeline 涵蓋了持續整合（CI）階段，建置和測試容器中的應用程式，並將建置的映像檔推送到 Docker 登錄伺服器。接著我們要進行持續部署（continuous Deployment, CD），此階段會將應用程式部署到測試環境以進行最終審核，透過後再部署到正式環境中。

> CI/CD 中的 CD 也代表持續交付（continuous delivery），不過本章所指的 CD 都是指持續部署（continuous deployment）。

CI 階段和 CD 階段之間的區別在於，CI 的建置全部使用建置電腦上的 Docker Engine 在本機進行，但是部署需要使用遠端 Docker Engine 進行。pipeline 可以使用與範例相同的方法，將 Docker 和 Docker Compose 命令與指向遠端電腦的主機參數一起使用，並提供安全憑證。這些憑證需要存放在某個地方，並且絕對不能在 GitHub 之類的程式碼控制系統中（編註：有外洩的風險），需要使用程式碼的開發人員與需要使用正式伺服器的人員不同，因此正式憑證只發送給需要的成員。大多數自動化伺服器使您可以將 secret 儲存在建置伺服器中，並在 pipeline 的工作流程中使用它們，從而將憑證管理與程式碼管理區分開來。

🔊 馬上試試

我們將啟動類似於第 11 章的本機建置基礎架構，其中所有本機 Git 伺服器，Docker 登錄伺服器和 Jenkins 伺服器都在容器中執行。當您本機上的 Jenkins 容器啟動後會執行一些腳本，用 PWD 的憑證檔案進行認證，就可以在 PWD 上開始 CD 階段的部署：

```
# 切換資料夾:
cd ch15/exercises/infrastructure

# 啟用容器 - 使用 Windows 容器:
# 以下為同一道命令，請勿換行
docker-compose -f ./docker-compose.yml -f ./docker-
compose-windows.yml up -d

# 啟用容器 - 使用 Linux 容器:
# 以下為同一道命令，請勿換行
docker-compose -f ./docker-compose.yml -f ./docker-
compose-linux.yml up -d
```

當容器執行時，打開瀏覽器，輸入 Jenkins 的網址 http://localhost:8080/credentials，並輸入使用者名稱 diamol 和密碼 diamol 登入。您會看到 Docker CA 和客戶端連接的憑證，已經儲存在 Jenkins 中，它們是從電腦上的 PWD 憑證載入的，可以在作業執行時直接使用，如圖 15.12 所示：

Jenkins 支援不同類型的認證方式。畫面這些都是 secret 檔案，可以在作業執行時提交使用。憑證則是透過 Jenkins 的 script，在啟動時從本機載入到容器中使用

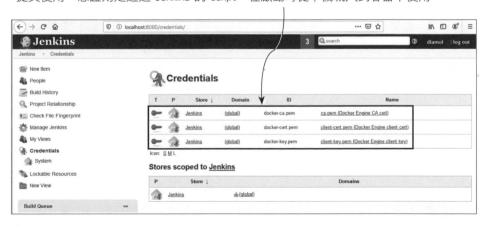

圖 15.12：為 PWD 上的 pipeline 載入 Jenkins 憑證，接著連接到 Docker 提供 TLS 憑證。

接下頁

這是在新容器中執行的嶄新 Build 基礎結構。由於使用了自動化腳本，因此 Jenkins 已設置完畢並可以使用，但是 Git 伺服器還需要手動設定。首先打開瀏覽器，輸入 http://localhost:3000，並完成安裝，建立一個名為 diamol 的使用者，接著創建一個名為 diamol 的儲存庫。

> **◆編註** 對這邊不熟的讀者可以跳回第 11 章，複習一下圖 11.3、11.4 和 11.5。

　　我們將在本節中執行的 pipeline 是第 12 章建置 timecheck 應用程式的新版本，該版本每隔 10 秒就會印出本機時間。這些腳本已準備就緒，可以在本章的程式碼中找到，但是您需要更改 pipeline，將自己的 PWD 網址加進去。開始建置時會執行 CI 階段，並從本機容器部署到 PWD 終端對話視窗。我們假設 PWD 既是使用者的測試環境，也是正式環境。

◁)) 馬上試試

打開資料夾 ch15/exercises 中的 pipeline 定義檔案，如果執行的是 Linux 容器，請使用 Jenkinsfile；如果執行的是 Windows 容器，請使用 Jenkinsfile. windows。其中在 environment 區塊，會有 3 個變數存放 Docker 登錄伺服器網址、使用者驗收測試（UAT）和正式環境的 Docker Engine。您還要把 pwd-domain 換成自己 PWD 的網址，並確認網址最後有加上 ":80"，確保 PWD 會監聽外部 80 連接埠，並轉送到目前 session 的 2376 連接埠：

```
environment {
  REGISTRY = "registry.local:5000"
  UAT_ENGINE = "ip172-18-0-59-bngh3ebjagq000ddjbv0-
  2376.direct.labs.play-with-docker.com:80"
  PROD_ENGINE = "ip172-18-0-59-bngh3ebjagq000ddjbv0-
  2376.direct.labs.play-with-docker.com:80"
}
```

> **◆編註** 上面 UAT_ENGINE、PROD_ENGINE 是作者實作時取得的網址，照著輸入是無法連線的，請換成自己 PWD 環境的網址 (見 p.15-12 頁)。

接下頁

現在，您可以將修改後的檔案推送到本機 Git 伺服器：

```
git remote add ch15 http://localhost:3000/diamol/diamol.git
git commit -a -m 'Added PWD domains'
git push ch15
# Gogs 會要求您登入 -
# 用 diamol 使用者名稱及密碼，登入 Gogs
```

現在，用網址 http://localhost:8080/job/diamol 打開 Jenkins，然後點擊『Build Now』。

該 pipeline 的工作流程與第 11 章 pipeline 相同，從 Git 獲取程式碼，使用多階段 Dockerfile 建置應用程式，執行應用程式以進行測試，接著將映像檔推送到本機登錄伺服器。再來是新的部署階段，首先是對遠端 UAT Engine 的部署，然後暫停 pipeline，等待人工批准繼續後續的工作流程。Jenkins 提供了一套自動化的方案讓您達成 CD，對於那些不習慣全自動部署到正式環境的組織來說不必擔心。Jenkins 保留了最後確認的手動選項，讓您可以在部署之前再次以人工的方式檢查。您可以在圖 15.13 中看到該建置已經進行到 UAT 階段，現在已在 Await approval 中停止。

pipeline 的 CI 階段在容器中建置和執行應用程式，然後將建置的映像檔推送到登錄伺服器　　　　在遠端的 Engine 上執行部署

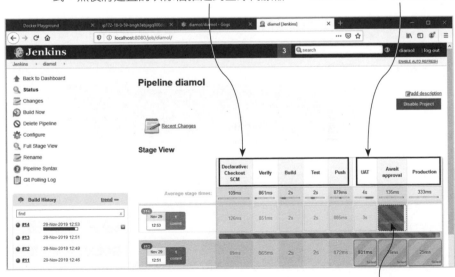

Jenkins pipeline 正在等待人工批准，點擊此框可以讓使用者繼續或取消該作業

圖 15.13：Jenkins 中的 CI/CD pipeline 已部署到 UAT，並正在等待批准繼續後續的工作。

　　您的手動批准階段，可能需要與專門的團隊進行一整天的測試，或者檢查部署到正式環境的新版本運作狀況是否良好。當您對此次部署感到滿意時，您可以返回 Jenkins 批准同意。然後進入最後階段部署到正式環境。

◀)) 馬上試試

回到您的 PWD 終端對話視窗中，檢查 timecheck 容器是否正在執行，並且是否寫出了正確的日誌：

```
docker container ls
docker container logs timecheck-uat_timecheck_1
```

這裡假設應用程式沒有問題，所以回到 Jenkins 在『Await approval』階段點擊藍色框。彈出一個視窗，要求您確認部署，點擊『Do it!』，pipeline 將繼續剩下來的工作流程，現在我們即將進行正式部署。您可以在圖 15.14 中看到輸出結果，其中 UAT 測試在會在背景視窗，而批准階段則是彈出的前景視窗。

圖 **15.14**：UAT 部署已正確工作，應用程式在 PWD 中執行。進入正式階段。

CD 階段做的事跟先前 CI 階段差不多，並沒有比較複雜。每個階段各有一個腳本檔案，可以使用 Docker Compose 命令執行工作，也可以將相關的覆寫檔案結合起來（若遠端環境是 Swarm 叢集，這個動作可以很方便使用 docker stack deploy 命令）。只是部署的腳本要用環境變數提供 TLS 憑證路徑和 Docker 網域，這些變數都要在 pipeline 中進行設定。

將 Docker 和 Docker Compose CLI 所要做的事，跟 pipeline 中所排好要做的事情之間保持獨立，這是非常重要的。這樣可以降低對特定自動化伺服器的依賴，更易於在自動化伺服器間切換。範例 15.3 展示了 Jenkinsfile 的一部分以及用 Docker Compose 執行 UAT 的批次處理腳本。

範例 15.3　使用 Jenkins 將 Docker TLS 憑證傳遞到腳本檔案中

```
# Jenkinsfile 的部署階段 :

stage('UAT') {
  steps {
    withCredentials(
      [file(credentialsId: 'docker-ca.pem', variable: 'ca'),
       file(credentialsId: 'docker-cert.pem', variable: 'cert'),
       file(credentialsId: 'docker-key.pem', variable: 'key')]) {
        dir('ch15/exercises') {
            sh 'chmod +x ./ci/04-uat.bat'
            sh './ci/04-uat.bat'
            echo "Deployed to UAT"
        }
      }
    }
  }
}
```

```
# 使用 Docker Compose 執行腳本:

docker-compose \
  --host tcp://$UAT_ENGINE --tlsverify \
  --tlscacert $ca --tlscert $cert --tlskey $key \
  -p timecheck-uat -f docker-compose.yml -f docker-compose-uat.yml \
  up -d
```

Jenkins 透過其自身的憑證為 Shell 腳本提供 TLS 憑證。您可以將該建置版本移至 GitHub Actions，您只需要使用 GitHub 儲存庫中的 secret 來模擬工作流程，無需更改建置腳本。正式部署階段幾乎與 UAT 相同，它只是使用一組不同的 Compose 檔案來指定環境設置。我們在 UAT 和正式環境中使用了相同的 PWD 環境，因此當作業完成時，您將能夠看到兩個部署都在執行。

🔊 馬上試試

返回上一次的 PWD 終端對話視窗，您可以檢查本機 Jenkins 版本，是否已正確部署到 UAT 和正式環境：

```
docker container ls
docker container logs timecheck-prod_timecheck_1
```

輸出結果如圖 15.15 所示。我們有一個成功的 CI/CD pipeline，該 pipeline 由 Jenkins 在本機容器中執行，並部署到兩個遠端 Docker 環境（在此處是設為同一環境）。

我們使用同一個 PWD 終端對話視窗視窗，來代表 UAT 和正式環境，所以兩個容器都在這裡執行。您可以在 PWD 中為每個環境使用單獨的節點，但實際上這些節點將是 Docker 伺服器或叢集產生的

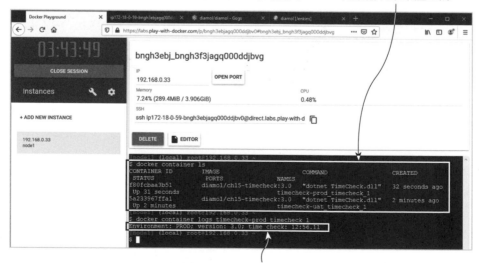

正式環境使用最新的 3.0 版本的應用程式執行

圖 15.15：PWD 上的部署，要改用真正的叢集，只要改變網址和憑證。

這是非常強大的功能，只需一台 Docker 伺服器，即可執行用於不同環境的容器，而一台執行 Docker 的電腦即可用於 CI／CD 基礎架構。

15.5　了解 Docker 的資源存取

Docker Engine 的安全涉及兩件事，加密 CLI 和 API 之間的連線，以及進行身份驗證，以確保使用者安全的存取 API。如果沒有授權就無法連接到 API，並且無法執行任何操作；反之如果可以連接至 API，則可以執行所有操作。

您可能正在執行沒有公共存取權限的內部叢集，為其中的管理人員使用獨立的網路，並且對該網路的 IP 存取受到限制（例如每天都更換 Docker CA）。這可以降低團隊的資安風險，但是您的團隊成員也可能是被攻擊的對象（例如團隊成員遭受駭客攻擊外洩 CA）。

除此之外還有別的替代方案，在 Kubernetes 和 Docker Enterprise 中都具有基於角色的存取控制，因此您可以限制哪些使用者可以存取哪些資源，以及他們可以使用這些資源做什麼。此外還有一種新方法稱作 GitOps，作法是將線上抓取的概念融入到 CI/CD pipeline 的流程中，叢集可以知道何時批准了新版本，也可以自行部署更新。圖 15.16 展示了 GitOps 在沒有共享的憑證（沒有憑證也意味著不需要連接到叢集）下做到這點。

在 git 上程式碼的變化會觸發 pipeline，接著進行建置和推送映像檔，並建立
最新版本的部署 YAML 檔案，這些檔案都會被儲存在一個單獨的 Git repo 中

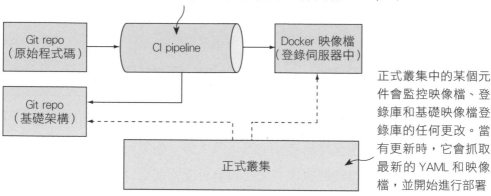

正式叢集中的某個元
件會監控映像檔、登
錄庫和基礎映像檔登
錄庫的任何更改。當
有更新時，它會抓取
最新的 YAML 和映像
檔，並開始進行部署

This is a simplified version of the canonical diagram from https://www.gitops.tech.

圖 15.16：GitOps 將所有東西都儲存在 Git 中，叢集會抓取需要的部分進行部署。

　　GitOps 是一種非常有趣的方法，因為它可以使所有內容版本化，不僅
是您的應用程式程式碼和部署 YAML 檔案，而且還包括基礎結構設置腳本。
它為您在 Git 中的整個 stack，提供了唯一的來源，您可以輕鬆地對其進行
審核和 rollback。但是如果您對 Git 還不熟悉，那麼此方法將花費您很多時
間去學習，您可以從我們在本章介紹的非常簡單的 CI / CD pipeline 開始，
隨著學習到更多知識與理論後，再來逐漸改進流程和工具。

15.6 課後練習

　　如果您按照 15.4 節中的 CD 練習進行操作，您可能會想了解其中部署
的工作原理，因為 CI 階段將映像檔推送到了本機登錄伺服器，而 PWD 無
法存取該登錄伺服器。如何抓取映像檔來執行容器？

　　這邊我們小小的作弊了一下，部署覆寫檔案使用不同的映像檔標籤，這
是我們建置並推送到 Docker Hub 中的映像檔標籤（事實上本書中的所有映
像檔都是使用 Jenkins pipeline 建置的）。在課後練習中，您將修正該錯誤。

建置中缺少的部分是在第 3 階段，該階段只是將映像檔推送到本機登錄庫。在典型的 pipeline 中，本機伺服器上會有一個測試階段，該階段可以在推送到正式環境登錄伺服器之前存取該映像檔，但是我們將跳過該過程，僅向 Docker Hub 添加另一次推送。以下是您要達到的目標：

● 標記您的 CI 映像檔為 3.0 版本。

● 將映像檔推送到 Docker Hub，以確保您的憑證是安全的。

● 使用您自己的 Docker Hub 映像檔部署到 UAT 和正式環境。

這裡有一些修改的內容，請仔細瀏覽現有的 channel，然後您將會看到需要做的事情。有兩個提示。首先，您可以在 Jenkins 中建立一個使用者名稱 / 密碼憑證，並使用 withCredentials 區塊讓它在您的 Jenkinsfile 中可用。其次，PWD 終端對話視窗的開放連接埠有時會停止監聽，因此您可能需要啟動新終端對話視窗，這些終端對話視窗將需要 Jenkinsfile 中的 PWD 網址。

解答一樣放在 GitHub 上，是從 Exercises 資料夾的複本開始的，因此，如果您想查看我們所做的更改，可以比較檔案並檢查方法：

https://github.com/sixeyed/diamol/blob/master /ch15/lab/
README.md

MEMO

16
Chapter

建置可在任何
地方執行的
多架構映像檔

如果您拿書中「馬上試試」的指令在不同作業系統的主機上面執行，會發現不管在 Mac、Windows、Linux 和 Raspberry Pi 上都能運作，而且操作方式都相同。這不是巧合，我們將本書中的每個 Docker 映像檔，都建置為**多架構映像檔 (multi-architecture image)**。多架構映像檔會被建置成多個映像檔版本（variants），並推送到登錄伺服器之中，每個映像檔會對應不同 OS 或 CPU 架構，但其名稱都相同。當您使用這個映像檔執行容器，或建置另一個映像檔時，Docker 會自行依照您的電腦上的 CPU 和作業系統抓取匹配的映像檔。這代表您在不同的架構上使用相同的映像檔名稱，會獲得不同的映像檔，但都是相同的應用程式，並且以相同的方式工作。對於使用者來說，這是一個非常簡單的工作流程，但是對於映像檔發佈者來說，卻需要下一番苦工。

> **★ 編註** 作者將不同系統的映像檔版本稱為 variants，也就是變體，本書採用較容易理解的說法，一律翻譯為版本。

在本章中，您將學習建置多架構映像檔的各種方法，若您不會使用 Windows 或 Arm 而打算跳過這個部分，請至少要閱讀 16.1 節的內容，以了解為什麼這對軟體開發來說非常重要。

16.1 為什麼多架構映像檔很重要 ？

Amazon Web Services 為使用 Intel、AMD 或 Arm 處理器的 VM，提供不同類型的運算。Arm 選項（稱為 A1 Instances）的價格幾乎是 Intel / AMD 的一半。您可以用一半的價格來執行應用程式，但什麼原因讓人卻步呢？答案是因為很難在 Arm 上執行 Intel 平台建置的應用程式。

通常物聯網設備都會使用 Arm 處理器，因為它們有著低功耗的優勢，而且將軟體以容器映像檔的形式放送到設備上也很方便易用。但 Arm CPU 指令與 Intel、AMD 使用的標準 x64 指令不相容。因此，為了支援雲端或邊緣運算的 Arm CPU（例如 Raspberry Pi），您需要一個可以在 Arm 上執行的環境，並且使用 Arm 主機來建置應用程式。上述這些問題 Docker 都有辦法解決。Docker Desktop 支援利用模擬器的方式建置 Docker 映像檔，並執行 Arm 架構的容器。

◁») 馬上試試

此練習恐怕不適用於 D 尸 ocker Engine 或 PWD 使用者，因為 Engine 本身沒有 Arm 的模擬器，只有 Docker Desktop 有提供。您可以在 Mac 或 Windows（在 Linux 容器模式下）上執行此練習。

首先，您需要從 Docker 鯨魚圖示的設定功能表中啟用實驗模式 (experimental mode)，參見圖 16.1。

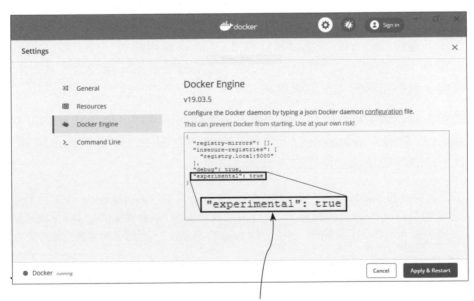

要使用 Docker 中的新功能（編註：模擬器是新功能），您需要先啟用實驗模式，某些版本的 Docker Desktop 設置中有一個多選鈕項目來開啟實驗模式。畫面中的方法則是在 JSON 配置檔中加入，此方法適用於全部的 Docker 版本

圖 16.1：啟用實驗模式可解鎖仍在開發中的功能。

現在打開一個終端對話視窗，並使用 Arm 模擬器來建置映像檔：

接下頁

```
# 切換到練習資料夾：
cd ch16/exercises

# 建置 64 位元 Arm 映像檔：
# 以下為同一道命令，請勿換行
docker build -t diamol/ch16-whoami:linux-Arm64 --platform
linux/Arm64./whoami

# 檢查映像檔架構：
# 以下為同一道命令，請勿換行
docker image inspect diamol/ch16-whoami:linux-Arm64 -f
'{{.OS}}/{{.Architecture}}'

# Engine 原生架構：
docker info -f '{{.OSType}}/{{.Architecture}}'
```

可以看到剛剛的映像檔是針對 64 位元 Arm 平台所建置的，即便如此，無論您是在 64 位元 Intel 或 AMD 主機上都能夠執行。這是因為該映像檔使用多階段 Dockerfile 來編譯和打包 .NET Core 應用程式。.NET Core 平台支援在 Arm 上執行，並且 Dockerfile 中的基礎映像檔（用於 SDK 和執行環境）具有可用的 Arm 映像檔。

您可以將此映像檔推送到登錄伺服器，並在 Arm 主機（例如 Raspberry Pi 或 AWS 中的 A1 Instances）上執行。您可以在圖 16.2 中看到輸出結果，從 Intel／AMD 主機上建置的 Arm 映像檔。

SDK 映像檔是多架構的，這是用 Docker Desktop 的模擬器模擬 Arm CPU 所編譯的

Docker Engine 可以在 Intel/AMD 64 位元的主機上執行此映像檔（映像檔架構是 Arm 64-bit 上的 Linux 作業系統），展示了跨平台支援的能力

```
Step 11/11 : COPY --from=builder /out/ .
 ---> 3dbd124a2da3
Successfully built 3dbd124a2da3
Successfully tagged diamol/ch16-whoami:linux-arm64
PS>
PS>docker image inspect diamol/ch16-whoami:linux-arm64 -f '{
{.Os}}/{{.Architecture}}'
linux/arm64
PS>
PS>docker info -f '{{.OSType}}/{{.Architecture}}'
linux/x86_64
PS>
```

圖 **16.2**：利用模擬器在 Intel 主機上建置 Arm 映像檔。

　　Docker 會事先取得您主機中的許多資訊，包括作業系統和 CPU 架構，當您嘗試抓取映像檔時，它將使用這些資訊來做比對。而在抓取映像檔的過程，不單單只是下載映像層而已，同時也會優化和解壓縮映像層，才會產生可以執行的映像檔。只有當要使用的映像檔符合正在執行的架構時，該優化才有效，如果不相符，畫面會顯示一個錯誤訊息：無法抓取映像檔或是執行此容器。

◁))) **馬上試試**

您可以使用任何執行 Linux 容器的 Docker Engine 進行練習，嘗試下載 Microsoft Windows 映像檔：

```
# 抓取 Windows Nano Server 映像檔:
docker image pull mcr.microsoft.com/Windows/nanoserver:1809
```

執行後，可以在圖 16.3 中看到輸出結果，Docker 會取得當前的作業系統和 CPU 資訊，並檢查登錄伺服器中是否有相符的映像檔。這裡找不到相對應的選項，因此映像檔沒有被抓取，並且出現錯誤。

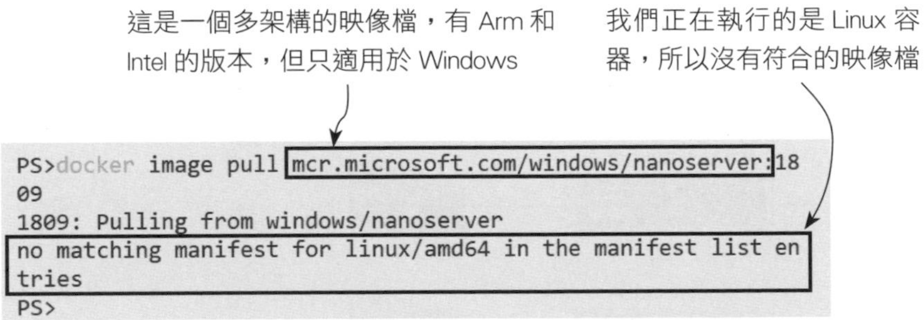

這是一個多架構的映像檔，有 Arm 和　　　　　我們正在執行的是 Linux 容
Intel 的版本，但只適用於 Windows　　　　　器，所以沒有符合的映像檔

```
PS>docker image pull mcr.microsoft.com/windows/nanoserver:18
09
1809: Pulling from windows/nanoserver
no matching manifest for linux/amd64 in the manifest list en
tries
PS>
```

圖 **16.3**：如果沒有與您的作業系統和 CPU 相匹配的版本，您就無法從登錄伺服器中抓取映像檔。

　　Manifest list 是映像檔的版本集合。Windows Nano Server 映像檔不是真正的多架構映像檔，因為它只能在 Windows 容器上執行，所以 manifest list 中沒有包含 Linux 的映像檔。基本原則是映像檔的架構必須與 Engine 的架構相匹配，但是有一些細微差別，Linux 映像檔可以用於不匹配的 CPU 架構，但是容器會建置失敗並顯示「exec format error」，某些 Windows 版本具有 Linux 的模擬器 (LCOW, 是一種官方提供的模擬器，可在 Windows 上運行 Linux 系統，不過目前只有特定版本的 Windows 系統可使用)，因此它們可以執行 Linux 容器 (但是複雜的應用程式有時會執行失敗，甚至出現更加複雜的除錯日誌)。我們還是建議最好使用與 Engine 匹配的架構，多架構映像檔可根據需要為每種作業系統和 CPU 訂製映像檔。

16.2 從一個或多個 Dockerfile 建置多架構映像檔

要建置多架構映像檔有兩種方法。第一種方法是編寫一個多階段 Dockerfile，從程式碼編譯該應用程式，並將其打包以在容器中執行。做法是將 SDK 和執行環境的映像檔都打包進來使其能夠支援所有架構，這種方法的最大好處是您只需要利用一個 Dockerfile，就可以建置在不同架構的主機上。接著我們要使用這種方法為 .NET Core 建置自己的 golden image。圖 16.4 展示了建構的方法。

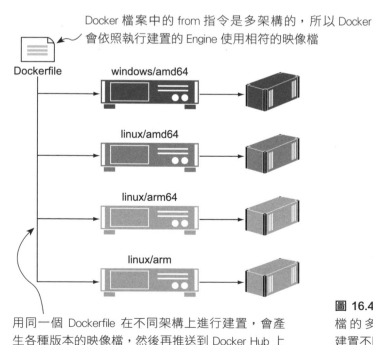

Docker 檔案中的 from 指令是多架構的，所以 Docker 會依照執行建置的 Engine 使用相符的映像檔

Dockerfile

windows/amd64

linux/amd64

linux/arm64

linux/arm

用同一個 Dockerfile 在不同架構上進行建置，會產生各種版本的映像檔，然後再推送到 Docker Hub 上

圖 **16.4**：使用多架構映像檔的多階段 Dockerfile 來建置不同的映像檔版本。

　　如果來源映像檔不是多架構映像檔，或者它不支援您需要的架構，則不能採用這種方法。Docker Hub 上大多數的官方映像檔，都是多架構的，但它們不一定都支援您想要的版本。在這種情況下，您將需要不同的 Dockerfile，也許一個用於 Linux，一個用於 Windows，或者用於 32 位元和 64 位元 Arm 的 Dockerfile。這種方法需要更多的管理成本，因為您需要維護多個 Dockerfile，但是這樣的做法提供了更高的自由度來適應每種架構。我們將這種方法用於 Maven（建置 Java 應用程式的工具）的 golden image，圖 16.5 展示了此種方法的概念。

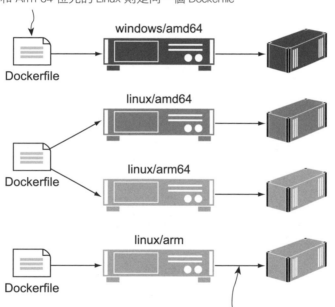

多個 Dockerfiles 讓您為每個架構量身訂製映像檔。Windows 和 Arm 32 位元映像檔在這裡有自己的 Dockerfile，但 Intel 和 Arm 64 位元的 Linux 則是同一個 Dockerfile

概念是一樣的，都是在原生架構上建構不同的映像檔版本，但這樣的作法會提高維護成本，因為多個 Dockerfiles 需要保持同步

圖 16.5：可以使用 Dockerfiles 為每一個架構分別建立多架構的映像檔。

在本章的資料夾中，有一個非常簡單的 folder-list 應用程式，它會印出有關執行環境的一些基本訊息，然後列出資料夾的內容。其中有四個 Dockerfile，本書中所支援的每種架構各一個：Intel 上的 Windows，Intel 上的 Linux，32 位元 Arm 上的 Linux 和 64 位元 Arm 上的 Linux。您可以使用 Docker Desktop 來跑 Linux 容器，搭配模擬器就可以建置、測試其中 3 個版本的映像檔（編註：也就是圖 16.5 後 3 個 Linux 系統的版本）。

◁)) 馬上試試

使用每個平台的 Dockerfile 為不同平台建置映像檔。每個 Dockerfile 略有不同，因此我們可以在執行容器時比較結果：

```
cd ./folder-list

# 建置映像檔 (Intel/AMD):
# 以下為同一道命令，請勿換行
docker image build -t diamol/ch16-folder-list:linux-amd64
-f ./Dockerfile.linux-amd64 .

# 建置映像檔 (Arm 64 位元):
# 以下為同一道命令，請勿換行
docker image build -t diamol/ch16-folder-list:linux-Arm64
-f ./Dockerfile.linux-Arm64 --platform linux/Arm64 .

# 建置映像檔 (Arm 32 位元):
# 以下為同一道命令，請勿換行
docker image build -t diamol/ch16-folder-list:linux-Arm -f
./Dockerfile.linux-Arm --platform linux/Arm .

# 執行所有的容器，並驗證它們的輸出:
docker container run diamol/ch16-folder-list:linux-amd64
docker container run diamol/ch16-folder-list:linux-Arm64
docker container run diamol/ch16-folder-list:linux-Arm
```

容器在執行時會印出一些簡單的文字，説明它們應使用的作業系統和架構，接著是作業系統回報的實際作業系統和 CPU，再來是包含單一檔案的資料夾列表。您可以在圖 16.6 中看到輸出結果。Docker 會在必要時使用模擬器執行，因此在執行 Arm-32 和 Arm-64 Linux 版本時，會使用 Arm 模擬器。

接下頁

容器會先印出寫在 Dockerfile 中的訊息，
然後再用系統命令印出 CPU 架構等資訊

```
PS>docker container run diamol/ch16-folder-list:linux-amd64
Built as: linux/amd64
Linux cdd7b64a7d7f 4.19.76-linuxkit #1 SMP Thu Oct 17 19:31:
58 UTC 2019 x86_64 Linux
file.txt
PS>
PS>docker container run diamol/ch16-folder-list:linux-arm64
Built as: linux/arm64
Linux fe7283fa28c7 4.19.76-linuxkit #1 SMP Thu Oct 17 19:31:
58 UTC 2019 aarch64 Linux
file.txt
PS>
PS>docker container run diamol/ch16-folder-list:linux-arm
Built as: linux/arm32
Linux d86afd84e2c7 4.19.76-linuxkit #1 SMP Thu Oct 17 19:31:
58 UTC 2019 armv7l Linux
file.txt
PS>
```

您不需要特別使用 platform 參數標記這是 Arm 映像檔，當您
在電腦上執行時，Docker Desktop 就會使用模擬器來執行

圖 16.6：就算映像檔是為特定的架構而建置的，Docker Desktop 也支援使
用模擬器來執行。

除了寫死的訊息以外，Linux 映像檔的 Dockerfile 都非常相似。
Windows 映像檔具有相同的行為，但是必須用不同的 Windows 命令來印
出訊息。這是多個 Dockerfile 這個方法的優勢之一。我們可以使用不同的
Dockerfile 指令，來獲取相同的輸出結果。範例 16.1 比較了 64 位元 Arm
Linux 版本和 64 位 Intel Windows 版本的 Dockerfile。

範例 16.1　適用於 Linux 和 Windows 映像檔的 Dockerfile

```
# linux
FROM diamol/base:linux-Arm64
```

接下頁

```
WORKDIR /app
COPY file.txt .

CMD echo "Built as: linux/Arm64" && \
  uname -a && \
  ls /app
```

```
# Windows
# escape=`
FROM diamol/base:Windows-amd64

WORKDIR /app
COPY file.txt .

CMD echo Built as: Windows/amd64 && `
    echo %PROCESSOR_ARCHITECTURE% %PROCESSOR_IDENTIFIER% && `
    dir /B C:\app
```

　　每個版本開頭的 FROM 使用不同映像檔,該映像檔有特定的目標架構。其中 Windows Dockerfile 使用 escape 關鍵字,將換行字元更改為反引號,而不是預設的反斜線,這樣我們才可以在目錄路徑中使用反斜線。Windows 並沒有像 Linux uname 命令相同的指令,因此我們使用 echo 命令來印出 Windows 的環境變數內容。

　　如果要建置第三方應用程式的多架構版本,通常需要多個 Dockerfile。本書的 Prometheus 和 Grafana golden image 就是很好的例子。兩者的開發團隊發佈了適用各種 Linux 的多架構映像檔,不過並不包含 Windows 映像檔。因此我們才會提供一個以專案映像檔為基礎的 Linux Dockerfile,和透過網路下載安裝應用程式的 Windows Dockerfile。若是您自己的應用程式,只維護一個 Dockerfile 應該會輕鬆很多,但是您需要注意,Dockerfile 中只能使用在所有目標架構中都能執行的系統命令。如果不小心加入某架構所不支援的命令(例如 uname),就會導致執行失敗。

🔊 **馬上試試**

folder-list 應用程式還有另一個 Dockerfile，這是一個多架構的 Dockerfile，但卻混合了 Linux 和 Windows 命令，因此不管在哪個架構上建置映像檔都會失敗。

```
# 建置多架構應用程式:
docker image build -t diamol/ch16-folder-list .

# 並嘗試執行它:
docker container run diamol/ch16-folder-list
```

您會發現可以建置完成，看起來您的映像檔沒問題，但是容器每次執行都會失敗。您可以在圖 16.7 中看到輸出結果，我們同時執行了該映像檔的 Linux 和 Windows 版本，並且兩個容器都失敗了，因為 CMD 後面接了無效命令。

　　　　　　　　這是 Linux 映像檔，不過卻用了 Linux
　　　　　　　　不支援的 dir 命令，導致容器建置失敗

```
PS>docker container run diamol/ch16-folder-list
Built as multi-arch
Linux fea55b79e0c4 4.19.76-linuxkit #1 SMP Thu Oct 17 19:31:
58 UTC 2019 x86_64 Linux
/bin/sh: dir: not found
PS>
PS># switch to Windows containers
PS>
PS>docker container run diamol/ch16-folder-list
Built as multi-arch
'uname' is not recognized as an internal or external command
,
operable program or batch file.
PS>
```

Windows 映像檔也一樣發生錯誤，用了 Windows 不支援的 uname 命令

圖 16.7：在建置一個多架構的映像檔時，很容易搞混了不同平台的命令。

　　請務必牢記以下這一點，尤其是當您使用複雜的啟動腳本時。在 Dockerfile 中的 RUN 指令如果使用了不支援的系統命令，則一建置就會失敗；若是 CMD 指令用了不支援的系統命令，則除非嘗試執行容器，不然不會知道映像檔是有問題的。

在我們繼續推送多架構映像檔之前，需要了解 Docker 支援那些架構，以及所有對應的名稱。表 16.1 展示了主要的作業系統和架構組合以及 CPU 的別名。

表 16.1 Docker 支援的架構，以及它們的別名

OS	CPU	Word Length	CPU Name	CPU Aliases
Windows	Intel/AMD	64-bit	amd64	x86_64
Linux	Intel/AMD	64-bit	amd64	x86_64
Linux	Arm	64-bit	amd64	aarch64, Armv8
Linux	Arm	32-bit	Arm	Arm32v7, Armv7, Armhf

Docker 支援多種架構，但這裡只列出較常使用的主要架構（編註：較冷門的架構其實也沒有製作的必要）。amd64 CPU 類型與 Intel 和 AMD 電腦中的指令集相同，此架構幾乎涵括目前的桌上型主機、伺服器和筆記型電腦（Docker 也支援 32 位元 Intel x86 處理器）。在智慧型手機、IoT 設備和單板電腦中可以找到 32 位元和 64 位元 Arm CPU。Raspberry Pi 比較常見是 32 位元，即使是 64 位元的 Pi4 也都可以支援。

> ★編註 至於大型主機，Docker 支援 Linux 的 IBM CPU 架構，因此如果您有 IBM Z，POWER 或 PowerPC 主機，您也可以將大型主機應用程式遷移到 Docker 容器。

16.3 利用 manifest 將多架構映像檔推送到登錄伺服器

您可以使用 Docker Desktop 為不同的 CPU 架構建置 Linux 映像檔，但是在將它們與 manifest 一起推送到登錄伺服器之前，其實不是多架構映像檔。manifest 是一段將多個映像檔連到同一個映像檔標籤的 metadata（中繼資料）。manifest 是使用 Docker 命令列產生的，產生完後再推送到登錄伺服器。manifest 內容包含所有映像檔版本的清單，因此映像檔必須先存在於登錄伺服器上，所以流程會建立、推送完所有映像檔，最後才會建立並推送 manifest 到登錄伺服器。

◁)) 馬上試試

推送建置的應用程式映像檔。首先使用 Docker Hub ID 當作標籤，並將其推送到自己的帳戶 (您並沒有權限可以推送到 diamol)：

```
# 將您的 Docker ID 存進變數中 - Windows 作業系統中請輸入以下命令：
$dockerId = '<your-docker-hub-id>'

# 將您的 Docker ID 存進變數中 - Linux 作業系統中請輸入以下命令：
dockerId='<your-docker-hub-id>'

# 用您的帳戶名稱標記映像檔：
# 以下為同一道命令，請勿換行
docker image tag diamol/ch16-folder-list:linux-amd64
"$dockerId/ch16-folder-list:linux-amd64"

# 以下為同一道命令，請勿換行
docker image tag diamol/ch16-folder-list:linux-Arm64
"$dockerId/ch16-folder-list:linux-Arm64"

# 以下為同一道命令，請勿換行
docker image tag diamol/ch16-folder-list:linux-Arm
"$dockerId/ch16-folder-list:linux-Arm"

# 接著推送到 Docker Hub(這會推送所有的映像檔)：
# 編註：注意命令中並沒有 tag，Docker 會用映像檔名稱當作標籤
docker image push "$dockerId/ch16-folder-list"
```

您會看到所有的映像檔都會被推送到 Docker Hub，Docker 登錄伺服器與架構無關，所有架構的映像檔案格式都是相同的，登錄伺服器會以相同的方式儲存。登錄伺服器會知道映像檔是針對哪種架構建置的，而且在抓取前，也會先透過 Docker Engine 來做檢查。輸出結果如圖 16.8 所示，每個映像檔的架構都儲存在映像檔的中繼資料中。

管理 Docker manifest 是命令列新的外掛功能，必須額外啟用實驗性功能 (experimental features) 才能使用。CLI 和 Docker Engine 也都支援實驗性功能，只是您必須自行將這個功能啟動才能使用。您的 Docker Engine 應該已經啟動了，不過客戶端也需要啟動才行。您可以在 Docker Desktop 的設置中，或在 Docker Engine 的命令列上執行此操作。

接下頁

在第 5 章我們是用帳戶當標籤，一次推送一個映像檔。
此處作者加上自己帳號的標籤，分 3 次推送到 Docker Hub

```
PS>$dockerId = 'sixeyed'
PS>
PS>docker image tag diamol/ch16-folder-list:linux-amd64 "$do
ckerId/ch16-folder-list:linux-amd64"
PS>
PS>docker image tag diamol/ch16-folder-list:linux-arm64 "$do
ckerId/ch16-folder-list:linux-arm64"
PS>
PS>docker image tag diamol/ch16-folder-list:linux-arm "$dock
erId/ch16-folder-list:linux-arm"
PS>
```

```
PS>docker image push "$dockerId/ch16-folder-list"
The push refers to repository [docker.io/sixeyed/ch16-folder
-list]
ab9f7ec6b26c: Pushed
c2a1b752af4e: Pushed
f1b5933fe4b5: Mounted from diamol/base
linux-amd64: digest: sha256:8c0f5b57bbe9796198a9780c8d3730f4
e3bf7472224b1e1f1412422bc06e58fc size: 942
b423bfad7cab: Pushed
fc8ed974e69b: Pushed
7d5b9c167a1f: Mounted from diamol/base
linux-arm: digest: sha256:988286f0dbc8ac99eecda64e0464acfa52
21d1b9edab63de4335b2d6e09ac9cf size: 942
d0ec2f286967: Pushed
5b124270606a: Pushed
6d626da635fc: Mounted from diamol/base
linux-arm64: digest: sha256:5efa6540e0fb321cb2a1bb033cee10b2
360d20ada2e6da5a39fb0ea86cefa1f4 size: 942
```

您也可以不指定標籤，一次推送多個映像檔，
Docker 會自行以映像檔名稱當作標籤來推送

圖 16.8：推送所有相關的映像檔是建置多架構映像檔的第一個階段。

◁)) 馬上試試

如果您使用的是 Docker Desktop，請從 Docker 的目錄中打開『Settings』，
然後找到『Command Line』的部分。接著切換到『Enable experimental
feature』，如圖 16.9 所示。

接下頁

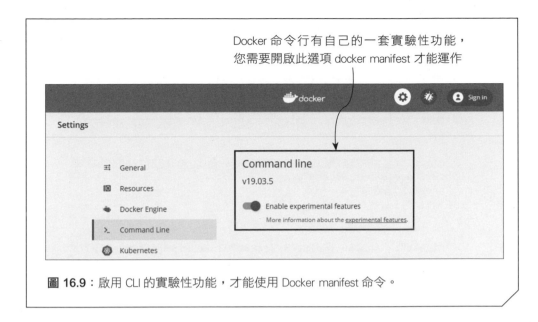

Docker 命令行有自己的一套實驗性功能，
您需要開啟此選項 docker manifest 才能運作

圖 16.9：啟用 CLI 的實驗性功能，才能使用 Docker manifest 命令。

如果您使用的是 Docker Community engine（或 Enterprise engine），請從您的主目錄 ~/.docker/config.json 編輯或建立 CLI 配置檔案，需要加上一個設置：{ "experimental": "enabled" }。解鎖了 docker manifest 命令後，可用於在本機建立 manifest，將其推送到登錄伺服器，以及檢查登錄伺服器中現有的 manifest。檢查 manifest 就可以查看映像檔支援哪些架構，而無需瀏覽 Docker Hub UI。您無需在本機抓取任何映像檔，該命令將從登錄伺服器中讀取所有資料。

🔊 **馬上試試**

透過檢查本書映像檔的 manifest，驗證 CLI 是否適用於 manifest 命令：

```
docker manifest inspect diamol/base
```

manifest 檢查命令沒有過濾用的參數，因此會展示所有相關的映像檔，適用於單個映像檔以及多架構映像檔。在輸出中，您可以看到每個映像檔的摘要，以及 CPU 架構和作業系統。輸出結果如圖 16.10 所示。

接下頁

diamol/base 是一個多架構映像檔，是本書中大多數其他映像檔的
基礎。它基於 Linux 系統的 Alpine 和 Windows 系統的 Nano Server

```
PS>docker manifest inspect diamol/base | jq '.manifests[] |
{digest: .digest, arch: .platform.architecture, os: .platfor
m.os}'
{
  "digest": "sha256:bf1684a6e3676389ec861c602e97f27b03f14178
e5bc3f70dce198f9f160cce9",
  "arch": "amd64",
  "os": "linux"
}
{
  "digest": "sha256:f6d15ec5c7cf08079309c59f59ff1e092eb9a678
ab891257b1d2b118e7aecc2b",
  "arch": "arm",
  "os": "linux"
}
{
  "digest": "sha256:1032bdba4c5f88facf7eceb259c18deb28a51785
eb35e469285a03eba78dd3fc",
  "arch": "arm64",
  "os": "linux"
}
{
  "digest": "sha256:bc0b35167a7eadfff46fda59034f16e9eb49c45f
6fa87623c0377e6c44a8e4a2",
  "arch": "amd64",
  "os": "windows"
}
```

digest 存放映像檔的唯一 ID，用該版本 manifest 的 hash
來建立，manifest 還儲存了作業系統和 CPU 架構

圖 16.10：多架構映像檔有多個 manifest，每個 manifest 都包含映像檔的架構。

　　現在，您可以建立 manifest，如同映像檔，manifest 會先存在本機電腦
上，然後再推送至登錄伺服器。從技術上來說，您要建立的是 manifest list，
該 manifest 將一個映像檔標籤下的一組映像檔整合在一起。每個映像檔都已
經有自己的 manifest，您可以從登錄伺服器中進行檢查，如果傳回了不同版
本的多個 manifest，代表順利建置了一個多架構的映像檔。圖 16.11 展示了
映像檔，manifest 和 manifest list 之間的關係。

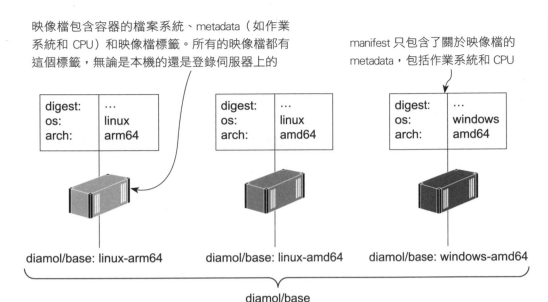

映像檔包含容器的檔案系統、metadata（如作業系統和 CPU）和映像檔標籤。所有的映像檔都有這個標籤，無論是本機的還是登錄伺服器上的

manifest 只包含了關於映像檔的 metadata，包括作業系統和 CPU

manifest list 是為了多架構映像檔而存在，實際上是登錄伺服器中，許多個單一映像檔的 manifest 集合而成

圖 16.11：manifests 和 manifest list 存在於 Docker 登錄伺服器中，包含了關於映像檔的 metadata

　　您可以將 manifest list 視為映像檔標籤的列表，而 manifest list 的名稱就是多架構映像檔的名稱。到目前為止，您製作的映像檔都帶有用於識別作業系統和 CPU 的標籤，您可以使用不帶標籤的相同映像檔名稱來建立 manifest，並使用預設的 latest 標籤作為多架構映像檔。您還可以使用包含版本號的標籤來推送映像檔。

◁))) 馬上試試

創建 manifest 以連接所有的 Linux 映像檔，然後將其推送到 Docker Hub。此時 manifest 的名稱會變成多架構映像檔的標籤。

```
# 建立一個帶有名稱的 manifest，接著所有的標籤：
# 以下為同一道命令，請勿換行
docker manifest create"$dockerId/ch16-folder-list"
"$dockerId/ch16-folder-list:linux-amd64""$dockerId/ch16-
folder-list:linux-Arm64""$dockerId/ch16-folder-list:linux-
Arm"
```

接下頁

```
# 推送 manifest 到 Docker Hub:
docker manifest push "$dockerId/ch16-folder-list"

# 打開您在 Docker Hub 上的頁面,並檢視映像檔
```

在 Docker Hub 上瀏覽映像檔時,您會發現有一個帶有多個映像檔的最新標籤,UI 展示了作業系統和 CPU 架構,並列出每個映像檔的基本資訊。任何擁有 Linux Docker Engine 的人,都可以從該映像檔執行容器,它將在 Intel 或 AMD 主機上執行 amd64 映像檔,在 AWS A1 主機或最新的 Raspberry Pi 上執行 Arm64 映像檔,以及在舊版的 Raspberry Pi 上執行 Arm。您可以在圖 16.12 中看到輸出結果。

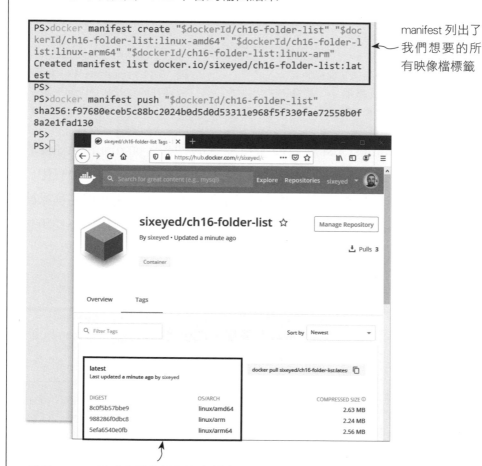

```
PS>docker manifest create "$dockerId/ch16-folder-list" "$doc
kerId/ch16-folder-list:linux-amd64" "$dockerId/ch16-folder-l
ist:linux-arm64" "$dockerId/ch16-folder-list:linux-arm"
Created manifest list docker.io/sixeyed/ch16-folder-list:lat
est
PS>
PS>docker manifest push "$dockerId/ch16-folder-list"
sha256:f97680eceb5c88bc2024b0d5d0d53311e968f5f330fae72558b0f
8a2e1fad130
PS>
PS>
```

manifest 列出了我們想要的所有映像檔標籤

推送 manifest 時會在登錄伺服器中創建了一個多架構映像檔,Docker Hub 顯示該映像檔有 intel 和 Arm 的版本

圖 16.12:Docker Hub 展示了所有版本。

這些 Arm 映像檔是在 Docker Desktop 中透過模擬建置的，模擬的速度很慢，並且不是每個指令、工作方式都與實際 CPU 相同。如果要支援多架構映像檔，並且想要針對目標 CPU 進行快速且 100% 準確的建置，則需要 build farm。本書就採用了幾片不同 CPU 架構的嵌入式單板電腦，然後安裝各種作業系統，用來建置書中不同架構的映像檔。Jenkins Jobs 連接到每台主機上的 Docker engine，可以為每種架構建置映像檔，並推送到 Docker Hub，最後再建立並推送 manifest。

> build farm 是一個在 Docker 與 Jenkins 的專有名詞，意思是一群 Build 伺服器的集合，常用於自動化建構大規模的應用程式。

16.4 使用 Docker Buildx 建置多架構映像檔

還有一種更快、更容易建置多架構映像檔的方法，那就是 Docker 的另一項新功能 Buildx。Buildx 是 Docker 建置命令的擴展版本，它使用新的建構引擎，該引擎經過大量優化以提高建置性能。它仍然使用 Dockerfile 來產生映像檔，因此您可以直接用 Buildx 來取代 docker image build。但 Buildx 更適合用在跨平台建置上，因為它整合了 Docker 的 Context，可以使用一個命令在多個伺服器之間進行建置。

Buildx 目前無法與 Windows 容器一起使用，而且僅支援從單個 Dockerfile 進行建置，因此無法涵蓋所有建置需求（例如無法用來建置本書的映像檔）。但若您只需要支援 Linux 平台的映像檔，就可以運作的非常好。您可以使用 Buildx 來創建和管理 build farm 以及建置映像檔。

　　我們將透過 PWD 完整的端到端範例,以便您可以嘗試一個真正的分散式 build farm。第一步是為 build farm 中的每個節點建立一個 Docker Context。

◁)) 馬上試試

首先設置您的 PWD 終端對話視窗。打開瀏覽器,並輸入 https://play-withdocker.com,將兩個節點添加到您的終端對話視窗中。我們將對所有命令使用 node1。首先儲存 node2 的 IP 地址,並驗證 SSH 連接;然後為 node1 和 node2 創建 Context:

```
# 儲存 node2 的 IP 位址:
node2ip=<your-node-2-ip>

# 驗證 ssh 連線:
ssh $node2ip

# 輸入 exit 回到 node1
Exit

# 使用 local socket 為 node1 創建 context:
# 以下為同一道命令,請勿換行
docker context create node1 --docker
"host=unix:///var/run/docker.sock"

# 使用 SSH 為 node2 建立 context:
# 以下為同一道命令,請勿換行
docker context create node2 --docker "host=ssh://
root@$node2ip"

# 確認 Context 是否建置成功:
docker context ls
```

這些 Context 可以簡化 Buildx 的安裝。您可以在圖 16.13 中看到輸出結果,node1 是執行 Buildx 的客戶端,因此它使用本機 channel,並且設置為透過 SSH 連接到 node2。

接下頁

PWD 節點已經被設置為使用 SSH，
這一步是用來驗證是否有連接成功

```
$ node2ip=192.168.0.7
[node1] (local) root@192.168.0.8 ~
$ ssh $node2ip
The authenticity of host '192.168.0.7 (192.168.0.7)' can't be established.
RSA key fingerprint is SHA256:ZoNwaA7uSGeRX00ftDttcTr3vSKx1Pdh00SnktPc9fs.
Are you sure you want to continue connecting (yes/no/[fingerprint])? yes
Warning: Permanently added '192.168.0.7' (RSA) to the list of known hosts.
####################################################################
#                     WARNING!!!!                                  #
# This is a sandbox environment. Using personal credentials        #
# is HIGHLY! discouraged. Any consequences of doing so are         #
# completely the user's responsibilites.                           #
#                                                                  #
# The PWD team.                                                    #
####################################################################
[node2] (local) root@192.168.0.7 ~
$ exit
logout
Connection to 192.168.0.7 closed.
[node1] (local) root@192.168.0.8 ~
$ docker context create node1 --docker "host=unix:///var/run/docker.sock"
node1
Successfully created context "node1"
[node1] (local) root@192.168.0.8 ~
$ docker context create node2 --docker "host=ssh://root@$node2ip"
node2
Successfully created context "node2"
[node1] (local) root@192.168.0.8 ~
$ docker context ls
NAME        DESCRIPTION                              DOCKER ENDPOINT
default *   Current DOCKER_HOST based configuration  unix:///var/run/docker.sock
node1                                                unix:///var/run/docker.sock
node2                                                ssh://root@192.168.0.7
```

這些 Context 可以讓 Buildx 同時建置兩個映像檔

圖 16.13：Buildx 可以使用 Docker Context 來建立一個 build farm，
所以建立 Context 是第一步。

　　設置 Context 是建立 build farm 的第一步。在真實環境中，您的自動化伺服器將會是 Buildx 客戶端，因此您將在 Jenkins（或使用的任何系統）中建立 Docker Context。並且要為每種架構支援一台或多台主機，並為每台主機建立一個 Docker Context。主機不需要使用到 Swarm 或 Kubernetes 叢集，它們可以是僅用於建置映像檔的獨立電腦。

接下來，您需要安裝和配置 Buildx，Buildx 是 Docker CLI 擴充套件，客戶端已安裝在 Docker Desktop 和最新的 Docker CE 版本中（可以透過執行 docker buildx 進行檢查）。PWD 沒有 Buildx，因此我們需要手動安裝它，然後設置一個用於我們兩個節點的建置器 (builder)。

◁)) 馬上試試

Buildx 是一個 Docker CLI 擴充套件，要使用它，您需要下載一個二進位檔案，並將其添加到 CLI 擴充套件資料夾中：

```
# 下載最新的 Buildx 二進位檔案:
# 以下為同一道命令，請勿換行
wget -O ~/.docker/cli-plugins/docker-buildx
https://github.com/docker/buildx/releases/download/v0.3.1/
buildxv0.3.1.linux-amd64

# 將檔案設成可執行檔:
chmod a+x ~/.docker/cli-plugins/docker-buildx

# 使用擴充套件來建立使用 node1 的 builder:
# 以下為同一道命令，請勿換行
docker buildx create --use --name ch16 --platform linux/
amd64 node1

# 將 node2 加入 builder:
# 以下為同一道命令，請勿換行
docker buildx create --append --name ch16 --platform
linux/386 node2

# 檢查 builder 的設定:
docker buildx ls
```

Buildx 非常靈活。它使用 Docker Context 發覺潛在的建置節點，並連接查看它們支援哪些平台。建立一個建置器並將節點加入，您可以讓 Buildx 自己找出可以在哪個節點上建置，也可以限制節點只能建置某些平台的映像檔。這就是這個例子所做的事情，因此 node1 將僅產生 x64 映像檔，而 node2 將僅產生 386 映像檔。您可以在圖 16.14 中看到它。

接下頁

現在 build farm 已準備就緒，可以建置 32 位元或 64 位元 Intel Linux 容器執行的多架構映像檔，而建置的 Dockerfile 要使用支援這兩種架構的映像檔。Buildx 會將 Dockerfile 和含有 Docker Context 的資料夾（通常還有您的程式碼），都發送給節點，跨節點同時建置映像檔。您可以在 PWD 終端對話視窗中複製本書的 Git 儲存庫，然後使用一個 Buildx 命令，練習建置並推送一個多架構映像檔。

創建一個新的建置器，其中 node1 註冊為建置器節點，設置在 Intel 64 位元的 Linux 系統上

Docker 的 CLI 擴充套件系統為 CLI 添加了新的命令，這些命令會被 cli-plugins 資料夾中的二進位檔案所執行

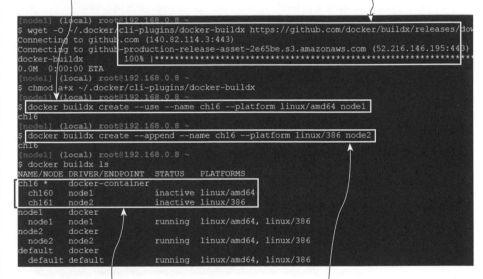

新的建置器是預設的，它展示了每個節點和被配置為建置器的平台。其他建置器是由 Buildx 從 Docker Context 中自動分配的

將 node2 添加為 builder 節點，設置在 Intel 32 位元的 Linux 系統上

圖 16.14：使用 Buildx 可以很容易地建立一個 build farm，使用 Docker Context 連接到 Engine。

🔊 **馬上試試**

複製程式碼，並切換到 folder-list 的多架構 Dockerfile 資料夾。使用 Buildx 建置並推送多個映像檔：

```
git clone https://github.com/sixeyed/diamol.git

cd diamol/ch16/exercises/folder-list-2/

# 儲存您的 Docker Hub ID 到變數中，接著進行登入
# 如此一來 Buildx 就可以推送映像檔：
dockerId=<your-docker-id>

docker login -u $dockerId

# 使用 Buildx 建置並推送使用 node1 和 node2 的兩個映像檔：
# 以下為同一道命令，請勿換行
docker buildx build -t"$dockerId/ch16-folder-list-2"--platform
linux/amd64,linux/386 --push .
```

Buildx 版本的客戶端會顯示來自每個建置器節點的日誌，您會獲得大量且快速的輸出日誌。最終，Buildx 完成所有工作，並且您會從輸出中看到它甚至可以推送映像檔，創建 manifest 並為您推送。圖 16.15 顯示建置結束以及 Docker Hub 上的映像檔標籤。

Buildx 管理所有節點的建置並收集輸出，這通常會
出現在您的 CI 作業中，您會在日誌中看到這幾行字

圖 16.15：Buildx 分發 Dockerfile 和建置 Context，收集日誌、並推送映像檔。

Buildx 讓建置多架構映像檔的過程變得更加簡單，您可以為要支援的每種架構提供節點，Buildx 會全部使用，因此無論您是針對兩種架構還是十種架構，建置命令都不會有所差別。只有一個有趣的差異，用 Buildx 建置的映像檔，各版本不會有個別的映像檔標籤，只會有一個多架構的標籤。跟上一節我們手動推送再加入 manifest 的映像檔相比，所有版本在 Docker Hub 上都有各自的標籤。當您建置和部署很多映像檔版本時，反而會讓使用者很難找到需要的版本。如果您不需要支援 Windows 容器，Buildx 是建置多架構映像檔的最佳方案。

16.5 結合多架構映像檔進行產品規劃

也許您現在不需要多架構映像檔，也絕對要了解其中的工作原理，以及如何建置自己的映像檔，即使您還不打算這樣做，未來也一定會是公司在做產品規劃不可或缺的一環。您可能承擔了一個需要支援 IoT 設備的專案，或者可能需要削減雲端運算的成本，抑或是您的客戶熱衷於支援 Windows。圖 16.16 展示了專案如何隨著支援多架構映像檔的需要而發展，並在需要時添加了更多的映像檔。

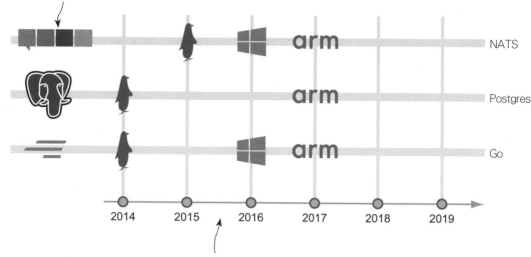

這張圖展示了 Docker Hub 上 3 個不同專案（NATS、Postgres、Go）的官方映像檔，增加多架構平台支援的狀況

三者都在 2014、2015 年開始支援 Linux，2017 年也都增加了支援 Arm 平台，不過 Windows 的支援狀況就不同了，NATS 和 Go 在 2016 年就支援 Windows，Postgres 的官方映像檔則都還不支援

圖 16.16：專案推出時支援 Linux、Intel，並在需要時添加映像檔。

> ◆ 編註 此處是在討論多架構映像檔的支援狀況，其實這些應用程式早就可安裝在各平台，只是不見得能採用容器化方式。

　　如果您對所有 Dockerfile 遵循兩個簡單規則，則可以適應未來的變化，並輕鬆切換到多架構映像檔：始終在 FROM 指令中使用多架構映像檔，並且其中不包含任何特定於作業系統的 RUN 或 CMD 指令。如果您需要一些複雜的部署或啟動執行步驟，則可以使用與您的應用程式相同的語言自己寫一個簡單的公用程式，然後在建置的另一階段進行編譯。

　　Docker Hub 上的映像檔都是多架構，因此很適合當作基礎映像檔（或使用官方映像檔創建自己的 golden basic image）。本書中所有的 golden image 也都是多層的，如果還不知道怎麼下手，可以在程式碼中的 images 資料夾中查看大量的範例。粗略地講，所有現代應用程式平台，都支援多架構（Go、Node.js、.NET Core、Java），如果需要找資料庫，Postgres 是官方推薦的選項之一。

　　沒有任何託管的建置服務可以支援所有架構，通常是支援 Linux 和 Windows，但是如果您還需要 Arm，則需要自己進行設置。您可以使用 Linux、Windows 和安裝了 Docker 的 Arm VM 在 AWS 上執行成本較低的 build farm。如果您需要 Linux 和 Windows，但不需要 Arm，則可以使用託管服務，例如 Azure DevOps 或 GitHub Actions。重要的是不要假設您永遠不需要支援其他架構：遵循 Dockerfile 中的最佳實踐指南以簡化整個架構，並了解要支援多架構時採取哪些步驟，來修正 pipeline。

16.6 課後練習

　　本章的課後練習將要求您修復 Dockerfile，以便可以將其用於產生多架構映像檔。如果您的 Dockerfile 不遵循我們的最佳實踐指南，您可能會遇到一個狀況，Dockerfile 只能產生特定的架構的映像檔，而且其中所使用的作業系統命令也無法移植到其他系統。本章課後練習就要讓您嘗試解決這個問題，修復資料夾中的 Dockerfile，以便它可以針對 Intel 或 Arm 上的 Linux 和 Intel 上的 Windows 建置目標映像檔。有很多方法可以解決這個問題。以下是一些提示：

- 一些 Dockerfile 指令是跨平台的，而 RUN 指令中的等效作業系統命令可能不是跨平台的。

- 一些 Windows 命令與 Linux 相同，並且在本書的 golden base image 中，有些別名可以使其他 Linux 命令在 Windows 中工作。

　　您可以在 GitHub 上的 Dockerfile.solution 檔案中找到本章的解答：

https://github.com/sixeyed/diamol/blob/master/ch16/lab/README.md

MEMO

第4篇

可用於正式生產環境 (Production) 的容器

經前面幾章的說明，我們大致掌握了 Docker 的基礎知識，還有一些資訊將會在第 4 篇中做介紹。作為本書的最後一部分，著重介紹將容器化應用程式投入正式生產環境前，需注意的一些技巧。我們會學到如何優化 Docker 映像檔以及將應用程式整合於 Docker 平台，包括讀入系統配置和寫入日誌紀錄。此外，還會學習一些非常有用的架構，如使用反向代理和訊息佇列，雖然從字面讀起來挺嚇人的，不過使用起來相當強大，而且簡單直覺，值得我們來一探究竟。

17

Chapter

優化 Docker 映像檔

當我們把容器化的應用程式在叢集平台上正常運作後，就可以部署於正式生產環境中提供服務了吧！ 不不不，還有一些實務上的技巧需要學習，例如優化 Docker 映像檔就是重要課題之一。優化 Docker 映像檔可以幫助我們更快速的建置和部署應用程式，並保護程式與系統的安全，更重要的是讓自己可以悠閒的在晚上睡個好覺，相信您絕對不會希望在凌晨 2 點鐘，因為伺服器的磁碟空間用完，接到緊急訊息。編寫 Dockerfile 的語法雖然簡單，使用起來也相當直覺，卻也隱藏一些複雜的功能，就讓我們深究這些功能，並充分發揮來優化 Docker 映像檔。

本章詳細說明製作映像檔的各項細節，深入了解如何進行優化，以及優化的目的。我們會延續第 3 章中提到的 Docker 映像檔是由多個映像層合併而成的概念，進行後續的說明。

17.1　如何優化 Docker 映像檔？

Docker 的映像檔格式是高度優化後的結果。在製作映像檔的過程中，各映像層會共享資源，進而加速製作時間、減少網路流量與磁碟使用率。Docker 會保留過程中產生的資料，不會主動刪除曾抓取過的映像檔資料，必須有明確指示才會執行刪除。因此，在更換容器或應用程式時，Docker 會下載新的映像層，但不會刪除任何舊的映像層，所以磁碟很容易被舊版本的映像層佔滿，尤其是在經常更新的開發或測試環境上。

◁)) 馬上試試

可以執行 system df 命令查看映像檔實際使用了多少磁碟空間，這命令同時顯示了容器、volume 和製作時快取記憶體的使用情況：

```
docker system df
```

接下頁

如果從未在 Docker Engine 中清除舊的映像檔，會對顯示出來的結果感到很吃驚。映像檔資訊如圖 17.1 所示，即使沒有執行任何容器，還是可以看到有 185 個映像檔，總計佔了 7.5 GB 的儲存空間：

顯示 Docker 使用多少磁碟空間，包括映像檔、
容器、volume，和製作時快取記憶體的大小

```
PS>docker system df
TYPE                 TOTAL              ACTIVE            SIZE
        RECLAIMABLE
Images               185                0                 7.509GB
        7.509GB (100%)
Containers           0                  0                 0B
        0B
Local Volumes        15                 0                 2.589GB
        2.589GB (100%)
Build Cache          0                  0                 0B
        0B
PS>
```

即使沒有執行任何一個容器，但映像檔使用了 7.5 GB 的
磁碟空間。本例實際上是配備 16 GB 記憶卡的 Raspberry
Pi，因此映像檔幾乎是已經佔用了一半的可用空間

圖 17.1：可以看到磁碟空間被沒有使用的 Docker 映像檔給佔據了。

　　這個例子還不算太嚴重，有些長期用來執行 Docker 卻疏於管理的伺服器，動輒要浪費數百 GB 空間在未使用的映像檔上。要解決這問題可以定期執行 docker system prune，它可以清除映像層和製作時使用的快取記憶體，而不會刪除完整的映像檔。您大可透過系統排程定期執行以清理未使用的映像層，不過如果有對映像檔進行優化，就根本不需要去管這些事。只要依循以下幾個簡單的技巧，馬上就可以改善 Docker 映像檔的建置，可透過範例來實際演練。

　　第一種技巧是不要把非必要的檔案加入映像檔。這聽起來有點無腦，但有時候在編寫 Dockerfile 時，可能會複製到整個檔案目錄，沒注意到檔案目錄裡包含了執行時不需要的檔案、映像檔或其他二進位檔。明確選擇要複

製的檔案是優化的第一個技巧。先來看看範例 17.1 中的 Dockerfile，第一個例子複製了整個檔案目錄，而第二個例子同樣以複製命令加入一些檔案，但同時也多了刪除檔案的步驟。

範例 17.1　嘗試以刪除檔案來優化 Dockfile

```
# Dockerfile v1，複製了整個檔案目錄
FROM diamol/base
CMD echo app- && ls app && echo docs- && ls docs
COPY . .
```

```
# Dockerfile v2，添加了刪除檔案的步驟
FROM diamol/base
CMD echo app- && ls app && echo docs- && ls docs
COPY . .
RUN rm -rf docs
```

　　就指令來看，因為有執行刪除 docs 檔案目錄的命令，您大概會認為 v2 Dockerfile 映像檔會比較小，不過這樣的刪除方式並不符合以映像層運作的模式。由於映像檔是所有映像層合併的結果，所以檔案還是會存在複製檔案的那一層，在經過刪除命令後，它們只是隱藏在映像層中，因此整個映像檔大小不會縮小。

◁)) 馬上試試

製作上面兩個例子的 Docker 映像檔並比較大小：

```
cd ch17/exercises/build-context

docker image build -t diamol/ch17-build-context:v1 .

# 以下為同一道命令，請勿換行
docker image build -t diamol/ch17-build-context:v2 -f
./Dockerfile.v2 .

docker image ls -f reference= diamol/ch17*
```

接下頁

結果發現 v2 映像檔與 v1 映像檔的大小完全一樣，根本等同沒有執行過刪除檔案目錄的 rm 命令。圖 17.2 可以看到製作 Docker 映像檔後的相關資訊，我所使用的是 Linux 容器，因此總體來說使用的空間雖然不大，但是幾乎一半的空間來自 docs 目錄中不需要的檔案。

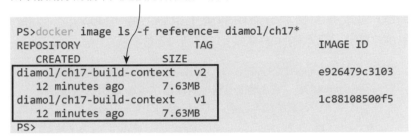

v2 映像檔執行刪除檔案命令，但製作後的映像檔仍維持同樣大小。原因在於映像檔是由所有映像層組合而成，所以被刪除的檔案只是被隱藏在前一層中

```
PS>docker image ls -f reference= diamol/ch17*
REPOSITORY                    TAG          IMAGE ID
  CREATED          SIZE
diamol/ch17-build-context    v2           e926479c3103
  12 minutes ago   7.63MB
diamol/ch17-build-context    v1           1c88108500f5
  12 minutes ago   7.63MB
PS>
```

圖 17.2：吃驚吧！ 刪除檔案卻不會縮小映像檔的大小（假設刪除的動作是在一個獨立的映像層中）。

　　Dockerfile 中的每條指令都會產生一個映像層，然後各層合併形成完整的映像檔。如果在映像層中寫入檔案，則這些檔案將永久存在。就算在隨後的映像層中刪除這些檔案，Docker 也只是將其隱藏在檔案系統中而已（編註：因為要確保前面的映像層以後可以獨立運作，因此映像檔只能隱藏不可能真的刪除之前的檔案。）。基於上述的原因，在進行映像檔優化時，在後續映像層中刪除前面映像層的檔案是沒有效的，因此每一個映像層都必須做好優化才行。

◁)) 馬上試試

如果快取記憶體中有所有映像層，可以將任一個映像層執行於容器中，然後就可比較最後映像檔與前面映像層的差別：

```
# 從映像檔中執行一個容器：
docker container run diamol/ch17-build-context:v2
```

接下頁

```
# 從映像檔的紀錄中找到上一層的映像層
docker history diamol/ch17-build-context:v2

# 從上一層的映像檔中執行容器：
docker container run <previous-layer-id>
```

我們可以從層層堆疊的映像層中，指定特定的某一層啟動容器，會看到該層的系統檔案是合併了先前映像層的結果。以圖 17.3 的執行結果為例，可以看到從上一層映像層中啟動容器時 (docker container run 1c88108500fs)，原本刪除的檔案都存在於檔案系統中。

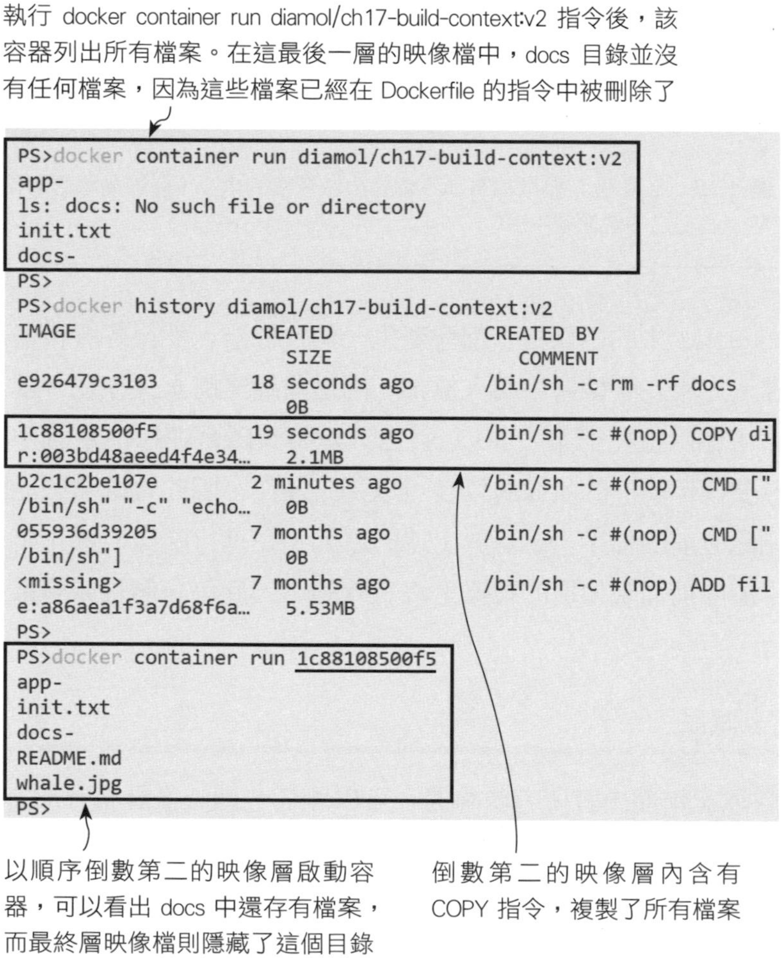

執行 docker container run diamol/ch17-build-context:v2 指令後，該容器列出所有檔案。在這最後一層的映像檔中，docs 目錄並沒有任何檔案，因為這些檔案已經在 Dockerfile 的指令中被刪除了

```
PS>docker container run diamol/ch17-build-context:v2
app-
ls: docs: No such file or directory
init.txt
docs-
PS>
PS>docker history diamol/ch17-build-context:v2
IMAGE                 CREATED              CREATED BY
                      SIZE                 COMMENT
e926479c3103          18 seconds ago       /bin/sh -c rm -rf docs
                      0B
1c88108500f5          19 seconds ago       /bin/sh -c #(nop) COPY di
r:003bd48aeed4f4e34…  2.1MB
b2c1c2be107e          2 minutes ago        /bin/sh -c #(nop)  CMD ["
/bin/sh" "-c" "echo…  0B
055936d39205          7 months ago         /bin/sh -c #(nop)  CMD ["
/bin/sh"]             0B
<missing>             7 months ago         /bin/sh -c #(nop) ADD fil
e:a86aea1f3a7d68f6a…  5.53MB
PS>
PS>docker container run 1c88108500f5
app-
init.txt
docs-
README.md
whale.jpg
PS>
```

以順序倒數第二的映像層啟動容器，可以看出 docs 中還存有檔案，而最終層映像檔則隱藏了這個目錄

倒數第二的映像層內含有 COPY 指令，複製了所有檔案

圖 17.3：最終合併的檔案系統隱藏了刪除的檔案，要回到之前的映像層中才能看到。

　　優化的第一步，不要複製任何執行應用程式時不需要的檔案到映像檔中。從前面的說明可以得知，即使嘗試在後面的映像層中將檔案刪除，仍然會在堆疊的映像層中的某個位置佔用磁碟空間，最好的做法是 COPY 指令只將必要的檔案複製到映像檔中，這樣可以縮小映像檔大小，同時也可以在 Dockerfile 中更明確記錄應用程式逐步的建置步驟。範例 17.2 是針對此應用程式進行了優化的 v3 Dockerfile，與 v1 相比，唯一的差別是它只複製了 app 的子目錄，而不是整個目錄。

範例 17.2 經優化過後只複製必須檔案的 Dockerfile

```
FROM diamol/base
CMD echo app- && ls app && echo docs- && ls docs
COPY ./app ./app
```

　　範例 17.2 已經可以製作出容量較小的映像檔，不過優化過程還沒結束喔。Docker 會壓縮製作時的建置資料（context），也就是您執行建置動作所在的資料夾內容，在建置時就會連同 Dockerfile 一併送到 Engine。正因如此，您才能在遠端主機上執行建置時，也能用本機的這些檔案產生映像檔。不過建置資料的資料夾中常常會有不需要的檔案，您可以指定檔案路徑和萬用符號，將它們列在 .dockerignore 檔案中。

◁)) 馬上試試

　　製作優化的 Docker 映像檔，之後使用 .dockerignore 檔案再製作一次以減小製作時的建置資料的大小：

```
# 建置優化過的映像檔；這會將未使用的檔案添加到映像檔中：
# 以下為同一道命令，請勿換行
docker image build -t diamol/ch17-build-context:v3 -f
./Dockerfile.v3 .
```

接下頁

```
# 使用 .dockerignore 排除用不到的檔案
mv rename.dockerignore .dockerignore  ◄── 檔案在路徑中,只是檔名
cat .dockerignore                          不同,修改後即可使用

# 再次執行相同的命令:
# 以下為同一道命令,請勿換行
docker image build -t diamol/ch17-build-context:v3 -f
./Dockerfile.v3 .
```

執行結果如圖 17.4 所示。在第一個建置程序中,Docker 將 2 MB 的建置資料發送到 Engine。該檔案沒有經過壓縮,因此是該目錄檔案的完整大小,其中佔大宗的是張 2 MB 的鯨魚圖片。在第二個建置程序中,在目錄裡有一個 .dockerignore 檔案,告訴 Docker 排除 docs 目錄和 Dockerfile,因此製作時的建置資料只有 4 KB。

在這次建置程序中,沒有 .dockerignore 檔案,所以整理
目錄被當作製作時的建置資料送到 Docker Engine,大小
為 2 MB,其中包括在 Dockerfile 中不需要使用的檔案

```
PS>docker image build -t diamol/ch17-build-context:v3 -f .\Docker
file.v3 .
Sending build context to Docker daemon  2.104MB
Step 1/3 : FROM diamol/base
 ---> 055936d39205
                          ...
PS>mv rename.dockerignore .dockerignore
PS>
PS>cat .dockerignore
docs/
Dockerfile*
PS>
PS>docker image build -t diamol/ch17-build-context:v3 -f .\Docker
file.v3 .
Sending build context to Docker daemon  4.608kB
Step 1/3 : FROM diamol/base
 ---> 055936d39205
```

現在有了 .dockerignore 檔案,   排除 Dockerfile 不需要的檔案,
會排除 docs 目錄與 Dockerfiles   將製作時的建置資料縮小到 4 KB

圖 17.4:使用 .dockerignore 檔案,縮小製作時所耗費的磁碟空間與傳送時間。

.dockerignore 檔案可以節省大量時間與空間，即使在 Dockerfile 中有寫入特定的檔案目錄路徑也可以將其排除。這樣的機制也可以用在本機上建置程式碼，或是用多階段建置在 Docker 中進行編譯的時候，您都可以把建置好的二進位檔案加入 .dockerignore 檔案中，確保不會一併複製進映像檔（編註：因為實際執行就會重新編譯，沒必要放先前編譯好的檔案）。還有一個好處是 .dockerignore 檔案格式與 Git 的 .gitignore 檔案相同，可以很好的相容於 GitHub，讓 GitHub 幫您進行版本控管（如果 Dockerfile 也位於儲存庫的根目錄，則還要包括 Git 歷史記錄的目錄 .git)。

在了解管理哪些檔案加入 Docker 映像檔的重要性後，我們回頭來看看最基本的基礎映像檔。

17.2　選擇正確的基礎映像檔

選擇容量較小的基礎映像檔，除了可減少磁碟空間和縮短網路傳輸時間外，對於系統安全性的考量也一樣重要。如果基礎作業系統 (OS) 的映像檔很大，則可能內含許多可以在實機上使用的各種工具，卻也會讓容器上有安全漏洞。例如：如果作業系統基礎映像檔有安裝 curl，攻擊者若想要攻擊應用程式所在的容器，就可以利用這漏洞下載惡意軟體，或將 Docker 資料上傳到他們的伺服器。

應用程式的基礎映像檔也是如此。如果是要跑 Java 應用程式，則通常會想選擇 OpenJDK 官方的映像檔，但您會發現其中有許多不同的標籤版本，分別配置了不同的 Java Rumtime (JRE) 和 Java SDK (JDK)。表 17.1 顯示了各種不同 Java SDK 和 Rumtime 版本的多架構映像檔的檔案大小比較。表 17.1 顯示了多架構的 SDK 與執行時最小版本之間的大小差異：

表 17.1 Docker Hub 中不同大小的 Java 11 映像檔

	:11-jdk	:11-jre	:11-jre-slim	:11-jre-nanoserver-1809
Linux	296 MB	103 MB	69 MB	
Windows	2.4 GB	2.2 GB		277 MB

　　Linux 使用者可以選擇使用 69 MB 的基礎映像檔，而不是 296 MB 的；Windows 使用者可以選擇使用 277 MB 的基礎映像檔，而不是 2.4 GB 的，選擇方式就是檢查 Docker Hub 上的各種版本，然後找到最小作業系統映像檔和 Java 安裝的最小映像檔即可。Open-JDK 團隊對其多架構的映像檔相當謹慎，他們會選擇相容性最好的映像檔，所以我們只要選擇檔案最小的版本來使用即可。一般來說，可以選擇 Alpine 或 Debian Slim 映像檔作為 Linux 容器的基本映像檔，Windows 容器則可以選擇 Nano Server (也可以選擇 Windows Server Core，大致涵蓋完整 Windows Server 功能，檔案約略是幾 GB 大小)。但要注意的是，並非每個應用程式都適合使用較小版本，可以用 FROM 命令切換映像檔測試一下就知道可不可行。

　　映像檔的大小不僅與佔用的磁碟空間有關，也跟使用它的環境有關。容量最大的 OpenJDK 映像檔包含整個 Java SDK，因此如果有人想要攻擊容器，這會是一個很好的媒介。只要將一些惡意的 Java 程式碼寫入到容器的磁碟中，就可以用 JDK 進行編譯；然後就可以在原本安全無虞的應用程式容器中，執行程式來達到他們想要的目的。

◁)) 馬上試試

本章中的練習是一個使用預設版本 JDK 映像檔的 Java 應用程式。這個應用程式執行一個非常簡單的 REST API，API 會一直回傳 true 值：

```
cd ch17/exercises/truth-app

# 使用 11-jdk 的基礎映像檔建構映像檔：
docker image build -t diamol/ch17-truth-app .
```

接下頁

```
# 執行應用程式:
# 以下為同一道命令,請勿換行
docker container run -d -p 8010:80 --name truth diamol/
ch17-truth-app

curl http://localhost:8010/truth
```

上面指令所執行的容器內含了已經編譯好的 Java REST API,然而映像檔中也同時包含可以編譯其他 Java 應用程式的所有工具。如果攻擊者設法突破了應用程式,得以在容器上執行任意命令,他就能隨心所欲執行自己的程式碼。在以下範例中,我們『不小心』將一個測試檔案放進映像檔,惡意使用者會找到並執行這個檔案來更改應用程式。

◁)) 馬上試試

使用 API 容器中的 shell 指令碼來模擬容器被駭,然後使用 JDK 編譯並執行測試檔案的程式碼,然後檢查一下應用程式的狀況:

```
# 連接到 API 容器,如果使用的是 Linux 容器請輸入以下的命令
docker container exec -it truth sh

# 如果使用的是 Windows 容器請輸入以下的命令
docker container exec -it truth cmd

# 在容器內編譯並執行 Java 的測試檔案:
javac FileUpdateTest.java
java FileUpdateTest
exit

# 回到本機再次嘗試呼叫 API:
curl http://localhost:8010/truth
```

執行結果如圖 17.5 所示,顯示原本的程式回傳結果和被駭之後的程式回傳結果,可以看到應用程式的行為已被更改,測試程式碼將回傳結果設成 false 而不是原先的 true。

接下頁

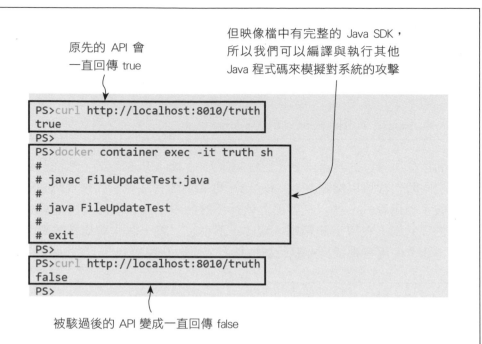

原先的 API 會一直回傳 true

但映像檔中有完整的 Java SDK，所以我們可以編譯與執行其他 Java 程式碼來模擬對系統的攻擊

```
PS>curl http://localhost:8010/truth
true
PS>
PS>docker container exec -it truth sh
#
# javac FileUpdateTest.java
#
# java FileUpdateTest
#
# exit
PS>
PS>curl http://localhost:8010/truth
false
PS>
```

被駭過後的 API 變成一直回傳 false

圖 17.5：應用程式映像檔中有完整的 SDK 可能形成被攻擊的機會。

這個例子雖然只是模擬，是我們自己把測試檔案放到映像檔中，才讓一切變得輕而易舉，但也説明了容器確實有可能被攻破。而且就算限制容器對外的網路存取權限，也無法抵擋這種攻擊手法。基礎映像檔內就具有執行應用程式所需的全部工具，根本無需取得其他工具（當然若是 Node.js 和 Python 等直譯式語言，就需要建置工具才能執行）。

Golden image 是解決此問題的一種方法。開發團隊應選擇正確的基礎映像檔，並依組織所需建置自己的版本。在本書中就是使用了這種方法，其中的 Java 應用程式是從 diamol / openjdk 建置而成，diamol / openjdk 是一個多架構的映像檔，每個作業系統都會使用檔案最小的版本。這樣不僅可以控制 Golden image 的更新頻率，並且可以在 Golden image 更新後緊接著產生應用程式映像檔。自己建置 Golden image 的另一個優點是，可以使用像 Anchore 之類的第三方工具，額外將安全檢查程序整合到基礎映像檔的建置過程中。

🔊 馬上試試

Anchore 是一個用於分析 Docker 映像檔的開源專案。Anchore 會在 Docker 容器中執行，可惜的是這工具不支援多架構映像檔。如果是在 x86 電腦上（使用 Docker Desktop 或 Community Engine）上執行 Linux 容器，則有支援；否則就要把本練習在 GitHub 上的 Repo 複製到 PWD 終端視窗中啟動了。

```
cd ch17/exercises/anchore

# 啟動 Anchore 所有的元件：
docker-compose up -d

# 第一次使用需要等待 Anchore 下載資料（這可能需要 15 分鐘），
# 在等待期間可以開啟新的視窗等待 Anchore 下載資料
docker exec anchore_engine-api_1 anchore-cli system wait

# 現在將 Java Golden image 的 Dockerfile 複製到容器中
# 以下為同一道命令，請勿換行
docker container cp "$(pwd)/../../../images/openjdk/
Dockerfile" anchore_engine-api_1:/Dockerfile

# 接著創建映像檔和 Dockerfile 供 Anchore 進行分析
# 以下為同一道命令，請勿換行
docker container exec anchore_engine-api_1 anchore-cli
image add diamol/openjdk --dockerfile /Dockerfile

# 等待分析結果：
# 以下為同一道命令，請勿換行
docker container exec anchore_engine-api_1 anchore-cli
image wait diamol/openjdk
```

Anchore 在首次執行時會下載過去已知的系統安全資料，因此需要一段時間才能完全啟動，一般來説，會將 Anchore 整合到 CI/CD 流程中，因此只有在首次部署時才會發生這種情況。wait 命令會使執行程序暫停，直到 Anchore 準備就緒為止。圖 17.6 中可以看到增加了對 OpenJDK 映像檔進行掃描，但是尚未對其進行分析。

當 Anchore 完成分析後，就可以了解映像檔缺失的地方，包括映像檔中
所有元件所使用的開源許可授權、作業系統和應用程式平台的詳細資訊，
以及映像檔中任何二進位檔案的安全性問題。找到的這些結果可以用來
判斷是否要進行這次基礎映像檔的更新，如果新版本有不適用的開放原
始碼授權，或者有嚴重的安全性漏洞，就可以選擇不進行更新。

可以從 Docker Hub 或是自己的登錄伺服器中，把映像檔或整個映像檔儲存庫
加到 Anchore 中，它就會進行掃描與分析，以找尋安全漏洞或授權不符的地方

```
PS>docker container exec anchore_engine-api_1 anchore-cli
 image add diamol/openjdk --dockerfile /Dockerfile
Image Digest: sha256:1623b24fe088e0aefcfe499da1b8d72f108e
16dd906ffdfff570736bfbbb1473
Parent Digest: sha256:62a13a1844ec5f6852c71d4b96c9f98f145
9a5fd76d79611a6cff1fe9cbc3ffe
Analysis Status: not_analyzed
Image Type: docker
Analyzed At: None
Image ID: cacf73bc929e94baf2119d8ae984230dcec4ea40332fd93
c30cac7f04ef32691
Dockerfile Mode: Actual
Distro: None
Distro Version: None
Size: None
Architecture: None
Layer Count: None

Full Tag: docker.io/diamol/openjdk:latest
Tag Detected At: 2019-12-11T14:54:45Z


PS>docker container exec anchore_engine-api_1 anchore-cli
 image wait diamol/openjdk
```

這個回應結果顯示這映像檔已經加
入分析中了，但分析作業是在後台
執行，尚未完成整個分析程序

這通常是 CI/CD 程序的一部分，在
這是要展示 Anchore 的 wait 命令會
直到分析結束後，才進行後續動作

圖 17.6：使用 Anchore 來分析 Docker 映像檔是否存在著安全漏洞。

Anchore 有 Jenkins 等 CI/CD 工具的外掛程式，因此可以在系統建置
的 pipeline 中自動套用這些工具，然後也可以使用 Anchore API 容器直接
查詢結果。

◁)) 馬上試試

上一個練習中的命令執行完成時,映像檔就已分析完成。請接著確認
Anchore 的分析結果,看看應用程式平台和映像檔有什麼安全性問題:

```
# 檢查 Anchore 在映像檔中找到了哪些 Java 元件:
# 以下為同一道命令,請勿換行
docker container exec anchore_engine-api_1 anchore-cli
image content diamol/openjdk java

# 接著檢查已知的安全問題:
# 以下為同一道命令,請勿換行
docker container exec anchore_engine-api_1 anchore-cli
image vuln diamol/openjdk all
```

圖 17.7 顯示了掃描結果的部分輸出。這裡只是提供 Anchore 可能的分析
結果輸出範例,包括在映像檔中 Java 執行環境的詳細資訊以及大量的
安全漏洞。在撰寫本文時,這些漏洞的嚴重性 (severity) 都是可忽略的
(negligible),表示並未構成重大威脅,因此可以在映像檔中接受這樣的配
置。輸出結果包括漏洞詳細資訊說明的連接位址 (URL),因此可以進一
步取得更多資訊來瞭解與決定如何改善。

```
PS>docker container exec anchore_engine-api_1 anchore-cli
 image content diamol/openjdk java
Package        Specification-Version        Implementatio
n-Version      Location

jrt-fs         11                           11.0.5
               /usr/local/openjdk-11/lib/jrt-fs.jar

PS>
```
經過分析後,Anchore 取得
應用程式平台資訊,發現
有 Java 執行環境,及其版
本細節與安裝路徑

```
PS>docker container exec anchore_engine-api_1 anchore-cli
 image vuln diamol/openjdk all
Vulnerability ID       Package
 Severity       Fix       CVE Refs       Vulnerabil
ity URL

CVE-2005-2541          tar-1.30+dfsg-6
 Negligible     None                     https://se
curity-tracker.debian.org/tracker/CVE-2005-2541

CVE-2007-5686          login-1:4.5-1.1
 Negligible     None                     https://se
curity-tracker.debian.org/tracker/CVE-2007-5686
```
雖然是最小版本的基礎映像
檔,但還是發現到一些安
全漏洞,不過這些都是都
是可忽略的問題 (negligible
severity)

圖 17.7:Anchore 以下載的安全漏洞資料庫檢查映像檔中所有二進位檔案。

接下頁

因為我們的 Golden image 選擇了最小的 OpenJDK 基礎映像檔，因此沒有甚麼大問題。不過如果用 Anchore 分析並檢查 openjdk：11-jdk 映像檔，則會發現更多漏洞，其中在核心的 SSL 函式庫中，會有許多『unknown』及『low』的安全性漏洞。就算是 OpenJDK 官方釋出的映像檔，您也不會希望在這上面建置構您的應用程式。

Anchore 只是這類技術的選擇之一，您也可以使用其他類似功能的開放原始碼專案 (例如 Clair)，或是可以整合到 Docker 登錄伺服器中的商用軟體套件 (例如 Aqua)。這樣的工具確實可以幫助了解映像檔的安全性，並對建構的 Golden image 有所信心。也可以在應用程式映像檔上運用這些工具，要注意的開發政策就是，每個應用程式都是從自己的 Golden image 中建置的，以確保強制使用自身建置與核可的基礎映像檔。

17.3 最小化映像層數和層的大小

在選擇最小和安全的基礎映像檔以達成優化應用程式映像檔的必要條件後，下一步就是開始設定映像檔，只提供應用程式所需的任何資源，用不到的就不要；說的容易，實際操作可能比您想的複雜一些。許多安裝軟體的過程中，會因為軟體需要暫存一些軟體資訊或裝了額外的建議套件，而會留下一些殘留資訊。要確實控管安裝過程，不同的作業系統作法上會有點差異，不過大致的方法與概念是相同的。

◁)) 馬上試試

Debian Linux 使用 APT (Advanced Package Tool) 來安裝軟體。這個練習使用一個簡單的例子說明如何刪除不必要的軟體並清除軟體套件，從而大量節省空間 (此練習不適用於 Windows 容器)：

```
cd ch17/exercises/socat

# v1 映像檔使用 apt-get 命令安裝軟體：
docker image build -t diamol/ch17-socat:v1 .
```

接下頁

```
# v2 映像檔也安裝相同的軟體但安裝過程中經過優化
# 編註：注意最後多了 Dockerfile.v2:
docker image build -t diamol/ch17-socat:v2 -f Dockerfile.v2 .

# 檢查映像檔的容量：
docker image ls -f reference=diamol/ch17-socat
```

執行結果如圖 17.8 所示。兩種版本的 Dockerfile 都在同一個 Debian Slim
映像檔之上安裝了相同的兩個工具 (curl 和 socat)，兩者在功能上完全相
同，但是可以看到 v2 映像檔小了近 20 MB。

v2 映像檔優化安裝軟體的命令，使用 Out-Null 參數來
隱藏製作的結果輸出（與 Linux 中的 /dev/null 相同）

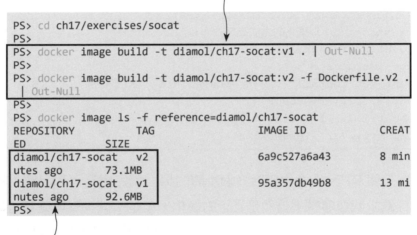

經優化後的映像檔小了 20MB，
但功能卻是完全相同

圖 17.8：優化軟體安裝程序，減少了超過 20% 的映像檔大小。

僅僅對安裝命令進行了一些調整，就可以節省容量。我們來看看 Dockerfile.v2 做了甚麼事：第一步驟是利用 APT 功能僅安裝列出的軟體套件，而不安裝任何建議的套件。第二步驟是將安裝步驟組合成單一個 RUN 指令，在執行完指令後會刪除暫存的軟體套件列表並釋放磁碟空間。範例 17.3 顯示了兩者 Dockerfile 的區別。

範例 17.3 安裝軟體套件的錯誤與優化的方式比較

```
# Dockerfile : 使用 APT 命令安裝軟體:
FROM debian:stretch-slim
RUN apt-get update
RUN apt-get install -y curl=7.52.1-5+deb9u9
RUN apt-get install -y socat=1.7.3.1-2+deb9u1
```

```
# Dockerfile.v2 : 以優化的方式安裝軟件:
FROM debian:stretch-slim
RUN apt-get update \
  && apt-get install -y --no-install-recommends \
    curl=7.52.1-5+deb9u9 \
    socat=1.7.3.1-2+deb9u1 \
  && rm -rf /var/lib/apt/lists/*
```

在單一個 RUN 指令中組合多個步驟的另一個好處是可以只產生單一個映像層。減少映像層數不盡然是真正的優化，但是，減少層數確實可以更輕鬆地追蹤檔案系統。將刪除套件列表的 rm 指令加入到 RUN 之中並不難，而且可以讓 Dockerfile 更好閱讀。不過本章開頭曾經說過，刪除上一層的檔案只是從檔案系統中隱藏起來，其實不會節省磁碟空間。

> ★ 編註 映像層有最大層數的限制，不同作業系統的限制也不同，一般是 127 層，應該是非常夠用。

讓我們再看看這種模式的另一例子，適用於所有平台。我們通常會需要從網路下載軟體套件然後解壓縮。在使用 Dockerfile 時，經常將下載步驟放到單獨的指令中，如此一來可以使用快取記憶體加快開發時間。這樣的做法雖然不錯，不過當確定 Dockerfile 可以正常運作後，就需要仔細整理一下，可以將下載、解壓縮、刪除等步驟組合成單一指令。

機器學習資料集是一個很好的例子，因為經常需要下載大量檔案，然後解壓縮到更大的目錄結構。在這練習中會從加州大學歐文分校 (University of California at Irvine, UCI) 檔案庫下載資料集，並從資料集中僅解壓縮一個檔案。

```
cd ch17/exercises/ml-dataset

# v1 版本下載並解壓縮，接著刪除不需要的檔案：
docker image build -t diamol/ch17-ml-dataset:v1 .

# v2 版本下載但只解壓縮必要的檔案：
docker image build -t diamol/ch17-ml-dataset:v2 -f
Dockerfile.v2 .

# 比較兩版本的容量：
docker image ls -f reference=diamol/ch17-ml-dataset
```

可以從圖 17.9 看到兩者檔案巨大的差異，在使用了相同的優化技術下，也就是確保映像層中沒有多餘的檔案。兩個映像檔在資料下載後都包含有相同的檔案，但一個映像檔接近 2.5 GB，另一個映像檔只有 24 MB。

接下頁

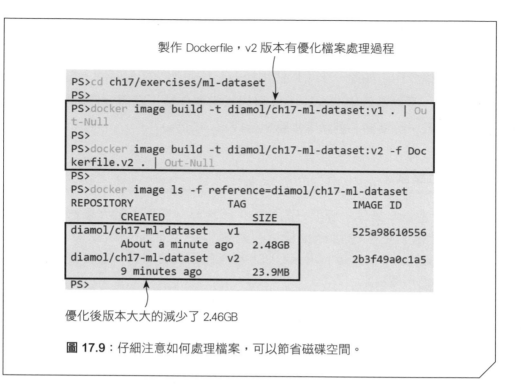

製作 Dockerfile，v2 版本有優化檔案處理過程

```
PS>cd ch17/exercises/ml-dataset
PS>
PS>docker image build -t diamol/ch17-ml-dataset:v1 . | Ou
t-Null
PS>
PS>docker image build -t diamol/ch17-ml-dataset:v2 -f Doc
kerfile.v2 . | Out-Null
PS>
PS>docker image ls -f reference=diamol/ch17-ml-dataset
REPOSITORY                  TAG           IMAGE ID
        CREATED          SIZE
diamol/ch17-ml-dataset      v1            525a98610556
        About a minute ago  2.48GB
diamol/ch17-ml-dataset      v2            2b3f49a0c1a5
        9 minutes ago       23.9MB
PS>
```

優化後版本大大的減少了 2.46GB

圖 **17.9**：仔細注意如何處理檔案，可以節省磁碟空間。

　　當您來來回回修改 Dockerfile 時，時常會將指令分開編寫，這樣的狀況很常見，因為這樣可以方便來做個別的調整，也就是說，可以在製作過程中先執行一個映像層的容器，然後查看檔案系統內容，再繼續處理後續的指令，而下載檔案會保留於快取記憶體中。若將多個命令壓縮成單一條 RUN 指令後，將無法執行這樣的個別操作，在確認製作程序符合預期後，進行優化就是重要的工作。範例 17.4 顯示了經過優化的 Dockerfile，下圖為下載資料檔**產生了一層**（這裡簡化了下載網址，本章節的程式碼會有完整網址）。

範例 17.4　下載、解壓縮檔案的優化處理方式

```
FROM diamol/base

ARG DATASET_URL=https://archive.ics.uci.edu/.../url_svmlight.tar.gz
```
接下頁

```
WORKDIR /dataset

RUN wget -O dataset.tar.gz ${DATASET_URL} && \
    tar -xf dataset.tar.gz url_svmlight/Day1.svm && \
    rm -f dataset.tar.gz
```

只解壓縮這個檔案

以這個範例來說，要節省空間最好的方法並不是刪除解壓縮後的檔案，而是只要解壓縮您所需要的那一個檔案即可。上述 v1 是解壓縮了整個資料集 (使用了 2 GB 的磁碟空間)，然後刪除了所需檔案之外的所有檔案 (編註：實際上只有隱藏檔案)。前面我們接連使用了 tar 和 APT，由於事先知道兩者所提供的功能，因此可以減少不必要的空間浪費，例如：用 tar 解壓縮單一檔案、用 APT 取消安裝建議套件等，因此只要了解工具的功能，將有助於控制映像層的大小。

對於這種情況，這樣的方法可以提供最佳的開發人員工作流程和優化的最終映像檔，並且在所有需要大量磁碟操作的步驟中整合單一階段於多階段 Dockerfile 中。

17.4　讓多階段建置檔案更加優化

我們在第 4 章中第一次看到多階段建置，其中使用了一個階段從原始碼編譯應用程式，然後使用了另一個階段將編譯後的二進位檔案打包以供執行時使用。對於所有映像檔來說，除了最入門的簡易映像檔外，多階段 Dockerfile 應該是最佳的實作方式，因為可以夠透過每個階段的設定，讓最終映像檔的優化程序變得容易許多。

我們以下面的程式碼為例，將每個步驟分成不同階段。範例 17.5 展示以這種方式編寫出更具可讀性的 Dockerfile(再次簡化了下載 URL)。

範例 17.5 用多階段 Dockerfile 增加可讀性與優化程序

```
FROM diamol/base AS download
ARG DATASET_URL=https://archive.ics.uci.edu/.../url_svmlight.tar.gz
RUN wget -O dataset.tar.gz ${DATASET_URL}

FROM diamol/base AS expand
COPY --from=download dataset.tar.gz .
RUN tar xvzf dataset.tar.gz

FROM diamol/base
WORKDIR /dataset/url_svmlight
COPY --from=expand url_svmlight/Day1.svm .
```

上述範例可以看到每個階段要做甚麼事，而且不需要深入研究每一道指令來做優化，以達到節省空間的目的，前期階段只有複製下來的檔案會包含於最終映像檔中。建置好 v3 的映像檔後，會發現其檔案大小跟 v2 版本相同，卻更易於除錯。多階段檔案也可以指定建置到某一個階段，方便您檢查建置過程中的檔案系統內容，而不需要花時間去找映像層 ID。

◁)) 馬上試試

使用參數 target 可以在特定階段停止多階段建置。以下就嘗試使用不同的 target (download、expand) 建置 v3 映像檔：

```
cd ch17/exercises/ml-dataset

# 建置完整的 v3 映像檔：
# 以下為同一道命令，請勿換行
docker image build -t diamol/ch17-ml-dataset:v3 -f
Dockerfile.v3 .

# 接著以 v3 映像檔建置名為 'download' 版本的 Dockerfile：
# 以下為同一道命令，請勿換行
docker image build -t diamol/ch17-ml-dataset:v3-download
-f Dockerfile.v3 --target download .
```

接下頁

```
# 再建置一個名為 'expand' 版本的 Dockerfile:
# 以下為同一道命令，請勿換行
docker image build -t diamol/ch17-ml-dataset:v3-expand -f
Dockerfile.v3 --target expand .

# 比較這三個版本的大小:
docker image ls -f reference=diamol/ch17-ml-dataset:v3*
```

在圖 17.10 的結果可以看到 v3 映像檔的三種版本。完整版本與優化版本同為 24 MB，因此轉移到多階段 Dockerfile 時沒有失去任何優化結果。其他版本會在特定階段停止建置，如果建置過程中需要除錯，就可以用這些映像檔來執行容器，瀏覽檔案內容。特定階段的映像檔也會顯示其磁碟空間的使用狀況，其中檔案下載階段約為 200 MB，而解壓縮後變成 2 GB 以上。

建置同一個 Dockerfile，但停止在不
同階段，並產生不同的映像檔標籤

```
PS>cd ch17/exercises/ml-dataset
PS>
PS>docker image build -t diamol/ch17-ml-dataset:v3 -f Doc
kerfile.v3 . | Out-Null
PS>
PS>docker image build -t diamol/ch17-ml-dataset:v3-downlo
ad -f Dockerfile.v3 --target download . | Out-Null
PS>
PS>docker image build -t diamol/ch17-ml-dataset:v3-expand
 -f Dockerfile.v3 --target expand . | Out-Null
PS>
PS>docker image ls -f reference=diamol/ch17-ml-dataset:v3
*
REPOSITORY                TAG          IMAGE ID
    CREATED               SIZE
diamol/ch17-ml-dataset    v3           942fa4d7bad3
    10 minutes ago        23.9MB
diamol/ch17-ml-dataset    v3-expand    f4e80c7ff022
    10 minutes ago        2.46GB
diamol/ch17-ml-dataset    v3-download  1214298f1858
    11 minutes ago        251MB
PS>
```

這個技巧可以用來確認磁碟的使用狀況，您可以看到下載超過 200 MB，解壓縮檔案超過 2.4 GB，但最後的映像檔只有 24 MB

圖 17.10：建置多階段 Dockerfile，並指定特定階段進行調整與檢視檔案大小。

17-25

使用此方法，可以不需要特地優化映像檔，也不用在過程中考慮要清理磁碟空間，這讓 Dockerfile 的指令簡單易懂。

多階段建置還有一個優勢，即每個階段都有各自的建置快取暫存記憶體。如果只是調整 expand 擴展階段，download 下載階段的資料仍來自原先的快取暫存記憶體，最大化使用建置快取記憶體的好處，加快建置映像檔的速度。

要充分利用快取記憶體，最基本就是對 Dockerfile 中的指令進行排序，讓最不頻繁更改內容的部份放在開始，而最頻繁更改的則放在結尾。由於需要了解步驟更改的頻率，所以可能需要來回測試一下才能確定，不過通常會將比較不會變的設定放在檔案最前面，例如：連接埠設定、環境變數、應用程式端點等，比較常更動的像是應用程式的二進位檔案、配置檔案等就放在最後。只要順序正確，就可以大幅減少建置的次數。

◁)) **馬上試試**

這個練習是要建置最小化安裝 Jenkins。不過目前還沒完成，所以請不要嘗試執行，我們只是拿來示範一下建置程序。Dockerfile（v1 版本）會先下載 Jenkins 的 Java 原始檔，並進行初始設定。而如您所見，v2 版的 Dockerfile 在內容有所改變時，可以充分利用快取的優勢：

```
cd ch17/exercises/jenkins

# 建置 v1 版本的映像檔和優化過後 v2 版本的映像檔
docker image build -t diamol/ch17-jenkins:v1 .
docker image build -t diamol/ch17-jenkins:v2 -f Dockerfile.v2 .

# 現在更改兩個 Dockerfile 使用的配置文件：
echo 2.0 > jenkins.install.UpgradeWizard.state

# 重新建置並查看它們執行了多長的時間：
docker image build -t diamol/ch17-jenkins:v1 .
docker image build -t diamol/ch17-jenkins:v2 -f Dockerfile.v2 .
```

接下頁

第二次建置顯示出是否有好好使用快取記憶體的差異。v1 Dockerfile 在下載 Jenkins 檔案 (75 MB) 之前將配置檔案複製到映像檔中，因此，當配置檔案更改時，會更改快取記憶的內容使得必須再次進行檔案下載。v2 Dockerfile 使用多階段建置，並在建置命令最後加上 Dockerfile.v2 配置檔案。我們使用 PowerShell 中的 Measure-Command 執行這個練習，檢查每個建置的執行時間（在 Linux 中有一個同樣功能的命令是 time)。從圖 17.11 中可以看到，正確地安排指令順序並使用多階段 Dockerfile 可以將建置時間從 10 秒鐘以上減少到 1 秒鐘以下（編註：畫面所顯示的時間單位為毫秒，因此 v1 約 12 秒、v2 約 0.39 秒）。

```
PS>Measure-Command { docker image build -t diamol/ch17-je
nkins:v1 . } | Select TotalMilliseconds

TotalMilliseconds
-----------------
      16526.0536


PS>Measure-Command { docker image build -t diamol/ch17-je
nkins:v2 -f Dockerfile.v2 . } | Select TotalMilliseconds

TotalMilliseconds
-----------------
      12149.1303
```

第一次建置沒有用到快取暫存記憶體，花費 10 幾秒。v1 與 v2 的差別在於網路的不同

```
PS>echo 2.0 > jenkins.install.UpgradeWizard.state
PS>
PS>Measure-Command { docker image build -t diamol/ch17-je
nkins:v1 . } | Select TotalMilliseconds

TotalMilliseconds
-----------------
      28675.8448


PS>Measure-Command { docker image build -t diamol/ch17-je
nkins:v2 -f Dockerfile.v2 . } | Select TotalMilliseconds

TotalMilliseconds
-----------------
        391.5283
```

變更配置文件會改變 v1 Dockerfile 的快取記憶體，致使重新下載檔案。v2 有正確設定，使得快取記憶體內容沒有改變，只有變更的映像層才需要執行

圖 17.11：正確的排序 Dockerfile 指令，可大大減少建置時間。

　　充分利用快取記憶體，可讓每次變更程式碼所導致的建構與推送 Docker 映像檔，不會浪費 CI\CD pipeline 的時間。在將軟體加到映像檔時，都必須明確指定軟體版本，以便確切了解正在執行的環境，並且可以知道何時需要更新軟體版本。範例 17.3 中，是以 APT 命令指定安裝明確版本號的 socat 軟體，而在 Jenkins 例子則使用 ARG 指令指定下載的版本，兩種方法都可以使用到快取記憶體，除非之後更改要安裝的軟體版本才會重新下載。

> **◆ 編註** 需要時常確認有沒有過度使用快取記憶體，因為如果使用RUN指令安裝或下載軟體，它們會一直儲存在快取記憶體，直到Dockerfile裡的指令更改為止(假設在該指令之前快取記憶體都沒有被更改)

17.5　優化映像檔的重要性

　　我們在本章中看到，遵循一些簡單的最佳實作方式，就可以輕鬆的優化 Dockerfile 並應用於開發工作上。這些做法歸結如下：

● 選擇正確的基礎映像檔，並謹慎策劃自己的 Golden image。

● 除了最簡單的應用程式外，其餘所有的應用程式都使用多階段 Dockerfile。

● 不要加入任何不必要的軟體套件或檔案，專注於縮小映像層的容量。

● 以修改頻率來對 Dockerfile 指令進行排序，以便能充分利用快取暫存記憶體。

　　隨著將更多應用程式、服務移至容器，建構、推送和抓取映像檔已成為組織工作流程的核心。優化這些映像檔可以消除很多痛點，加快工作流程，並防止出現嚴重的問題。圖 17.12 可以看到映像檔的生命週期以及優化發生的場景。

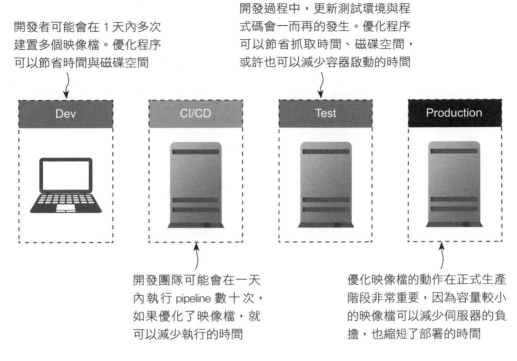

開發者可能會在 1 天內多次建置多個映像檔。優化程序可以節省時間與磁碟空間

開發過程中，更新測試環境與程式碼會一而再的發生。優化程序可以節省抓取時間、磁碟空間，或許也可以減少容器啟動的時間

開發團隊可能會在一天內執行 pipeline 數十次，如果優化了映像檔，就可以減少執行的時間

優化映像檔的動作在正式生產階段非常重要，因為容量較小的映像檔可以減少伺服器的負擔，也縮短了部署的時間

圖 17.12：優化 Docker 映像檔可以對應用程式的生命週期產生很大的幫助。

17.6　課後練習

現在來練習一下優化技術吧，目標是優化安裝 Docker 命令列 (command line) 的映像檔。本章課後練習的目錄中有 Linux 和 Windows 範例檔案，裡面的 Dockerfile 都可以運作，但會產生容量肥大的映像檔。所以我們的目標是：

● 優化檔案系統，使映像檔在 Linux 容器中小於 80 MB，在 Windows 容器中小於 330 MB。

● 利用映像檔層的快取記憶體，使得重複建置映像檔所需的時間不到 1 秒鐘。

● 從 docker container run <image> docker version 產生一個可以正確寫入 Docker CLI 版本的映像 (這命令會因為沒有連接到 Docker Engine，出現伺服器錯誤的提示，但 CLI 應該可以正常運作)。

此次練習不需要任何提示，只是在查看原始 Dockerfile 時，需要謹慎地思考一下。可能無法很快的使用現有的指令達到指定的優化目標，可以試著以目標導向的方式來編寫 Dockerfile。

解答放在 17 章課後練習的目錄中，也可以在 GitHub 上找到：

https://github.com/sixeyed/diamol/blob/master/ch17/lab/README.md。

在讀完本章的內容後相信您已具備相關知識，現在就去優化吧！

Day 18

18
Chapter

容器中應用程式
的配置管理

　　應用程式要順利運作需要從執行環境中載入相對應的配置 (configuration)，而配置通常是從環境變數與磁碟上的檔案所組合而成。Docker 負責建立應用程式執行所需的環境，可以設定環境變數，並用不同來源建構檔案系統。Docker 提供不同的方式幫助我們為應用程式建立一套彈性配置的方法，之後部署到正式生產環境時，就可以使用已經通過所有測試階段的同一個映像檔。您只需要做一些調整，就可以將多個來源合併成設定值來配置應用程式。

　　本章透過 .NET Core, Java, Go 和 Node.js 等範例說明建議的配置方法 (以及一些替代方法)。這些工作一部分是開發人員負責，透過函式庫做配置管理，其餘則是開發人員和維運人員 (operation, op) 間的灰色地帶，雙方必須妥善溝通，而且都要了解配置架構要如何運作。

18.1　多層次的應用程式配置

　　應用程式的配置通常會配合資料儲存的結構，以下三種方式是業界常見的配置：

● **發佈級別設定** (Release-level settings)：主要是針對各個發佈版本給定相同的環境配置（編註：存放在映像檔內的設定）。

● **環境級別設定** (Environment-level settings)：主要是對應每個環境都有所不同（編註：覆寫檔案中的設定）。

● **功能級別設定** (Feature-level settings)：主要用於更改發佈版本之間的行為（編註：透過環境變數指定的設定）。

　　其中有些是靜態設定，有些則是可隨時變更的環境變數，或其他事後指定的動態設定。圖 18.1 是從環境中讀取配置設定的示意圖。

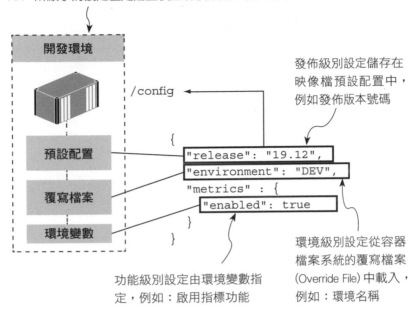

此為應用程式在開發環境中的配置，其中採用了 config API，所顯示的設定值是配置模型各個級別整合的結果。

開發環境

/config

發佈級別設定儲存在映像檔預設配置中，例如發佈版本號碼

預設配置

覆寫檔案

環境變數

```
{
    "release": "19.12",
    "environment": "DEV",
    "metrics" : {
        "enabled": true
    }
}
```

功能級別設定由環境變數指定，例如：啟用指標功能

環境級別設定從容器檔案系統的覆寫檔案 (Override File) 中載入，例如：環境名稱

圖 18.1：來自映像檔、檔案系統與環境變數的配置設定。

　　本章要介紹的第一個範例是 Node.js，在此專案中將會使用 node-config 這個熱門的配置管理函式庫。這函式庫可以從映像層結構中的多個檔案位置讀取配置，並可以用環境變數覆寫。本章範例的 access-log 應用程式就是使用 node-config 程式庫，設定從兩個目錄來讀取配置檔案：

● **Config**：會和映像檔中的預設值打包在一起。

● **config-override**：不存在映像檔中，而是由 volume、配置檔案或 secret 的容器檔案系統提供。

◁)) **馬上試試**

使用映像檔中的預設配置執行範例應用程式，然後讓映像檔搭配開發環境的覆寫檔案來運作：

```
cd ch18/exercises/access-log

# 使用映像檔中的預設配置執行容器：
docker container run -d -p 8080:80 diamol/ch18-access-log

# 以本地配置目錄作為新配置的容器：
# 以下為同一道命令，請勿換行
docker container run -d -p 8081:80 -v "$(pwd)/config/dev:/
app/config-override" diamol/ch18-access-log

# 檢查每個容器中的配置 API：
curl http://localhost:8080/config
curl http://localhost:8081/config
```

第一個容器使用打包在映像檔中的預設配置檔案，該檔案指定了發佈版本號碼 (19.12) 並設定要啟用的 Prometheus 指標，在預設配置中環境名稱為『UNKOWN』，看到此名稱表示未正確設定環境級別的配置。第二個容器將本機的 config 目錄作為 data volume，掛載到應用程式可以找到的位置，以載入覆寫檔案，用來設定環境名稱並關閉指標功能。當呼叫 config API 時，就可以看到同一映像檔所運作的容器，使用了不同的配置設定，如圖 18.2 所示。

從程式碼中的已知路徑載入覆寫檔案，就可以將配置設定載入不同來源的容器中。本例使用的是本機綁定掛載，但其來源可以是 config 物件，或儲存在容器叢集中的 secret（如同第 10 章和第 13 章所提及的），作用都是相同的。這種做法只有一個細微的差異，就是您要掛載的配置設定可以是指定的檔案也可以一個目錄，因為 Windows 不支援掛載單一檔案，因此使用目錄會比較彈性，不過來源檔案名稱要符合應用程式預期的設置檔名。在本例中，綁定的是本機的目錄 config/dev，其中只有一個檔案，掛載到容器中的路徑是 /app/config-override，容器會找到 local.json 做為覆寫配置檔案。

接下頁

第一個容器以內建於映像
檔中的預設配置來執行

第二個容器從綁定掛載的
本機目錄裡載入覆寫檔案

```
PS>cd ch18/exercises/access-log
PS>
PS>docker container run -d -p 8080:80 diamol/ch18-access-
log
0405197e0c968e6f88217d3898cd940440ab023699fd5dcab19d05554
d82a4b5
PS>
PS>docker container run -d -p 8081:80 -v "$(pwd)/config/d
ev:/app/config-override" diamol/ch18-access-log
0699ab10d2fa9cef9e6cd1aba4397af54d8d486012a03b6eaca8a2784
97e0ca4
PS>
PS>curl http://localhost:8080/config
{"release":"19.12","environment":"UNKNOWN","metricsEnable
d":true}
PS>
PS>curl http://localhost:8081/config
{"release":"19.12","environment":"DEV","metricsEnabled":f
alse}
PS>
```

使用 config API，第二個容器的環境名稱與指標設定
來自於覆寫檔案，而發佈版號則是來自預設配置檔

圖 18.2：直接將 volume、config 物件或 secret 合併成配置檔案。

　　node-config 套件還可以從環境變數載入設定，而且可以覆蓋從檔案系統載入的設定。這是『The Twelve-Factor APP(https://12factor.net)』網站建議的配置方法，常用於現代化的應用程式架構，其中環境變數的優先權大於其他配置來源。這樣的方法也再次提醒我們容器的生命週期是短暫的，只要更改了環境變數，應用程式的配置也更改了，通常也表示要更換容器了。node-config 的環境變數與過去一個一個設定的方式不同，它是將環境變數以 JSON 格式字串的方式來設定。

🔊 **馬上試試**

在開發環境執行第 3 版的 access-log 容器，這次會開啟指標。我們會
使用 volume 來載入開發配置，然後透過環境變數覆蓋指標設定：

```
cd ch18/exercises/access-log

# 執行帶有覆寫檔案和環境變數的容器：
# 以下為同一道命令，請勿換行
docker container run -d -p 8082:80 -v "$(pwd)/config/
dev:/app/config-override" -e NODE_CONFIG='{\"metrics\":
{\"enabled\":\"true\"}}' diamol/ch18-access-log

# 檢查配置：
curl http://localhost:8082/config
```

第三個容器合併了來自三個來源的配置，包括映像檔中預設配置檔、
volume 中的本機覆寫檔案與指定的環境變數設定。這樣的配置模式可
以協助開發人員建立良好的工作流程，開發人員可以不用開啟指標直接
執行預設設定（節省 CPU 和記憶體的運作），但當需要打開指標以進行
debug 時，可以使用相同的映像檔並用環境變數啟用指標功能。圖 18.3
顯示了目前設定的結果。

容器從三個來源載入配置，包括映像
檔預設、綁定掛載的目錄與環境變數

```
PS>docker container run -d -p 8082:80 -v "$(pwd)/config/d
ev:/app/config-override" -e NODE_CONFIG='{\"metrics\": {\
"enabled\":\"true\"}}' diamol/ch18-access-log
3965b2a0a5da9179eb2991eee45821f121fbc96e60255df2516f2d95a
df48264
PS>
PS>curl http://localhost:8082/config
{"release":"19.12","environment":"DEV","metricsEnabled":"
true"}
PS>
```

發佈的版本號碼來自預設檔案，環境名稱來
自覆寫檔案，而指標設定則來自環境變數

圖 18.3：從環境變數整併配置檔案，可以方便的變更環境設定。

以上介紹的方式是適用於所有應用程式配置的基本作法。從這例子中，可以清楚了解此作法的大方向，但其中的實施細節很重要，而且是交付和部署階段都不想碰觸的模糊地帶。access-log 應用程式展示出，可以使用新的覆寫檔案覆蓋應用程式的預設配置，只是新的覆寫檔案必須位於指定的位置上。也可以使用環境變數覆蓋所有設定，但環境變數必須為 JSON 格式。最後，這些都須記錄在用來部署的 YAML 檔案中，同時也需要注意不同配置下可能會出錯的地方。

還有另一種方法可以降低誤用的風險，我們可以將不同環境搭配映像檔的配置打包起來，不過這同時也會降低配置管理的靈活性，下一節再進一步說明。

18.2 打包每種環境的配置

許多應用程式框架都支援配置管理系統，該系統可以為部署的每個環境打包所有配置檔案，並在執行時幫目前執行的環境設定名稱。應用程式平台就依照環境載入對應名稱的配置檔案，應用程式就可順理成章的完成配置。.NET Core 在其預設配置下就可以做到上述結果，其中配置設定會從以下來源整合而來：

- **appsettings.json**：所有環境的預設值。

- **appsettings.{Environment}.json**：指定 Environment 名稱的覆寫檔案。

- **Environment variables**：用於指定環境名稱和設定的覆寫檔案。

　　本章有一個新版本的 todo-list 應用程式，就是使用此方法將所有配置檔案打包在 Docker 映像檔中，然後使用特定的環境變數來指定目前的環境名稱，所指定的環境名稱會在其餘配置檔案之前載入。

◁)) 馬上試試

使 用 預 設 配 置 執 行 todo-list 應 用 程 式，預 設 配 置 的 環 境 名 稱 為『Development』，然後改用測試環境的配置再執行一次：

```
# 使用預設配置執行 todo-list 應用程式：
docker container run -d -p 8083:80 diamol/ch18-todo-list

# 使用測試環境的配置執行應用程式：
# 以下為同一道命令，請勿換行
docker container run -d -p 8084:80 -e DOTNET_
ENVIRONMENT=Test diamol/ch18-todo-list
```

這兩個容器由同一映像檔來執行，但載入了不同的配置檔案。在映像檔內有用於開發、測試和正式生產環境等不同環境的配置檔案。Dockerfile 將 Development 設為預設環境，因此第一個容器會將 appsettings.json 與 appsettings.Development.json 合併，以開發模式執行。第二個容器則是合併 appsettings.json 與 appsettings.Test.json。這兩個環境配置檔案都存於 Docker 映像檔中，因此無需掛載 volume 就可以取得配置檔案。瀏覽 ttp://localhost:8083/diagnostics 可以查看開發版本的配置，瀏覽 http://localhost:8084/diagnostics 則可以查看測試版本。結果輸出如圖 18.4。

接下頁

第一個容器使用映像檔中的
預設配置，會以開發模式執行

第二個容器使用環境變數切換到測試模式，
對應的測試配置檔案早已存在映像檔中

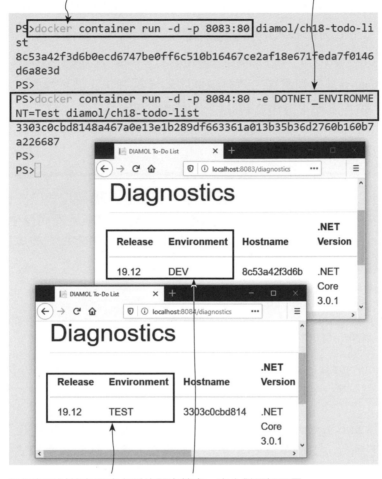

每個容器以特定環境名稱的覆寫檔案，來合併預設配置

圖 18.4：打包每個環境的配置檔案到映像檔中，便於切換不同的環境。

這個方法適用於有個獨立系統來管理配置檔案和程式碼的情境。CI/CD
pipeline 可以將配置檔案帶入 Docker 映像檔作為建置的一部分，透過這
種方式可以將配置管理與開發分開（編註：不用在程式碼中處理配置設
定）。不過有個缺點是可能無法打包所有設定，因為基於資安考量會將
機密資訊放在 Docker 映像檔外。您需要有縱深防禦（security-in-depth）
的思維，並假設登錄伺服器有可能被破壞，自然不會希望有人從映像檔
中的明文檔案挖掘出所有的密碼或 API 金鑰。

　　將各環境的配置打包到映像檔的做法，仍然可以使用覆寫檔案，必要時也可以再用環境變數覆蓋設定。todo-list 應用程式就是這樣的模式，先從 config-overrides 資料夾（如果存在的話）中載入配置檔案，最後再使用標準的 .NET Core 方法載入環境變數。這樣一來就可以執行一些特別的操作，例如嘗試在本機重現正式生產環境上的問題，不過可以覆蓋環境設定，改用資料庫檔案而不是連到遠端的資料庫伺服器（編註：正式環境是連線到資料庫伺服器，但在本機上改用資料庫檔案來測試功能）。

◁)) 馬上試試

即使所有的環境配置都包在應用程式中，todo-list 應用程式仍支援使用覆寫檔案。如果在本機執行正式生產模式，會發現應用程式發生錯誤，因為預設是要連接到資料庫伺服器，這時可以使用覆寫檔案改成指定本機端的資料庫檔案：

```
cd ch18/exercises/todo-list

# 以下為同一道命令，請勿換行
docker container run -d -p 8085:80 -e DOTNET_
ENVIRONMENT=Production -v "$(pwd)/config/prod-local:/app/
config-override" diamol/ch18-todo-list
```

可以瀏覽 http://localhost:8085/diagnostics，查看該應用程式是否在正式生產模式下執行，由於覆寫檔案更改了資料庫設定，因此應用程式仍然可以正常執行，無需另外再執行 Postgres 容器。結果輸出如圖 18.5 所示。

接下頁

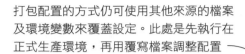

打包配置的方式仍可使用其他來源的檔案
及環境變數來覆蓋設定。此處是先執行在
正式生產環境，再用覆寫檔案調整配置

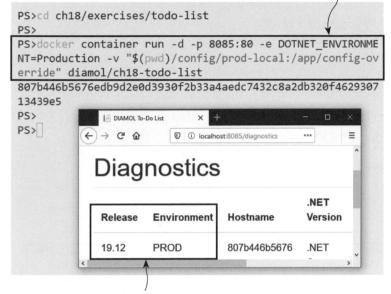

```
PS>cd ch18/exercises/todo-list
PS>
PS>docker container run -d -p 8085:80 -e DOTNET_ENVIRONME
NT=Production -v "$(pwd)/config/prod-local:/app/config-ov
erride" diamol/ch18-todo-list
807b446b5676edb9d2e0d3930f2b33a4aedc7432c8a2db320f4629307
13439e5
PS>
PS>
```

此容器的配置是將映像檔中預設配置和正式生
產環境的配置檔案合併後，然後再使用綁定掛載
的覆寫檔案，最後呈現參雜開發功能的生產環境

圖 18.5：選擇一個環境來執行容器，但仍支援用其他檔案覆蓋配置。

該容器將預設的 appsettings.json 檔案與環境檔案 appsettings.Production.json 和 prod-local 資料夾中的覆寫檔案 local.json 合併起來。設定方式類似 Node.js 的範例，資料夾和檔案名稱要跟應用程式預期的一致；而 .NET Core 採用另一種方法，會以環境變數覆寫各項設定。在 node-config 中，是以 JSON 字串作為環境變數來覆寫設定，但是在 .NET Core 中，則是指定各個設定為環境變數。

◁)) 馬上試試

執行相同的生產環境,不過使用環境變數來自訂發佈版本號碼:

```
# 使用綁定掛載和自訂的環境變數執行容器:
# 以下為同一道命令,請勿換行
docker container run -d -p 8086:80 -e DOTNET_
ENVIRONMENT=Production -e release=CUSTOM -v "$(pwd)/config/
prod-local:/app/config-override" diamol/ch18-todo-list
```

瀏覽 http://localhost:8086/diagnostics,可以在環境變數中看到自訂的發佈版本號碼。結果輸出如圖 18.6 所示。

此容器使用環境變數來設定發佈的版本
號碼,因此覆蓋掉其他配置檔案的設定

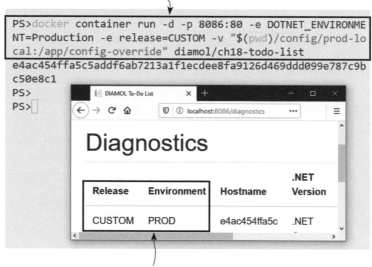

合併後的配置是自訂後的結果,設定
值來自於 3 個配置檔案與環境變數

圖 18.6:以環境變數實現配置覆寫其他來源的配置檔案。

　　儘管這已是許多應用程式平台之間的通用方法，但本書作者並不喜歡這種打包配置檔案的做法。這樣做的風險在於映像檔中會包含一些敏感性的資訊，您也許覺得無傷大雅，但資安團隊一定會不以為然。像是伺服器名稱、URL、檔案路徑、日誌記錄級別，甚至是快取記憶體大小，對於任何試圖入侵系統的人來說都是有用的資訊。若可以把應用程式執行環境所需的機密設定都移到覆寫檔案時，需要打包的環境檔案其實也所剩無幾。將配置分開來處理，一部份在原始碼管理系統中，一部份又在配置管理系統，這樣其實也不太好。

　　容器之美在於可以按照自己喜歡的模式進行操作，所以不用完全依從本書的建議。一定會有更好的做法，主要還是取決於您的組織需求和所採用的技術架構。如果需要應付很多種架構，事情會變得更加複雜。在下一個使用 Go 應用程式的例子中，可以瞭解更多其中的細節。

18.3 在執行時載入配置

　　Go 語言有一個熱門的配置模組，稱為 Viper，提供跟 .NET Core 函式庫、還有 node-config 相同的功能。將 Viper 模組加到套件列表後，一樣是在應用程式的程式碼中指定配置資料夾的路徑，然後看是否要載入環境變數來覆寫配置檔案。我們會用跟前面範例類似的結構，將 Viper 加到圖庫應用程式中：

● 先從 config 資料夾載入檔案，該資料夾在 Docker 映像檔中。

● 從 config-override 資料夾載入特定環境的配置檔案，該資料夾在映像檔中是空的，可以作為容器檔案系統掛載的目標。

● 環境變數會覆蓋檔案設定。

與其他例子相比，Viper 支援更廣泛的配置檔案格式。可以使用 JSON 或 YAML，但 Go 語言常用的格式是 TOML (以其創作者 Tom Preston-Werner 命名)。TOML 非常適合配置檔案，因為它可以輕鬆地對應到程式中的字典型別，並且比 JSON 或 YAML 更易於閱讀。範例 18.1 顯示了圖庫應用程式的 TOML 配置。

範例 18.1 TOML 格式讓管理配置檔案更加容易

```
release = "19.12"
environment = "UNKNOWN"

[metrics]
enabled = true

[apis]

[apis.image]
url = "http://iotd/image"

[apis.access]
url = "http://accesslog/access-log"
```

TOML 比起其他替代方法要簡單許多，也容易除錯，因此已使用在許多雲端原生專案中，並易於在整合工具中查看不同版本之間的差異。除了檔案格式以外，此例子的運作方式與 Node.js 應用程式相同，其中預設的 config.toml 檔案打包在 Docker 映像檔中。

◁)) 馬上試試

不採用其他額外配置來執行應用程式，以查看預設值：

```
# 執行容器:
docker container run -d -p 8086:80 diamol/ch18-image-gallery

# 檢查配置 API :
curl http://localhost:8086/config
```

接下頁

執行此練習時，會看到目前應用程式的配置，均來自預設的 TOML 檔案。輸出結果如圖 18.7 所示，其中包含應用程式之發佈版本號碼和 API 預設的 URL。

配置檔案會打包進容器映像檔，但
預設值會無法因應實際執行的環境

```
PS>docker container run -d -p 8086:80 diamol/ch18-image-g
allery
d2a851fcad0c527200e39fe8dc57008ad285b4cb24ee5f998966a06e4
a277f07
PS>
PS>curl http://localhost:8086/config
{"Release":"19.12","Environment":"UNKNOWN","Metrics":{"En
abled":true},"Apis":{"access":{"Url":"http://accesslog/ac
cess-log"},"image":{"Url":"http://iotd/image"}}}
PS>
```

這些是發佈級別的設定，可以套用到所有可能的執行環境，只是
其中的環境名稱是『UNKNOWN』，表示應用程式的配置還不夠完善

圖 18.7：用預設值打包應用程式，可以運作但環境設定不夠完善。

輸出結果來自 config API，該 API 會用 JSON 輸出當前採用的配置設定內容。當有多層配置來源時，config API 在應用程式中是非常有用的功能。這樣會讓配置問題的除錯變得容易，但也需要保護機密資訊。如果用 secret 存放機密資訊，會輕易被任何人瀏覽 \config 就看到，那就一點意義都沒有了。因此，要使用 config API，需要做三件事：

● 不要發佈整個配置，要有選擇性，配置中不要包含 secret。

● 保護應用程式端點，確保只有授權使用者才能存取。

● 讓 config API 是透過配置才能啟用的功能。

圖庫應用程式採用的方法與分層配置模型略有不同，即預設設定儲存在映像檔中，但不適用於特定環境。要讓每個環境都有指定的配置檔案，則要延伸或覆蓋預設的配置檔案才能完成完整的環境設定。

🔊 **馬上試試**

使用覆寫檔案再次執行同一應用程式以建置完整的環境：

```
cd ch18/exercises/image-gallery

# 使用綁定掛載到本地配置目錄並執行容器：
# 以下為同一道命令，請勿換行
docker container run -d -p 8087:80 -v "$(pwd)/config/dev:/
app/config-override" diamol/ch18-image-gallery

# 再次檢查配置：
curl http://localhost:8087/config
```

　　圖 18.8 中的輸出結果顯示，應用程式現已針對開發環境進行完整配置，將映像檔中的發佈級別的配置與覆寫檔案整併在一起。

搭配覆寫配置檔的容器，Go 應用程式
與 Node.js 範例的運作方式一樣，有一
個預設配置檔案並支援覆寫檔案

```
PS>cd ch18/exercises/image-gallery
PS>
PS>docker container run -d -p 8087:80 -v "$(pwd)/config/d
ev:/app/config-override" diamol/ch18-image-gallery
97a73f9b9238e838f8cb6fcd39baf8a7737c9e4407a5daa90ece1e8a5
89dd63c
PS>
PS>curl http://localhost:8087/config
{"Release":"19.12","Environment":"DEV","Metrics":{"Enable
d":false},"Apis":{"access":{"Url":"http://accesslog/acces
s-log"},"image":{"Url":"http://iotd/image"}}}
PS>
```

現已完成完整的環境設定，原本的預設配
置檔案已經跟開發環境的覆寫檔案合併了

圖 18.8：Go Viper 模組採用如同 node-config 一樣的運作模式來合併配置檔案。

　　只要搞清楚各種配置方式的些微差異，就可以釐清本章節的內容。當組織採用 Docker 時，可能會發現使用量迅速增加，並且很快地在容器中執行許多應用程式，而且每個應用程式都有自己所屬的配置。由於應用程式平台提供的功能和應用程式預期的需求會有所不同，因此會有許多不同配置的需求，各種版本就因應而生。通常會將高階的配置當作預設值，跟映像檔打包在一起，然後必須支援可用覆寫檔案和環境變數的方式來覆蓋配置，只不過個別平台的實作細節不同，很難標準化。

　　我們以 Go 應用程式的最後一個範例來討論這一點。Viper 模組支援以環境變數覆蓋配置檔案的設定，但是使用方式與 node-config 和 .NET Core 有所不同。

◁)) **馬上試試**

使用以環境變數覆蓋配置設定來執行容器。此應用程式中的配置模型僅使用字首是 IG 的環境變數：

```
cd ch18/exercises/image-gallery

# 使用覆寫配置和環境變數執行容器
# 以下為同一道命令，請勿換行
docker container run -d -p 8088:80 -v "$(pwd)/config/dev:/
app/config-override" -e IG_METRICS.ENABLED=TRUE diamol/
ch18-image-gallery

# 檢查配置:
curl http://localhost:8088/config
```

Viper 的使用模式是在環境變數的字首加上特定名稱，以免與其他環境變數衝突。例如此應用程式中，字首為 IG、後面帶一個底線，之後再用句點表示法接上配置設定名稱（如 IG_METRICS.ENABLED，等同於 TOML 檔案 metrics 中的 enabled)。圖 18.9 的輸出結果可以看到，這種設定方式是在預設配置的基礎上增加開發環境設定，隨後再覆蓋指標設定（啟用 Prometheus 指標）。

接下頁

Go 應用程式也支援環境變數來覆
蓋配置，但檔案名稱字首會加上 IG

```
PS>cd ch18/exercises/image-gallery
PS>
PS>docker container run -d -p 8088:80 -v "$(pwd)/config/d
ev:/app/config-override" -e IG_METRICS.ENABLED=TRUE diamo
l/ch18-image-gallery
4104800dff245eb4f94373da778e398818845df7b231588ce5e15abe0
80ceeeb
PS>
PS>curl http://localhost:8088/config
{"Release":"19.12","Environment":"DEV","Metrics":{"Enable
d":true},"Apis":{"access":{"Url":"http://accesslog/access
-log"},"image":{"Url":"http://iotd/image"}}}
PS>
```

現在配置設定是由預設檔案、
覆寫檔案與環境變數整併而來

圖 18.9：所有範例應用程式都支援以環境變數進行配置設定，只是做法有些微差異。

前面的內容中以三個不同的應用程式，示範三種不同的配置模型。這些方法雖有所差異，但都可以簡易的透過應用程式的 manifest 檔案來管理，且實際上不會影響建置映像檔或執行容器的方式。本章最後會再看看最後一個範例，此範例採用前文提過的配置模型，但沒有適合的配置函式庫可以搭配使用，因此需要做一些額外的工作才能使其順利運作。

18.4 以現代化的做法來配置傳統應用程式

傳統應用程式有其所屬的對配置方式，可能不會涉及環境變數或檔案的整併。Windows 上的 .NET Framework 應用程式就是一個很好的例子，其主要是依賴位於特定位置的 XML 配置檔案，不會另外在應用程式的根目錄之外找尋其他配置檔案，也完全不使用環境變數。儘管如此，還是有辦法對這些傳統應用程式使用前述的配置方法，只是需要在 Dockerfile 中做一些額外的工作。

這邊提到的方法是利用工具程式或 script 腳本集，將容器環境中的配置設定轉換為傳統應用程式預期的配置模型（編註：大致上就是幫傳統應用程式寫個工具來支援新的配置方法）。確切的實現方式將取決於應用程式框架及其使用配置檔案的方式，但是其中的邏輯如下所述：

1. 從容器中的指定來源檔案讀取配置設定。

2. 讀取環境變數來覆蓋配置設定。

3. 以環境變數優先，合併兩組配置設定。

4. 將合併的配置設定寫入容器中的指定目標檔案。

在本章的練習中，會使用這種方法配置新版本的 Java 圖庫 API 映像檔。實際上這程式雖不算是個傳統應用程式，不過試著以傳統的做法來建置映像檔，使該應用程式無法使用一般正規的容器配置選項。在這映像檔中，有一個工具程式在啟動時執行並設定配置，因此儘管內部配置機制不同，使用者還是可以用跟其他範例一樣的方式來配置容器。

◁)) **馬上試試**

使用預設配置設定和覆寫檔案來執行『傳統』應用程式：

```
cd ch18/exercises/image-of-the-day

# 使用預設配置執行容器：
# 以下為同一道命令，請勿換行
docker container run -d -p 8089:80 diamol/ch18-image-of-
the-day
```

接下頁

18-19

```
# 在綁定掛載中使用覆寫環境檔案執行容器：
# 以下為同一道命令，請勿換行
docker container run -d -p 8090:80 -v "$(pwd)/config/dev:/
config-override" -e CONFIG_SOURCE_PATH="/config- override/
application.properties" diamol/ch18-image-of-the-day

# 檢查配置設定：
curl http://localhost:8089/config
curl http://localhost:8090/config
```

執行後的使用者體驗與其他應用程式非常相似，將覆寫檔案掛載成
volume（來源可以是 config 物件或 secret），只是要在環境變數中另外指
定覆寫檔案位置，以便啟動工具程式時知道去哪個位置尋找檔案。從輸
出結果可以看到，映像檔中的預設配置指定了發佈版本號碼，但未指定
環境，該環境已與第二個容器中的覆寫檔案合併在一起了。輸出結果如
圖 18.10 所示：

此映像檔內有個設定檔案，　　　　　　這容器從掛載的目錄中載入覆寫檔案，
所以容器以這預設配置執行　　　　　　而環境變數指定了覆寫檔案的所在位置

```
PS>cd ch18/exercises/image-of-the-day
PS>
PS>docker container run -d -p 8089:80 diamol/ch18-image-o
f-the-day
b2ebf9037e712d8321c098325c5bd498b6c7ceeff4ecff06392e33a37
8ee13be
PS>
PS>docker container run -d -p 8090:80 -v "$(pwd)/config/d
ev:/config-override" -e CONFIG_SOURCE_PATH="/config-overr
ide/application.properties" diamol/ch18-image-of-the-day
b465ceeea3f24fdbcc74244e5407d4e37591a6e912dba995643afcc39
c925c3c
PS>
PS>curl http://localhost:8089/config
{"release":"19.12","environment":"UNKNOWN","apodUrl":"htt
ps://api.nasa.gov/planetary/apod?api_key="}
PS>
PS>curl http://localhost:8090/config
{"release":"19.12","environment":"DEV","apodUrl":"https:/
/api.nasa.gov/planetary/apod?api_key="}
PS>
```

預設配置包含發佈版本　　　　　　此容器合併後的覆寫檔
號碼，但沒有環境名稱　　　　　　案內有指定環境名稱

圖 18.10：應用程式使用工具程式來合併配置模型，維持一致的使用者體驗。

箇中的巧妙就發生在一個簡單的 Java 工具應用程式中，這應用程式被打包進多階段 Dockerfile 檔案中進行編譯，並跟應用程式其餘內容一起建置成映像檔。範例 18.2 顯示了建置工具程式並將其設定為在啟動時執行的 Dockerfile 關鍵部分。

範例 18.2　在 Dockerfile 中使用配置載入工具進行建置

```
FROM diamol/maven AS builder
# ...
RUN mvn package

# 配置工具
FROM diamol/maven as utility-builder
WORKDIR /usr/src/utilities
COPY ./src/utilities/ConfigLoader.java .
RUN javac ConfigLoader.java

# app
FROM diamol/openjdk

ENV CONFIG_SOURCE_PATH="" \
CONFIG_TARGET_PATH="/app/config/application.properties"

CMD java ConfigLoader && \
java -jar /app/iotd-service-0.1.0.jar

WORKDIR /app
COPY --from=utility-builder /usr/src/utilities/ConfigLoader.class .
COPY --from=builder /usr/src/iotd/target/iotd-service-0.1.0.jar .
```

這裡要學到的就是，你可以延伸 Docker 映像檔的功能，讓傳統應用程式也可以現代化的方式運作。你可以控制啟動時的動作，以便在實際啟動應用程式前，執行所需的任何步驟。這樣做同時也會增加容器啟動到應用程式就緒的時間，也多了啟動失敗的風險（如果啟動的動作有錯的話），因此必須反覆對映像檔或應用程式做狀態檢查，降低錯誤的可能。

範例中的配置載入工具支援 12 因子方法 (12-factor approach)，該方法使用環境變數覆寫其他設定，可以將環境變數與覆寫配置檔案合併，然後輸出成配置檔案，存放在應用程式指定的位置中。該工具會採用與 Viper 相同的方法，找尋具有特定字首的環境變數，以便讓應用程式設定可以與容器中其他應用程式做區分。

◁)) **馬上試試**

傳統應用程式不支援環境變數，不過可以透過工具程式來設定環境變數，使得使用者體驗與現代化應用程式相同。

```
# 執行帶有覆寫檔案和環境變數的容器：
# 以下為同一道命令，請勿換行
docker run -d -p 8091:80 -v "$(pwd)/config/dev:/config-
override" -e CONFIG_SOURCE_PATH="/config-override/
application.properties" -e IOTD_ENVIRONMENT="custom"
diamol/ch18-image-of-the-day

# 檢查配置設定
curl http://localhost:8091/config
```

該工具程式可讓我們用跟現代化應用程式相同的配置方式來使用傳統應用程式。對使用者來說也很簡單，只需設定環境變數並將覆寫檔案載入到 volume 中即可。而傳統應用程式不需要做任何更動，可以直接到指定位置讀取配置檔案內容。圖 18.11 顯示了這個『傳統』應用程式使用了新的多層配置方法。

現在，圖庫應用程式中的每個元件都使用相同的配置模式。所有元件採用一定程度的標準化配置，只是實作上有細微的差別。每個元件都可以覆寫檔案來進行配置，使其可以在開發模式下執行，且每個元件可以用環境變數進行配置以啟用 Prometheus 指標。每個應用程式的實際操作方式有所不同，這是一開始提到的灰色地帶，就算將環境變數 ENABLE_METRICS 設為 true，也很難有一致性的做法讓每個元件都啟用 Prometheus 指標，因此每個應用程式都有不同的運作方式。

接下頁

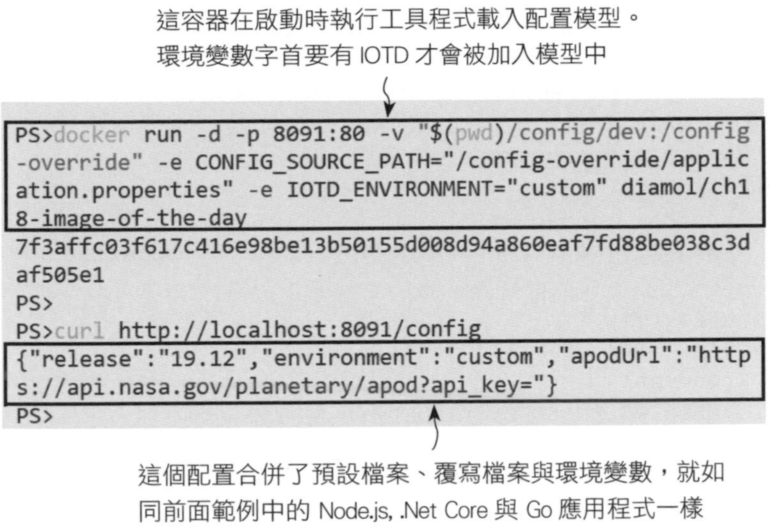

這容器在啟動時執行工具程式載入配置模型。
環境變數字首要有 IOTD 才會被加入模型中

```
PS>docker run -d -p 8091:80 -v "$(pwd)/config/dev:/config
-override" -e CONFIG_SOURCE_PATH="/config-override/applic
ation.properties" -e IOTD_ENVIRONMENT="custom" diamol/ch1
8-image-of-the-day
7f3affc03f617c416e98be13b50155d008d94a860eaf7fd88be038c3d
af505e1
PS>
PS>curl http://localhost:8091/config
{"release":"19.12","environment":"custom","apodUrl":"http
s://api.nasa.gov/planetary/apod?api_key="}
PS>
```

這個配置合併了預設檔案、覆寫檔案與環境變數，就如
同前面範例中的 Node.js, .Net Core 與 Go 應用程式一樣

圖 18.11：環境變數製作出的配置模型，使得傳統應用程式得以現代化
的模式運作。

多種不同的運作模式容易造成混淆，將這些運作模式記錄在文件中可以
避免混淆。在 Docker 中，最好在應用程式的檔案夾中撰寫部署用的說明文
檔。本章練習中有一個 Docker Compose 檔案，該檔案正是在上一段中介紹
的內容，即是將每個元件設定為開發模式，並啟用了 Prometheus 指標。範
例 18.3 顯示 Compose 檔案的配置設定。

範例 18.3 於 Docker Compose 記錄配置設定

```
version: "3.7"

services:
  accesslog:
    image: diamol/ch18-access-log
    environment:
      NODE_CONFIG: '{"metrics": {"enabled":"true"}}'
    secrets:
      - source: access-log-config
        target: /app/config-override/local.json
```

接下頁

```
iotd:
  image: diamol/ch18-image-of-the-day
  environment:
    CONFIG_SOURCE_PATH: "/config-override/application.properties"
    IOTD_MANAGEMENT_ENDPOINTS_WEB_EXPOSURE_INCLUDE:
    "health,prometheus"
  secrets:
    - source: iotd-config
      target: /config-override/application.properties

image-gallery:
  image: diamol/ch18-image-gallery
  environment:
    IG_METRICS.ENABLED: "TRUE"
  secrets:
    - source: image-gallery-config
      target: /app/config-override/config.toml

secrets:
  access-log-config:
    file: access-log/config/dev/local.json
  iotd-config:
    file: image-of-the-day/config/dev/application.properties
  image-gallery-config:
    file: image-gallery/config/dev/config.toml
```

　　上述程式碼看起來有點冗長，因為我們將所有配置內容都放在一起，讓
您可以比較出相同的設定模式，當然細節還是有一些不一樣。Node.js 應用
程式在環境變數中使用 JSON 字串來啟用指標，並載入 JSON 檔案來覆寫配
置設定。

　　Java 應用程式使用一個環境變數來列出配置設定，只要在其中增加
Prometheus 就可以啟用指標。然後從屬性檔案 (是一系列鍵 / 值對) 中載入
覆寫配置設定。

　　Go 應用程式在環境變數中使用一個簡單的『TRUE』字串來啟用指標，
並載入覆寫配置設定的 TOML 檔案。這裡使用的是 Docker Compose 支援
的 secret 作為檔案來源，其運作模式和在叢集中使用 volume 掛載或配置檔
案都是相同的。

這種方式有好有壞。優點是因為可以透過更改覆寫配置設定的來源路徑來載入不同的環境，並且可以使用環境變數來更改各個設定，缺點是需要了解不同應用程式獨特的特性。專案團隊通常是逐步發展出各種 Docker Compose 的覆寫配置，修改配置檔案並不是常見的動作；相對來說執行應用程式就比較常見。花費一些時間處理配置檔案，之後使用 Compose 啟動任何應用程式都可以一樣簡單。

◁)) **馬上試試**

讓我們用一個固定的配置組合來執行整個應用程式。首先刪除所有正在執行的容器，然後使用 Docker Compose 執行該應用程式：

```
# 刪除所有容器:
docker container rm -f $(docker container ls -aq)

cd ch18/exercises

# 使用配置設定來執行應用程式:
docker-compose up -d

# 確認所有 config API:
curl http://localhost:8030/config
curl http://localhost:8020/config
curl http://localhost:8010/config
```

您可以瀏覽 http://localhost:8010，並以正常方式使用該應用程式，然後再瀏覽 Prometheus 端點以查看元件指標（在 http://localhost:8010/metrics、http://localhost:8030/metrics 和 http://localhost:8020/actuator/prometheus）。實際上，所有應用程式的配置資訊都來自 config API。

圖 18.12 可以看到輸出結果。每個元件都從映像檔中的預設配置檔案載入發佈版本號碼，從覆寫配置檔案載入環境名稱，並從環境變數載入指標設定。

接下頁

這個 Compose 檔案為每個元件指定了開發環境配
置，再以環境變數覆蓋功能設定，啟用指標功能

```
PS>cd ch18/exercises
PS>
PS>docker-compose up -d
Creating network "exercises_iotd-net" with the default dr
iver
Creating exercises_accesslog_1 ... done
Creating exercises_iotd_1      ... done
Creating exercises_image-gallery_1 ... done
PS>
PS>curl http://localhost:8030/config
{"release":"19.12","environment":"DEV","metricsEnabled":"
true"}
PS>
PS>curl http://localhost:8020/config
{"release":"19.12","environment":"DEV","managementEndpoin
ts":"health,prometheus","apodUrl":"https://api.nasa.gov/p
lanetary/apod?api_key="}
PS>
PS>curl http://localhost:8010/config
{"Release":"19.12","Environment":"DEV","Metrics":{"Enable
d":true},"Apis":{"access":{"Url":"http://accesslog/access
-log"},"image":{"Url":"http://iotd/image"}}}
PS>
```

每個 config API 顯示出每個元件的設定，包括
來自預設配置的發佈版本號碼、來自覆寫檔案
的環境名稱與來自環境變數的指標功能設定

圖 18.12：Docker Compose 可以記錄應用程式設定，並以記錄的設定啟動應用程式。

　　以上就是我們需要了解的所有配置模式，這些模式用於建置應用程式以從容器環境中獲取配置設定。本章的最後，我們對多配置模型可以如何使用做進一步的探討。

18.5 靈活配置模型的應用

在第 11 章和第 15 章中，介紹過 Docker 的 CI/CD pipeline，pipeline 的核心設計是建置一個映像檔，而部署就是這個映像檔從您的環境推升到生產環境的過程。應用程式在每種環境中的工作方式都略有不同，而要保持一個映像檔的方法，就是使用多層次配置模型。

實作上，會使用到內建於在容器映像檔中的發佈級別設定，以及在所有情況中，容器平台都會提供環境級別的覆寫檔案，最後一個方式是使用環境變數做功能級別設定。這樣的使用模式組合表示可以對正式生產環境出現的問題，迅速做出反應；如果這是性能問題，則可以減少日誌記錄，如果是安全性問題，可以關閉某個有漏洞的功能。這也表示可以使用正式生產環境的覆寫配置，或使用環境變數來取代配置的方式，在開發用的機器上建立接近正式生產的環境來重現錯誤。

以上投入這麼多時間研究配置模型的回報就是，可以在任何環境都使用完全相同的映像檔。圖 18.13 顯示從 CI/CD pipeline 開始的映像檔生命週期。

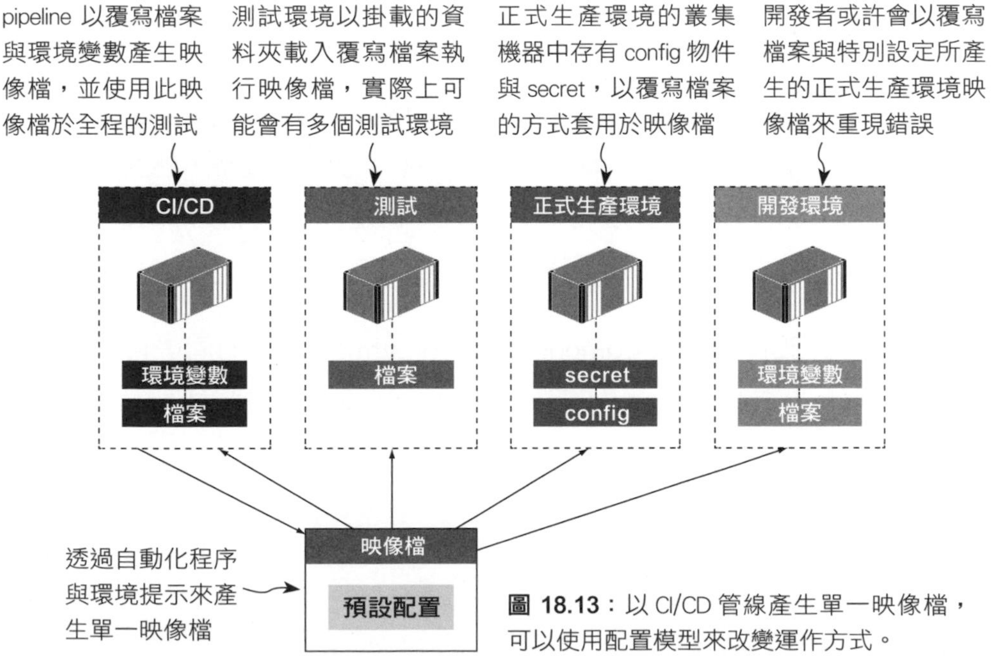
pipeline 以覆寫檔案與環境變數產生映像檔，並使用此映像檔於全程的測試
測試環境以掛載的資料夾載入覆寫檔案執行映像檔，實際上可能會有多個測試環境
正式生產環境的叢集機器中存有 config 物件與 secret，以覆寫檔案的方式套用於映像檔
開發者或許會以覆寫檔案與特別設定所產生的正式生產環境映像檔來重現錯誤
CI/CD
環境變數
檔案
測試
檔案
正式生產環境
secret
config
開發環境
環境變數
檔案
映像檔
預設配置
透過自動化程序與環境提示來產生單一映像檔

圖 18.13：以 CI/CD 管線產生單一映像檔，可以使用配置模型來改變運作方式。

靈活的配置模型將大大有助於應用程式的未來發展。所有容器都支援將 config 物件、secret 載入到容器的檔案中,也支援以環境變數來設定。本章圖庫應用程式的 Docker 映像檔,可以在 Docker Compose、Docker Swarm 或 Kubernetes 以相同的方式運作;而且不只是 Docker 容器,標準的配置檔案搭配環境變數的做法,也可以套用於 PaaS 平台和 serverless 架構中。

18.6　課後練習

深入研究現代化配置模型,並要弄清楚如何設定覆寫檔案和覆蓋配置功能可能不是很容易,因此需要多練習幾次。使用相同的圖庫應用程式,在此章節的 lab 資料夾中,有一個 Docker Compose 檔案,其中指定了應用程式元件,但沒有配置設定。這個練習就是設定每個元件以符合以下幾點需求:

● 使用 data volumes 來載入覆寫配置檔案。

● 載入測試環境的覆寫配置檔案。

● 將發佈版本號碼改寫為『20.01』取代原先的『19.12』。

此練習應該非常簡單,花一些時間來調整應用程式配置,而不對修改應用程式將。當使用 docker-compose up 執行應用程式時,能夠在 http://localhost:8010 瀏覽,而該應用程式也能順利運作,且能夠顯示所有三個 config API,看到發佈版本號碼為 20.01,環境為 TEST。

解決方案放在 docker-compose-solution.yml 檔案中的同一目錄中,可以在 GitHub 上查看:https://github.com/sixeyed/diamol/blob/master/ch18/lab/README.md 。

19
Chapter

使用 Docker 撰寫及管理應用程式日誌

日誌通常是學習新技術時，最無聊的部分，但 Docker 就不一樣了。處理 Docker 日誌的基本原則很簡單，只要將應用程式的日誌寫入到標準輸出（standard output stream）中即可，Docker 自然會找到日誌內容。而且您有好幾種方法可以做到這件事，本章稍後都會一一介紹。

Docker 具備可擴充的日誌記錄框架，您只要確保容器會正常寫入應用程式日誌，Docker 會將日誌發送到任何指定的位置。這樣您就可以建構功能強大的日誌記錄，所有容器的應用程式日誌可以傳送到集中式日誌（central log）儲存，並提供可搜尋的操作介面 UI，而且也可以在容器中運作，並全部採用開源的工具。

19.1 使用 stderr 和 stdout 管理日誌

Docker 映像檔裡面的檔案包含所有應用程式的二進位檔案、相依元件，當您從映像檔執行一個容器時，映像檔中的 metadata 會告知 Docker 要啟動哪個程序。該程序會在前台執行，就像開啟終端對話視窗執行命令一樣，只要命令處於活動狀態，它就能控制終端對話視窗的輸入和輸出。執行的命令是將日誌紀錄寫到標準輸出 (stdout) 或標準錯誤串流 (stderr)，讓您在終端對話視窗中看到輸出結果。在容器中，Docker 會關注 stdout 和 stderr，並收集其中的輸出，那就是容器日誌的來源。

◁)) 馬上試試

如果您在容器中執行第 15 章的 timecheck 應用程式，您可以很容易地看到上述所說。應用程式本身在前台執行，並將日誌記錄寫入 stdout。

```
# 在前台執行容器:
docker container run diamol/ch15-timecheck:3.0

# 結束時，使用 Ctrl-C 指令
```

接下頁

您會在終端對話視窗中看到一些日誌印出來，此時您不能輸入任何命令，容器在前台執行，所以就像在終端中執行應用程式本身一樣。每隔幾秒鐘，應用程式就會向 stdout 寫入時間戳記，所以您會在終端對話視窗中看到產生下一行。輸出結果如圖 19.1。

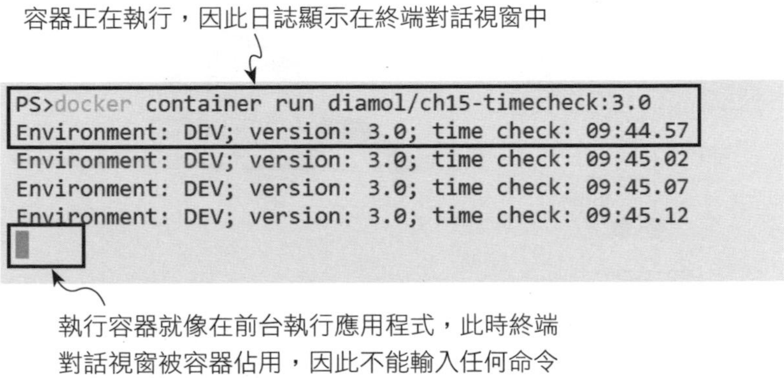

容器正在執行，因此日誌顯示在終端對話視窗中

```
PS>docker container run diamol/ch15-timecheck:3.0
Environment: DEV; version: 3.0; time check: 09:44.57
Environment: DEV; version: 3.0; time check: 09:45.02
Environment: DEV; version: 3.0; time check: 09:45.07
Environment: DEV; version: 3.0; time check: 09:45.12
```

執行容器就像在前台執行應用程式，此時終端對話視窗被容器佔用，因此不能輸入任何命令

圖 19.1：前台的容器接管終端對話視窗，直到退出為止。

　　這是容器的標準操作模式，Docker 在容器內部啟動一個程序，並將該程序的輸出收集到日誌中，我們在本書中所使用的應用程式，都遵循著一樣的模式，應用程式的程序在前台執行，可能是一個 Go 的二進位檔或 Java Runtime，應用程式會將日誌寫入 stdout（或 stderr，Docker 的處理方式都一樣），然後再由 Docker 進行收集。圖 19.2 展示了應用程式之間的互動和輸出。

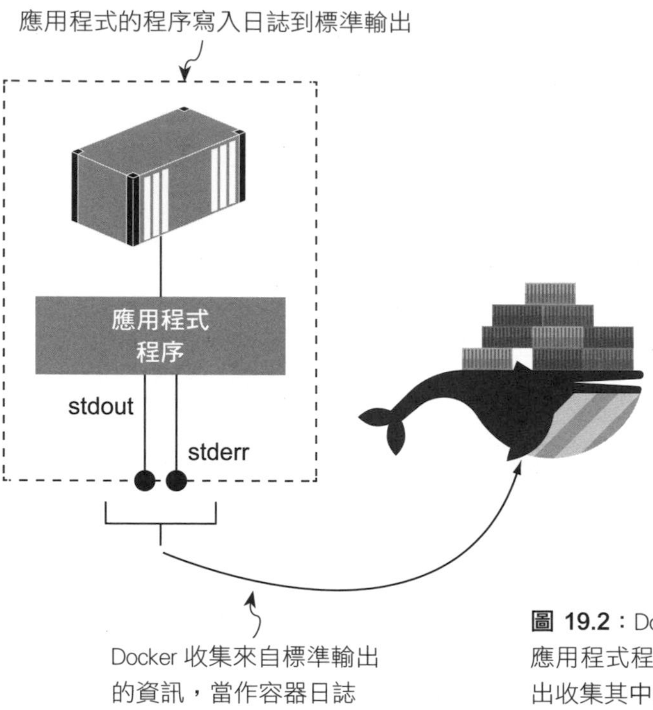

應用程式的程序寫入日誌到標準輸出

stdout

stderr

Docker 收集來自標準輸出
的資訊,當作容器日誌

圖 **19.2**:Docker 監控容器中的
應用程式程序,並經由標準輸
出收集其中的資訊。

　　容器日誌以 JSON 檔案的形式儲存,因此就算在背景中執行 (detached)
的容器和已經退出 (exited) 沒有應用程序的容器,還是可以讀得到它們的日
誌紀錄內容。Docker 會幫您管理 JSON 日誌檔案,其生命週期與容器相同,
所以刪除容器時,日誌檔案也會跟著移除。

◁)) 馬上試試

在後台執行一個容器 (detached),並查看日誌紀錄,然後檢查日誌檔案
的路徑。

```
# 在後台執行容器:
# 以下為同一道命令,請勿換行
docker container run -d --name timecheck diamol/ch15-
timecheck:3.0

# 檢查最近的日誌紀錄:
docker container logs --tail 1 timecheck
```

接下頁

```
# 停止容器並再次檢查日誌:
docker container stop timecheck
docker container logs --tail 1 timecheck

# 檢查 Docker 容器日誌檔儲存位置:
docker container inspect --format='{{.LogPath}}' timecheck
```

如果您是用 Docker Desktop 執行 Linux 容器，Docker Engine 是在一個由 Docker 管理的虛擬機內執行，因此您可以看到容器的日誌檔案路徑，但因為沒有存取虛擬機的權限，所以無法讀取檔案。如果是在 Linux 上執行 Docker CE，或者您使用的是 Windows 容器，日誌檔案會存在本機上，您可以打開檔案來查看原始內容。您可以在圖 19.3 中看到輸出結果（使用 Windows 容器）。

容器在後台執行，因此在終
端對話視窗中不會顯示日誌

日誌保存在檔案中，您可
以從 Docker CLI 查看它們

```
PS>docker container run -d --name timecheck diamol/ch15-t
imecheck:3.0
b3594bccf4767135f5c9b8470117e70faa38eeb1bed0760d85c3dec93
efb4141
PS>
PS>docker container logs --tail 1 timecheck
Environment: DEV; version: 3.0; time check: 09:46.31
PS>
PS>docker container stop timecheck
timecheck
PS>
PS>docker container logs --tail 1 timecheck
Environment: DEV; version: 3.0; time check: 09:46.31
PS>
PS>docker container inspect --format='{{.LogPath}}' timec
heck
C:\ProgramData\Docker\containers\b3594bccf4767135f5c9b847
0117e70faa38eeb1bed0760d85c3dec93efb4141\b3594bccf4767135
f5c9b8470117e70faa38eeb1bed0760d85c3dec93efb4141-json.log
PS>
```

即使容器停止後檔案仍然存在，
因此您仍然可以讀取日誌檔案

檢查容器會顯示 JSON
日誌檔案的實體路徑

圖 19.3：Docker 將容器日誌儲存在 JSON 檔案中，並會幫您管理該檔案的生命週期。

日誌檔案的格式內容很單純，是含有一則一則日誌紀錄的 JSON 物件，其中包括日誌訊息、來自哪個標準輸出（stdout 或 stderr），以及時間戳記。範例 19.1 展示了 timecheck 應用程式的容器日誌範例。

範例 19.1　容器日誌的原始格式為 JSON 物件

```
{"log":"Environment: DEV; version: 3.0; time check:
    09:42.56.\r\n","stream":"stdout","time":"2019-12-19T09:42:56.814277Z"}
{"log":"Environment: DEV; version: 3.0; time check:
    09:43.01.\r\n","stream":"stdout","time":"2019-12-19T09:43:01.8162961Z"}
```

Docker 預設為每一個容器建立一個 JSON 日誌檔案，而且並不會限制日誌的檔案大小（除非磁碟滿了），您需要擔心的是，如果容器會產生大量日誌內容，會讓日誌檔案變得太龐大，大大降低了檔案的可讀性。

解決方式是可以設定讓 Docker 自動分割日誌檔案 (rolling files)，並指定單一檔案容量上限。還可以進一步指定日誌檔案的數量，檔案太多時就會自動從前面覆蓋檔案。您可以在 Docker Engine 層級來設定這些功能，就可以套用到每個容器中。當然也可以為每個容器都用不同的日誌設定，可以讓特定的應用程式採用自動分割日誌檔案，其他容器則維持單一日誌檔案的設定。

◁)) 馬上試試

再次執行同一應用程式，但這次將日誌選項指定自動分割為最多三個日誌檔案 (rolling log)，每個檔案不超過 5KB。

```
# 執行時加入日誌選項和應用程式設定，來寫入大量日誌:
# 以下為同一道命令，請勿換行
docker container run -d --name timecheck2 --log-opt max-
size=5k，log-opt max-file=3 -e Timer__IntervalSeconds=1 diamol/
ch15-timecheck:3.0

# 這個動作需要稍等幾分鐘

# 再次檢查日誌內容:
docker container inspect --format='{{.LogPath}}'timecheck2
```

接下頁

您會看到容器的日誌路徑仍然只是一個單一的 JSON 檔案，但 Docker 實際上是以該名稱為基礎，但在字尾加上編號用以命名自動分割的日誌檔案。如果您執行的是 Windows 容器或者是在 Linux 上的 Docker CE 執行，您可以列出儲存日誌的目錄內容，就會看到字尾編號的差異。輸出結果如圖 19.4 所示。

日誌選項將 Docker 配置為最多分割成三個日誌檔案，當檔案的大小達到 5 KB 時，會自動寫入到下一個日誌檔案

```
PS>docker container run -d --name timecheck2 --log-opt ma
x-size=5k --log-opt max-file=3 -e Timer__IntervalSeconds=
1 diamol/ch15-timecheck:3.0
b1fec71587794095c25d96921f485b5bbb9f762b8875f30c6982f7004
3918168
PS>
PS>docker container inspect --format='{{.LogPath}}' timec
heck2
C:\ProgramData\Docker\containers\b1fec71587794095c25d9692
1f485b5bbb9f762b8875f30c6982f70043918168\b1fec71587794095
c25d96921f485b5bbb9f762b8875f30c6982f70043918168-json.log
PS>
PS>ls C:\ProgramData\Docker\containers\b1fec71587794095c2
5d96921f485b5bbb9f762b8875f30c6982f70043918168\ | select
Name

Name
----
checkpoints
b1fec71587794095c25d96921f485b5bbb9f762b8875f30c6982f7004
3918168-json.log
b1fec71587794095c25d96921f485b5bbb9f762b8875f30c6982f7004
3918168-json.log.1
b1fec71587794095c25d96921f485b5bbb9f762b8875f30c6982f7004
3918168-json.log.2
config.v2.json
hostconfig.json
```

只有顯示一個檔案

檢查容器時僅顯示一個檔案，但實際上有三個檔案。
如果第三個檔案已滿，則 Docker 會覆蓋第一個檔案

圖 19.4：自動分割日誌檔案使您可以保持每個容器固定數量的日誌資料。

針對來自 stdout 的應用程式日誌，會有一個收集和處理階段，您可以在此調整 Docker 對日誌的處理方式。在上一個練習中，我們調整了 JSON 日誌檔案的結構，您還可以對容器日誌做更多調整。為了充分利用這一點，您需要確保每個應用程式，都從容器中推送日誌，不過有時候可能需要額外做一些工作才行，下一節會進一步說明。

19.2 ▎將其他 sink 的日誌轉發到 stdout

並非每個應用程式都能適用前一節標準的日誌記錄模型，當您容器化一些在背景執行的應用程式，例如 Windows 服務或 Linux Daemon（背景執行的程序），這時容器啟動的其實並不是應用程序，所以 Docker 並不會在標準輸出中看到任何日誌紀錄。

還有一些應用程式會使用現有的日誌記錄框架，可能會寫入日誌檔案或傳到其他位置（編註：在日誌的規範中稱為 sink），例如 Linux 的 syslog 或 Windows 的事件日誌。無論哪種方式，都不是來自容器啟動程序的應用程式日誌，所以 Docker 不會看到任何日誌紀錄。

◁)) 馬上試試

本章有一個新版本的 timecheck 應用程式，是將日誌直接寫入檔案而不是 stdout。儘管應用程式的日誌儲存在容器檔案系統中，當您執行此容器時，不會輸出容器日誌：

```
# 使用新的映像檔執行容器：
# 以下為同一道命令，請勿換行
docker container run -d --name timecheck3 diamol/ch19-
timecheck:4.0

# 檢查 - stdout 沒有傳入任何日誌：
docker container logs timecheck3

# 連接到正在執行的容器 (Linux)：
docker container exec -it timecheck3 sh
```

接下頁

```
# 連接到正在執行的容器 (windows):
docker container exec -it timecheck3 cmd

# 讀取應用程式日誌檔:
cat /logs/timecheck.log
```

您會看到輸出結果中沒有容器日誌，即使應用程式本身寫入了大量的日誌記錄。在圖 19.5 中，我們需要連接到容器，並從容器檔案系統讀取日誌檔案，才能看到日誌內容。之所以會發生這種情況，是因為應用程式正在使用自己的日誌 sink（本範例是寫入自己的檔案中），而 Docker 對此一無所知。Docker 只能從 stdout 讀取日誌，沒辦法讀取其它日誌的 sink。

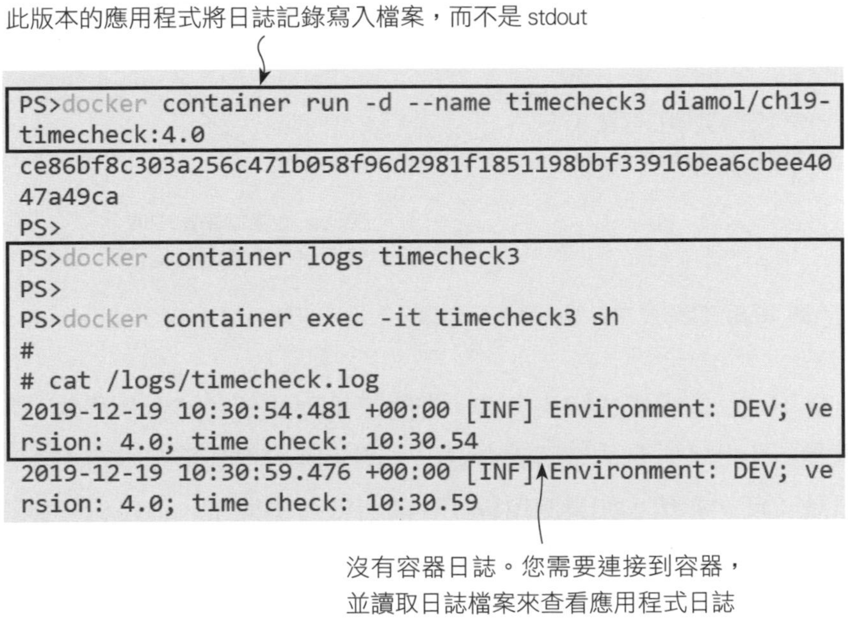

此版本的應用程式將日誌記錄寫入檔案，而不是 stdout

```
PS>docker container run -d --name timecheck3 diamol/ch19-
timecheck:4.0
ce86bf8c303a256c471b058f96d2981f1851198bbf33916bea6cbee40
47a49ca
PS>
PS>docker container logs timecheck3
PS>
PS>docker container exec -it timecheck3 sh
#
# cat /logs/timecheck.log
2019-12-19 10:30:54.481 +00:00 [INF] Environment: DEV; ve
rsion: 4.0; time check: 10:30.54
2019-12-19 10:30:59.476 +00:00 [INF] Environment: DEV; ve
rsion: 4.0; time check: 10:30.59
```

沒有容器日誌。您需要連接到容器，
並讀取日誌檔案來查看應用程式日誌

圖 19.5：如果應用程式不是將內容寫到標準輸出，則不會看到任何容器日誌。

　　這種應用程式的處理方式是，在容器的啟動命令中執行第 2 個程序，從應用程式的 sink 中讀取日誌紀錄，再將日誌寫入到 stdout。這個程序可以是一個 shell 腳本或是一個簡單的轉發工具程式，但必須是啟動命令中最後一個程序。這樣 Docker 就可以從標準輸出中讀到日誌，應用程式的日誌就可以順利轉發成容器日誌。圖 19.6 展示了它的工作原理。

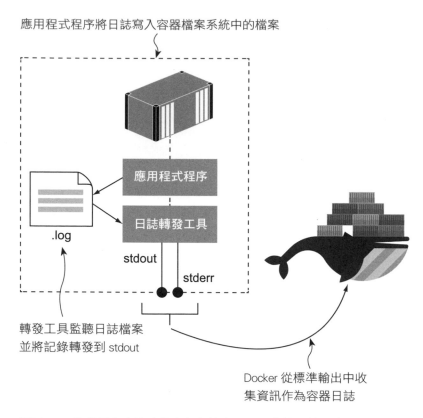

應用程式程序將日誌寫入容器檔案系統中的檔案

應用程式程序

日誌轉發工具

.log

stdout

stderr

轉發工具監聽日誌檔案
並將記錄轉發到 stdout

Docker 從標準輸出中收
集資訊作為容器日誌

圖 19.6：您需要在容器映像中打包轉發工具，來轉發檔案中的日誌。

　　但這不是一個完美的解決方案。您的工具程式是在前台執行的，所以如果程式執行失敗了，您的容器就會退出，即使應用程式仍在後台工作也無法轉發日誌；反之亦然，如果應用程式在前台執行失敗了，但後台轉發日誌的動作依然持續，即使應用程式已經停止執行了，您的容器也會一直保持執行。因此您可以在映像檔中進行狀態檢查，以防止這種情況發生。但這樣對於磁碟空間來說也不是有效率的使用方式，特別是會產生很多日誌的應用程式，這樣做會先把容器中檔案系統塞滿，接著 Docker 本機端的容器日誌 JSON 檔案也會塞爆。

　　即便如此，這還是一種有用的模式。如果您的應用程式在前台執行，並且您可以調整配置將日誌寫入 stdout，這樣會比較好。但如果您的應用程式在後台執行，就沒有其他選擇了，就只好接受上述這種低效率的模式。

本章中有一個 timecheck 應用程式的新版本，就增加了這個模式，我們建構了一個工具程式來關注日誌檔案，並將日誌轉發到 stdout。範例 19.2 展示了多階段 Dockerfile 的最後階段，Linux 和 Windows 有不同的啟動命令。

範例 19.2 建置並打包日誌轉發工具到應用程式中

```
# 應用程式的映像檔
FROM diamol/dotnet-runtime AS base ...

WORKDIR /app
COPY --from=builder /out/ .
COPY --from=utility /out/ .

# Windows 的啟動命令
FROM base AS windows
# 以下為同一道命令，請勿換行
CMD start /B dotnet TimeCheck.dll && dotnet Tail.dll /logs
timecheck.log

# Linux 的啟動命令
FROM base AS linux
CMD dotnet TimeCheck.dll & dotnet Tail.dll /logs timecheck.log
```

日誌轉發工具

雖然兩個應用程式使用了不同的啟動命令，不過這兩行都是在做相同的事情。首先在後台啟動 .NET 應用程式的程序，這部份在 Windows 中要先使用 start 命令，再執行 timecheck 程式；後面還要接著啟動 .NET Tail. dll 程式 (Windows 是用 &&、Linux 是用 & 來串接命令)，讓日誌輸出到 stdout 才能收集成容器日誌。

◁)) 馬上試試

從新的映像檔執行一個容器，並驗證日誌是否來自容器，而且有寫入檔案系統的權限。

```
# 使用容器執行工具程式:
# 以下為同一道命令，請勿換行
docker container run -d --name timecheck4 diamol/ch19-
timecheck:5.0
```

接下頁

```
# 檢查日誌:
docker container logs timecheck4

# 連線到容器 - 在 Linux 中請輸入以下的命令:
docker container exec -it timecheck4 sh

# 連線到容器 - 在 Windows 中請輸入以下的命令:
docker container exec -it timecheck4 cmd

# 檢查日誌檔:
cat /logs/timecheck.log
```

現在的日誌來自於容器。不過此方法需要執行一個額外的程式,來將日誌的檔案內容轉發到 stdout。此方法的缺點是日誌轉發要使用額外的運算能力,而且要額外增加一倍的硬碟空間來儲存日誌(紀錄會同時存到應用程式的日誌、容器日誌裡面)。您可以在圖 19.7 中看到輸出結果,它展示了日誌檔案儲存於容器檔案系統中。

該容器在後台執行應用程式,在前台執行日誌轉
發程式,以將應用程式日誌檔案轉傳到 stdout 中

```
PS>docker container run -d --name timecheck4 diamol/ch19-
timecheck:5.0
c8e3a10d17bdb10014acb32795129d61ae8318835acac2d29cc69e7e9
7499566
PS>
PS>docker container logs timecheck4
Init
2019-12-19 10:53:03.448 +00:00 [INF] Environment: DEV; ve
rsion: 5.0; time check: 10:53.03
2019-12-19 10:53:08.444 +00:00 [INF] Environment: DEV; ve
rsion: 5.0; time check: 10:53.08
PS>
PS>docker container exec -it timecheck4 sh
#
# cat /logs/timecheck.log
Init
2019-12-19 10:53:03.448 +00:00 [INF] Environment: DEV; ve
rsion: 5.0; time check: 10:53.03
2019-12-19 10:53:08.444 +00:00 [INF] Environment: DEV; ve
rsion: 5.0; time check: 10:53.08
```

應用程式日誌
可從容器以及
容器內的日誌
檔案中取得

圖 19.7:日誌轉發程式將應用程式日誌傳送到 Docker 上,但會使用到額外的硬碟空間。

在這個例子中，為了讓應用程式能夠跨平台工作，我們使用了一個自訂的工具程式來轉傳日誌記錄。雖然也可以使用標準的 Linux tail 命令來代替，不過在 Windows 中並沒有相對應命令（編註：會無法跨平台工作）。自訂程式的運作也比較靈活，因為它可以讀取任何 sink 並轉傳到 stdout。當您的應用日誌被「藏」在 Docker 看不到的地方，此方法可以應付各種情境，解決類似的問題。

當您將所有的容器映像檔的設定從應用日誌轉換成容器日誌時，您就可以開始利用 Docker 的可擴充日誌系統，並整合所有來自您容器的日誌。

19.3 收集和轉發容器日誌

早在第 2 章中，我們就有談到說 Docker 可以幫您的所有應用程式，添加統一的管理介面 (management layer)，讓您可以用同樣的方式啟動、停止和檢查所有東西。當您把可擴充日誌系統引入您的開發架構時，可以幫助我們更快、更清楚的管理容器，在本節中，我們將介紹一個目前很普遍的開源碼日誌系統：Fluentd。

Fluentd 具備統一的日誌介面 (logging layer)，它可以從很多不同的來源擷取日誌，然後過濾或強化日誌紀錄，再轉發到其他不同的目的地。Fluentd 是由雲端原生計算基金會所管理的專案（跟 Kubernetes、Prometheus 以及 Docker 的容器執行環境是同一單位），已經是非常成熟、靈活的系統。您可以在容器中執行 Fluentd，讓它監聽日誌記錄；只要有安裝 Fluentd 日誌驅動程式，還可以取代標準的 JSON 檔案，將容器中的日誌都發送到 Fluentd。

◁)) 馬上試試

Fluentd 使用配置檔案來處理日誌。執行一個讓 Fluened 可以收集日誌的容器，並將其回傳到容器中的 stdout。然後用該容器執行 timecheck 應用程式，將日誌發送到 Fluentd。

```
cd ch19/exercises/fluentd

# 執行 Fluentd 公開標準連接埠，並使用設定檔:
# 以下為同一道命令，請勿換行
docker container run -d -p 24224:24224 --name fluentd -v
"$(pwd)/conf:/fluentd/etc" -e FLUENTD_CONF=stdout.conf
diamol/fluentd

# 執行 timecheck 容器，設定成使用 Fluentd 日誌驅動程式:
# 以下為同一道命令，請勿換行
docker container run -d --log-driver=fluentd --name
timecheck5 diamol/ch19-timecheck:5.0

# 檢查 timecheck 容器日誌:
docker container logs timecheck5

# 檢查 Fluentd 容器日誌:
docker container logs --tail 1 fluentd
```

當您嘗試從 timecheck 容器中查看日誌時，會出現錯誤，這是因為並不是所有的日誌驅動都能讓您直接透過容器看到日誌記錄。在這個練習中，日誌是由 Fluentd 所收集，我們是設定將日誌寫到 stdout，您要從 Fluentd 中才能查看 timecheck 容器的日誌。輸出結果如圖 19.8 所示。

接下頁

在容器中執行 Fluentd。這會在連接埠
24224 上監聽日誌記錄,並且配置檔案將
其設置為將收到的所有日誌轉發到 stdout

使用 Fluentd 日誌記錄驅動程式執
行應用程式容器,Docker 會將所
有容器日誌發送到連接埠 24224

```
PS>cd ch19/exercises/fluentd
PS>
PS>docker container run -d -p 24224:24224 --name fluentd
-v "$(pwd)/conf:/fluentd/etc" -e FLUENTD_CONF=stdout.conf
 diamol/fluentd
3bdcebb6b318b0030df77ef603d6bdbe52f87e60bda9d49592fa2af00
7606563
PS>
PS>docker container run -d --log-driver=fluentd --name ti
mecheck5 diamol/ch19-timecheck:5.0
5b950139ff8766414c3a801804a07a70d337a5752606fa7b8e7ce7190
ff61b16
PS>
PS>docker container logs timecheck5
Error response from daemon: configured logging driver doe
s not support reading
PS>
PS>docker container logs --tail 1 fluentd
2019-12-19 11:57:36.000000000 +0000 5b950139ff87: {"conta
iner_name":"/timecheck5","source":"stdout","log":"2019-12
-19 11:57:36.810 +00:00 [INF] Environment: DEV; version:
5.0; time check: 11:57.36","container_id":"5b950139ff8766
414c3a801804a07a70d337a5752606fa7b8e7ce7190ff61b16"}
PS>
```

Fluentd 日誌記錄驅動程式不
顯示應用程式的容器日誌

該 Fluentd 設置將日誌轉發到 stdout,因
此我們可以在 Fluentd 容器中看到日誌

圖 19.8:Fluentd 從其他容器中收集日誌,可以將日誌儲存下來或將其寫入 stdout。

　　Fluentd 在儲存日誌時,會給每條紀錄加上容器 ID 和名稱等資訊。這
個機制是因為 Fluentd 會成為所有容器的集中日誌收集站,需要能夠識別日
誌紀錄來自哪個應用程式。前面讓 Fluentd 直接將日誌轉到 stdout 只是方
便您觀察其運作方式,通常收集完日誌後,還要將日誌給儲存下來(編註:
Fluentd 只負責收集),一般會將日誌轉發到到日誌專用的資料庫,這裡就推

薦一個熱門的 NoSQL 資料庫 - Elasticsearch，非常適合用於保存日誌紀錄。您可以在容器中執行 Elasticsearch 來儲存日誌，搭配應用程式 Kibana（編註：跟 Elasticsearch 同一間公司的產品）一併使用，這是一個搜尋 UI，可以幫助您找到需要的資訊。圖 19.9 展示了這個日誌記錄模型的樣子。

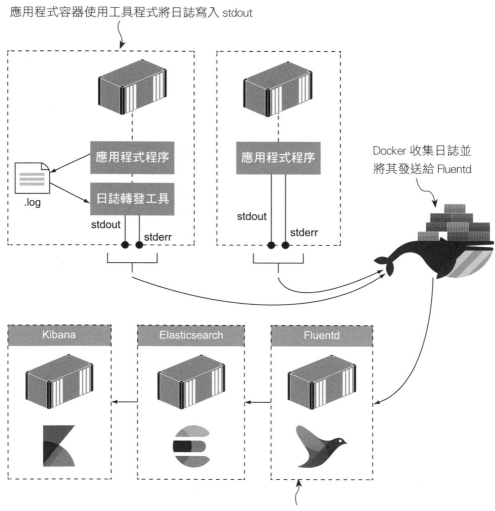

圖 **19.9**：集中式的日誌模型，將所有容器日誌發送到 Fluentd 進行處理和儲存。

看起來架構很複雜，不過與 Docker 一樣，我們可以很容易在 Docker Compose 檔案中，完成所有的日誌設定，並透過一道簡單的命令就可以執行。當您的日誌模型在容器中執行時，剩下的只需要幫想加入日誌模型的容器，使用對應的 Fluentd 驅動程式。

◁)) 馬上試試

刪除任何正在執行的容器，並啟動 Elasticsearch - Fluentd - Kibana (FEK) 日誌容器，然後使用 Fluentd 驅動程式，執行一個 timecheck 容器。

```
docker container rm -f $(docker container ls -aq)

cd ch19/exercises

# 啟用日誌：
docker-compose -f fluentd/docker-compose.yml up -d

# 以下為同一道命令，請勿換行
docker container run -d ，log-driver=fluentd diamol/ch19-
timecheck:5.0
```

給 Elasticsearch 幾分鐘的時間準備，然後打開 Kibana，網址是 http://localhost:5601。切換到 Management 頁次，Kibana 會要求輸入要搜尋的檔案名稱，請輸入 fluentd*，如圖 19.10 所示。

Kibana 在 Elasticsearch 中查詢檔案，要先知道找甚麼，Fluentd 日誌存在索引的名稱，都是以 fluentd 開頭（畫面中最後的 * 是萬用字元，代表要找所有 fluentd 開頭的檔案）

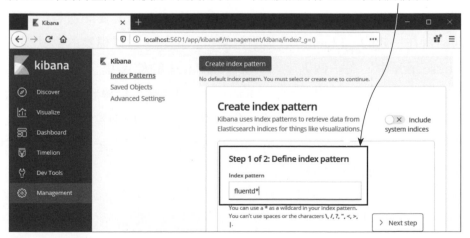

圖 19.10：Elasticsearch 將檔案儲存在稱為索引 (indexes) 的集合中，Fluentd 可以使用這些索引做查詢。

接下頁

在下一個頁面中，您需要設定像是時間戳記等欄位過濾，請選擇 @timestamp，如圖 19.11 所示。

如果資料中有時間欄位，則 Kibana 可以根據時間範圍過濾檔案，Fluentd 在名為 @timestamp 的欄位中添加時間戳記

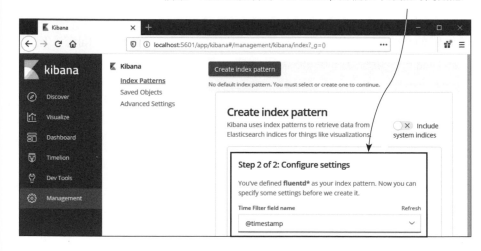

圖 19.11：Fluentd 已經在 Elasticsearch 中保存了資料，因此 Kibana 可以看到欄位名稱。

　　您其實可以讓系統自動完成 Kibana 的設定，但在範例這邊我們沒有這樣做，因為如果您是 Elasticsearch 的新手，應該還是需要知道各個部分是如何結合在一起的。Fluentd 收集的每個日誌紀錄，會以檔案的形式保留在 Elasticsearch 中，在一個名字為 fluentd-{date} 的檔案集合中，Kibana 讓您可以查看這些檔案，在預設的「Discover」選項中，您會看到一個條形圖，展示到目前總共建立了多少個檔案，您可以深入了解個別檔案的細節。在這個練習中，每個檔案都是來自 timecheck 應用程式的日誌記錄。您可以在圖 19.12 看到 Kibana 中的資料。

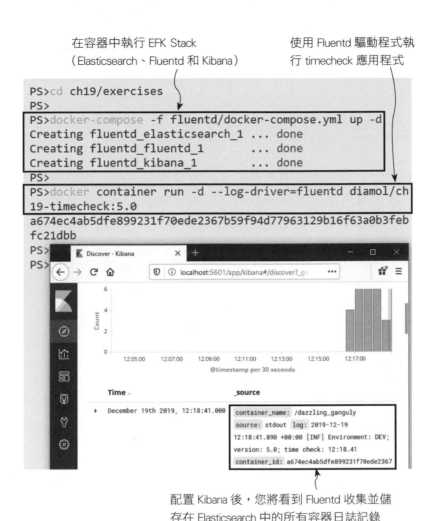

圖 **19.12**：EFK Stack 收集並儲存了容器日誌，以進行簡單的搜尋。

Kibana 可以讓您在所有檔案中搜尋特定的文字，或者過濾檔案。按日期或其他資料屬性，它還具有類似於 Grafana 的儀表板功能（在第 9 章介紹過），所以您可以畫出每個應用程式日誌數量的圖表，或錯誤日誌的數量。Elasticsearch 具有極大的可擴展性，所以它適合用於正式環境中收集大量的日誌資料，而當您開始把日誌全部用 Fluentd 發送到您的容器中，您很快就會發現，這比在 console 中一行一行更新的日誌更加直觀好管理。

🔊 馬上試試

執行圖庫應用程式,並讓每個元件使用 Fluentd 驅動程式來轉發日誌。

```
# 來自 ch19/exercises 資料夾
docker-compose -f image-gallery/docker-compose.yml up -d
```

瀏覽到 http://localhost:8010 來產生一些傳輸資料,此時容器將開始編寫日誌。圖庫應用程式的 Fluentd 設為每條日誌添加一個標籤,因此可以很容易地識別不同的日誌,而不是使用容器名稱或容器 ID,您可以在圖 19.13 中看到輸出結果,我們正在執行完整的圖庫應用程式,但在 Kibana 中過濾了日誌,將其改為只展示 access-log 元件,這個 API 專門記錄應用程式被存取的資訊。

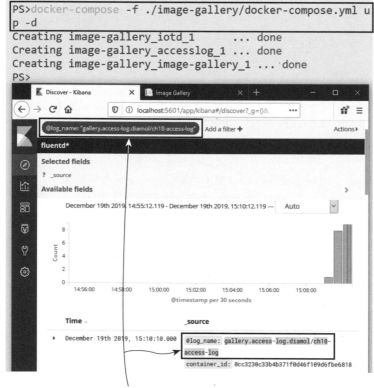

使用 Fluentd 驅動程式的圖庫應用程式的 Compose 檔案

瀏覽到圖庫 UI 會將日誌發送到 Fluentd。在 Kibana 中,我們過濾了日誌,僅顯示 access-log 元件中的記錄

圖 19.13:在 Elasticsearch 中收集圖庫和 timecheck 容器的日誌。

要在 Fluentd 中添加一個標籤非常容易，這樣之後就可以用 log_name 欄位來過濾日誌。日誌驅動程式可以讓您使用固定的名稱或者加入一些有用的識別符號，在這個練習中，我們使用 gallery 作為應用程式的字首，然後再加上元件名稱和產生日誌的映像檔名稱。這樣日誌的每一行都可以輕鬆識別出應用程式、元件和每個應用程式的確切版本，範例 19.3 展示了 Docker Compose 檔案中，image gallery 應用程式的日誌配置。

範例 19.3 使用標籤來識別 Fluentd 日誌記錄的來源

```
services:
  accesslog:
    image: diamol/ch18-access-log
    logging:
      driver: "fluentd"
      options:
        tag: " gallery.access-log.{{.ImageName}}"
  iotd:
    image: diamol/ch18-image-of-the-day
    logging:
      driver: "fluentd"
      options:
        tag: "gallery.iotd.{{.ImageName}}"

  image-gallery:
    image: diamol/ch18-image-gallery
    logging:
      driver: "fluentd"
      options:
        tag: "gallery.image-gallery.{{.ImageName}}"
...(略)...
```

具有資料庫格式和搜尋 UI 的日誌模型是您在準備生產容器時絕對要包含進去的系統之一。除了可以使用 Fluentd 外，還有許多其他適用於 Docker 的日誌驅動程序，因此您也可以使用這些熱門工具（如 Graylog）或商業工具（如 Splunk）。請記住，您可以在 Engine 的下面設定預設的日誌記錄驅動程式和選項，這樣的做法可以讓您清楚地知道在每個環境中使用的是哪個日誌模型。

　　如果您還沒有一個成熟的日誌模型，Fluentd 是一個不錯的選擇。它除了很容易使用外，還可以從一台開發機器擴展到一個完整的正式環境叢集，而且在每個環境中都以同樣的方式進行操作與管理。您還可以配置 Fluentd 來收集日誌資料，使其更容易工作，並過濾日誌將其發送到不同的目標。

19.4　管理您的日誌

　　記錄日誌時，開發人員都希望能從中找到一個平衡點，要收集到足夠的訊息以利於診斷問題，但又不希望儲存大量的資料（編註：佔據硬碟空間）。Docker 的日誌模型給了您一些額外的靈活性來幫助您取得平衡，讓您可以產生足夠的訊息並過濾掉無用的訊息再進行儲存。如果您需要查看更多的日誌，可以更改過濾器的配置，而不是直接更改您的應用程式配置，簡單來說只需要替換 Fluentd 容器就可以套用新配置，而不需要更換整個應用程式的容器配置。

　　您可以在 Fluentd 配置檔案中調整過濾級別，上一次練習中的配置，會將所有的日誌發送到 Elasticsearch，但是在範例 19.4 中會修改配置，過濾掉更多的 access-log 的紀錄。這些日誌會發送到 stdout，其餘的日誌則發送到 Elasticsearch。

範例 19.4　根據記錄的標籤將日誌發送到不同的目標

```
<match gallery.access-log.**>
  @type copy
  <store>
    @type stdout
  </store>
</match>
<match gallery.**>
  @type copy
  <store>
    @type elasticsearch
…(略)...
```

match 欄位告訴 Fluentd 如何處理日誌記錄，而過濾器參數使用在日誌驅動程式選項中設置的標籤。當您執行此更新配置時，access-log 記錄將與第一個 match 欄位相匹配，因為標籤字首是 gallery.access-log。所以這些記錄將不會在 Elasticsearch 中出現，並且只能透過讀取 Fluentd 容器的日誌來獲得。更新後的配置檔案還豐富了所有的日誌記錄，將標籤分割成單獨的欄位，包括應用名稱、服務名稱、映像檔名稱，這使得在 Kibana 中的搜尋變得更加容易。

◁)) **馬上試試**

透過部署一個指定新配置檔案的 Docker Compose 覆寫檔案，來更新 Fluentd 的配置，並更新圖庫應用程式以產生更多詳細的日誌。

```
# 更新 Fluentd 設定:
# 以下為同一道命令，請勿換行
docker-compose -f fluentd/docker-compose.yml -f fluentd/
overridegallery-filtered.yml up -d

# 更新應用程式日誌設定:
# 以下為同一道命令，請勿換行
docker-compose -f image-gallery/docker-compose.yml -f
imagegallery/override-logging.yml up -d
```

您可以檢查這些覆寫檔案的內容，您會發現它們只是更新應用程式的設置，所有的映像檔都是一樣的。現在，當您瀏覽 http://localhost:8010 並使用應用程式時，依舊會產生存取網頁的日誌記錄，但這些資訊會被 Fluentd 過濾掉，所以您不會在 Kibana 中看到任何新的日誌。但是其他元件的日誌會出現在 Kibana 裡面，這些日誌會被記錄在新的欄位中。您可以在圖 19.14 中看到輸出結果。

不過您仍然可以存取網頁的日誌記錄，因為它們是寫到 Fluentd 容器內的 stdout。可以以容器日誌的形式查看它們，但只能從 Fluentd 容器中查看，而不是從 access-log 容器中查看。

接下頁

新的部署將 Fluentd 配置為過濾掉存取網頁的日誌記錄，這樣它們就不會儲存在 Elasticsearch 中，並且提高了圖庫應用程式日誌記錄的可讀性

```
PS>docker-compose -f fluentd/docker-compose.yml -f fluent
d/override-gallery-filtered.yml up -d
fluentd_kibana_1 is up-to-date
Recreating fluentd_fluentd_1 ...
Recreating fluentd_fluentd_1 ... done
PS>
PS>docker-compose -f image-gallery/docker-compose.yml -f
image-gallery/override-logging.yml up -d
Recreating image-gallery_iotd_1 ...
Recreating image-gallery_iotd_1     ... done
image-gallery_image-gallery_1 is up-to-date
PS>
```

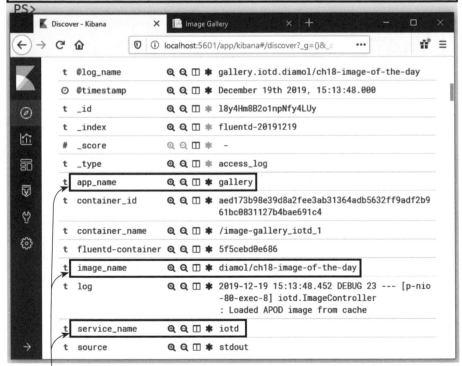

Elasticsearch 中沒有存取網頁的日誌記錄，但是現在記錄了 Java 應用程式中的除錯日誌 (debug logs)，並且它們具有來自 Fluentd 的 metadata

圖 19.14：Fluentd 使用日誌中的標籤過濾出需要的記錄並產生新欄位。

◁)) **馬上試試**

檢查 Fluentd 容器日誌，確保記錄仍然可用。

```
docker container logs --tail 1 fluentd_fluentd_1
```

您可以在圖 19.15 中看到輸出結果。access-log 的紀錄已經被發送到不同的目標，但它仍然經過了同樣的處理，以新增記錄中的應用程式、服務和映像檔名稱。

Fluentd 配置為將 access-log 記錄發送到 stdout，
因此它們可以作為 Fluentd 容器中的日誌來使用

```
PS>docker container logs --tail 1 fluentd_fluentd_1
2019-12-19 15:21:43.000000000 +0000 gallery.access-log.di
amol/ch18-access-log: {"source":"stdout","log":"info: Acc
ess log, client IP: 172.21.0.1:37406","container_id":"0cc
3230c33b4b371f0d46f109d6fbe681840fa5471689aed1a246de481b5
7d36","container_name":"/image-gallery_accesslog_1","flue
ntd-container":"b1ef45c56df5","app_name":"gallery","servi
ce_name":"access-log","image_name":"diamol/ch18-access-lo
g"}
PS>
```

記錄已更新，可以將標籤分為應
用程式，服務和映像檔名稱欄位

圖 19.15：這些日誌已過濾過，因此它們沒有儲存在 Elasticsearch 中，但被轉發到 stdout。

　　這對於將應用程式和其他元件的日誌分離開來，是很有效的做法。您不會在正式環境中使用 stdout，但您可能會將不同類別的日誌設成不同的輸出，重視效能的元件可以將日誌記錄發送到 Kafka，針對使用者輸出的日誌可以發送到 Elasticsearch，其餘的可以歸檔到 Amazon S3 雲端儲存中。這些都是 Fluentd 中支援的日誌儲存方式。

本章還有一個最後的練習，就是重新設置日誌，並將 access-log 記錄放回 Elasticsearch 中。這是正式環境很常出現的狀況，當您發現系統出問題，就會想要臨時增加日誌紀錄，看看到底是什麼狀況。在我們原來的日誌設定，日誌已經被應用程式寫入了。我們只需要修改 Fluentd 配置檔案，就可以把它們顯示出來。

◁)) 馬上試試

部署一個新的 Fluentd 配置，將 access-log 記錄發送到 Elasticsearch。

```
# 以下為同一道命令，請勿換行
docker-compose -f fluentd/docker-compose.yml -f fluentd/
overridegallery.yml up -d
```

這個部署使用了一個配置檔案，刪除了 access-log 記錄的 match 欄位，因此所有 gallery 元件的日誌，都會儲存在 Elasticsearch 中。當您在瀏覽器重新整理圖庫頁面時，日誌會被收集並儲存起來。您可以在圖 19.16 中看到輸出結果，其中展示了來自 API 和 access-log 元件的最新日誌。

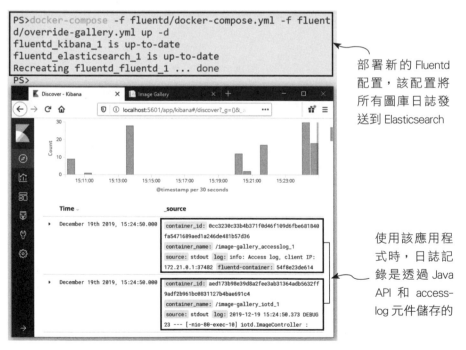

部署新的 Fluentd 配置，該配置將所有圖庫日誌發送到 Elasticsearch

使用該應用程式時，日誌記錄是透過 Java API 和 access-log 元件儲存的

圖 19.16：對 Fluentd 配置的更改將 access-log 添加回 Elasticsearch 中，而無需更改其他設定。

　　您需要注意的是，這種方法有可能會丟失日誌記錄。在部署過程中，當沒有 Fluentd 容器執行收集日誌時，您的應用容器會繼續執行，但日誌記錄不會被記錄到。這在正式環境的叢集中不太會發生，就算發生了，這也比重新跑一個新容器好，因為跑新容器後，就再也不可能告訴您之前發生什麼事（編註：日誌會歸零）。

19.5　了解容器日誌模型

　　Docker 中記錄日誌的方法相當靈活，但只有當您把應用程式日誌作為容器日誌時，才能擁有這樣的優勢。您可以直接讓應用程式將日誌寫入 stdout，或者透過容器中設置一個工具程式，將日誌記錄複製到 stdout 來實現。您需要花一些時間，來確保所有應用程式元件，都能寫入容器日誌，一旦把這個工作做好了，就可以按照您喜歡的方式來處理日誌。

　　我們在本章中使用了 EFK Stack（Elasticsearch、Fluentd 和 Kibana），您已經看到透過使用一個使用者的搜尋界面，可以很輕易的將所有容器日誌放入資料庫中。這些工具都可以依照您的喜好或需求去選擇，其中 Fluentd 是最常用的，因為它非常簡單而且功能強大，不但在單機中執行得很好，而且它也可以擴展到正式環境中，圖 19.17 展示了叢集環境如何在每個節點上執行一個 Fluentd 容器，其中的 Fluentd 容器從該節點上的其他容器收集日誌，並可以發送它們到一個 Elasticsearch 叢集。

Fluentd 容器在叢集中的每個節點上執行,應用程式容器
始終將日誌發送到同一個節點上的本機 Fluentd 容器

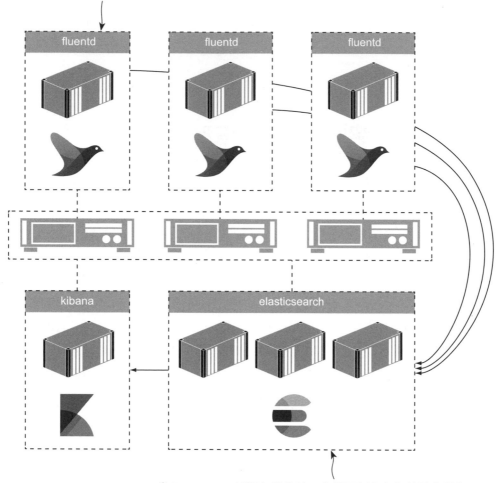

當 Elasticsearch 部署在叢集時,容器可以在任何節點上執行。
Fluentd 容器將日誌記錄發送到叢集,而 Kibana 從叢集讀取

圖 19.17:EFK Stack 可在正式環境中與叢集儲存和多個 Fluentd 容器一起使用。

　　最後在進入課後練習之前,還是要提醒一下大家,有些開發團隊不喜歡
容器日誌模型中的處理層,他們更傾向把應用程式的日誌直接發送到最終的
儲存空間,所以不用再寫到 stdout 再讓 Fluentd 發送資料到 Elasticsearch,
而是應用程式就直接寫到 Elasticsearch。作者並不建議使用這種方法。因為
雖然節省了一些處理時間和網路流量,但缺乏靈活性的配置,並且已經將日

誌功能寫死到您所有的應用程式中。如果想轉換使用 Graylog 或 Splunk 作日誌紀錄，您需要去重新設計您的應用程式。我們還是建議您把應用程式日誌寫到 stdout 上，並利用平台對資料進行收集、豐富、過濾、儲存。

19.6 課後練習

在這一章中，我們並沒有過多地關注 Fluentd 的配置，但這值得累積經驗，所以我們將要求您在課後練習中進行設定。在本章的附屬檔案夾中，有一個隨機數字應用程式的 Docker Compose 檔案和一個 EFK Stack 的 Docker Compose 檔案。應用程式容器沒有使用 Fluentd，Fluentd 的設定也沒有做任何的處理，所以您有三個目標：

● 擴充應用程式的 Compose 檔案，使所有元件都使用 Fluentd 驅動程式，並設定一個包含應用程式名稱、服務名稱和映像檔的標籤。

● 擴充 Fluentd 配置檔案 elasticsearch.conf，將標籤拆分為應用程式名稱、服務名稱和映像檔名稱欄位，用於應用程式的所有日誌。

● 在 Fluentd 配置中添加一個 match 欄位，這樣任何非數字應用程式的記錄都會被轉發到 stdout。

此練習沒有提示，解答一樣放在 GitHub 上：

https://github.com/sixeyed/diamol/blob/master/ch19/lab/README.md

MEMO

20 透過反向代理
Chapter 控制進入容器的
HTTP 流量

Docker 負責將外部流量經由路由的方式傳入容器中，但是在一個網路連接埠上，只能有一個容器監聽。在非正式的環境中，可以採用任何連接埠，本書的某些章節中，我們使用了 10 個不同的連接埠，讓應用程式各自獨立運作、不受干擾，而在正式環境中您並不能這麼做。一個叢集上執行很多應用程式，通常開發人員會嚴格規定只能在標準的 HTTP（80）和 HTTPS（443）連接埠上進行存取。

這時反向代理 (reverse proxy) 就派上用場了。在容器化環境的架構中，反向代理扮演著相當關鍵的部分，在本章中，您將了解它提供的所有功能和其作業模式。我們將使用這個領域最流行的兩種技術，Nginx（發音為 "engine x"）和 Traefik，兩者都可以在容器中執行。

20.1 甚麼是反向代理？

代理（Proxy）伺服器是代替其他應用程式處理網路流量的網路元件。許多公司的網路環境也會設置 Proxy 網路代理，它會攔截瀏覽網頁的請求，決定是否允許您存取某個網站，並會記錄您的瀏覽歷程，而且會將網站回應的內容暫存起來，讓後續瀏覽同一網站的其他使用者更快取得內容。而反向代理 (reverse proxy) 做的事情也類似，只是服務的對象剛好相反（編註：運作的地點是在伺服端）。反向代理通常是作為幾個 Web 應用程式的閘道器（gateway），當反向代理收到任何流量請求時，它會決定要由哪個應用程式提供內容。它也可以將內容暫存起來，並在發送回客戶端之前對其進行變更（mutate）。圖 20.1 展示了容器中反向代理的運作模式。

此架構下，反向代理對外公開連接埠的容器，由它來接收所有傳入的請求，再從其他容器中取得要回應 (response) 內容，這代表著您所有的應用程式容器都變成了內部元件（編註：外部無法直接連線），可以讓應用程式更容易擴展、更新，也比較安全。反向代理並不是一項新技術，只是近期伴隨著容器普及後而熱門起來，以往在正式環境中通常是由維運團隊來管理，開

發人員並不會知道有反向代理的存在；而現在反向代理可以在輕量級容器中
執行，讓您在任何環境都可以採用相同的代理設定。

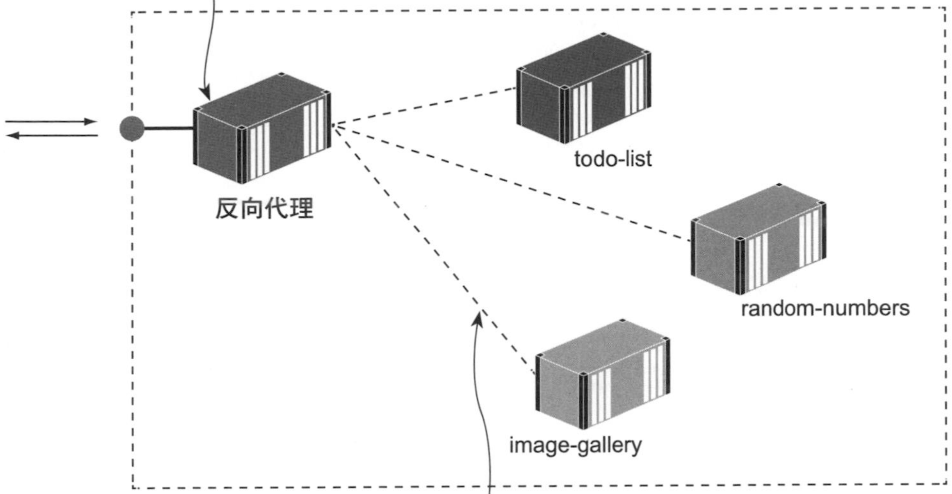

反向代理在容器中執行，它可以讓應用程式容器不公開連接埠，也能收到所有傳入的流量

todo-list

random-numbers

反向代理

image-gallery

反向代理抓取來自相關應用程式容器的內容，並回傳給客戶端

圖 20.1：反向代理是通往應用程式的閘道器，讓應用程式容器不用直接公開。

🔊 馬上試試

多年來，Nginx 一直是最受歡迎的反向代理工具，它為超過 34% 的網際
網路提供服務（編註：Nginx 已於近期超越 Apache 成為最多人使用的
Web 伺服器）。是一個非常輕量級、快速且強大的 HTTP 伺服器，既可
以為自己的應用程式服務，也可以代理其他伺服器。

```
# 為本章的應用程式建立網路 - 在Linux 容器中請輸入以下命令：
docker network create ch20

# 為本章的應用程式建立網路 - 在 Windows 容器中請輸入以下的命令：
docker network create --driver=nat ch20

cd ch20/exercises
```

接下頁

```
# 使用綁定掛載到本機設定資料夾，以執行 Nginx
# 在 Linux 上請輸入以下的命令：
# 以下為同一道命令，請勿換行
docker-compose -f nginx/docker-compose.yml -f
nginx/override-linux.yml up -d

# 使用綁定掛載到本機設定資料夾，以執行 Nginx
# 在 Windows 上請輸入以下的命令：
# 以下為同一道命令，請勿換行
docker-compose -f nginx/docker-compose.yml -f
nginx/override-windows.yml up -d

# 打開瀏覽器，輸入 http://localhost
```

Nginx 為它所服務的每個網站都產生一個配置檔，此容器有一個綁定掛載到本機資料夾的功能，叫做 sites-enabled，但是裡面還沒有配置檔。Nginx 有一個預設的網站，是一個簡單的 HTML 頁面，您可以在圖 20.2 中看到輸出結果。

在容器中執行 Nginx，Compose 覆寫檔案綁定掛載到本機資料夾，Nginx 用它當作網站設定檔

這裡還沒有設定網頁，所以 Nginx 伺服器是傳回預設的頁面，容器是用標準的 80 和 443 連接埠

圖 20.2：Nginx 是一個 HTTP 伺服器，它可以提供靜態內容也可做反向代理。

此例我們還沒有使用 Nginx 作為反向代理，只要針對某網站來加上配置檔案，就可以立即啟用。不過若在同一個連接埠上託管多個應用程式，就需要加以區分，通常會用網站的網域名稱來識別，當瀏覽一個網站，比如 https://blog.sixeyed.com，瀏覽器會在客戶端請求中，包含一個 HTTP header Host=blog.sixeyed.com，Nginx 用該主機 header 尋找網站的配置檔來提供服務。在本機上，您可以將網域添加到 hosts 檔案中，這是一個簡單的 DNS lookup，就可以立即讓 Nginx 容器為您的不同應用程式來服務。

◁)) 馬上試試

我們將在一個容器中執行簡單的 who-am-I 網際網路應用程式，不需要公開任何連接埠，透過 Nginx 在主機的網域 whoami.local 上就能運作。

```
# 加入 who-am-I 網網域到本機 hosts 檔案 - Mac 或 Linux:
echo $'\n127.0.0.1 whoami.local' | sudo tee -a /etc/hosts

# 加入 who-am-I 網網域到本機 hosts 檔案 - Windows:
Add-Content -Value "127.0.0.1 whoami.local" -Path
/windows/system32/drivers/etc/hosts

# 啟動 who-am-I 容器:
docker-compose -f whoami/docker-compose.yml up -d

# 複製應用程式設定到 Nginx 設定資料夾中:
cp ./nginx/sites-available/whoami.local ./nginx/sites-enabled/

# 重新啟動 Nginx 以使用新的設定:
docker-compose -f nginx/docker-compose.yml restart nginx

# 打開瀏覽器，並輸入 http://whoami.local
```

當您打開瀏覽器，接著輸入 http://whoami.local 時，您 hosts 檔案中的紀錄會將您引導到本機，Nginx 容器會接收到這個請求。它使用 HTTP header Host=whoami.local 來找到正確的網站配置，然後它從 who-am-I 容器中載入內容並發送回來，在圖 20.3 中您會看到，回應和直接從 who-am-I 應用程式容器中發出的一模一樣。

Nginx 是一個功能非常強大的伺服器，它的功能非常多，代理一個 web 應用程式的基本配置檔非常簡單，您只需要指定伺服器的網域和網站內容所在的位置，也可以是內部使用的 DNS 名稱。Nginx 容器將使用容器名稱作為 DNS，從 Docker 網路上的應用程式容器中取得內容。範例 20.1 展示了 who-am-I 網站的完整配置檔。

範例 20.1 who-am-I 網站的 Nginx 代理配置

```
server {
  server_name whoami.local;        # 網域的主機名

  location / {
    proxy_pass http://whoami;       # 設定提供內容的網域
    proxy_set_header Host $host;    # 設定主機 header
    add_header X-Host $hostname;    # 添加代理名稱作為回應
  }
}
```

反向代理不僅適用於網站，它們適用於任何 HTTP 內容，所以搭配 REST API 可以運作地很好，當然它也可以支援其他類型的流量（普通 TCP/IP 或 gRPC），這個簡單的配置使得 Nginx 像是一部對講機，對於每一個收到的請求，它都會呼叫原始容器（稱為「upstream」），並將回應發送回客戶端（稱為「downstream」），如果 upstream 應用程式失敗，Nginx 也會將失敗回應發回給 downstream 客戶端。

執行 who-am-I 的容器，並連接到 Nginx 容器使用的 ch20 網路（編註：前一個練習所建立的網路）

複製網站設定檔案到 Nginx 資料夾中，這裡會設定 whoami.local 從 who-am-I 容器載入配置

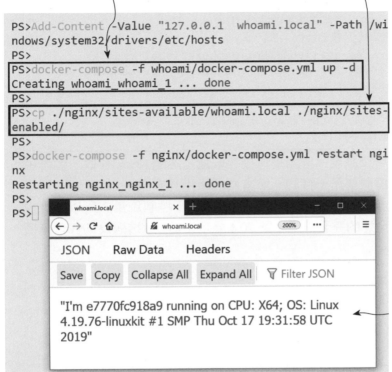

```
PS>Add-Content -Value "127.0.0.1  whoami.local" -Path /wi
ndows/system32/drivers/etc/hosts
PS>
PS>docker-compose -f whoami/docker-compose.yml up -d
Creating whoami_whoami_1 ... done
PS>
PS>cp ./nginx/sites-available/whoami.local ./nginx/sites-
enabled/
PS>
PS>docker-compose -f nginx/docker-compose.yml restart ngi
nx
Restarting nginx_nginx_1 ... done
PS>
PS>
```

whoami.local/

whoami.local　200%

JSON　　Raw Data　　Headers

Save　Copy　Collapse All　Expand All　▽ Filter JSON

"I'm e7770fc918a9 running on CPU: X64; OS: Linux 4.19.76-linuxkit #1 SMP Thu Oct 17 19:31:58 UTC 2019"

重新啟動 Nginx 載入新的配置，whoami.local 網域會由本機進行解析，所以 Nginx 容器可以接收請求，並取得來自 who-am-I 容器的回應

圖 20.3： 執行中的反向代理，從背景應用程式容器中讀取內容。

🔊 馬上試試

在 hosts 檔案中添加另一個網域，然後執行 random 應用程式的 API，用 Nginx 來代理。這個 API 呼叫一次後會失敗，重新整理後會看到 Nginx 的 HTTP 500 回應。

```
# 加入 API 網域到本機 hosts 檔案 - Mac or Linux 請輸入：
echo $'\n127.0.0.1 api.numbers.local' | sudo tee -a /etc/hosts

# 加入 API 網域到本機 hosts 檔案 - Windows 請輸入：
# 以下為同一道命令，請勿換行
Add-Content -Value "127.0.0.1 api.numbers.local" -Path
/windows/system32/drivers/etc/hosts
```

接下頁

```
# 執行 API:
docker-compose -f numbers/docker-compose.yml up -d

# 複製 site config 檔並重新啟動 Nginx:
# 以下為同一道命令，請勿換行
cp ./nginx/sites-available/api.numbers.local ./nginx/
sites-enabled/docker-compose -f nginx/docker-compose.yml
restart nginx

# 打開瀏覽器，並輸入 http://api.numbers.local/rng
# 接著重新整理直到呼叫失敗
```

從這個練習中可以發現，無論是直接存取還是透過 Nginx 存取一個應用
程式，使用者體驗都是一樣的。您有兩個應用程式讓 Nginx 託管，所以
要管控好連到 upstream 容器的路由，但 Nginx 不控制流量，所以回應與
應用程式容器發送的完全一樣。圖 20.4 展示了從 API 透過反向代理傳回
來的失敗回應。

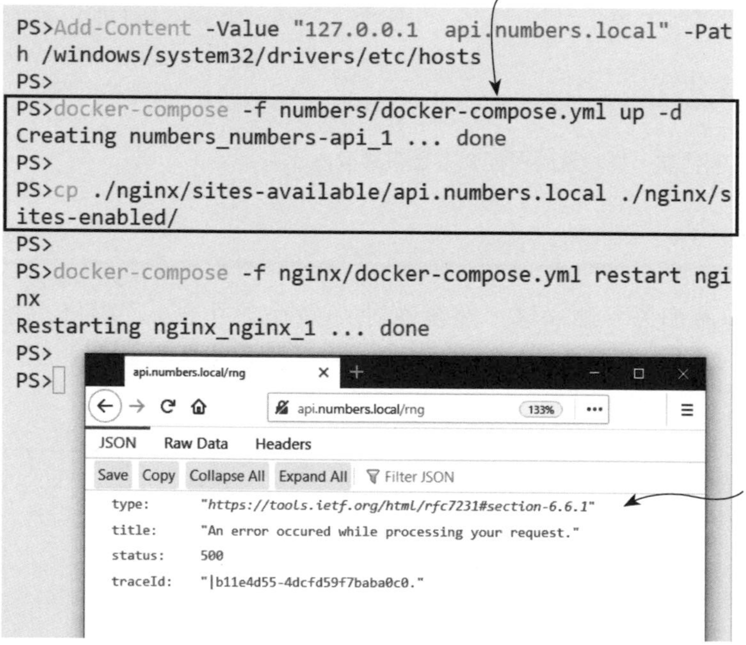

在同一個 Docker 網路，執行 random API
容器，並將配置檔載入到 Nginx 容器中

如果您呼叫這個
API 太多次它會
失敗，失敗會回
傳 HTTP 500 錯誤
訊息，使用 Nginx
代理，會出現一
樣的回應

圖 20.4：在一個簡單的代理設定中，Nginx 發送來自應用程式的回應（包含錯誤訊息）。

反向代理可以做更多事。您所有的應用程式流量都會進入代理，所以它可以成為一個配置的集中地，您可以將很多基礎架構層面的設定問題，都在您的應用程式容器之外處理掉。

20.2 在反向代理中處理路由和 SSL

接著我們要進行的步驟是在 Nginx 中加入新的應用程式，請先啟動應用程式容器，並加入配置檔，然後重新啟動 Nginx。這個執行順序非常重要，如果先啟動 Nginx，它就會讀取所有的伺服器設置，並檢查是否可以存取所有的 upstream，如果有任何一個 upstream 無法使用就會退出 (編註：因此要先啟動應用程式容器)。如果 upstream 都可用，Nginx 就會建立一個內部的路由列表，將主機名稱與 IP 地址聯繫起來。如果有多個 upstream 容器，Nginx 會對使用者的請求進行負載平衡，這也是反向代理幫您解決的第 1 個基礎架構問題 (編註：後面當然還會有)。

◁⑴ 馬上試試

現在執行圖庫應用程式，透過 Nginx 代理網際網路應用程式，我們可以擴大網際網路元件的規模，Nginx 會在容器之間平衡負載請求。

```
# 加入網域到本機 hosts 檔 - Mac or Linux 請輸入：
echo $'\n127.0.0.1 image-gallery.local' | sudo tee -a /etc/hosts

# 加入網域到本機 hosts 檔 - Windows 請輸入：
# 以下為同一道命令，請勿換行
Add-Content -Value "127.0.0.1 image-gallery.local" -Path
/windows/system32/drivers/etc/hosts

# 使用三個網際網路容器，執行應用程式：
# 以下為同一道命令，請勿換行
docker-compose -f ./image-gallery/docker-compose.yml up -d
--scale image-gallery=3

# 加入設定檔並重啟 Nginx：
# 以下為同一道命令，請勿換行
cp ./nginx/sites-available/image-gallery.local ./nginx/sites-
enabled/docker-compose -f ./nginx/docker-compose.yml restart nginx
```

接下頁

```
# 對網站提出幾次請求:
curl -i --head http://image-gallery.local
```

圖庫網站的 Nginx 配置與範例 20.1 中的代理設置相同,使用不同的
主機名稱和 upstream DNS 名稱。它還增加了一個額外的回應 header、
X-Upstream,從中可以看到 Nginx 從哪個容器的 IP 位址取得回應。在圖
20.5 中可以看到,upstream 的 IP 地址是在 172.20 區段內,這是應用程式
容器在 Docker 網路上的 IP 地址,如果您重複幾次 curl 呼叫,當 Nginx 在
網路容器之間進行負載平衡的時候,您會看到不同的 IP 地址。

現在您可以在單一 Docker 的機器上,執行帶有負載平衡的應用程式
(編註:前面我們是透過 Swarm 叢集提供負載平衡),您不需要切換到
Swarm 模式或額外執行 Kubernetes 的叢集,就可以在類似正式環境配置
的情況下測試您的應用程式。也不需要修改應用程式程式碼或配置,全
部由代理處理。

```
PS>Add-Content -Value "127.0.0.1  image-gallery.local" -P
ath /windows/system32/drivers/etc/hosts
PS>
PS>docker-compose -f .\image-gallery\docker-compose.yml u
p -d --scale image-gallery=3
Creating image-gallery_iotd_1        ... done
Creating image-gallery_accesslog_1 ... done
Creating image-gallery_image-gallery_1 ... done
Creating image-gallery_image-gallery_2 ... done
Creating image-gallery_image-gallery_3 ... done
PS>
PS>cp ./nginx/sites-available/image-gallery.local ./nginx
/sites-enabled/
PS>
PS>docker-compose -f .\nginx\docker-compose.yml restart n
ginx
Restarting nginx_nginx_1 ... done
PS>
PS>curl -i --head http://image-gallery.local
HTTP/1.1 200 OK
Server: nginx/1.17.6
Date: Mon, 23 Dec 2019 10:54:36 GMT
Content-Type: text/html; charset=utf-8
Content-Length: 746
Connection: keep-alive
X-Proxy: 2f4871e23088
X-Upstream: 172.20.0.7:80
```

使用三個網頁容器
執行圖庫應用程
式,連接到與 Nginx
相同的 Docker 網路

Nginx 負載平衡請求橫跨三個網頁容器,回應包含原始
容器的 header 及 IP 地址,重複呼叫您會看到它會改變

圖 20.5:Nginx 提
供負載平衡,所以
您可以擴展容器應
用程式。

到目前為止，我們已經用 Nginx 在容器之間，使用不同的主機名稱進行路由，這就是在一個環境中，執行多個應用程式的方式。您也可以為 Nginx 路由配置詳細的路徑，所以如果想在同一個網域內選擇性公開部份的應用程式，就可以這麼做。

◁)) 馬上試試

圖庫應用程式使用的是 REST API，您可以配置 Nginx 使用 HTTP 請求路徑來代理 API。該 API 看起來和 web UI 是同一個應用程式，實際上則是來自一個單獨的容器。

```
# 移除原始的 image-gallery:
rm ./nginx/sites-enabled/image-gallery.local

# 複製新的設定，重新啟動 Nginx:
# 以下為同一道命令，請勿換行
cp ./nginx/sites-available/image-gallery-2.local ./nginx/
sitesenabled/image-gallery.local

docker-compose -f ./nginx/docker-compose.yml restart nginx

curl -i http://image-gallery.local/api/image
```

這樣做就可以選擇性公開部份應用程式元件，又能在讓所有元件保持在同一網域下。圖 20.6 展示了輸出結果，回應是來自 API 容器，但客戶端是在和 web UI 一樣的 image-gallery.local 網域上發出請求。

接下頁

新的網頁設定在 /api/image 路徑下代理 API 容
器，同樣網域的不同路徑，由不同容器代理

```
PS>rm ./nginx/sites-enabled/image-gallery.local
PS>
PS>cp ./nginx/sites-available/image-gallery-2.local ./ngi
nx/sites-enabled/image-gallery.local
PS>
PS>docker-compose -f .\nginx\docker-compose.yml  restart
nginx
Restarting nginx_nginx_1 ... done
PS>
PS>curl -i http://image-gallery.local/api/image
HTTP/1.1 200
Server: nginx/1.17.6
Date: Mon, 23 Dec 2019 11:11:20 GMT
Content-Type: application/json;charset=UTF-8
Transfer-Encoding: chunked
Connection: keep-alive
X-Proxy: 2f4871e23088
X-Upstream: 172.20.0.5:80

{"url":"https://www.youtube.com/embed/pvKEG141GmU?rel=0",
"caption":"Places for OSIRIS-REx to Touch Asteroid Bennu"
,"copyright":null}
PS>
```

Nginx 讓 API 容器可以在 image-gallery.local 網
域提供服務，此網域同時也給網頁容器使用

圖 20.6：Nginx 可以藉由網域名稱或請求的路徑，將請求路由到不同的容器。

　　負載平衡和路由讓您在開發或測試機器上可以更接近正式環境，還有一個可交由反向代理處理的基礎架構元件是 SSL 終端（SSL termination）。如果您的應用程式是以 HTTPS 發佈的網站，會需要存放配置檔案和憑證，與其分散放在每個應用程式中，不如集中放在中央代理伺服器。Nginx 元件可以使用網路服務商所提供，或是 Let's Encrypt 這類網站核發的實際憑證，不過在非正式環境中，您也可以建立自己的憑證來使用。

🔊 馬上試試

為圖庫應用程式產生一個 SSL 憑證，並透過 Nginx 進行代理，使用憑證作為 HTTPS 網站服務

```
# 產生一個應用程式自簽憑證 - Linux:
# 以下為同一道命令，請勿換行
docker container run -v "$ (pwd) /nginx/certs:/certs"-e
HOST_NAME=image-gallery.local diamol/cert-generator

# 產生一個應用程式自簽憑證 - Windows:
# 以下為同一道命令，請勿換行
docker container run -v "$ (pwd) /nginx/certs:C:\certs"-e
HOST_NAME=image-gallery.local diamol/cert-generator

# 移除原先存在的 image-gallery 設定:
rm ./nginx/sites-enabled/image-gallery.local

# 使用 SSL 複製新的網站設定:
# 以下為同一道命令，請勿換行
cp ./nginx/sites-available/image-gallery-3.local ./nginx/
sitesenabled/image-gallery.local

# 重新啟動 Nginx:
docker-compose -f nginx/docker-compose.yml restart nginx

# 打開瀏覽器，並輸入 http://image-gallery.local
```

在這個練習中，您執行的第一個容器使用 OpenSSL 工具來產生自製憑證，並將它們複製到本機 certs 目錄，該目錄也被綁定到 Nginx 容器中。接著替換掉使用這些憑證的圖庫配置檔，接著重新啟動 Nginx。當您使用 HTTP 瀏覽網站會被轉向到 HTTPS，並出現瀏覽器警示，因為自製的憑證不受信任。在圖 20.7 中，您可以看到 Firefox 的警示頁面，點擊『Advanced...』按鈕忽略以查看網頁。

接下頁

產生自製憑證並套用 Nginx 網站配置以將 HTTPS 用於圖庫應用程式

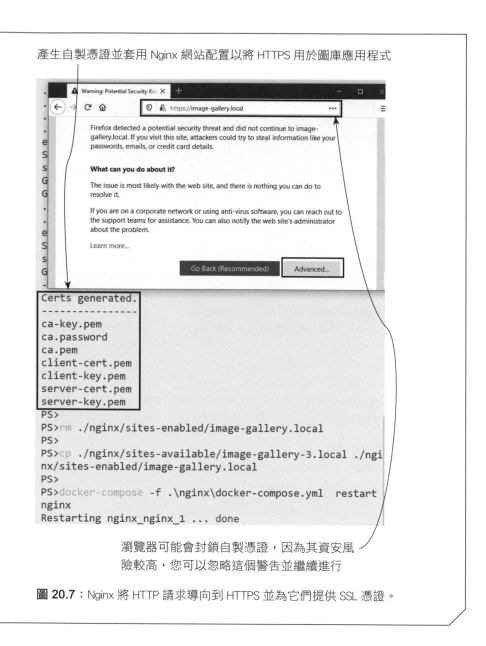

瀏覽器可能會封鎖自製憑證，因為其資安風
險較高，您可以忽略這個警告並繼續進行

圖 20.7：Nginx 將 HTTP 請求導向到 HTTPS 並為它們提供 SSL 憑證。

    Nginx 可以讓您為 SSL 設定各種細節，詳細到支援的網路協定和加密
套件 (cipher) 等（您可以從 www.ssllabs.com 測試網站，會得到建議改善
清單），我們不會說明每個細節，您可以從範例 20.2 中看到 HTTPS 配置，
HTTP 網站設定在 80 連接埠上監聽，並傳回 HTTP 301 回應，將客戶端重
新導向到 443 連接埠上的 HTTPS 網站。

範例 20.2 使用 HTTP 重新轉向到 HTTPS 網站

```
server {
  server_name image-gallery.local;
  listen 80;
  return 301 https://$server_name$request_uri;
}

server {
  server_name image-gallery.local;
  listen 443 ssl;

  ssl_certificate        /etc/nginx/certs/server-cert.pem;
  ssl_certificate_key    /etc/nginx/certs/server-key.pem;
  ssl_protocols          TLSv1 TLSv1.1 TLSv1.2;

...（略）...
```

配置會從容器的檔案系統中載入憑證和密鑰檔案。每個憑證和密鑰只適用於一個網域，所以您要為每個應用程式產生一組檔案（雖然也可以讓多個子網域都用同一組憑證），這些檔案都是機密資料，所以在正式環境裡，會在叢集中使用 secret 來儲存。在應用程式容器之外處理 HTTPS，可以讓我們更方便管理配置檔案和憑證，除此之外也方便開發者可以用簡單的 HTTP 進行測試（編註：因為應用程式容器本身還是跑 HTTP）。

Nginx 的最後一個特色就是，可以極大化地提升效能，也就是利用快取將來自 upstream 元件（也就是您的應用程式）的回應 (response) 暫存起來，下一節就會進一步說明。

20.3 透過代理提高效能和可靠性

Nginx 是一個非常高效能的 HTTP 伺服器，可以使用它來為簡單的網站或單頁應用程式（靜態的網頁）提供服務，只需要一個容器就可以輕鬆地處理每秒數千個請求。您可以利用這種效能來改善應用程式，Nginx 可以作為快取代理的工具，所以當它從您的應用程式（稱為「upstream」）獲取內容時，它將在本機硬碟或記憶體中儲存一份副本，若之後有相同內容的請求就可以直接從代理伺服器上取得回應（不必再傳到 upstream），圖 20.8 展示了快取的工作原理。

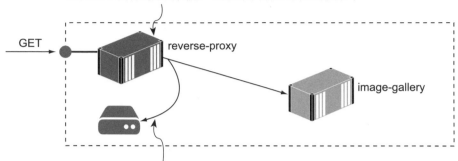

Nginx 使用記憶體和硬碟來儲存來自 upstream 的回應。如果快取中沒有對應的回應,則提取內容並添加到快取中

如果快取中存在著對應的回應內容,則 Nginx 就不會呼叫 upstream

圖 20.8:使用 Nginx 當作快取代理,以減少應用程式容器的負載。

　　這樣做有兩個好處。首先您可以減少服務請求的時間。因為無論應用程式平台用什麼來產生回應,一定都會比 Nginx 從記憶體中直接讀取快取回應的時間還要長;其次,可以減少應用程式的總流量,所以您能夠讓更多的使用者存取同一基礎架構元件,不過您沒辦法針對特定使用者進行暫存,只要使用需要驗證身分的 cookies 機制,就會繞過暫存,只有像圖庫應用程式這樣通用的網站可以完全只透過快取來服務。

◁)) **馬上試試**

使用 Nginx 作為圖庫應用程式的快取代理。這個配置將 web 應用程式和 API 都設為使用 Nginx 快取。

```
# 移除現有網站設定:
rm ./nginx/sites-enabled/image-gallery.local

# 複製快取設定並重新啟動 Nginx:
# 以下為同一道命令,請勿換行
cp ./nginx/sites-available/image-gallery-4.local ./nginx/
sitesenabled/image-gallery.local

docker-compose -f ./nginx/docker-compose.yml restart nginx
```

接下頁

```
# 對網站發送一些請求：
curl -i --head --insecure https://image-gallery.local
curl -i --head --insecure https://image-gallery.local
```

新的代理配置設定了一個自訂的回應 header 也就是 X-Cache，讓 Nginx
提供對應的暫存內容。如果暫存中找不到相符的項目（例如第一次呼叫
就不會有暫存），回應的 header 會是 X-Cache:MISS，代表找不到相符的
暫存內容，同時會有一個 X-Upstream header，其中包含 Nginx 取得內容
的容器 IP 位址。當您再次呼叫時，暫存中就會有對應的回應內容，因此
header 會變成 X-Cache:HIT 也不再有 X-Upstream header，因為 Nginx 不須
使用 upstream。輸出結果如圖 20.9 所示。

此網站配置使用 Nginx 作為   快取一開始是空的，因此 Nginx 從
圖庫應用程式的快取代理   upstream 取得內容並添加到快取中

```
PS>rm ./nginx/sites-enabled/image-gallery.local
PS>
PS>cp ./nginx/sites-available/image-gallery-4.local ./ngi
nx/sites-enabled/image-gallery.local
PS>
PS>docker-compose -f .\nginx\docker-compose.yml  restart
nginx
Restarting nginx_nginx_1 ... done
PS>
PS>curl -i --head --insecure https://image-gallery.local
HTTP/1.1 200 OK
Server: nginx/1.17.6
Date: Mon, 23 Dec 2019 13:27:06 GMT
Content-Type: text/html; charset=utf-8
Content-Length: 746
Connection: keep-alive
X-Cache: MISS
X-Proxy: 2f4871e23088
X-Upstream: 172.20.0.9:80
```

在第二個呼叫
中，有一個針對
請求的快取回
應（cache hit），
Nginx 直接提供
該回應（不需要
呼叫 upstream）

```
PS>curl -i --head --insecure https://image-gallery.local
HTTP/1.1 200 OK
Server: nginx/1.17.6
Date: Mon, 23 Dec 2019 13:27:13 GMT
Content-Type: text/html; charset=utf-8
Content-Length: 746
Connection: keep-alive
X-Cache: HIT
X-Proxy: 2f4871e23088
```

圖 20.9：如果代理在快取中找到相對應的回應，就不用呼叫 upstream 取得回應。

Nginx 可以讓您微調快取配置，在最新的配置中，我們將 API 設置為使用臨時快取（short-lived cache），所以回應在一分鐘後就會失效，接著 Nginx 會從 API 容器中取得最新的內容。對於需要時常更新的服務，又想要平衡負載的情況下，這是一個不錯的配置，如果您的 API 每秒有 5000 個請求，即使是一分鐘的快取也可以省下 30 萬個請求進到 API 中。一般網路應用程式通常會被設為使用更長的快取，例如讓回應可以保存 6 小時。範例 20.3 展示了快取配置。

範例 20.3 Nginx 作為 API 和網站內容的快取反向代理

```
   ...(略)...
location = /api/image {
  proxy_pass              http://iotd/image;
  proxy_set_header        Host $host;
  proxy_cache             SHORT;
  proxy_cache_valid       200  1m;
  ...(略)...
}

location / {
  proxy_pass              http://image-gallery;
  proxy_set_header        Host $host;
  proxy_cache             LONG;
  proxy_cache_valid       200  6h;  ◄─── 可保存 6 小時的快取設定
  proxy_cache_use_stale   error timeout invalid_header updating
                          http_500 http_502 http_503 http_504;
  ...(略)...
}
```

快取的名稱為 LONG 和 SHORT，是在 diamol/nginx 映像檔的核心 Nginx 配置中定義的。快取規格設定了回應時要使用多少記憶體和硬碟，以及舊項目的移除時間。

到此 Nginx 的配置就講得差不多了，再下去就太深入了。不過還是有一個非常有用的功能要提一下，可以提高應用程式的可靠性，也就是針對網路應用程式的 proxy_cache_use_stale 設定。這讓 Nginx 可以在 upstream 無法使用的情況下，使用舊的快取來回應請求。這樣就算容器被關閉了，也可以讓應用程式保持上線狀態（雖然並無法提供完整、即時功能）。這也是一種衍生的備份方式，可以在應用程式臨時故障，或是正在做輪替式版本更新時派上用場。這裡用一個簡單的應用程式，讓您可以完成相關的設定。如下面的例子所示：

◁)) 馬上試試

對圖庫應用程式和 API 進行幾次呼叫，以便 Nginx 將這些回應保存在快取中。然後刪除容器，並再次嘗試請求內容。

```
# 呼叫網站及 API:
curl -s --insecure https://image-gallery.local
curl -s --insecure https://image-gallery.local/api/image

# 移除所有的網際網路容器:
# 以下為同一道命令，請勿換行
docker container rm -f $ (docker container ls -f
name=imagegallery_image-gallery_* -q)

# 再次呼叫網站應用程式:
curl -i --head --insecure https://image-gallery.local

# 移除 API 容器:
docker container rm -f image-gallery_iotd_1

# 再次呼叫 API:
curl -i --head --insecure https://image-gallery.local/api/image
```

您將在這裡看到不同的快取配置的操作。網路快取設定為 6 小時後過期，所以即使沒有可用的網路容器，內容也會繼續從 Nginx 的快取中取得。API 回應快取在一分鐘後過期，它沒有設置使用舊的快取，所以您會收到 Nginx 的 HTTP 502 錯誤，代表它無法連到 upstream 元件，輸出結果如圖 20.10 所示。

接下頁

先抓取內容，確保 Nginx
快取中存有資料

刪除 Web 容器

```
PS>curl -s --insecure https://image-gallery.local | Out-Null
PS>curl -s --insecure https://image-gallery.local/api/image |
 Out-Null
PS>
PS>docker container rm -f $(docker container ls -f name=image
-gallery_image-gallery_* -q)
8060f02e06f0
e47055ae7703
cc85f64fc7c7
PS>
```

上面已經刪除 web 容器，所以
Nginx 是從快取中取得網頁內容

```
PS>curl -i --head --insecure https://image-gallery.local
HTTP/1.1 200 OK
Server: nginx/1.17.6
Date: Mon, 23 Dec 2019 13:55:50 GMT
Content-Type: text/html; charset=utf-8
Content-Length: 746
Connection: keep-alive
X-Cache: HIT
X-Proxy: 2f4871e23088

PS>docker container rm -f image-gallery_iotd_1
image-gallery_iotd_1
PS>
PS>curl -i --head --insecure  https://image-gallery.local/api
/image
HTTP/1.1 502 Bad Gateway
Server: nginx/1.17.6
Date: Mon, 23 Dec 2019 13:58:49 GMT
Content-Type: text/html
Content-Length: 157
Connection: keep-alive
```

API 快取是設定 1 分鐘的週期，現在已經過期 (3 分鐘了)，
因此當我們刪除容器後，就只會取得錯誤而不是快取的回應

圖 20.10：可以對 Nginx 快取進行微調，以保持最新的內容或增加應用程式的可靠性。

我們對 Nginx 的練習就到這裡了，它是一個非常強大的反向代理，而且您還可以用它做更多的事情，比如為 HTTP 啟用 GZip 壓縮回應，並添加客戶端的快取 header，這可以提高使用者終端的效能，並減少您的應用程式容器的負載。它會在網路管理層面中搜尋主機和網域的標籤，讓 Docker 可以提供容器的 IP 位址。反向代理要運作順暢，必須幫每個應用程式都設好其配置檔案，只要配置內容改變就需要重新載入 Nginx。

最後我們會介紹另一個較新的替代方案，此方案擁有容器感知技術
（container-aware），並與 Docker 相互配合。讀者可以參考此方案作為您應
用程式的架構。

20.4 使用雲端原生 (cloud-native) 的反向代理

在第 11 章中，我們使用 Jenkins 建立了一個 CI pipeline 在容器中執
行，此容器連接到它所執行的 Docker Engine 上，因此它可以建置和推送映
像檔。將容器連接到 Docker Engine，還可以讓應用程式查詢 Docker API
來了解其他容器的情況，而這也正是推動雲端原生反向代理 Traefik（讀作
"traffic"）的動力之一。您不用撰寫靜態配置檔案，就可以讓需要的應用程
式可以使用代理功能，方法就是幫容器加上標籤，Traefik 會使用這些標籤，
來建置它自己的配置和路由設定。

動態配置是像 Traefik 這樣的容器感知代理的主要優勢之一，您不需要
在執行 Traefik 之前啟動您的 upstream 應用程式，因為它會在執行過程中
觀察新容器。不必重新啟動 Traefik 或重新載入配置，來改變應用程式設置。
Traefik 有自己的 API 和顯示規則的 Web UI，因此您可以在沒有任何其他
容器的情況下執行 Traefik。以下要練習部署應用程式並查看配置是如何被
建立的。

◁)) 馬上試試

首先刪除所有現有的容器，然後執行 Traefik 並檢查使用者界面，以了
解 Traefik 如何管理元件。

```
docker container rm -f $ (docker container ls -aq)

# 啟動 Traefik – 連線到 Linux Docker Engine:
# 以下為同一道命令，請勿換行
docker-compose -f traefik/docker-compose.yml -f traefik/
overridelinux.yml up -d
```

接下頁

```
# 啟動 Traefik - 連線到  Windows 容器:
# 以下為同一道命令，請勿換行
docker-compose -f traefik/docker-compose.yml -f traefik/
overridewindows.yml up -d

# 打開瀏覽器，並輸入 http://localhost:8080
```

Linux 和 Windows 有不同的覆寫檔案，因為它們使用不同的私有通道，
讓容器連接到 Docker Engine，除此之外，Traefik 在所有平台上的執行步
驟都是一樣的，可以透過儀表板查看 Traefik 代理的應用程式以及每個應
用程式的配置，圖 20.11 是 Traefik 使用配置代理的結果。

使用綁定掛載執行 Traeflk 以連接到 Docker Engine

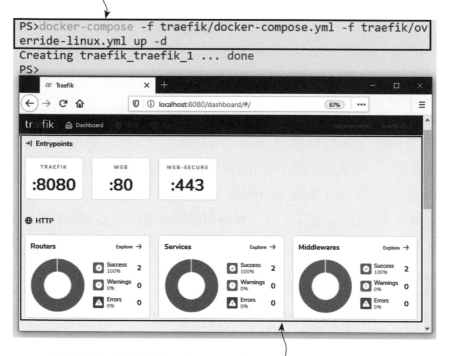

Traeflk 儀表板顯示了所有核心元件，入口點（entrypoint）、路由器（router）、服
務和中介軟體（middleware）。您可以組合功能來為應用程式容器設置反向代理

圖 20.11：Traeflk 儀表板顯示要代理的所有應用程式的配置。

Traefik 的應用非常廣泛，其運作模式也跟 Nginx 類似。Traefik 也是免費的開源碼專案，Docker Hub 有發佈官方映像檔，如果需要技術支援的話也可以考慮商業版本。如果您是反向代理的新手，Nginx 和 Traefik 都是原作者蠻推薦的工具。現在讓我們來了解一下 Traefik 的工作原理。

- **Entrypoints**：這是 Traefik 監聽外部流量的連接埠，因此這些連接埠會對應到容器所使用的連接埠。下面的範例分別對 HTTP 和 HTTPS 使用 80 和 443 連接埠，對 Traefik dashboard 使用 8080。

- **Routers**：這是將傳入的請求對應到目標容器的規則。HTTP 路由器利用主機名稱和路徑來識別客戶端請求。

- **Services**：這是 upstream 元件，實際為 Traefik 提供內容服務的應用程式容器，以便它將回應傳回客戶端。

- **Middlewares**：此元件可以在路由器的請求被發送到服務之前，對其進行修改。您可以使用中介軟體元件來改變請求路徑或 header 檔，甚至可以強制認證。

最簡單的配置只需要把路由器設置好規則後，將客戶端的請求與路由器所連接的服務進行配對。

◁») 馬上試試

部署 who-am-I 應用程式，並更新包含標籤的 Compose 定義，以便透過 Traefik 進行路由選擇。

```
# 在覆寫檔案中使用 Traefik 標籤部署應用程式:
# 以下為同一道命令，請勿換行
docker-compose -f whoami/docker-compose.yml -f whoami/
overridetraefik. yml up -d

# 瀏覽至 Traefik 的路由設定:
# http://localhost:8080/dashboard/#/http/routers/whoami@docker

# 並檢查路由:
curl -i http://whoami.local
```

接下頁

這是一個非常簡單的配置,路由只是將入口連接埠連接到 upstream 服務,也就是 who-am-I 容器,在圖 20.12 中可以看到,Traefik 已經為路由器建立了配置,將主機的網域 whoami.local 連接到 whoami 服務上。

啟動圖庫容器,並在 Web 容器上應用
Traefik 標籤以配置代理路由的規則

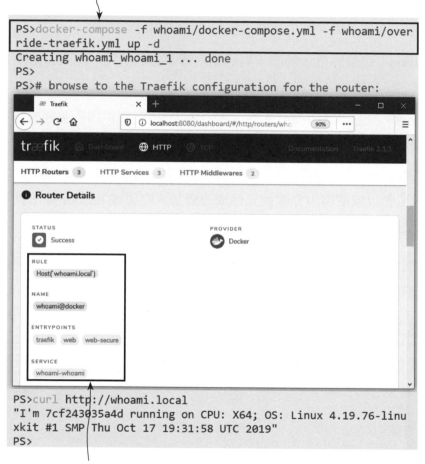

Traefik 正在執行並已連接到 Docker Engine,因此
它可以看到新容器並使用標籤來產生路由配置

圖 20.12:Traeflk 使用 Docker API 查找容器和標籤,並使用它們來產生配置。

　　這都是透過在容器中應用程式的兩個標籤來完成：一個是為應用程式啟用 Traefik，另一個是指定對應的主機名。範例 20.4 展示了覆寫 Compose 檔案中的這些標籤。

範例 20.4　幫應用程式容器添加標籤來配置 Traeflk

```
services:
  whoami:
    labels:
      - "traefik.enable=true"
      - "traefik.http.routers.whoami.rule=Host(`whoami.local`)"
```

　　Traefik 支援一些非常複雜的路由選項。例如可以透過主機名稱、路徑或路徑字首進行配對，然後使用中介軟體元件來分離字首，這聽起來很複雜，但這正是我們的圖庫 API 所需要的，因此我們可以將其作為圖庫網域的一個公開路徑，接著配置 Traefik 來監聽帶有 "api" 路徑字首的傳入請求，在呼叫服務之前從請求的 URL 中去掉字首，因為服務本身並沒有使用該字首。

◁)) **馬上試試**

圖庫應用程式只需要一個指定標籤的覆寫檔案，就可以啟用 Traefik 部署該應用程式，Traefik 將配置添加到其路由規則中。

```
# 使用新的 Traefik 標籤啟動應用程式:
# 以下為同一道命令，請勿換行
docker-compose -f image-gallery/docker-compose.yml -f
imagegallery/override-traefik.yml up -d

# 檢查應用程式:
curl --head http://image-gallery.local

# 檢查 API:
curl -i http://image-gallery.local/api/image
```

接下頁

可以在輸出結果中看到，您從 API 呼叫中得到了一個正確的回應，Traefik 在 http://image-gallery.local/api/image 上接收到一個外部請求，並使用路由器和中介軟體配置對容器進行內部呼叫 http://iotd/image 上的容器。這方面的配置定義了路由器和中介軟體元件，接著將中介軟體連接到路由器上，如果您想查看的話，它在檔案 image-gallery/override-traefik.yml 中。

Traefik 已經幫我們降低路由的複雜性，您可以在圖 20.13 中看到，此回應看起來像是直接來自 API。

此設置透過 Traefik 使用 API 請求的路徑
字首『api』公開了 Web 容器和 API 容器

```
PS>docker-compose -f image-gallery/docker-compose.yml -f imag
e-gallery/override-traefik.yml up -d
Creating image-gallery_accesslog_1 ... done
Creating image-gallery_iotd_1       ... done
Creating image-gallery_image-gallery_1 ... done
PS>
PS>curl --head http://image-gallery.local
HTTP/1.1 200 OK
Content-Length: 746
Content-Type: text/html; charset=utf-8
Date: Mon, 23 Dec 2019 15:43:04 GMT
```

```
PS>curl -i http://image-gallery.local/api/image
HTTP/1.1 200 OK
Content-Type: application/json;charset=UTF-8
Date: Mon, 23 Dec 2019 15:43:13 GMT
Content-Length: 132

{"url":"https://www.youtube.com/embed/pvKEG141GmU?rel=0","cap
tion":"Places for OSIRIS-REx to Touch Asteroid Bennu","copyri
ght":null}
PS>
```

REST API 可以從與 Web 應用程式相同的網
域中獲得，儘管內容是從其他容器中獲取的

圖 20.13：路由器的規則使您可以在單一網域中，展示一個多容器應用程式。

反向代理並非都會支援一樣的功能，例如 Traefik 直到 2.1 版都還沒有快取功能。所以如果您需要有快取代理，Nginx 仍然是最佳的選擇。但是在 SSL 上，Traefik 則更為強大，它整合了憑證供應商的 API，可以自動連接到 Let's Encrypt 為您更新憑證，或者您也可以採用預設的自己核發的憑證，然後用以下方式在非正式環境中為您的網站加上 SSL 功能，而無需做任何憑證管理。

◁)) **馬上試試**

在圖庫應用程式和 API 中，添加 SSL 支援需要更複雜的 Traefik 設置。跟 HTTP 一樣，您也需要監聽 HTTPS 端點，所以要將 HTTP 轉向成呼叫 HTTPS。這部分仍然是用標籤來完成，所以要更新應用程式才能部署：

```
# 執行有 Traefik 標籤的 HTTPS 應用程式：
# 以下為同一道命令，請勿換行
docker-compose -f image-gallery/docker-compose.yml -f image-
gallery/override-traefik-ssl.yml up -d

# 使用 HTTPS 檢查網站：
curl --head --insecure https://image-gallery.local

# 使用 HTTPS 檢查 API：
curl --insecure https://image-gallery.local/api/image
```

如果您瀏覽網站或 API，可以在瀏覽器中看到一樣的警告訊息（跟使用 Nginx 的 SSL 一樣），憑證不受已知憑證機構的信任，但這次我們不需要創建自己的憑證，也不需要仔細管理憑證和密鑰檔案，Traefik 可以幫您完成這一切，使用帶有 insecure 參數的 curl 告訴它，即使憑證不受信任也要繼續執行，您可以在圖 20.14 中看到輸出結果。

接下頁

此配置使用 Traefik 的預設憑證來設置
HTTPS，它將為網站產生自製憑證

```
PS>docker-compose -f image-gallery/docker-compose.yml -f imag
e-gallery/override-traefik-ssl.yml up -d
image-gallery_accesslog_1 is up-to-date
Recreating image-gallery_iotd_1 ... done
Recreating image-gallery_image-gallery_1 ... done
PS>
PS>curl --head --insecure https://image-gallery.local
HTTP/1.1 200 OK
Content-Length: 746
Content-Type: text/html; charset=utf-8
Date: Mon, 23 Dec 2019 16:00:19 GMT

PS>curl --insecure https://image-gallery.local/api/image
{"url":"https://www.youtube.com/embed/pvKEG141GmU?rel=0","cap
tion":"Places for OSIRIS-REx to Touch Asteroid Bennu","copyri
ght":null}
```

憑證不受信任，因此我們需要使用 curl insecure
參數透過 HTTPS 查看 Web 和 API 內容

圖 20.14：使用 Traefik for HTTPS，它可以產生憑證或從第三方提供商獲取憑證。

　　路由、負載平衡和 SSL 解密 (SSL termination) 是反向代理的主要功能，Traefik 通過容器標籤動態配置支援這些功能。如果您正在評估它與 Nginx 的差別，您只需要記住 Traefik 並沒有快取功能，不過這是非常實用的功能，之後 Traefik 更新版本應該有機會加進去。

　　最後一個我們要嘗試的功能是 sticky session，在 Traefik 中很容易做到，而在 Nginx 中比較困難，現代應用程式的建置是為了盡可能擁有許多的無狀態 (stateless) 元件。當您在大規模執行應用程式時，客戶的請求可以被立即從路由發送到任何容器中。但若是擴展原有架構，傳統的應用程式往往不是由無狀態的元件建置的，而當您將這些應用程式搬到容器中執行時，您會希望不同的使用者，每次造訪都會被路由到同一個容器（編註：應用程式可能是有狀態的，狀態會被保存在同一個容器中）。這就是所謂的『sticky session』，而且您可以在 Traefik 中，透過設置服務來啟用此功能。

◁)) 馬上試試

Whoami 應用程式就是一個簡單的 sticky session 範例，您可以擴展當前的部署並進行重複呼叫，Traefik 會在容器之間進行負載平衡，部署一個帶有 sticky session 的新版本，您的所有請求都將由同一個容器處理。

```
# 使用多容器執行 who-am-I 應用程式:
# 以下為同一道命令，請勿換行
docker-compose -f whoami/docker-compose.yml -f whoami/
overridetraefik.yml up -d --scale whoami=3

# 檢查呼叫時，容器間會進行負載平衡:
curl -c c.txt -b c.txt http://whoami.local
curl -c c.txt -b c.txt http://whoami.local

# 使用 sticky session 來部署:
# 以下為同一道命令，請勿換行
docker-compose -f whoami/docker-compose.yml -f whoami/
overridetraefik-sticky.yml up -d --scale whoami=3

# 檢查呼叫是否由同一個容器回覆請求:
curl -c c.txt -b c.txt http://whoami.local
curl -c c.txt -b c.txt http://whoami.local
```

啟用 sticky session 後，您的請求每次都會由同一個容器提供服務。因為 Traefik 設置了一個 cookie，用來識別客戶端該使用哪一個容器（瀏覽器也會有一樣的機制），您可以檢查瀏覽器或 c.txt 檔案中的 cookie，您會看到 Traefik 將容器的 IP 地址放在該 cookie 中。下次您進行呼叫時，它就會使用 IP 地址來存取同一個容器。輸出結果如圖 20.15 所示。

接下頁

在沒有 sticky session 的情況下執行，請求由 Traefik 在應用
程式容器之間進行負載平衡（編註：由不同的容器處理）

```
PS>docker-compose -f whoami/docker-compose.yml -f whoami/over
ride-traefik.yml up -d --scale whoami=3
Recreating whoami_whoami_1 ... done
Creating whoami_whoami_2  ... done
Creating whoami_whoami_3  ... done
PS>
```

```
PS>curl -c c.txt -b c.txt http://whoami.local
"I'm bf520136449c running on CPU: X64; OS: Linux 4.19.76-linu
xkit #1 SMP Thu Oct 17 19:31:58 UTC 2019"
PS>
PS>curl -c c.txt -b c.txt http://whoami.local
"I'm cba81f8d6bfd running on CPU: X64; OS: Linux 4.19.76-linu
xkit #1 SMP Thu Oct 17 19:31:58 UTC 2019"
```

```
PS>
PS>docker-compose -f whoami/docker-compose.yml -f whoami/over
ride-traefik-sticky.yml up -d --scale whoami=3
Recreating whoami_whoami_1 ... done
Recreating whoami_whoami_2 ... done
Recreating whoami_whoami_3 ... done
PS>
```

```
PS>curl -c c.txt -b c.txt http://whoami.local
"I'm 4a38665b433f running on CPU: X64; OS: Linux 4.19.76-linu
xkit #1 SMP Thu Oct 17 19:31:58 UTC 2019"
PS>
PS>curl -c c.txt -b c.txt http://whoami.local
"I'm 4a38665b433f running on CPU: X64; OS: Linux 4.19.76-linu
xkit #1 SMP Thu Oct 17 19:31:58 UTC 2019"
```

Traefik 使用 cookie 來綁定客戶端的請求以及處理的容器，
因此下一個客戶端的請求會由同一個容器處理。Curl 使用
純文字檔案來儲存和顯示 Cookie，藉此模擬瀏覽器的行為

圖 20.15：在 Traefik 中啟用 sticky session，透過 Cookie 將客戶端的請求發送到同一個容器中。

sticky session 是團隊將傳統應用程式轉移到容器中的主要方法之一，而 Traefik 讓它變得非常簡單，它與實體伺服器或虛擬機的 sticky session 不太一樣，因為容器的更換頻率更高，所以客戶端可能會被固定在一個被刪除的容器上，如果 cookie 將 Traefik 引導到一個不可用的容器，它將會自動選擇另一個容器，所以使用者會看到一個錯誤的回應。

20.5 了解反向代理的模式

當您開始在正式環境中執行許多容器化的應用程式時，反向代理是非常必備的功能，在本章中，我們已經介紹了一些更進階的功能，SSL、快取和 sticky session，但即使沒有這些功能，您也會發現反向代理的重要性。在本章的最後，我們來分析一下反向代理可以實現的三種主要模式：

首先是在標準的 HTTP 和 HTTPS 連接埠上託管多個 Web 應用程式，利用客戶端請求中的主機名稱來獲取正確的內容，如圖 20.16 所示。

反向代理是單個外部元件，將連接埠 80 和 443 從容器發佈到伺服器（或叢集中的伺服器）。所有應用程式的容器都是內部元件

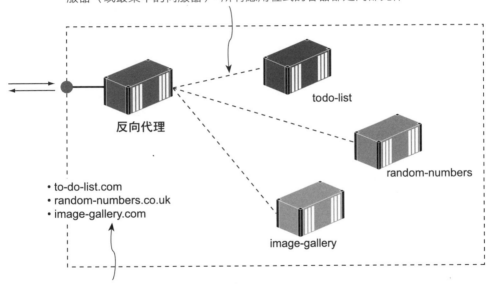

反向代理中的路由規則是使用客戶端請求中的主機網域從應用程式容器載入內容

圖 20.16：使用反向代理在一個叢集中託管許多具有不同網域的應用程式。

　　第二種是針對微服務架構,即一個應用程式在多個容器中執行。您可以使用反向代理來選擇性地公開單個微服務,透過 HTTP 請求路徑進行路由。對外您的應用程式有一個單一的網域,但不同的路徑由不同的容器提供服務。圖 20.17 展示了這種模式。

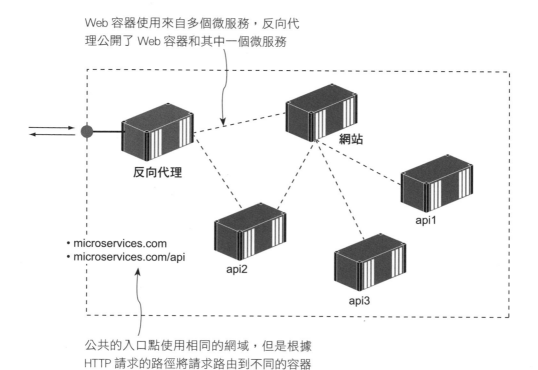

　　　　　　　Web 容器使用來自多個微服務,反向代
　　　　　　　理公開了 Web 容器和其中一個微服務

公共的入口點使用相同的網域,但是根據
HTTP 請求的路徑將請求路由到不同的容器

圖 20.17:反向代理公開的微服務屬於同一個應用程式的網域。

　　最後一種模式非常強大,如果您有傳統單體應用程式想遷移到容器上,可以使用反向代理,來開始拆分舊應用程式的前端,將功能拆分出來放到新的容器中。這些新功能由反向代理進行路由,由於舊應用程式的元件拆分到不同容器中,所以它們可以使用不同的現代技術組合,圖 20.18 展示了這一點。

單體應用程式可以在容器中執行，但是您無法獲得雲端原生架構的所有優勢。添加反向代理可以讓您輕易的拆分單體應用程式

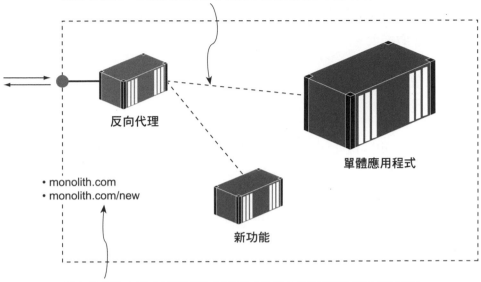

反向代理

• monolith.com
• monolith.com/new

單體應用程式

新功能

反向代理的容器使用請求路徑將新功能添加到了單獨容器中的應用程式裡頭。現有的標籤可以用相同的方式從整體中分解出來

圖 20.18：反向代理隱藏了整體架構，因此可以分解為較小的服務。

這些模式並不是相互排斥的，在一個叢集中，您可以用一個反向代理容器來支援這三種模式，託管多個網域，並在容器中同時執行微服務和單體應用程式。

20.6 課後練習

我們為課後練習準備了一個全新的應用程式，可以展示快取及反向代理的強大之處。這是一個簡單的網站，可以計算圓周率到指定的小數點位數。在課後練習的資料夾中，您可以用 Docker Compose 執行這個應用程式，打開瀏覽器並輸入 http://localhost:8031/?dp=50000，看看執行後的樣子。重新整理一下瀏覽器，您會發現每次都要花一樣的時間運算出相同的結果。因此您的工作就是改用反向代理來執行應用程式，看看有甚麼差別。

● 該應用程式應該公開在標準 HTTP 連接埠的 pi.local 網域上。

● 代理應該要以快取的方式取得回應,因此當使用者重複相同的請求時,回應將由快取提供。

● 代理應增加彈性,因此,如果您終止了應用程式容器,則任何快取的回應仍可從代理獲得。

解答位於 GitHub 上,您會發現透過快取代理來執行計算量大的工作可以節省大量時間,就像下面這個連結一樣:

https://github.com/sixeyed/diamol/blob/master/ch20/lab/README.md

21

Chapter

Day 21

使用訊息佇列
(message queue)
來達成非同步通訊

在本書的尾聲，我們要來介紹系統元件彼此溝通的一種新方法，使用佇列（queue）發送和接收訊息，訊息佇列是一種存在已久的技術，利用解耦 (decoupling) 的元件進行通訊（編註：也就是將傳送和接收功能分離），無需直接建立連線，而是將訊息發送到佇列中，即可相互溝通，佇列可以將訊息傳遞給一個或多個收件人，這為您的架構增加了很多靈活性。

在本章中，我們將重點介紹在應用程式中啟用訊息佇列時的兩種情境：提高系統的效能和擴展性，另外也會針對零停機 (zero downtime) 需求加入新的功能，我們將使用兩個可在 Docker 中執行的訊息佇列工具：Redis 和 NATS。

21.1 什麼是非同步訊息通訊 (asynchronous messaging) ？

軟體元件之間的溝通多半是同步的，客戶端會先和伺服端建立連線，接著發送請求，等待伺服器發送回應後，就關閉連線。這在軟體開發架構上非常常見，例如 REST API、SOAP Web 服務和 gRPC，都使用 HTTP 進行連線與通訊。

同步通訊就像打個電話：它需要雙方都可以『同時使用』，因此使用時需要妥善的管理。伺服端可能處於離線狀態或滿載運作中，因此無法接受連線，需要很長時間才能處理，這時連線的客戶端可能等待過久而超時。或者也可能因為其他的網路因素而連線失敗，甚至在客戶端，還需要為重複請求的需求設定相關的安全機制（編註：避免造成 DDOS 的網路攻擊）。基於以上原因，就會需要在應用程式或函式庫中，額外寫許多程式碼來處理各種會導致錯誤的狀況。

非同步通訊在客戶端和伺服端之間添加了一個佇列，如果客戶端需要伺服端執行某項操作，它會將訊息發送到佇列，伺服端會監聽佇列內容，接收訊息並進行處理；伺服端也會將回應回應訊息發送到佇列，如果客戶端需要回應，就會監聽佇列、並提取相對應的回應訊息，非同步訊息通訊就像我們平常用 Email 溝通一樣，大家都是有空的時候才會處理信件內容（編註：可以跟前面打電話的例子相比，一定要接通才能溝通）。如果伺服端處於離線狀態或無瑕處理，則訊息會一直排在佇列中，直到伺服端可供使用為止；即便訊息需要很長的時間才能消化、處理，也不會影響客戶端或佇列。如果客戶端發送訊息失敗，則該訊息不會留在佇列中，客戶端可以安全地再次發送訊息。圖 21.1 就說明了非同步訊息通訊的架構。

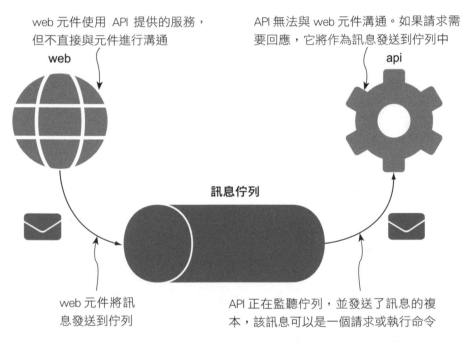

圖 **21.1**：訊息佇列讓傳送和接收分開處理，因此它們不會直接相互溝通。

　　訊息通訊（messaging）一直都是應用程式架構中重要的元件之一，但是不稍加管理的話就容易引發棘手的問題，尤其是在不同的環境因素下，如何在不同的環境使用不同的佇列為許多架構師的一大課題。Docker 的出現解決了這個問題，從而可以輕鬆地將企業級的訊息佇列添加到應用程式中，並在輕量級容器中執行佇列，代表您可以為每個應用程式執行專用的佇列，而採用的是開源軟體意味著可以在每種環境中使用相同的技術。Redis 就是目前很受歡迎的訊息佇列工具（您也可以將其用作資料儲存），接著我們就來使用 Redis 建構非同步通訊機制。

◁)) **馬上試試**

將容器連上網路，然後執行 Redis 伺服器，您可以在同一網路執行其他
容器來發送和接收訊息：

```
# 建立網路 - Linux 容器請輸入以下命令：
docker network create ch21

# 建立網路 - Windows 容器請輸入以下命令：
docker network create -d nat ch21

# 執行 Redis 伺服器：
docker container run -d --name redis --network ch21 diamol/redis

# 檢查伺服器是否正在監聽中：
docker container logs redis --tail 1
```

訊息佇列工具屬於伺服器元件，會一直執行到您關閉它為止，Redis 監聽
連接埠 6379。從容器日誌中可以看到，Redis 在啟動容器後僅幾秒鐘就
已啟動並執行，輸出結果如圖 21.2 所示。

執行 Redis 容器，不會公開任何連接埠，因為該佇
列僅由其他容器使用（編註：僅內部使用不用公開）

```
PS>docker network create -d nat ch21
e1ec1a949e04a96d5cf6179a530a7e2a97fb7ccd7e11a22314ba13bf13d32
674
PS>
PS>docker container run -d --name redis --network ch21 diamol
/redis
1ef79b7d56fed54b03979d9246e00b73b57072b152fc1e5fae0c7ff8a020d
eee
PS>
PS>docker container logs redis --tail 1
[1188] 03 Jan 10:48:27.559 * The server is now ready to accep
t connections on port 6379
```

Resid 在啟動時會輸出日誌，並顯示等待連接到客戶端的訊息

圖 21.2：訊息佇列就像其他任何後台容器一樣，正在等待連接。

客戶端需要先連接到佇列來發送訊息，佇列具有自訂的通訊協定，該協定經過高度優化，因此客戶端發送訊息時，僅會傳輸請求的位元組，並等待已收到請求的確認。佇列不對訊息進行任何複雜的處理，因此它們可以輕鬆地每秒處理數千條訊息，其速度會比直接呼叫 REST API 更快。

◁)) 馬上試試

在練習中我們不會發送數千條請求，但會使用 Redis CLI 發送一些訊息，該命令的語法會有點複雜，我們先理解要做什麼事情再來看語法。我們會在名為 channel21 的通道上發佈訊息『ping』，此訊息每 5 秒發送一次，總共發送 50 次：

```
# 在背景執行 Redis 客戶端以發佈訊息：
# 以下為同一道命令，請勿換行
docker run -d --name publisher --network ch21 diamol/redis-
cli -r 50 -i 5 PUBLISH channel21 ping

# 檢查日誌以確定訊息已被發送：
docker logs publisher
```

該 Redis 客戶端容器會在後台，每 5 秒鐘發送一條訊息。日誌輸出僅展示每個訊息發送的『回應代碼』，因此，在正常情況下，您將看到很多『0』，代表『OK』的回應。您可以在圖 21.3 中看到輸出結果。

Redis CLI 使用 Redis 訊息協定。此容器執行一個命令，
該命令會發送 50 條訊息，每條訊息之間會等待 5 秒

```
PS>docker run -d --name publisher --network ch21 diamol/redis
-cli -r 50 -i 5 PUBLISH channel21 ping
40998373d8c0db2b42e1c162114420e7118979a538868d2e84c0d9f81eba9
d1f
PS>
PS>docker logs publisher
0
0
```

這裡沒有太多訊息，輸出是來自 CLI 的每條訊息的回應代碼『0』

圖 21.3：Redis CLI 是執行佇列最簡單的方法，它會將訊息發送到 Redis 容器的佇列中。

先前我們都用『客戶端』和『伺服端』來說明非同步溝通，不過這兩個名詞在訊息傳遞上並沒有意義，嚴格來說每個元件都是訊息佇列的客戶端，只是使用佇列的方式不同而已。因此接著我們會改用兩個新的術語：發送訊息的元件是『發佈者 (publisher)』，接收訊息的元件是『訂閱者 (subscriber)』。由於會有許多不同的系統使用訊息佇列，因此 Redis 使用通道將訊息分開。在本範例中，發佈者在命名為 channel21 的通道上發送訊息，因此要讀取這些訊息的元件，就需要『訂閱』相同的通道。

◁)) 馬上試試

使用 Redis CLI 執行另一個容器，這次訂閱另一個容器發佈訊息的通道：

```
# 執行一個相同通道的訂閱者，您會看到剛剛發送的訊息：
# 以下為同一道命令，請勿換行
docker run -it --network ch21 --name subscriber diamol/
redis-cli SUBSCRIBE channel21
```

我們使用的是 Redis CLI，這是一個使用 Redis 通訊協定進行通訊的客戶端，所有主要應用程式平台都有 Redis SDK，因此您也可以將其與自己的應用程式整合。CLI 的輸出訊息會有好幾行，您會先看到訂閱佇列後的輸出。發佈容器仍在後台執行，並且每次發佈訊息時，Redis 都會複製一份發送到訂閱者容器，接著您會在日誌中看到詳細的訊息。輸出結果如圖 21.4。

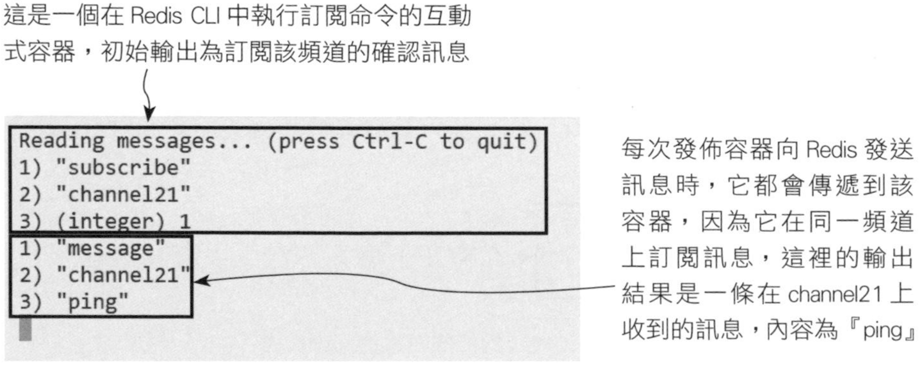

這是一個在 Redis CLI 中執行訂閱命令的互動
式容器，初始輸出為訂閱該頻道的確認訊息

```
Reading messages... (press Ctrl-C to quit)
1) "subscribe"
2) "channel21"
3) (integer) 1
1) "message"
2) "channel21"
3) "ping"
```

每次發佈容器向 Redis 發送訊息時，它都會傳遞到該容器，因為它在同一頻道上訂閱訊息，這裡的輸出結果是一條在 channel21 上收到的訊息，內容為『ping』

圖 21.4：佇列的訂閱者接收通道上所發佈的每個訊息副本。

若要退出容器可以使用 Ctrl-C，或者使用 docker container rm -f Subscriber 命令刪除容器。以上就是非同步通訊的運作方式：發佈者在沒有任何訂閱者監聽之前就會發送訊息，同樣的，就算沒有發佈者，訂閱者也將持續監聽訊息。每個元件都與訊息佇列配合使用，不需要知道其他正在發送或接收訊息的元件。

將發送方、接收方與佇列分離的這種架構，可幫助您提高應用程式的效能和可擴展性，接下來，您將透過新版本的 todo-list 應用程式為例子，體驗一下使用訊息佇列的好處。

21.2 如何使用雲端原生訊息佇列

todo-list 應用程式容器具有 Web 前端（網頁）和用於儲存的 SQL 資料庫，在之前的實作中，元件之間的所有溝通都是同步的，當 Web 應用發送查詢或新增資料時，它將打開與資料庫的連接並維持連線狀態，直到請求完成，然而這樣的架構可擴展性很低。我們可以執行數百個 Web 容器以應付較高的使用者負載，但是當請求數量超出負荷後，全部都塞在資料庫端導致一連串的錯誤發生。

這正是訊息佇列有助於提高效能和擴展性的地方，新版本的 todo-list 應用程式將非同步訊息通訊用於儲存待辦事項的工作流程中，當使用者添加新的待辦事項時，Web 應用程式將訊息發佈到佇列中，與資料庫相比，該佇列可以處理更多的連線，並且連線的生命週期要短得多，因此即使在使用者負載很高的情況下，該佇列也不會被耗盡。在本練習中，我們將使用其他佇列技術：NATS，這是一個成熟且廣泛使用的雲端原生運算基金會（Cloud Native Computing Foundation，CNCF）專案。它可以將訊息儲存在記憶體中，速度非常快速，非常適合用於容器之間的通訊。

◁») **馬上試試**

在容器中執行 NATS。它有一個簡單的管理 API，您可以使用它查看有多少客戶端連接到佇列：

```
# 切換到專案的資料夾：
cd ch21/exercises/todo-list

# 啟動訊息佇列：
docker-compose up -d message-queue

# 檢查日誌：
docker container logs todo-list_message-queue_1

# 接著檢查活動中的連線：
curl http://localhost:8222/connz
```

執行後，API 會回傳有關活動連線數的詳細訊息（JSON 格式），可能有成千上萬筆，所以回應的訊息會有好幾十頁，但本例由於目前連線數為零，因此只有一頁資料，您可以在圖 21.5 中看到輸出結果。

Compose 檔案定義了整個 todo-list 應用程式，此命令僅執行 NATS 訊息佇列

NATS 在不同的連接埠上監聽客戶端和 admin API，Compose 檔案已公開連接埠 8222 供 API 使用

```
PS>cd ch21/exercises/todo-list
PS>
PS>docker-compose up -d message-queue
Creating todo-list_message-queue_1 ... done
PS>
PS>docker container logs todo-list_message-queue_1
[1376] 2020/01/03 12:08:32.274131 [INF] Starting nats-server
version 2.1.2
[1376] 2020/01/03 12:08:32.275130 [INF] Git commit [679beda]
[1376] 2020/01/03 12:08:32.277128 [INF] Starting http monitor
 on 0.0.0.0:8222
[1376] 2020/01/03 12:08:32.278128 [INF] Listening for client
connections on 0.0.0.0:4222
[1376] 2020/01/03 12:08:32.278128 [INF] Server id is NAFKYQSP
XKLDI3RZV4OUW6EFVYAG67PH4OJQMS6RYX7V3ZYW626FCF3X
[1376] 2020/01/03 12:08:32.278128 [INF] Server is ready
[1376] 2020/01/03 12:08:32.290144 [INF] Listening for route c
onnections on 0.0.0.0:6222
```

接下頁

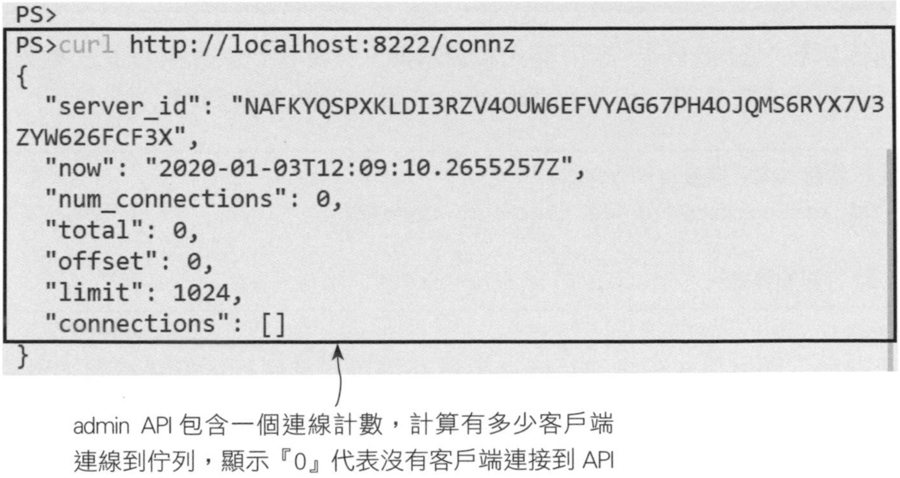

```
PS>
PS>curl http://localhost:8222/connz
{
  "server_id": "NAFKYQSPXKLDI3RZV4OUW6EFVYAG67PH4OJQMS6RYX7V3
ZYW626FCF3X",
  "now": "2020-01-03T12:09:10.2655257Z",
  "num_connections": 0,
  "total": 0,
  "offset": 0,
  "limit": 1024,
  "connections": []
}
```

admin API 包含一個連線計數，計算有多少客戶端
連線到佇列，顯示『0』代表沒有客戶端連接到 API

圖 **21.5**：NATS 是個非常輕巧的訊息佇列，並且具有管理用的 API。

當您要改用非同步訊息通訊時，會動到 todo-list 應用程式的架構，這意味著需要對 Web 應用程式進行一些更改，當使用者添加待辦事項時，Web 應用程式將訊息發佈到 NATS，而不是直接在資料庫中插入資料，更改的幅度不大，即使您不熟悉 .NET Core 也沒問題，從範例 21.1 中可以看到，發佈訊息不需要額外新增太多的命令與程式碼。

範例 21.1　改用非同步訊息通訊替換原本的儲存流程

```
public void AddToDo(ToDo todo)
      {
            MessageQueue.Publish(new NewItemEvent(todo));
            _NewTasksCounter.Inc();
      }
```

NATS 運作的概念和 Redis 不同，在 NATS 中每個訊息都有一個主題 (subject)，該主題是用於識別訊息類型的字串，您可以為主題取不同的名稱，本例的主題是 events.todo.newitem，它表示 todo-list 應用程式中的 new-item 事件，如果訂閱者對此事件感興趣，他們就能夠訂閱與此主題相關的訊息，不過即使沒有訂閱者，該應用仍會發佈訊息。

🔊 **馬上試試**

執行新版本的 todo-list 應用程式和資料庫,您會看到該應用程式已載入,
並且可以正常執行,但是在添加新的待辦事項時會有問題:

```
# 啟動 Web 以及資料庫容器:
docker-compose up -d todo-web todo-db

# 打開瀏覽器輸入 http://localhost:8080 並加入一些 item
```

您會發現應用程式在添加新待辦事項都可以正常執行,但是當您瀏覽網
頁清單時,沒有任何待辦事項在畫面上。那是因為頁面從資料庫中獲取
資料,但是 New item 頁面不再將資料新增至資料庫中。new-item 事件訊
息發佈到 NATS 訊息佇列中,但卻沒有『訂閱者』訂閱,圖 21.6 中顯示
的是空的待辦事項清單。

從應用程式的 Compose 檔案執行 Web 應用程式和資料庫容器

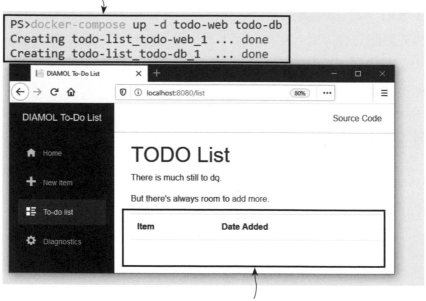

我們已經新增待辦事項,但清單中卻沒有出現,訊
息有發佈到佇列中,而沒有訂閱者做後續的動作

圖 21.6:帶有訊息發佈功能的 todo-list 應用程式,但是沒有任何訂閱者所以
不會顯示待辦事項。

像這樣發佈了訊息卻沒有訂閱者的狀況，可以用許多不同的訊息佇列技術來處理。有些佇列會將訊息移到 dead-letter queues 中，以供管理員作後續的處理，也有些佇列會儲存訊息，以便它們可以在客戶端連接和訂閱時發送給它們，Redis 和 NATS 會很有效率地消化這些訊息：它們會檢查給客戶端的訊息，只要沒有要發送的地方（因為沒人訂閱），就會直接丟棄。新的 Redis 和 NATS 佇列的訂閱者，也只會收到他們開始訂閱後的訊息。

◁)) 馬上試試

在本書 GitHub 上有一個簡單的 NATS 訂閱工具，您可以使用它來監聽具有特定主題的訊息，因此我們可以檢查待辦事項實際上是否已發佈：

```
# 執行一個訂閱者監聽 "events.todo.newitem" 訊息
# 以下為同一道命令，請勿換行
docker container run -d --name todo-sub --network todo-
list_app-net diamol/nats-sub events.todo.newitem

# 檢查訂閱者日誌：
docker container logs todo-sub

# 打開瀏覽器並輸入 http://localhost:8080 並加入新的 item
# 檢查新的 item events 是否已被發佈：
docker container logs todo-sub
```

執行後，可以看到現在有一個訂閱者，可以接收每條訊息的副本。如果您在網站上輸入一些待辦事項，也會在訂閱者的日誌中看到這些待辦事項，如圖 21.7 所示。

接下頁

執行 NATS 的小工具來訂閱訊息主題，此處是訂閱 todo-list 應
用程式發佈的訊息，當有使用者新增待辦事項就會收到訊息

```
PS>docker container run -d --name todo-sub --network todo-lis
t_app-net diamol/nats-sub events.todo.newitem
773bfa51830de6a8e54e3eb353ba8bacc672f5472d868b85deddc0b399a6f
138
PS>
PS>docker container logs todo-sub
Listening on [events.todo.newitem]
PS>
PS>docker container logs todo-sub
Listening on [events.todo.newitem]
[#1] Received on [events.todo.newitem]: '{ " S u b j e c t "
: " e v e n t s . t o d o . n e w i t e m " , " I t e m " :
" T o D o I d " : 0 , " I t e m " : " F i n i s h   D I A M
L   C h a p t e r   2 1 " , " D a t e A d d e d " : " 2 0 2
- 0 1 - 0 3 T 0 0 : 0 0 : 0 0 + 0 0 : 0 0 " } , " C o r r e
a t i o n I d " : " 2 e 2 1 5 7 f a - 4 e a f - 4 7 3 1 - a
e a - 7 9 c 4 9 9 2 e b 3 4 0 " } '
```

沒有訊息，訂閱者看不到
訂閱之前已發佈的訊息

當我們在 web 介面新增待辦事項，
就會記錄在這。格式看起來有點奇怪，
是因為在終端對話視窗顯示的結果

圖 21.7：可以記錄訊息的訂閱者是檢查訊息是否已發佈的方法之一。

您應該已經發現，todo-list 應用程式缺少可對正在發佈的訊息進行操作
的元件。想要幫您的應用程式啟用非同步訊息通訊，需要完成三項工作：

1. 執行訊息佇列。

2. 在發生相關事件時發佈訊息。

3. 訂閱這些訊息，以便在事件發生時可以做後續的處理。

我們接下來要為 todo-list 應用程式補上缺少的最後一部分 (也就是第 3
點)。

21.3　使用和處理訊息

訂閱佇列的元件稱為訊息處理程式 (message handler)，通常每種類型的訊息（Redis 中的每個通道或 NATS 中的主題）都有一個處理程式，todo-list 應用程式需要一個訊息處理程式，用於監聽 new-item 事件，並將資料插入（insert）至資料庫中，圖 21.8 展示了完整的架構。

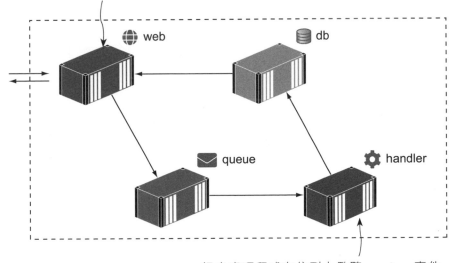

Web 容器從資料庫讀取資料，但不插入資料，
而是在建立新資料時，將事件發佈到佇列中

訊息處理程式在佇列上監聽 new-item 事件，
從訊息內容中讀取資料，並將其插入資料庫中

圖 21.8：事件發佈者使用訊息處理程式來達成非同步處理。

這種設計擁有高度的擴展性，因為佇列就像一個緩衝區，可以輕鬆的消化傳入使用者負載中的任何流量，您可能有數百個 Web 容器，但只有 10 個訊息處理程式容器；這些處理程式會在同一群組，佇列彼此共享訊息，每個訊息都由一個容器處理。容器處理訊息是一條一條處理，因此同時插入資料到資料庫的連線數量上限就是 10 筆，就算有使用者瘋狂點擊按鈕送出訊息也不會改變。如果傳入的流量超過了 10 個處理程式所能處理的範圍，其他的訊息都將暫時保存在佇列中，直到處理程式有辦法處理為止。在這過程中應用程式不會受影響並持續運作。

◁)) **馬上試試**

todo-list 應用程式的訊息處理程式已經建置好並發佈到 Docker Hub，因此可以開始使用了，看看該應用程式如何執行非同步訊息通訊：

```
# 啟動訊息處理程式:
docker-compose up -d save-handler

# 檢查容器紀錄的連線:
docker logs todo-list_save-handler_1

# 打開瀏覽器並輸入 http://localhost:8080 加入新 item
# 檢查事件是否已被處理:
docker logs todo-list_save-handler_1
```

該應用程式現在可以正常工作了！您會發現可以添加新的待辦事項，新增的項目也會出現在清單頁面，只是不會馬上顯示。儲存新的待辦事項時，web 介面會重新導向清單頁面，該頁面會在佇列和處理程式還在處理訊息時就先行載入。在資料庫執行查詢的時候，新的待辦事項還沒存進去，因此自然不會顯示出來。您可以在圖 21.9 看到輸出結果，即使我們已經新增了待辦事項，但我們的頁面卻沒有顯示出來。

執行一個訊息處理程式，它會訂閱佇列並在　　　　　　　應用程式記錄顯收到訊息時將新的待辦事項保存到資料庫中　　　　示它已訂閱佇列

```
PS>docker-compose up -d save-handler
Creating todo-list_save-handler_1 ... done
PS>
PS>docker logs todo-list_save-handler_1
Connecting to message queue url: nats://message-queue:4222
Listening on subject: events.todo.newitem, queue: save-handle
r
PS>
PS>docker logs todo-list_save-handler_1
Connecting to message queue url: nats://message-queue:4222
Listening on subject: events.todo.newitem, queue: save-handle
r
Received message, subject: events.todo.newitem
Saving item, added: 1/3/2020 2:53:55 PM; event ID: be7dd06b-b
b6f-4dc6-8e5a-88915f85cc47
Item saved; ID: 1; event ID: be7dd06b-bb6f-4dc6-8e5a-88915f85
cc47
```

當我們在 Web 應用程式中添加待辦事項時，訊息處理程式會收到已發佈的訊息。它將資料插入資料庫，上面的 ID 來自 Postgres

圖 21.9：訊息處理程式會訂閱佇列，接收每條消息的複本並對其採取行動。

這是非同步訊息通訊的缺點，稱為最終一致性 (eventual consistency)，處理完所有訊息後，應用程式資料的狀態將是正確的，但在處理過程中可能會有不一致的結果。有一些方法可以讓 UI 保持非同步狀態，又能解決這個問題。todo-list 應用程式將監聽一個事件，該事件會檢查清單是否已更改，如果更改的話就重新整理網頁顯示新增的待辦事項。

轉移到非同步訊息通訊是一個相當大的架構更改，但也帶來很多可能性，因此絕對值得了解它的工作方式，訊息處理程式是其中的小型元件，可以獨立於主應用程式或彼此獨立地進行更新或擴展。在以下練習中，我們會使用佇列來解決應用程式擴展規模需求，現在我們會執行多個訊息處理程式（編註：此程式是用來存入資料到資料庫中，因此名為 save-handler），用來處理傳入的負載，同時有效限制所使用的資料庫連線數量。

◁》 馬上試試

訊息處理程式是內部元件，它們不監聽任何連接埠，因此您可以在一台機器上使用多個容器執行它們，如果同一支處理程式有多個容器正在執行，NATS 會支援負載平衡以共享訊息：

```
# 擴充您的處理程式：
docker-compose up -d --scale save-handler=3

# 檢查新的處理程式是否已連接：
docker logs todo-list_save-handler_2

# 打開瀏覽器並輸入 http://localhost:8080 加入新的 items
# 查看那些處理程式處理了訊息：
docker-compose logs --tail=1 save-handler
```

您會看到訊息已發送到其他容器，NATS 使用負載平衡在已連線的訂閱者之間共享負載，您會發現傳入的負載越多，負載平衡的效果越好（越平均），輸出結果在圖 21.10，此結果展示容器 1 和 2 已處理訊息，而容器 3 則沒有訊息。

接下頁

可以透過添加更多容器來擴展非同步處理的規模，NATS
佇列可在所有連線的訊息處理程式之間分配工作量

```
PS>docker-compose up -d --scale save-handler=3
todo-list_message-queue_1 is up-to-date
Starting todo-list_save-handler_1 ...
todo-list_todo-db_1 is up-to-datee
Starting todo-list_save-handler_1 ... done
Creating todo-list_save-handler_2 ... done
Creating todo-list_save-handler_3 ... done
PS>
PS>docker logs todo-list_save-handler_2
Connecting to message queue url: nats://message-queue:4222
Listening on subject: events.todo.newitem, queue: save-handle
r
PS>
```

```
PS>docker-compose logs --tail=1 save-handler
Attaching to todo-list_save-handler_3, todo-list_save-handler
_2, todo-list_save-handler_1
save-handler_1    | Item saved; ID: 6; event ID: 84416d3e-a52c
-443b-b026-933805e4f4dc
save-handler_2    | Item saved; ID: 5; event ID: d89e3b12-925a
-477f-b892-dbcfbdebd8a6
save-handler_3    | Listening on subject: events.todo.newitem,
 queue: save-handler
```

在網頁的使用者界面中添加了更多待辦事項後，它們都會作
為訊息在佇列中發佈，但是會由不同的處理程式進行處理

圖 21.10：多個訊息處理程式共享工作量，因此您可以擴展以滿足不同的需求。

重點來了，我們並沒有進行任何更改，就可以讓 new-item 的功能獲得三倍的處理能力，網站和訊息處理的程式碼完全相同、執行的也是同一個訊息處理容器，只是執行很多個訊息處理容器。如果有其他功能是由同一事件所觸發，您可以用另一個訊息處理程式來訂閱同一個訊息主題。代表您不用修改任何程式碼，就能幫應用程式部署新的功能。

21.4 使用訊息處理程式添加新功能

前面三節，我們已經將 todo-list 應用程式轉換為事件驅動的架構，在此架構下，應用程式透過發佈事件來表明事情已經發生，而不是在發生當下就立即進行處理。這樣有利於建構鬆散耦合（loosely coupled）的應用程式，我們只要更改事件的回應就能有不同的作用，無須更改發佈事件的邏輯或規則。我們只將其運用在應用程式某一個類型的事件，在不更改現有應用程序下，仍保有增添新功能的彈性。

> ★編註 鬆散耦合（Loosely Coupled）系統是由許多小巧的、可獨立執行的程式模組（連同其資料）組合起來的，通常微服務都採用這種設計架構，這些程式模組可以隨時加入系統或是從系統中移除，都不會造成系統太大的負擔。

最簡單的方法是，在新的主題中添加新的訊息處理程式，該主題將獲取每個事件的副本，但在回應方面會有所不同。現有的訊息處理程式，將資料保存在 SQL 資料庫中，新的訊息處理程式則可以將資料保存在 Elasticsearch 中，以讓使用者可以輕鬆地在 Kibana 中進行查詢，也可以將該待辦事項添加到 Google 日曆中。在下個練習中，我們有一個簡單的範例，其中處理程式的工作方式會去審核、追蹤每條待辦事項並且針對待辦事項編寫不同的日誌記錄。

◁)) 馬上試試

新的訊息處理程式位於『Compose』覆寫檔案中。部署時，您會看到這是一個漸進式的部署，Compose 會建立一個新容器，但其他所有容器均未更改：

```
# 執行 audit 訊息處理程式, 保持同樣的 handler 規模
# handler:
# 以下為同一道命令，請勿換行
docker-compose -f docker-compose.yml -f docker-compose-
audit.yml up -d --scale save-handler=3
```

接下頁

```
# 檢查 audit 處理程式，檢查完後開始進行監聽：
docker logs todo-list_audit-handler_1

# 打開瀏覽器並輸入 http://localhost:8080 加入新的 items
# 檢查 audit 紀錄：
docker logs todo-list_audit-handler_1
```

這是一個零停機部署的範例，不會更改原本的應用程式容器，新功能藉由新容器來達成，audit-handler 會訂閱跟 save-handler 相同的訊息主題，因此當訊息發送到 save-handler 容器時，audit-handler 也會獲得另一個副本。您可以在圖 21.11 中看到輸出結果，其中 audit-handler 紀錄了待辦事項的日期和文字。

執行新的處理程式（審核訊息用），所有其他容器都顯示 up-to-date 表示
不用修改，只有一個用於新功能的容器（即最後的 audit-handler）是新的

```
PS>docker-compose -f docker-compose.yml -f docker-compose-aud
it.yml up -d --scale save-handler=3
todo-list_save-handler_1 is up-to-date
todo-list_save-handler_2 is up-to-date
todo-list_save-handler_3 is up-to-date
todo-list_todo-web_1 is up-to-date
todo-list_message-queue_1 is up-to-date
todo-list_todo-db_1 is up-to-date
Creating todo-list_audit-handler_1 ... done
PS>
PS>docker logs todo-list_audit-handler_1
Connecting to message queue url: nats://message-queue:4222
Listening on subject: events.todo.newitem, queue: audit-handl
er
PS># add some items through the app
PS>
PS>docker logs todo-list_audit-handler_1
Connecting to message queue url: nats://message-queue:4222
Listening on subject: events.todo.newitem, queue: audit-handl
er
AUDIT @ 1/3/2020 4:06:24 PM: Finish DIAMOL Chapter 21
AUDIT @ 1/3/2020 4:06:29 PM: Start DIAMOL Chapter 22
```

新功能僅列出新的待辦事項，此容器獲取每個事件訊息
的複本，而原始保存處理程式仍在它們之間獲取複本

圖 21.11：事件發佈機制將應用程式的元件分離開來（decouple, 解耦），讓您可以增加新的功能。

現在，使用者添加新的待辦事項時會觸發兩個程序，兩者都執行在單獨的容器中，這些容器裡面會有不同的獨立元件執行相對應的操作，這些程序可能會花費一些時間，但是不會影響使用者體驗，因為 Web UI 不會等待它們（甚至不知道它們的存在），Web UI 只是將事件發佈到佇列中，無論有多少訂閱者在監聽，處理延遲時間都是一樣的。

即使只是簡單的範例，您也可以藉此了解到這種架構有多強大。應用程式只要將關鍵事件作為訊息發佈到佇列中，您就可以建構全新的功能，而無需更動到現有元件。新功能可以獨立建置和測試，並且可以在不影響應用程式執行的情況下進行部署，如果該功能有問題，則可以透過停止訊息處理程式，來取消部署。

對於某個類型的事件，我們可以有多個訂閱者，但是我們也可以有多個發佈者，new-item 事件在程式碼中有固定的結構，因此任何元件只要依照此結構都能發佈事件，這可以當作新增待辦事項的新做法。我們將藉此幫應用程式部署一個 REST API，而不更動到現有應用程式的任何部分。

◁)) **馬上試試**

待辦事項列表 API 已經編寫完畢，現在可以進行部署了，當使用者發出 HTTP POST 請求時，API 將監聽連接埠 8081 並發佈新的待辦事項：

```
# 啟動 API 容器, 定義在覆寫檔案中:
# 以下為同一道命令，請勿換行
docker-compose -f docker-compose.yml -f docker-compose-
audit.yml -f docker-compose-api.yml up -d todo-api

# 使用 API 加入新的 item:
# 以下為同一道命令，請勿換行
curl http://localhost:8081/todo -d '{"item":"Record promo
video"}' -H 'Content-Type: application/json'

# 檢查 audit 紀錄:
docker logs todo-list_audit-handler_1
```

接下頁

21-19

新的 API 是一個簡單的 HTTP 伺服器，做法就是使用範例 21.1 中相同的訊息佇列方法，將事件發佈到佇列中。您會看到 audit-handler 和 save-hendler 在處理透過 API 送進來的待辦事項，會有審查的條目，而且重新整理 web 頁面也會看到新的項目已經在資料庫中了。

REST API 是一個簡單的元件，它僅發佈一個 new-item
事件，並觸發訊息處理程式中的規則做相對應的處理

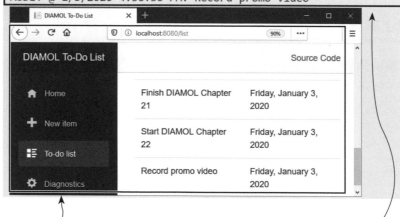

```
PS>docker-compose -f docker-compose.yml -f docker-compose-aud
it.yml -f docker-compose-api.yml up -d todo-api
Creating todo-list_todo-api_1 ... done
PS>
```
```
PS>curl http://localhost:8081/todo -d '{"item":"Record promo
video"}' -H 'Content-Type: application/json'
PS>
PS>docker logs todo-list_audit-handler_1
Connecting to message queue url: nats://message-queue:4222
Listening on subject: events.todo.newitem, queue: audit-handl
er
AUDIT @ 1/3/2020 4:06:24 PM: Finish DIAMOL Chapter 21
AUDIT @ 1/3/2020 4:06:29 PM: Start DIAMOL Chapter 22
AUDIT @ 1/3/2020 4:30:30 PM: Record promo video
```

相同的處理程式以同樣的方式
執行，因此透過 API 添加的資
料會顯示在網路應用程式中

透過 API 添加新待辦事項，該
事項會輸入到審核處理程式
中，跟舊的事項一起顯示

圖 21.12：新架構可以負荷更多訂閱者和發佈者，這樣的形式讓應用程式擁有鬆散耦合的特性。

由上面的例子可以看出非同步訊息通訊的優勢，僅靠應用程式中發佈的單個事件，就可以添加新的功能到應用程式上，使您能夠建構更靈活的應用程式，從而更易於擴展和更新，並且還可以將這些優點添加到現有應用程式中，從幾個關鍵事件開始擴展。

在您開始導入非同步訊息通訊之前，我們將透過仔細研究訊息傳遞模式來結束本章，以便您了解更多不同的發展方向。

21.5　了解非同步訊息的通訊模式

非同步訊息通訊是一個複雜的功能，但是 Docker 降低了使用門檻，很容易就可以在容器中執行佇列，並且您可以快速建立應用程式的雛形。您可以根據需求選擇不同的通訊模式，在佇列中發送和接收訊息的方式有很多種。以下就簡單介紹一下：

我們在本章中使用的模式稱為『發佈 - 訂閱（或『pub-sub』）』，它允許零個或多個訂閱者接收已發佈的訊息，如圖 21.13 所示。

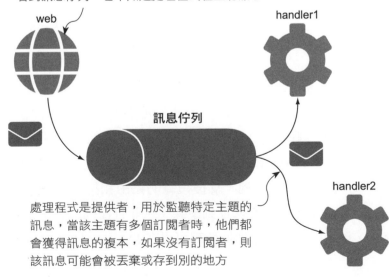

Web 應用程式是發佈者，將訊息發送到佇列中，這可能是事件、命令或查詢，publisher 只看到訊息佇列，它不知道處理程式在監聽訊息

web

handler1

訊息佇列

handler2

處理程式是提供者，用於監聽特定主題的訊息，當該主題有多個訂閱者時，他們都會獲得訊息的複本，如果沒有訂閱者，則該訊息可能會被丟棄或存到別的地方

圖 21.13：發佈 - 訂閱模式使許多進程可以對發佈的同一訊息進行操作。

這種模式並不適合所有情況，因為訊息發佈者不知道誰會使用這些訊息，如何處理訊息或何時處理訊息。另一種方法是請求 - 回應 (request-response) 訊息傳遞，其中客戶端將訊息發送到佇列並等待回應，處理程式處理請求訊息，然後發送回應訊息，由佇列將其送回客戶端。這個模式可以用來代替標準的同步服務，其優點是處理程式不會超出負荷，並且客戶端可以在等待回應的同時做其他工作，圖 21.14 展示了這種模式。

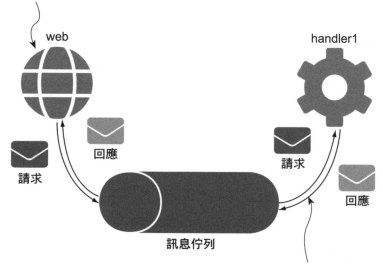

Web 應用程式向佇列發送請求訊息，訊息包含 Web 應用程式正在監聽回應佇列上的地址

web

handler1

回應

請求

請求

回應

訊息佇列

處理程式接收請求並對其進行操作，將回應作為訊息發送到佇列中，發送給請求訊息的客戶端

圖 21.14：請求 - 回應訊息傳遞模式沒有直接連接的客戶端。

幾乎所有佇列技術都支援這些模式，以及類似 fire-and-forget（客戶端在訊息中發送命令請求而不是發佈事件，但不關心其後續的發展）和 scatter-gather（客戶端發送一條訊息，供多個訂閱者操作，然後整理所有回應）。我們在本章中介紹了 Redis 和 NATS，您還可以考慮另一種技術：RabbitMQ，RabbitMQ 是更進階的佇列，支援複雜的路由和持久性訊息傳遞 (persistent messaging)，訊息可以被保存到硬碟中，並且佇列內容在容器重新啟動後仍然存在。以上所有這些佇列技術都可以在 Docker Hub 上找的到。

訊息佇列技術可以造就更多的應用程式架構，您可以從一開始就建構一個事件驅動的架構，或者漸進式發展為一個事件驅動的架構，或者僅將訊息用於關鍵事件。當您開始零停機部署新功能，或者在不會使應用程式崩潰的前提下，縮減處理程式數量以保護資料庫的安全性，在實作類似的功能時，您就能深刻體會到非同步訊息的強大之處。

21.6　課後練習

這是本書的最後一個課後練習，此練習的目的是為 todo-list 應用程式添加另一個訊息處理程式，該訊息處理程式將在待辦事項保存後更改其文字，該處理程式已經存在，因此主要是將新服務連接到 Compose 檔案中，但是您還需要深入探索一些配置。

解決方案需要使用 Docker Hub 中的映像檔 diamol/ch21-mutatinghandler 執行新的處理程式，並且在進行工作時，需要留意以下幾件事：

● 新元件監聽名為 events.todo.itemsaved 的事件，但尚未發佈這些事件，您需要搜尋可以套用到現有元件之一的設定，以使其發佈這些事件。

● 新元件的預設配置錯誤，訊息佇列沒有使用正確的地址，您需要找出設定並進行修復。

此練習並不會很困難，您所需的答案都在 Dockerfile 中，只要在 Compose 檔案中設定一些值，無需更改程式碼或重建映像檔即可，這是一個很好的練習，因為當您開始實際使用 Docker 時，肯定會花一些時間來嘗試並弄清楚配置，並且最終的訊息處理程式，會為 todo-list 應用程式添加有用的功能。

解答像往常一樣在 GitHub 上可以找到：

https://github.com/sixeyed/diamol/blob/master/ch21/lab/README.md

MEMO

22

Chapter

Day 22

Docker 無止境

Docker 是一項非常值得學習的技術，因為它用途廣泛，從執行 Git 伺服器、將傳統應用程式遷移到雲端、建置和執行全新的雲端原生應用程式，Docker 都在其中扮演著關鍵的角色。希望我們在本書中所介紹的範例與練習，能幫助您對學習容器的過程充滿信心，讓您在當前或下一個專案中立馬導入 Docker。最後一章我們將會提供一些提示，使您可以成功實現這一目標，最後再介紹 Docker 社群作為結尾。

22.1 實踐自己的概念驗證 (Proof of concept, PoC)

當您使用 Docker 的次數越多就會對容器技術逐漸熟悉，從中獲得的效益就越大。幾乎所有應用程式都可以用容器打包，因此如果想要執行概念驗證（proof of concept, PoC），先用 Docker 來建置應用程式，是一個很好的開始。這將使您有機會將本書的原理跟技巧，應用到自己的工作中，最終可以向團隊其他成員展示成品。

要成功做到概念驗證不僅僅只是執行 docker image build 和 docker container run 命令，如果您真的想向其他人展示容器的強大功能，那麼您的概念驗證範圍應該要更廣泛：

● 對應用程式的多個元件進行容器化，讓您可以展示 Docker Compose 執行應用程式中不同配置的功能（請參見第 10 章）。

● 從一開始就以最佳實踐（best practices）建置您的應用程式，並說明改為使用 Docker 後，如何改善整個產品交付的生命週期、使用並優化多階段 Dockerfile，包括您的 golden image（第 17 章）。

● 使用集中式日誌記錄（第 19 章）和監控指標（第 9 章）加入可觀察性，啟用 Grafana 儀表板、使用 Kibana 搜尋日誌的功能，讓您的概念驗證更加完善。

- 建置一個 CI／CD pipeline，即使是非常簡單的 pipeline 也可以，像是在容器中使用 Jenkins（第 11 章）來建置 pipeline，以展示如何使用 Docker 自動化所有操作。

實踐 PoC 不需要付出很大的努力，即使依照上述我們所建議的來擴展功能，選一個相當簡單的應用程式開始，我們認為應該可以輕鬆地在五天之內完成，而且也不需要整個團隊都參與，現階段可能就只是一個額外附加的小專案。

即便工作上無法導入 Docker，您也不需要完全放棄，還是有不少使用者自己在家中用 Docker 玩得很高興，例如：在 Raspberry Pi 上面用容器跑一些很棒的軟體，相信能足以讓您持續使用 Docker。

22.2　企業導入 Docker 的起手式

Docker 對大多數組織來說是一個巨大的變化，因為它幾乎影響了 IT 的各個層面，但並不是每個團隊都準備好採用這種新的工作方式，本書中應該有足夠的內容，來幫助您向其他技術人員展示使用 Docker 的優勢，而以下是我們發現吸引不同族群的關鍵主題：

- **開發人員**可以使用與正式環境中相同的技術，在其電腦上執行整個應用程式，不再浪費時間來追查缺少的元件，或處理多個版本的軟體。開發團隊使用與維運團隊相同的工具，因此具有元件的共同所有權（common ownership, 編註：若發現軟體成品有問題，皆可提出意見）。

- **維運人員**和**管理人員**可以對每個應用程式使用相同的工具和流程，並且每個容器化元件，都具有日誌記錄、監控指標和配置設定的標準 API。部署和輪替式升級都可以自動化操作，並降低應用程式當機的機率，而且可以更頻繁地發佈新版本。

● **資料庫管理人員**不喜歡在正式環境用容器執行資料庫,而容器正好讓開發人員和測試團隊可以自己來,不需要 DBA 的幫忙,就可以自己建立資料庫。資料庫綱要 (schema) 可以移至原始碼管理 (source control),並打包至 Docker 映像檔中,也可以將 CI / CD 引入資料庫開發。

● **資安團隊**會擔心容器執行環境的資料洩漏問題,Docker 讓您可以在整個生命週期深入採用安全性功能:golden image、安全掃描和映像檔簽章,足以提供安全的軟體供應鏈,使您對部署的軟體更有信心。Aqua 和 Twistlock 等執行環境工具,可以自動監視容器行為並有效的降低資安風險。

● **業主**和**產品負責人**最擔心開發過程需要層層關卡確保軟體品質,導致發佈的時間拉長。用容器開發具備自我修復的應用程式、狀態儀表板和持續部署,可以提高軟體品質,並加快版本更新的速度,可以促進用戶數成長。

● **高階經理人**比較在乎業務利益,不太管技術細節(技術人員都希望如此),不過有時也會關注 IT 預算。當您將應用程式從 VM 遷移到容器,代表在容器中會使用較少的伺服器來運行更多應用程式時,可以節省大量的成本。同時也減少了作業系統所需的授權數量。

● **IT 管理人員**應注意,容器技術的趨勢不會消失。自 2014 年以來,Docker 一直都是成功的產品,並且所有熱門的雲端服務都提供了託管容器的平台。將 Docker 納入您的技術路線圖,將使您的技術保持最新狀態。

22.3 規劃通往正式產品的路徑

如果希望您的組織採納 Docker 這種新技術,那麼重要的是要了解 Docker 的發展方向。在本書的開頭,我們向您介紹了由 Docker 所支援的五種應用場景,從傳統應用程式架構到 serverless 服務,無論您是要實踐哪一種,或者是更獨特的專案需求,您都要清楚最終目標,以便規劃好技術路線圖 (roadmap) 並追蹤進程。

您還會面臨在 Docker Swarm 和 Kubernetes 之間做出選擇。在本書中介紹了 Swarm，它擁有較低的技術門檻，但是如果您希望使用雲端技術，那麼 Kubernetes 是一個更好的選擇，您可以在 Kubernetes 中使用所有 Docker 映像檔，但是應用程式的定義格式與 Docker Compose 不同。如果您打算在數據中心中運行容器平台，我們的建議是從操作上易於管理的 Docker Swarm 開始，Kubernetes 是一個複雜的系統，需要一個專門的管理團隊，用在開發商業產品會更適當。

22.4　Docker 隊長哪裡找

最後，在容器技術的學習歷程上您絕不孤單，Docker 社群非常龐大，線上討論非常活躍，並且全世界都有舉辦相關的技術交流，您一定會找到樂於分享知識和經驗的人，下面的清單列出了可加入的社群：

● Docker Slack 社群 — https://dockr.ly/slack

● 追蹤 Docker Captains，這些都是 Docker 官方認可的技術導師，他們樂於分享專業知識 — www.docker.com/community/captains

● DockerCon 容器研討會 — https://dockercon.com

原文作者也是該社群的一部分，您可以在 Community Slack @eltonstoneman 和 Twitter @EltonStoneman 上找到作者，歡迎與作者聯繫。您也可以用 GitHub ID (@sixeyed) 和作者的部落格 https://blog.sixeyed.com 找到作者，本書的內容到這裡就結束了，感謝您的閱讀。

MEMO